“十二五”普通高等教育本科国家级规划教材

塑料成型工艺与模具设计

第2版

主　编　齐晓杰
副主编　陈绮丽　余五新　毕凤阳
参　编　张　旭　俞芙芳　段宏伟
　　　　任照坤
主　审　郭铁良

机械工业出版社

本书系统地介绍了塑料成型工艺的基本理论和工艺知识，紧密结合模具技术的新发展，阐述了模具设计的理论、方法和技巧。为加强对读者解决工程实际问题的能力培养，书中还提供了一定量的设计实例、图例。全书共分九章，包括绪论、塑料成型技术基础、塑料成型工艺及成型制品结构工艺性、注射模设计、注射模计算机辅助设计、压缩模与传递模设计、挤出模设计、中空吹塑和热成型工艺与模具设计、泡沫塑料成型工艺及模具设计等。

本书为普通高等学校（应用型本科人才培养类）材料成形及控制工程专业的规划教材，并可作为高职高专模具设计与制造专业教材使用，亦可供有关工程技术人员参考。

为方便教学，本书配有PPT电子课件，位于机械工业出版社教育服务网上（www. cmpedu. com），向使用本书的授课教师免费提供。

图书在版编目（CIP）数据

塑料成型工艺与模具设计/齐晓杰主编．—2版．—北京：机械工业出版社，2012. 5（2025. 1重印）
“十二五”普通高等教育本科国家级规划教材
ISBN 978-7-111-37517-3

Ⅰ．①塑…　Ⅱ．①齐…　Ⅲ．①塑料成型-工艺-高等学校-教材②塑料模具-设计-高等学校-教材　Ⅳ．①TQ320. 66

中国版本图书馆CIP数据核字（2012）第027402号

机械工业出版社（北京市百万庄大街22号　邮政编码100037）
策划编辑：冯春生　责任编辑：冯春生　程足芬
版式设计：刘　岚　责任校对：刘志文
封面设计：张　静　责任印制：李　昂
北京中科印刷有限公司印刷
2025年1月第2版第10次印刷
184mm×260mm · 20印张 · 496千字
标准书号：ISBN 978-7-111-37517-3
定价：49. 80元

电话服务	网络服务
客服电话：010-88361066	机　工　官　网：www. cmpbook. com
010-88379833	机　工　官　博：weibo. com/cmp1952
010-68326294	金　　书　　网：www. golden-book. com
封底无防伪标均为盗版	机工教育服务网：www. cmpedu. com

第2版前言

本书第1版是根据2003年1月全国材料成形及控制工程专业（模具设计与制造方向）应用型本科人才培养教材编写研讨会议制订的出版计划编写的，自出版以来，已先后印刷9次，受到广大读者的欢迎。在2010年11月中国机械工业教育协会应用型本科材料成形及控制学科教学分委员会会议制订了对本书第1版修订的计划。本版是由原参编人员广东工业大学陈绮丽、江汉大学余五新、哈尔滨理工大学段宏伟、福建工程学院俞芙芳、北华航天工业学院任照坤，在各自编写章节第1版的基础上，适应发展、总结提高、修改增删而成的。同时，为便于巩固所学的知识，在每章后增加了思考题。在此基础上黑龙江工程学院齐晓杰、毕凤阳着重做了以下两方面工作：①结合中国模具工业协会编制的“模具行业‘十二五’发展规划”的发展目标，及其对塑料模具类技术人员新的要求，增加了新技术内容；②为适应模具标准化的发展，对第1版中过时的标准进行全面修订，增加了大量新内容，使其成为与模具标准化进程与时俱进的塑料模具设计类教材。

本书第1版使用期间，全国有关兄弟院校的同行提出了很多宝贵的意见和建议，在此表示由衷的感谢。

本版内容虽有所改进，但难免有不当和错误之处，恳请读者予以批评指正。

编　者

第1版前言

随着现代制造技术的迅速发展、计算机技术的应用，在工业生产中模具已成为生产各种工业产品不可缺少的重要工艺装备。特别是在塑料产品的生产过程中，塑料模具的应用极其广泛，在各类模具中的地位也越来越突出，成为各类模具设计、制造与研究中最具有代表意义的模具之一。因此，“塑料成型工艺与模具设计”课程，已成为材料成形及控制工程专业（模具设计与制造方向）的主干专业课程。同时，各有关高校普遍重视该课程的教学改革和教材建设。本书是根据2003年1月全国材料成形及控制工程专业（模具设计与制造方向）应用型本科人才培养教材编写研讨会议制订的出版计划编写的，全书系统地介绍了塑料成型工艺的基本理论和工艺知识，紧密结合模具技术的新发展，阐述了模具设计的理论、方法和技术。本书可满足普通高等学校材料成形及控制工程本科专业教学需要，并可作为高职高专模具设计与制造专业教材使用，亦可供有关工程技术人员使用参考。

本书共分九章。第一、二章由黑龙江工程学院齐晓杰编写；第三、五章由湖南工程学院张旭、黑龙江工程学院毕凤阳共同编写；第四章由江汉大学余五新、广东工业大学陈绮丽共同编写；第六章由福建工程学院俞芙芳编写；第七章由北华航天工业学院任照坤编写；第八、九章由哈尔滨理工大学段宏伟编写。全书由齐晓杰任主编，陈绮丽、张旭、余五新任副主编，北华航天工业学院郭铁良教授任主审。目录中章前带*号为选修内容。

由于编者理论水平和经验有限，书中难免有不当和错误之处，恳请读者批评指正。

编　者

目 录

第一章 绪 论

第一节 模具及模具工业发展趋势

一、模具工业在国民经济（制造业）中的作用与地位及行业现状

模具是工业生产中极其重要而又不可或缺的特殊基础工艺装备，其生产过程集精密制造、计算机技术、智能控制和绿色制造为一体，既是高新技术载体，又是高新技术产品。由于使用模具批量生产制件具有的高生产效率、高一致性、低耗能耗材，以及有较高的精度和复杂程度，因此已越来越被国民经济各工业生产部门所重视，被广泛应用于机械、电子、汽车、信息、航空、航天、轻工、军工、交通、建材、医疗、生物、能源等制造领域，在我国经济发展、国防现代化和高端技术服务中起到了十分重要的支撑作用，也为我国经济运行中的节能降耗做出了重要贡献。模具工业是重要的基础工业。工业要发展，模具须先行。没有高水平的模具就没有高水平的工业产品。模具工业水平已经成为衡量一个国家制造业水平高低的重要标志，也是一个国家的工业产品保持国际竞争力的重要保证之一。

随着时代的进步和科技的发展，过去长期依赖钳工、以钳工为核心的粗放型作坊式的生产管理模式，已经被以技术为依托、以设计为中心的集约型现代化生产管理模式所替代；模具产品的传统概念也正被模具是高新技术产品的概念所替代。

目前全国共有模具生产企业（厂、点）约 3 万个，从业人员近 100 万人，2009 年模具销售额约 980 亿元，2010 年我国模具总产值约为 1120 亿元，其中塑料模约占 30%。根据 2008 年我国工业普查资料，模具制造行业主营收入 500 万元以上的企业在全国共有 2813 个，从业人员为 41. 22 万人，工业总产值为 1178. 35 亿元，资产总计为 1206. 34 亿元，利税总额为 133. 90 亿元。根据海关统计，2009 年我国共进口模具 19. 64 亿美元，出口 18. 43 亿美元。出口模具约占模具总销售额的 12. 8%。

从模具产需情况看，中低档模具已经能够国产化，以大型、精密、复杂、长寿命模具为主要代表的高技术含量模具国产化率目前只有 60% 左右，有很大一部分依靠进口。目前模具总销售额中塑料模具所占比例最大，约占 45%；冲压模具约占 37%；铸造模具约占 9%；其他各类模具共计约 9%。

技术的进步促使模具产品水平近年来也有了很大提高，向高端发展趋向较为明显。在塑料模具方面，一些模具产品已达世界先进水平，其中具有代表性的如单套模具重量达到 120t 的巨型塑料模具，塑料制件精度达到 0. 008mm、模具加工精度达到 0. 002mm 的超精模具，使用寿命达到 3000 万次以上的长寿命模具，实现多料和多工序成型的多功能复合模具等。

当然，能生产高水平模具的企业在行业中还只占少数，综合来看，我国模具行业总体水平发展还有较大空间。

二、我国模具工业的发展趋势

随着我国先进制造业的发展和制造业的国际化，我国模具行业正在由替代进口转向出口，技术水平快速与国际接轨，具体表现在：

1）模具整体水平继续向大型、精密、复合方向发展。近几年，模具中高端市场由替代进口转向开始出口，向发达国家市场拓展。国内模具技术发展迅速，大型精密模具水平节节攀升，大型模具、精密模具、大型汽车结构件冲压级进模、先进新型复合模具以及复杂多功能模具等纷纷涌现，引领着国内模具技术飞速发展。

2）创新依然是我国模具企业提高核心竞争力的关键。模具技术的特点使创新能力成为模具企业生存的关键，近年来出现的大量新结构、新方法、新工艺以及新技术已经成为我国模具技术发展的新动力，许多新结构、新方法、新工艺以及新技术处于国际领先水平，必将形成我国模具技术新的核心竞争力。

3）模具信息化技术不断突破。继模具生产过程中的温度控制、熔接痕控制、流量控制、冷却过程控制等模具信息化控制技术应用后，塑料模成型过程在线控制、压铸模成型过程在线控制、冲模成形过程在线控制等一大批成形过程在线控制模具也相继出现。这种模具成形过程的在线智能化控制将成为我国乃至世界模具发展的方向之一。

4）模具企业由制造型开始向制造服务型转变。随着市场需求的变化以及竞争的加剧，模具企业单纯的模具设计制造模式已经不能满足市场竞争的需要，部分企业已经开始主动配合产品生产企业工作，参与产品生产企业的研发、设计和生产服务，提供全过程的模具、工装甚至产品服务，使模具企业由制造企业向制造服务型企业转变。

5）模具产业集群优势凸显。经过多年的发展，模具产业的集群效应已经显现出来，以昆山模具城为代表的模具产业集群，无论从企业规模还是技术水平都显现出模具产业集群的成效，说明模具产业集群是一条模具发展的有效途径。

第二节　塑料成型及模具技术发展趋势

一、塑料及塑料成型技术的发展

塑料成型制品是以塑料为主要结构材料经成型加工获得的制品，又称塑料制件，简称塑件。塑料成型制品应用广泛，特别是在电子仪表、电器设备、通信工具、生活用品等方面获得大量应用。如各种受力不大的壳体、支架、机座、结构件、连接件、传动件、装饰件等；建筑用各种塑料管材、板材和门窗异型材；塑料中空容器和各种生活用塑料制品等。

塑料是20世纪发展起来的新兴材料，由于应用广泛，已替代部分金属、木材、皮革及硅酸盐等自然材料，成为现代工业和生活中不可缺少的一种人造化学合成材料。并与金属、木材和硅酸盐三种传统材料一起，成为现代工业生产中四种重要的原材料之一。

塑料制件的主要加工方法是塑料成型加工。塑料成型是将各种形态的塑料原料（粉状、粒状、熔体或分散体）熔融塑化或加热达到要求的塑性状态，在一定压力下经过要求形状模具（如挤出口模）或充填到要求形状模具型腔内，待冷却定型后，获得要求形状、尺寸及性能塑料制件的生产过程。塑料成型适宜生产形状复杂的薄壳体件，截面形状一定的线材；也可生产具有一定形状的结构件、连接件和传动件等。其特点是生产制品形状尺寸稳定，可实现连续生产，一模多件生产，生产效率高。

常用塑料成型工艺有注射成型、压缩成型、传递成型、挤出成型、中空吹塑成型、真空吸塑与气压成型等。塑料制件成型后，可直接使用或与其他件装配组合后使用；亦可通过机械加工、修饰等后处理工艺提高其使用性能和品质。

随着现代工业的发展、新型塑料的产生和对塑料制件多样化的需求，促进了塑料成型技术的不断发展与创新。近年来，出现了许多新的塑料成型工艺方法。如注射成型技术方面的无流道凝料注射成型、热固性塑料注射成型、排气注射成型、反应注射成型以及多品种塑料的共注射成型；生产复合多层容器、片材和型材的多台挤出机，将不同塑料送入共挤出模的共挤出成型；发泡塑料制品的注射和挤出成型技术等。

目前，塑料成型技术正朝着精密化、微型化和超大型化方向发展。精密注射成型可将成型制品的尺寸公差控制在 10 ~ 1μm 之内，其制品主要用于电子、仪器仪表等工业。在成型微型制件方面，德国已研制出了注射量只有 0.1g 的微型注射机，可以生产 0.05g 左右的微型塑料制件（如手表轴等）。超大型注射机的使用可以成型超大型塑料制件，目前，法国已拥有注射量为 170kg 的超大型注射机，锁模力为 150MN；美国和日本已分别生产出注射量为 100kg 和 96kg 的超大型注射机。我国的海天集团作为世界销售量最大的注射机生产企业已能够生产注射量达 80kg、锁模力为 80MN 的超大型注射机。

二、塑料模具技术发展趋势

塑料模具的结构、性能、质量影响着塑料制件的质量和成本。首先，模具型腔的形状、尺寸、表面粗糙度、分型面、内浇口、排气槽位置以及脱模方式等，对塑件的尺寸精度、形状精度以及塑件的物理性能、力学性能、电性能、内应力大小、各向同性性、外观质量、表面粗糙度、气泡、凹痕、烧焦、银纹等有着十分重要的影响。其次，在塑件成型过程中，模具结构对操作难易程度影响很大，在大批量生产塑件时，应尽量减少开、合模及取塑件过程中的手工操作，尽可能采用自动开、合模和自动顶出机构。在全自动生产时还要保证塑件能自动从模具上脱落。另外，模具制造成本对塑件的成本有很大影响。除简易模具外，一般来说制模费用很高，当批量较小时制模费用在塑件成本中所占的比例将会很大，这时应尽可能采用结构合理而简单的模具，以降低成本。从塑料模具的设计、制造及材料选择等方面考虑，塑料模具技术发展趋势可归纳为以下几方面。

1. 塑料模具标准化

模具标准化程度及其标准零件的制造规模与使用范围，对于缩短模具制造周期、节省材料消耗、降低成本、适应大规模批量化生产具有重要意义。目前我国模具标准化程度不足 30%，远不及工业发达国家模具制造的标准化程度。在各种塑料模具中，只有注射模具有关于模具零件、模具技术条件和标准模架等国家标准。具体包括：塑料注射模零件 GB/T 4169.1 ~ 4169.23—2006；塑料注射模模架 GB/T 12555—2006；塑料注射模技术条件 GB/T 12554—2006 等。一些模具制造企业根据企业模具生产类型和规模，为提高生产效率，降低成本，亦制定了企业标准或采用了相应的行业标准。

目前，塑料模具标准化的研究方向是热流道标准元件和模具标准温控装置，精密标准模架、精密导向件系列，标准模板及模具标准件的先进技术和等向性标准化模块。

2. CAD/CAM/CAE 技术的应用正向集成化、三维化、智能化方向发展

由于现代工业产品的不断开发和塑料制件的应用与发展，对塑料成型模具设计和制造提出的要求越来越高。传统的二维模具结构设计已越来越不适应现代化生产和集成化技术要求。模具设计、分析、制造的三维化、无纸化要求新一代模具设计软件以立体的、直观的感觉来设计模具，所采用的三维数字化模型能方便地用于产品结构的分析、模具可制造性评价和数控加工、成型过程模拟及信息的管理与共享。如 Pro/ENGINEER、UG 和 CATIA 等软件具备参数化、基于特征、全相关等特点，从而使模具并行工程成为可能。

3. 模具加工的新技术与发展

为了提高加工精度、缩短模具制造周期，塑料模具成型零件广泛应用电加工、数控加工及微机控制加工等先进技术，所能达到的尺寸精度、形状复杂程度、表面质量越来越高。模具加工技术与设备的现代化发展，推进了模具行业企业向着技术密集、专业化与柔性化相结合、高技术与高技艺相结合的方向发展。随着模具的日益精密、复杂和大型化，对检测设备的要求越来越高。目前国内厂家较多地使用高精度三坐标测量机，利用其检测模具加工制造质量，并利用其数字化扫描功能实现了从测量实物→建立数学模型→输出工程图样→模具制造的模具加工制造高效化。

4. 加强理论研究

随着塑料制件的大型化、复杂化和精密化发展，模具的制造成本也越来越高。如汽车保险杠、仪表板等塑料成型模具，重达几吨至十几吨，陶氏模具集团有限公司研制的“英国路虎汽车后保险杠注射模”，制件不仅大，而且高，模具型腔深达 850mm。这些模具如只凭经验来设计，往往会因为设计不当而造成模具的报废，将会损失数十万乃至上千万元的模具制造费用。所以，模具生产已由传统的经验设计向理论设计、数值模拟的方向发展。这些理论设计包括模板刚度、强度的计算，流变充型理论的研究和基于计算机应用的成型过程模拟分析等。到目前为止，有关挤出成型的流变理论和数学模型已基本建立，并且在生产实际中得到应用；有关注射成型的流变理论研究已取得阶段成果，注射成型时塑料熔体在一维和二维简单型腔中的充模流动理论和数学模型已经建立，今后的工作是如何将理论与生产实际相结合，并进一步加强对塑料熔体在三维型腔中流动行为的研究；中空吹塑成型理论和数学模型也已基本建立，并在生产中得到应用。

塑料成型理论研究的进展得益于计算机的应用，同时，也为进一步扩大计算机在塑料成型生产中的应用奠定了基础。

5. 塑料模具专用材料的研究与开发

模具材料选用在模具设计与制造中占有重要地位，直接影响模具成本、使用寿命及塑料制件的质量。针对各类塑料模具的工作条件和失效形式，为了提高模具使用寿命，并获得良好的切削加工工艺性能，国内外模具材料工作者进行了大量的研究工作，已开发出较为完善的系列化塑料模具专用钢，具体可分为 5 种类型。

（1）基本型　如 55 钢，使用硬度小于 20HRC，切削加工性能好。但型腔表面粗糙度高，使用寿命低，现已被预硬型钢所代替。

（2）预硬型　在中、低碳钢中加入适量合金元素的低合金钢。其淬透性高，加工性能好，调质后硬度为25～35HRC，是目前应用较为广泛的通用塑料模具钢。其典型品种为3Cr2Mo或美国的P20钢。

（3）时效硬化型　在中、低碳钢中加入Ni、Cr、Al、Cu、Ti等合金元素的合金钢，耐磨性和耐蚀性优于预硬型钢，经时效处理后，硬度可达40～50HRC。其典型品种为25CrNi3MoAl或美国的P21钢、日本的NAK80钢等，多用于复杂、精密塑料模具，或大批量生产长寿命塑料模具。

（4）热处理硬化型　这类塑料模具钢经淬火和回火处理后，使用硬度可达50～60HRC；型腔能达到很高的镜面程度，并可进行表面强化处理。其典型品种为Cr12MoV或美国的D2钢等。

（5）马氏体时效钢和粉末冶金模具钢　适用于要求高耐磨性、高耐蚀性、高韧性和超镜面的塑料模具，如06Ni6CrMoVTiAl马氏体时效钢或美国的PS、日本的ASP等粉末冶金模具钢。

第三节　学习本课程的要求

塑料制件主要是靠成型模具获得的，其质量好坏、成本高低取决于模具的结构、质量和使用寿命。随着各行各业对大型、复杂、精密、美观、长寿命成型模具需求的日益增长和计算机技术在现代模具工业的广泛应用，模具行业向着理论知识深化、学科知识复合、技术更新活跃的方向发展，这对模具设计工作提出了更高的要求。模具作为重要的工艺装备，其设计、制造和技术开发方面人才的培养已引起国内外普遍重视。“塑料成型工艺与模具设计”课程是模具设计与制造方面人才培养的重要内容，是其人才培养体系的主干课程之一。

本书系统地介绍了塑料成型工艺的基本理论和工艺知识，紧密结合模具技术的新发展，阐述了模具设计的理论、方法和技术。塑料成型加工及其模具技术是一门不断发展的综合学科，不仅随着高分子材料合成技术的提高、成型机械与设备的革新、成型工艺的成熟而进步，而且随着计算机技术、数值模拟技术等在塑料成型加工领域的渗透而发展。通过本门课程学习，应达到如下目的：

1）了解聚合物的物理性能、流动特性，成型过程中的物理、化学变化，以及塑料的组成、分类及其性能。

2）掌握塑料成型的基本原理和工艺特点，熟悉成型设备对模具的要求。正确分析成型工艺对塑料制件结构和塑料模具的要求。

3）掌握典型塑料成型模具结构特点与设计计算方法，通过训练，能够结合工程实际进行模具设计。

4）初步具有运用计算机进行塑料模具设计与分析的能力。

5）初步具有分析、解决成型技术现场问题的能力，包括初步掌握分析成型制件缺陷产生的原因和提出解决措施的能力。

“塑料成型工艺与模具设计”是一门实践性很强的课程，其主要内容都是在生产实践中逐步积累和丰富起来的，因此，学习本课程除了要重视基本理论知识学习外，特别强调理论联系实际，进行现场教学、实践教学。课程结束后，应进行2～3周的课程设计，以强化塑料模具的设计能力和技巧。

思考题

1. 试分析当前塑料模具的发展趋势。
2. 学习本课程应当掌握哪些主要内容？应如何学好本课程？

第二章　塑料成型技术基础

第一节　塑料的组成和特性

一、塑料与聚合物

1. 聚合物

塑料的主要成分是树脂。树脂是一种高分子有机化合物，其特点是无明显的熔点，受热后逐渐软化，可溶解于有机溶剂，不溶解于水。树脂分天然树脂和合成树脂两种。从松树分泌出的松香、从热带昆虫分泌物中提取的虫胶、石油中的沥青等都属于天然树脂。天然树脂不仅在数量上，而且在性能上都远远不能满足工业产品的生产需要，于是人们根据天然树脂的分子结构和特性，用化学合成的方法制取了各种合成树脂。

合成树脂既保留了天然树脂的优点，同时又改善了成型加工工艺性和使用性能等，因此在现代工业生产中得到了广泛应用。目前，石油是制取合成树脂的主要原料。常用的合成树脂有聚乙烯、聚丙烯、聚氯乙烯、酚醛树脂、氨基树脂、环氧树脂等。

通常，合成树脂是由低分子有机物经化学聚合反应或缩聚反应制成的，故又称其为聚合物。其分子中含有成千上万甚至几万个原子，它们以原低分子物分子结构为基本单元，按照一定方式重复排列，相对分子质量可达几万甚至上百万，分子长度也是原低分子长度的几万倍，甚至十几万倍。例如，聚乙烯分子的基本单元是低分子乙烯 C_2H_4，每个聚乙烯分子含有 n 个基本单元，并像下面这样连接起来：

$$\cdots—C_2H_4—C_2H_4—C_2H_4—C_2H_4—\cdots$$

这些基本单元称为“链节”，好像链条里的每个链节；n 称为“链节数”（聚合度），表示有多少个链节聚合在一起。由许多链节构成一个很长的聚合物分子，称为“分子链”。例如低分子乙烯的相对分子质量是 28，长度约为 0. 0005μm；聚乙烯的相对分子质量是 56000，长度为 6. 8μm。那么一个聚乙烯分子里就含有两千个乙烯分子，聚乙烯是低分子乙烯长度的 13600 倍。由此可知，聚合物是原子数很多、相对分子质量很高、分子链很长的高分子有机化合物。

2. 聚合物的分子结构及性能

聚合物的分子结构有三种形式：线型、带支链线型及体型。线型即大分子链呈线状，如图 2-1a 所示。在性能上，线型聚合物具有弹性和塑性，在适当的溶剂中可溶胀或溶解，升高温度时则软化至熔化而流动，而且，可反复多次熔化成型。高密度聚乙烯、聚苯乙烯等聚合物分子链属此种结构形式。

如果在大分子链之间有一些短链把它们相互交联起来，成为立体网状结构，则称为体型聚合物（或称为网型聚合物），如图 2-1c 所示。体型聚合物脆性大，硬度高，成型前是可溶与可熔的，一经成型硬化后，就成为既不溶解又不熔融的固体，所以不能再次成型。

此外，还有一些聚合物的大分子主链上带有一些或长或短的小支链，整个分子链呈枝状，如图 2-1b 所示，称为带支链的线型聚合物。因为存在支链，结构不太紧密，因此，聚合物的机械强度较低，但溶解能力和塑性较高。低密度聚乙烯等聚合物分子链属此种结构形式。

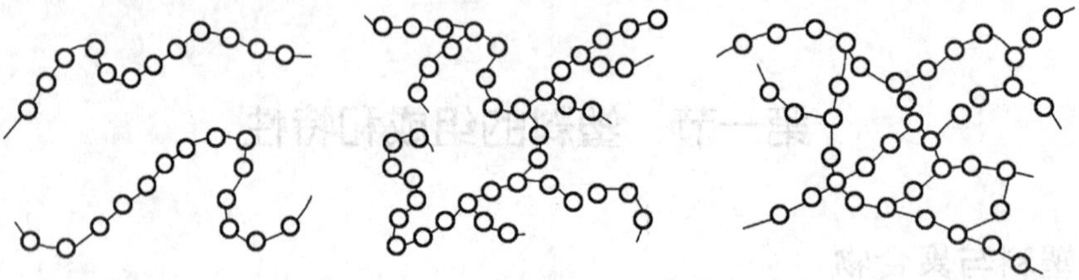

a) b) c)

图 2-1 聚合物分子链结构示意图

a）线型 b）带支链线型 c）体型

聚合物不但分子链很长，具有不同的结构，而且其分子的排列也具有不同的几何特点。据此可将聚合物的分子排列分为两种聚集态：一种是聚合物的分子有规则紧密的排列，称为结晶型聚合物；另一种是聚合物的分子排列处于无序状态，称为无定形聚合物。在一般情况下，结晶型聚合物的结晶不能百分之百进行，聚合物的分子聚集态结构由“结晶区”和“非结晶区（即无定形区）”构成，结晶区所占的质量分数称为结晶度。例如低压聚乙烯在室温时的结晶度为 85%～90%。结晶一般只发生在线型聚合物和含交联链不多的体型聚合物中。结晶对聚合物的性能影响很大，由于结晶造成了分子的紧密聚集状态，增强了分子间的作用力，所以使聚合物的强度、硬度、刚度及熔点、耐热性和耐化学性等性能都有所提高，而与大分子链运动有关的性能，如弹性、伸长率和冲击强度等则降低。

二、塑料的组成

在工业生产和应用上，单纯的聚合物性能往往不能满足加工成型和实际使用的要求，因此，需加入添加剂来改善其工艺性能、使用性能或降低成本，并由此构成了以聚合物（树脂）为主体的高分子材料——塑料。在塑料的组成中，树脂也起粘结作用，故也叫粘料。塑料的类型和基本性能（如名称、热塑性或热固性，物理、化学及力学性能等）取决于树脂。塑料中常用的添加剂及作用如下：

（1）增塑剂　指能改善树脂成型时的流动性和提高塑料柔顺性的添加剂。其作用是降低聚合物分子之间的作用力。如普通聚氯乙烯只能制成硬聚氯乙烯塑件，加入适量增塑剂后，可以制成软聚氯乙烯薄膜或人造革。

对增塑剂的要求是：与树脂有较好的相溶性，性能稳定，挥发性小；不降低塑件的主要性能，无毒、无害、成本低。常用的增塑剂有甲酸酯类、磷酸酯类和氯化石蜡等。

增塑剂的使用应适量，用量过多会降低塑件的力学性能和耐热性能。

（2）稳定剂　指能阻缓塑料变质的物质。其添加的目的是阻止或抑制树脂受热、光、氧和霉菌等外界因素作用而发生质量变异和性能下降。对稳定剂的要求是：能耐水、耐油、耐化学药品，并与树脂相溶；在成型过程中不分解，挥发小，无色。常用的稳定剂有硬脂酸盐、铅的化合物及环氧化合物等。稳定剂可分为光稳定剂、热稳定剂、抗氧化剂等。

(3) 固化剂　指能促使树脂固化、硬化的添加剂，又称硬化剂。它的作用是使树脂大分子链受热时发生交联，形成硬而稳定的体型网状结构。如在酚醛树脂中加入六亚甲基四胺，在环氧树脂中加入乙二胺、顺丁烯二酸酐等固化剂，均可使塑料成型为坚硬的制件。

(4) 填充剂　填充剂又称填料，是塑料中一种重要但并非必要的成分。在塑料中加入填充剂可减少贵重树脂含量，降低成本。同时，还可起到增强作用，改善塑料性能，扩大使用范围。

例如：在酚醛树脂中加入木粉后，既克服了它的脆性，又降低了成本；在聚乙烯、聚氯乙烯等树脂中加入钙质填充剂后，可成为刚性强、耐热性好、价格低廉的钙塑料；在尼龙、聚甲醛等树脂中加入二硫化钼、石墨、聚四氟乙烯后，其耐磨性、抗水性、耐热性、硬度及机械强度等都会得到改善。用玻璃纤维作塑料填充剂，能使塑料的机械强度大幅度地提高。

对填充剂的一般要求是：易被树脂浸润，与树脂有很好的粘附性，本身性质稳定，价格便宜，来源丰富。填充剂按其形态有粉状、纤维状和片状三种。常用的粉状填充剂有木粉、大理石粉、滑石粉、石墨粉、金属粉等；纤维状填充剂有石棉纤维、玻璃纤维、碳纤维、金属须等；片状填充剂有纸张、麻布、石棉布、玻璃布等。填充剂的组分一般不超过塑料组成的（质量分数）40%。

(5) 着色剂　在塑料中加入有机颜料、无机颜料或有机染料时，可以使塑料制件获得美丽的色泽，美观宜人，提高塑件的使用品质。对着色剂的要求是：性能稳定，不易变色，不与其他成分（增塑剂、稳定剂等）起化学反应，着色力强；与树脂有很好的相溶性。日常生活用塑料制品应注意选用无毒、无臭、防迁移的着色剂。

有些着色剂兼有其他作用，如本色聚甲醛塑料用炭黑着色后可防止光老化；聚氯乙烯用二盐基性亚磷酸铅等颜料着色后，可避免紫外线的射入，对树脂起着屏蔽作用，因此，它们还可提高塑料的稳定性。在塑料中加入金属絮片、珠光色料、磷光色料或荧光色料时，可使塑件获得特殊的光学性能。

塑料添加剂除上述几种外，还有润滑剂、发泡剂、阻燃剂、防静电剂、导电剂和导磁剂等，塑料制件可根据需要选择适当的添加剂。

三、塑料的特性

塑料的特性包括使用性能、加工性能和技术性能。其中技术性能是物理性能、化学性能、力学性能等的统称。塑料品种繁多，性能、用途也各不相同，其主要特性如下：

(1) 质量轻　塑料是一种轻质材料。普通塑料的密度约为 $0.83 \sim 2.3\mathrm{g/cm^3}$，大约是铝材的1/2，钢材的1/5。如用发泡法得到的泡沫塑料，其密度可以小到 $0.01 \sim 0.5\mathrm{g/cm^3}$。利用这一特点，以塑代钢应用于汽车工业，已经取得重大的经济效益。美国自20世纪50年代至今的汽车发展史的经验表明，每减少10%质量，可以节约燃料10%～20%。塑料质量轻的这一特点，对于需要全面减轻自重的飞机、船舶、建筑、宇航工业等也具有特别重要的意义。由于质量轻，塑料还特别适合制造轻巧的日用品和家用电器零件。

(2) 电气绝缘性能好　塑料具有优良的电气绝缘性能，其相对介电常数低至2.0（比空气高一倍），而高值可达十几甚至更高；发泡塑料的相对介电常数为1.2～1.3，接近空气。

常用塑料的电阻通常在$10^{14} \sim 10^{16}\Omega$范围之内。大多数塑料都有较高的介电强度，无论是在高频还是在低频，在高压还是在低压下，绝缘性能都十分优良。塑料的耐电弧性好，介电损耗极小，所以被广泛用于电机、电器、电子工业中。

目前，采用先进的工艺技术，可将塑料制造成半导体、导电和导磁的材料，它们对电子工业的发展具有特殊的意义。

（3）比强度、比刚度高　塑料的力学性能相对金属要差。塑件的刚度与木材相近，拉伸强度一般为10～500MPa。但由于塑料的密度小，所以按单位质量计算相对的强度和刚度，即比强度和比刚度（强度与相对密度之比称为比强度；弹性模量与密度之比称为比刚度）比较高。一些特殊塑料如纤维增强塑料拉伸比强度可高达170～400MPa，比一般钢材（约为160MPa）要高得多。通常，塑料的比强度接近或超过普通的金属材料，因此可用于制造受力不大的一般结构件。一些玻璃纤维、碳纤维增强塑料的比强度和比刚度相当高，甚至超过钢、钛等金属，已在汽车、造船、航天和国防工业中得到应用。

（4）化学稳定性能好　一般塑料均具有一定的抗酸、碱、盐等化学腐蚀的能力。有些塑料除此之外还能抗潮湿空气、蒸汽的腐蚀，在这方面它们大大地超过了金属。其中最突出的代表是聚四氟乙烯，它对强酸、强碱及各种氧化剂等腐蚀性很强的介质都完全稳定，甚至在沸腾的“王水”中也无动于衷，核工业中用的强腐蚀剂五氟化铀对它也不起作用。另外，聚氯乙烯可以耐90%浓度的硫酸、各种浓度的盐酸和碱液等，因而常用作耐腐蚀材料。

由于塑料具有优越的化学稳定性，故在化工设备制造中有极其广泛的用途，比如制作各种管道、密封件、换热器和在腐蚀介质中有相对运动的零、部件等。

（5）减摩、耐磨性能优良，减振消声性好　塑料的摩擦因数小，具有良好的减摩、耐磨性能。某些塑料摩擦副、传动副，可以在水、油和带有腐蚀性的溶液中工作；也可以在半干摩擦、全干摩擦条件下工作，具有良好的自润滑性能。这一性能比一般金属零件要好。

同时，一般塑料的柔韧性比金属要大得多，当其受到频繁机械力冲击与振动时，因阻尼较大而具有良好的吸振与消声性能，这对高速运转的摩擦零部件以及受冲击载荷作用的零件具有重要意义。如一些高速运转的仪表齿轮、滚动轴承的保持架、机构的导轨等可采用塑料制造。

（6）热导率低，一些塑料具有良好的光学性能　塑料的热导率比金属低得多，一般为0.17～0.35W/(m·℃)；而钢的热导率为46～70W/(m·℃)，它们之间相差数百倍。利用热导率低的特点，塑料可以用来制作需要保温和绝热的器皿或零件。

有些塑料具有良好的透明性，透光率高达90%以上，如有机玻璃、聚碳酸酯、聚苯乙烯等都具有良好的透明性，它们可用于制造光学透镜、航空玻璃、透明灯罩以及光导纤维材料等。

此外，塑料还具有良好的成型加工性、焊接性、可电镀性和着色能力。但与其他材料相比，塑料也有一定的缺陷，如塑料成型时收缩率较高，有的高达3%以上，并且影响塑料成型收缩率的因素很多，这使得塑料制件要获得高的精度难度很大，故塑件精度普遍不如金属零件；塑料制件的使用温度范围较窄，塑料对温度的敏感性远比金属或其他非金属材料大，如热塑性塑料制件在高温下易变软产生热变形；塑料制件在光和热的作用下容易老化，使性能变差；塑料制件若长期受载荷作用，即使温度不高，其形状也会产生“蠕变”，且这种变形是不可逆的，从而导致塑料制件尺寸精度的丧失。这些缺陷，使塑料的应用受到了一定限制。

第二节　塑料的分类与应用

一、塑料的分类

塑料的品种很多，从不同角度按照不同原则进行分类的方式也各不相同，常用的塑料分类方法有两种。

1. 按照合成树脂的分子结构和受热时的行为分类

（1）热塑性塑料　这类塑料的合成树脂都是线型或带有支链线型结构的聚合物，因而受热变软，成为可流动的粘稠液体。在此状态下具有可塑性，可塑制成一定形状的塑件，并可经冷却定型；如再加热，又可变软塑制成另一形状，如此可以反复进行多次。简而言之，热塑性塑料是由可以多次反复加热而仍具有可塑性的合成树脂制得的塑料。热塑性塑料在成型加工过程中，一般只有物理变化，因而其变化过程是可逆的。聚乙烯、聚丙烯、聚苯乙烯、聚氯乙烯、有机玻璃、聚酰胺、聚甲醛、ABS、聚碳酸酯、聚砜等塑料均属此类。

（2）热固性塑料　这类塑料的合成树脂是带有体型网状结构的聚合物，在加热之初，因分子呈线型结构，具有可溶性和可塑性，可塑制成一定形状的塑件。当继续加热时，温度达到一定程度后，分子呈现网状结构，树脂变成不熔或不溶的体型结构，使形状固定下来不再变化。如再加热，也不再软化，不再具有可塑性。在这一变化过程中既有物理变化，又有化学变化，因而其变化过程是不可逆的。简而言之，热固性塑料是由加热硬化的合成树脂制得的塑料。酚醛塑料、氨基塑料、环氧树脂、有机硅塑料、不饱和聚酯塑料等均属此类。

2. 按塑料的应用范围分类

（1）通用塑料　通用塑料主要指产量大、用途广、价格低的一类塑料。其中聚乙烯、聚丙烯、聚苯乙烯、聚氯乙烯、酚醛塑料合称五大通用塑料。其他聚烯烃、乙烯基塑料、丙烯酸塑料、氨基塑料等也都属于通用塑料。它们的产量占塑料总产量的一多半以上，构成了塑料工业的主体。

（2）工程塑料　工程塑料是指那些具有突出的力学性能和耐热性，或具有优异的耐化学试剂、耐溶剂性，或在变化的环境条件下可保持良好绝缘介电性能的塑料。工程塑料一般可作为承载结构件、耐热件、耐腐蚀件、绝缘件等使用。工程塑料的生产批量小，价格较昂贵，用途范围相对狭窄。从广义来说，几乎所有的塑料都可作为工程塑料使用，但实际上目前常用的工程塑料仅包括聚酰胺、聚甲醛、ABS、聚碳酸酯、聚砜、聚酰亚胺、聚苯硫醚、聚四氟乙烯等几种。

（3）特种塑料　特种塑料又称功能塑料，指具有某种特殊功能的塑料。如用于导电、压电、热电、导磁、感光、防辐射、光导纤维、液晶、高分子分离膜、专用于减摩耐磨用途等的塑料。特种塑料一般是由通用塑料或工程塑料用树脂经特殊处理或改性获得的，但也有一些是由专门合成的特种树脂制成的。

另外，按聚合物分子聚集状态塑料亦可分为两类：一类是无定形塑料；另一类是结晶型塑料。塑料按组成与结构还可分为模塑粉、增强塑料和发泡塑料三种。

二、常用塑料

1. 热塑性塑料

（1）聚乙烯（PE）　聚乙烯、聚丙烯、聚丁烯等统称为聚烯烃（PO）。它们是世界塑料工业中产量最大的品种。聚乙烯树脂的密度为0.91~0.96g/cm^3，有一定的机械强度，但表面硬度差。其特征为白色或淡白色，无毒、无味、柔软、半透明，一般呈颗粒状，手触似蜡，因而又称高分子石蜡。

聚乙烯按合成方法不同，分低压、中压和高压三种。低压聚乙烯的分子链支链较少，相对分子质量、结晶度和密度均较高（故又称高密度聚乙烯），所以比较刚硬、耐磨、耐蚀、耐热及绝缘性较好，常用来制造塑料管、塑料板、塑料绳以及承载不高的零件，如齿轮、轴承等。高压聚乙烯带有许多支链，因而相对分子质量较小，结晶度和密度较低（故又称低密度聚乙烯），且具有较好的柔软性、耐冲击性及透明性，成型加工性能也较好。它常用于制作塑料薄膜、软管和塑料瓶以及电器工业中的支架、绝缘零件和包覆电缆等。

聚乙烯成型时流动性较好，质软易脱模，塑件有浅的侧凹时可强行脱模。但聚乙烯成型流动性对压力变化敏感，加热时间长易产生分解；聚乙烯收缩率大，方向性明显，易变形、翘曲，产生缩孔，应控制模具温度。

（2）聚丙烯（PP） 聚丙烯树脂的密度为0.90~0.91g/cm^3，力学性能优于聚乙烯，有较高的抗弯曲疲劳强度。其外观特征似聚乙烯，无色、无毒、无味，但比聚乙烯更透明更轻。聚丙烯耐热性良好，可在100℃左右使用，同时绝缘性优越。所以，它可作为机器上的某些零部件，如法兰、齿轮、风扇叶轮、泵叶轮、接头、把手，电器元件中的骨架、高频插座、壳体，电容器和微波元件，化工管道的容器及包装薄膜等使用。

聚丙烯的成型特点与聚乙烯接近。

（3）聚氯乙烯（PVC） 聚氯乙烯是世界上产量较大的塑料品种之一。聚氯乙烯树脂为白色或浅黄色粉末，形同面粉，造粒后为透明颗粒料。纯聚氯乙烯的密度为1.4g/cm^3，加入增塑剂和填料等的聚氯乙烯塑件的密度一般在1.15~2.00g/cm^3范围内。根据加入增塑剂的多少，聚氯乙烯可分为软、硬两种。

硬聚氯乙烯塑料含有少量或不含增塑剂。它的机械强度高，坚韧，介电性能好，对酸碱的抵抗力极强，化学稳定性好，但耐热性不高。它主要用来制造板、片、管、棒等各种型材和各种耐腐蚀零件。此外，还可用它制造泡沫塑料。

软聚氯乙烯塑料含有较多的增塑剂，柔软且富有弹性，类似橡胶，但比橡胶的化学稳定性好。它的耐热性低，机械强度、耐磨性、耐溶剂性及介电性能等都不及硬聚氯乙烯，且易老化。软聚氯乙烯可制成压延薄膜和吹塑薄膜，可用挤出成型法制造管及带，也可用注射成型法制造手柄、绝缘垫圈等塑件。此外，也可制成软质泡沫塑料。

聚氯乙烯流动性差，成型温度范围小，加热成型时极易分解，并放出有腐蚀性和刺激性的气体。因此，成型困难，必须严格控制料温。

（4）聚苯乙烯（PS） 聚苯乙烯是最早工业化的塑料品种之一，应用广泛。聚苯乙烯无色透明、无毒无味，落地时可发出清脆的金属声，密度约为1.05g/cm^3。其塑件硬而脆，力学性能与聚合方法、相对分子质量大小、定向度和杂质含量等有关，相对分子质量越大，机械强度越高。聚苯乙烯具有优良的绝缘性能、一定的化学稳定性和耐蚀性。聚苯乙烯可用以制造纺织工业中的纱管、纱锭、线轴；电子工业中的仪表零件、设备外壳；化工中的贮槽、管道、弯头；车辆上的灯罩、透明窗，以及家具和日用品等。

聚苯乙烯的成型特点是流动性和成型性优良，成品率高，但容易出现裂纹。因此，成型塑件的壁厚应均匀，脱模斜度不宜过小，塑件中不宜有嵌件。

(5) ABS 塑料 ABS 塑料是丙烯腈、丁二烯和苯乙烯的三元共聚物。这三种组分的各自特性，使 ABS 塑料具有"硬、韧、刚"的综合力学性能。丙烯腈使 ABS 有良好的耐化学腐蚀性和表面硬度；丁二烯使 ABS 坚韧；苯乙烯使它有良好的加工性和染色性能。ABS 无毒、无味，呈微黄色，成型塑件光泽性好。密度为 1.02 ~ 1.05g/cm^3。ABS 有良好的机械强度和一定的耐磨性、耐寒性、耐油性、耐水性、化学稳定性和电气性能。其尺寸稳定性好，易于成型加工。水、无机盐、碱、酸类对 ABS 几乎无影响。其缺点是：耐热性不高，连续工作温度只有 70℃左右；耐气候性差，在紫外线作用下易变硬发脆。

根据 ABS 塑料中三种组分之间的比例不同，其性能也略有差异，从而适应各种不同的用途。根据应用不同，ABS 塑料可分为超高抗冲击型、高抗冲击型、中抗冲击型、低抗冲击型和耐热型等。ABS 可制作齿轮、泵叶轮、轴承、把手、管道、电机外壳、仪表壳、仪表盘、水箱外壳、蓄电池槽、冰箱衬里等；在机械、汽车、电机、仪表、纺织器材、电器零件、文体用品、玩具、食品包装容器、家具等方面广为应用。

ABS 原料易吸水，成型加工前应进行干燥处理。ABS 在升温时粘度增高，所以成型压力较高，易产生熔接痕缺陷。

(6) 聚甲基丙烯酸甲酯 (PMMA) 聚甲基丙烯酸甲酯俗称有机玻璃，又称亚克力(英文 Acrylic 的中文译法)，是一种透光性塑料，透光率达 92%，优于普通硅玻璃。其密度为 1.18g/cm^3，比普通硅玻璃轻一半，机械强度为普通硅玻璃的 10 倍以上。它轻而坚韧，容易着色，有较好的电器绝缘性、化学稳定性，能耐一般的化学腐蚀，在一般条件下尺寸较稳定。其最大的缺点是表面硬度低，容易被硬物擦伤拉毛。聚甲基丙烯酸甲酯主要用于制造具有一定透明度和强度的防振、防爆和观察等方面的零件，如飞机和汽车的窗玻璃、飞机罩盖、油杯、光学镜片、透明模型、透明管道、车灯灯罩等各种零件，也可用作绝缘材料、广告铭牌等。

聚甲基丙烯酸甲酯的流动性中等，因在一般情况下用作透明、观察件使用，所以成型时应注意避免气泡、混浊、银丝、熔接痕和发黄等缺陷，成型前原料应很好地干燥，成型时采用低的注射速度。

(7) 聚酰胺 (PA) 聚酰胺又称尼龙，其密度一般为 1.04 ~ 1.17g/cm^3，无味、无毒，略呈微黄色。尼龙的命名由其构成中的二元胺与二元酸中的碳原子数来决定，常见的品种有尼龙 1010、尼龙 610、尼龙 66、尼龙 6 等。尼龙有优良的力学性能，并抗拉、抗压、耐磨。其抗冲击强度比一般塑料高，作为机械零件材料，具有良好的消声效果和自润滑性能。尼龙耐碱、弱酸，但强酸和氧化剂能侵蚀尼龙。其吸水性强，收缩率大，稳定性差，适于在 80 ~ 100℃使用。

尼龙在机械、化学和电器零件上，被广泛地用于制作轴承、齿轮、泵叶轮、风扇叶片、蜗轮、滚子、辊轴、高压密封圈、垫片、阀座、输油管、储油容器、绳索、传动带、电池箱、电器线圈骨架等零件。

尼龙成型时的特点是熔融粘度低，流动性良好，容易产生飞边。成型加工前必须进行干燥处理；易吸潮，塑件尺寸变化较大。熔融状态的尼龙热稳定性差，易发生降解而使塑件的性能下降。

(8) 聚碳酸酯 (PC) 聚碳酸酯是分子链中含有碳酸酯基的高分子聚合物，密度为 1.20 ~ 1.22g/cm^3，热变形温度为 135℃。聚碳酸酯无色透明，耐热，抗冲击，在普通使用温度下具有良好的力学性能，常用于制作光碟、眼镜片、水瓶、防弹玻璃、护目镜、银行防子弹玻璃、车头灯等。聚碳酸酯可注射、挤出、模压、吹塑、热成型、印刷、粘接、涂覆和机加工，最重要的加工方法是注射。成型之前必须预干燥，水分含量应低于0.02%，微量水分在高温下加工会使制品产生白浊色泽、银丝和气泡，聚碳酸酯在室温下具有相当大的强迫高弹形变能力，冲击韧性高，因此可进行冷压、冷拉、冷辊压等冷成型加工。聚碳酸酯与不同聚合物能形成合金或共混物，具有两种材料的性能优点，并降低了成本，如PC/ABS塑料合金中，PC主要贡献高耐热性、较好的韧性和冲击强度、高强度、阻燃性；ABS则能改进可成型性、表观质量，降低密度。

常用的热塑性塑料还有聚甲醛（POM）、聚砜（PSU）、聚苯醚（PPO）、氯化聚醚（CPT），还包括聚四氟乙烯（PTFE）、聚三氟氯乙烯（PCTFE）、聚全氟乙丙烯（PEP）等的含氟塑料，详见有关塑料性能手册。

2. 热固性塑料

（1）酚醛塑料（PF） 酚醛塑料是以由酚类化合物和醛类化合物经缩聚而成的酚醛树脂制得的塑料。纯酚醛树脂密度约为1.25～1.30g/cm^3，很脆，呈琥珀玻璃态。酚醛树脂使用时必须加入各种纤维或粉末状填料，以获得具有一定性能要求的酚醛塑料。酚醛塑料大致可分为四类：①层压塑料；②压塑料；③纤维状压塑料；④碎屑状压塑料。

酚醛塑料与一般热塑性塑料相比，刚性好，变形小，耐热耐磨，能在150～200℃的温度范围内长期使用。在水润滑条件下，有极低的摩擦因数，绝缘性能优良，其缺点是质脆，抗冲击强度低。

酚醛层压塑料是用浸渍过酚醛树脂溶液的片状填料制成的，可用于制作各种型材和板材。根据所用填料不同，分为纸质、布质、木质、石棉和玻璃布等各种层压塑料。布质及玻璃布酚醛层压塑料具有优良的力学性能、耐油性能和一定的介电性能，用于制造齿轮、轴瓦、导向轮、轴承及电工结构材料和电气绝缘材料。木质层压塑料适用于制作水润滑冷却下的轴承及齿轮等。石棉布层压塑料主要用于制作高温下工作的零件。

酚醛纤维状压塑料可以加热模压成各种复杂的机械零件和电器零件，具有优良的电气绝缘性能、耐热性、耐水性和耐磨性，可制作各种线圈架、接线板、电动工具外壳、风扇叶、耐酸泵叶轮、齿轮、凸轮等。

酚醛树脂的成型特点是：成型性能好，特别适用于压缩成型；模温对流动性影响较大，一般当温度超过160℃时流动性迅速下降；硬化时放出大量热，硬化速度慢。厚壁、大型塑件内部温度易过高，发生硬化不匀及过热等现象。

（2）氨基塑料 氨基塑料是由氨基化合物与醛类（主要是甲醛）经缩聚反应而制得的塑料，主要包括脲-甲醛、三聚氰胺-甲醛等。

脲-甲醛塑料（UF）是脲-甲醛树脂和漂白纸浆等制成的压塑粉。它可染成各种鲜艳的色彩，外观光亮，部分透明，表面硬度较高，耐电弧性能好，耐矿物油、耐霉菌的作用强。但其耐水性较差，在水中长期浸泡后电气绝缘性能下降。脲-甲醛塑料大量用于压制日用品及电气照明用设备的零件，如开关、插座及电气绝缘零件等。

三聚氰胺-甲醛塑料（MF）是由三聚氰胺-甲醛树脂与石棉滑石粉等制成的。三聚氰胺-甲醛塑料可制成各种塑件，耐光、耐电弧、无毒，着色能力强。在-20～100℃的温度内其性能变化小，能耐沸水及茶、咖啡等污染性强的物质，能像陶瓷一样方便地去掉茶渍一类污染物，且质量轻、不易破碎。三聚氰胺-甲醛塑料主要用于制作餐具、航空茶杯、电器开关、灭弧罩及防爆电器的配件等。

氨基塑料常用压缩、传递方法成型。其特点是：流动性好，硬化速度快，因此，预热及成型温度要适当，装料、合模及加工速度要快；传递成型收缩率大，含水分及挥发物多，加工前需预热干燥，且成型时有弱酸性分解及水分析出，所以模具应镀铬防腐，并注意排气；带嵌件的塑件易产生应力集中，尺寸稳定性差。

（3）环氧树脂（EP） 环氧树脂是含有环氧基的高分子化合物。未固化之前是线型的热塑性树脂，只有在加入固化剂（如胺类和酸酐等）之后才交联成不熔的体型结构聚合物，成为具有实用价值的塑料。环氧树脂种类繁多，应用广泛，有许多优良的性能。其最突出的特点是粘接能力很强，是人们熟悉的“万能胶”的主要成分。此外，耐化学药品、耐热、电气绝缘性能良好，收缩率小，比酚醛树脂的力学性能好。其缺点是脆性大、抗冲击性和耐气候性差。环氧树脂可用作金属和非金属材料的粘合剂，用于封装各种电子元件。用环氧树脂配以硅粉等可浇注各种模具，还可以作为各种产品的防腐涂料。

环氧树脂流动性好，硬化速度快。用于浇注时，因环氧树脂热刚性差，硬化收缩小，难以脱模，所以浇注前应加脱模剂。环氧树脂硬化时不析出任何副产物，成型时不需排气。

（4）不饱和聚酯树脂（UP） 不饱和聚酯树脂是指由不饱和二元酸与二元醇缩聚反应形成的线型结构，经加热到较高温度时转化为体型结构的聚酯树脂，属热固性塑料。根据其原料和制备方法的不同，不饱和聚酯树脂可以具有不同的性能。未转化的树脂为具有不同粘度的液体，转化后随固化剂的不同，刚性、弹性、透明性则有所不同。其最突出的优点是在常温常压下成型，且不析出任何副产物，尺寸稳定性好，但其耐热性差，抗冲击强度低，因而常用作涂料、胶泥，并用来制作浇注塑料制品的模型等。

以玻璃纤维为填料的不饱和聚酯增强塑料俗称“玻璃钢”。它具有优异的机械强度，主要用于飞机、汽车、船舶、石油、化工、电子等工业部门。

3. 发泡塑料简介

在热固性树脂和热塑性树脂中，添加适量的发泡剂、添加剂，可得到发泡树脂。能够制作发泡树脂的有：酚醛树脂、脲醛树脂、环氧树脂、聚氨酯树脂、聚苯乙烯、ABS、聚乙烯、聚丙烯、聚酰胺、丙烯酸树脂、乙烯-醋酸乙烯树脂等。

（1）酚醛树脂 酚醛树脂发泡塑料，具有优越的耐热性、阻燃性、耐药品性和隔声性等，主要用作保温冷藏装置、建筑结构的隔热保温材料、工艺品、装饰品等。

（2）环氧树脂 环氧树脂发泡塑料主要应用于要求质量轻、强度高的多层结构材料、包装材料、吸声材料、降噪声材料等。

（3）聚氨酯树脂 聚氨酯树脂软质发泡塑料，主要用于家具、床具、床垫、汽车车辆等的坐垫、家庭用品等方面。聚氨酯树脂硬质发泡塑料，用于制作车辆、船舶、冷冻、冷藏库、救生用品、浮力和浮标等浮力材料、缓冲包装材料、家庭用品、保温材料等。

（4）聚苯乙烯 聚苯乙烯树脂发泡塑料，主要使用在隔热材料、结构材料、缓冲材料、包装材料、漂浮材料、布纸代用材料、装饰用材料、浇注用材料等方面。

（5）ABS ABS树脂发泡塑料主要用作蜂窝结构材料。如通过挤出成型设备得到复合制品的板、型材；可制造高尔夫球杆、手柄，电视机、收音机、录像机的机壳等。

（6）聚乙烯 聚乙烯树脂发泡制品，主要用作隔热材料、缓冲材料、包装材料、漂浮材料、绝缘材料，厨房、卫生间的防滑垫、容器，汽车的仪表板、转向盘等。

(7) 聚丙烯　聚丙烯树脂发泡塑料，主要应用于绝缘包覆层、桌子、椅子、机壳、风扇叶罩、容器等方面。

(8) 聚氯乙烯　聚氯乙烯树脂发泡塑料，主要用作缓冲材料、发泡人造革、隔热材料、蜂窝夹层结构材料的芯层、包装材料、漂浮材料等方面。

(9) 乙烯-醋酸乙烯树脂　乙烯-醋酸乙烯树脂发泡塑料，主要应用在缓冲材料、包覆材料（滑轮部分、滑板）、日用品（地板砖、搅拌器、衬垫）、玩具、隔热材料、渔业用浮漂、衬垫等方面。

三、塑料的选用

注射结构件用途、要求和所用材料见表 2-1。

表 2-1　注射结构件用途、要求和所用材料

用　途	要　求	所用材料
一般结构零件	强度和耐热性无特殊要求，一般用来代其他材料以及批量大、生产率高、成本低的结构件	HDPE、PVC、改性聚苯乙烯（203A，204）、ABS、PP 等。这些材料只承受较低的载荷，当受力小时，可在 60～80℃范围内使用
增强结构零件	要求有结构强度	POM、PA1010 等
透明结构零件	具有良好透明度的结构件	改性 PMMA（372）、改性 PS（204）、PC
耐磨受力传动零件	要求较高强度、刚性、韧性、耐磨性、耐疲劳性；高的热变形温度、尺寸稳定性的结构件	PA、MC 尼龙、POM、PC、氯化聚醚、线型聚酯等。这类塑料的拉伸强度都在 58.8MPa 以上，使用温度可达 80～120℃
减摩自润滑零件	运动速度高，摩擦因数低，耐磨性和自润滑性好的结构件	聚四氟乙烯（PTFE）、填充 PTFE、填充 PTFE 填充 POM、聚全氟乙丙烯（FEP）等；在小载荷、低速时可采用 HDPE
耐高温结构零件	具有高的热变形温度及高温抗蠕变性的结构件	PSU、PPO、氟塑料（PTFE、FEP）、聚酰亚胺（PI）、PPS 以及各种玻璃纤维增强塑料等。这些材料都可在 150℃以上使用
耐腐蚀设备与零件	抗酸碱等耐腐蚀的结构件	FEP、TPFE、PCTFE、PVC、HDPE、PP、PE 等

(1) 一般结构零件用塑料　一般结构零件通常只要求具有较低的强度和耐热性能，有时还要求外观漂亮，例如罩壳、支架、连接件、手轮、手柄等。由于这类零件批量大，要求有较高的生产率和低廉的成本，大致可选用的塑料有：改性聚苯乙烯、低压聚乙烯、聚丙烯、ABS 等。其中前三种塑料经玻璃纤维增强后能显著提高机械强度和刚性，还能提高热变形温度。在精密、综合性能要求好的塑件中，使用最普遍的是 ABS。

有时，为了达到某一项较高性能指标，也采用一些综合性能更好的塑料，如尼龙 1010 和聚碳酸酯等。

(2) 耐磨损传动零件用塑料　这类零件要求有较高的强度、刚性、韧性、耐磨损和耐疲劳性，并有较高的热变形温度。例如，各种轴承、齿轮、凸轮、蜗轮、蜗杆、齿条、辊子、联轴器等。优先选用的塑料有 MC 尼龙、聚甲醛、聚碳酸酯；其次是聚酚氧、氯化聚醚、线型聚酯等。其中 MC 尼龙可在常压下于模具内快速聚合成型，用来制造大型塑件。各种仪表中的小模数齿轮可用聚碳酸酯制造；聚酚氧特别适用于精密零件及外形复杂的结构件；而氯化聚醚可用于制作腐蚀性介质中工作的轴承、齿轮等，以及摩擦传动零件与涂层。

(3) 减摩自润滑零件用塑料　减摩自润滑零件一般受力较小，对机械强度要求往往不高，但运动速度较高，要求具有低的摩擦因数，例如，活塞环、机械运动密封圈、轴承和装卸用箱框等。这类零件选用的材料为聚四氟乙烯和有各种填充物的聚四氟乙烯，以及用聚四氟乙烯粉末或纤维填充的聚甲醛、低压聚乙烯等。

(4) 耐腐蚀零、部件用塑料　塑料一般要比金属耐蚀性好。但是既要求耐强酸或强氧化性酸，同时又要求耐碱的，则首推各种氟塑料，例如，聚四氟乙烯、聚全氟乙丙烯、聚三氟乙烯及聚偏氟乙烯等。氯化聚醚既有较高的力学性能，同时又具有突出的耐蚀特性，这些塑料都优先适用于耐蚀零件。

(5) 耐高温零件用塑料　一般结构零件和耐磨损传动零件所选用的塑料，大都只能在 80 ~ 120℃温度下工作；当受力较大时，只能在 60 ~ 80℃工作。其实，能适应工程需要的新型耐热塑料很多，选作耐高温零件的塑料，除了各种氟塑料外，还有聚苯醚、聚砜、聚酰亚胺、芳香尼龙等，它们大都可以在 150℃以上工作，有的还可以在 260 ~ 270℃下长期工作。

(6) 光学用塑料　光学塑料在军事上已应用于夜视仪器、飞行器的光学系统、全塑潜望镜、三防（防核、化学、生物）保护眼镜等。在民用领域，不仅用于照相机、显微镜、望远镜、各种眼镜，还广泛用于复印机、传真机、激光打印机等办公设备，以及录像机、视频光盘等新型家用电器。目前光学塑料已有十余种，可根据不同用途选用。常用的光学塑料有聚甲基丙烯酸甲酯、聚碳酸酯、聚苯乙烯、聚 4- 甲基戊烯-1、聚丙烯、烯丙基二甘醇碳酸酯、苯乙烯丙烯酸酯共聚物、丙烯腈共聚物等。另外，环氧树脂、硅树脂、聚硫化物、聚酯、透明聚酰胺等也是可供选择的光学塑料。

选择光学塑料的主要依据是光学性能，即透射率（光谱透射比）、折射率、散射及光的稳定性。因使用条件的不同，还应考虑其他方面的性能，如耐热、耐磨损、抗化学侵蚀及电性能等。

第三节　塑料成型的工艺性能

一、聚合物的热力学性能与加工工艺

1. 聚合物的热力学性能

聚合物的物理、力学性能与温度密切相关，当温度变化时，聚合物的受力行为发生变化，呈现出不同的力学状态，表现出分阶段的力学性能特点。图 2-2 为线型无定形聚合物在恒应力作用下变形量与温度的关系曲线，也叫热力学曲线。此曲线明显分三个阶段，即线型无定形聚合物常存在的三种物理状态：玻璃态、高弹态和粘流态。

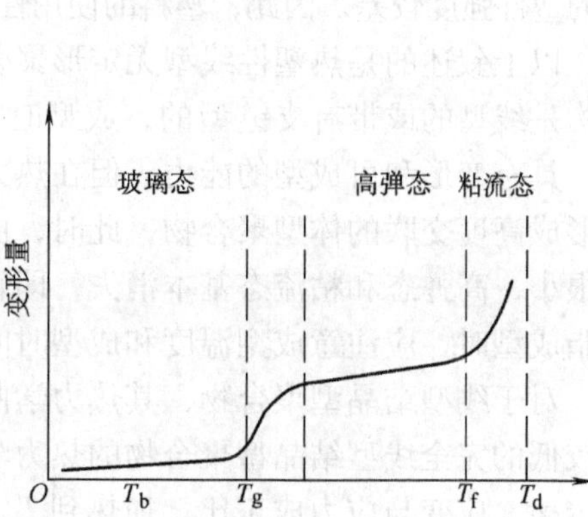

图 2-2　线型无定形聚合物的热力学曲线

在温度较低时（低于 T_g 温度），曲线基本上是水平的，变形量小，而且是可逆的；但弹性模量较高，聚合物处于此状态时表现为玻璃态。此时，物体受力的变形符合胡克定律，应变与应力成正比，并在瞬时达到平衡。当温度上升时（在 T_g 至 T_f 间），曲线开始急剧变化，但很快趋于水平。聚合物的体积膨胀，表现为柔软而富有弹性的高弹态（或橡胶态）。此时，变形量很大，而弹性模量显著降低，外力去除后变形量可以回复，变形是可逆的。如果温度继续上升（高于 T_f 温度），变形迅速发展，弹性模量再次很快下降，聚合物即产生粘性流动，成为粘流态。此时变形是不可逆的，物质成为液体。这里，T_g 为玻璃态与高弹态间的转变温度，称为玻璃化温度；T_f 为高弹态与粘流态的转变温度，称为粘流温度。在常温下，玻璃态的典型材料是有机玻璃，高弹态的典型材料是橡胶，粘流态的典型物质是熔融树脂（如胶粘剂）。

聚合物处于玻璃态时硬而不脆，可作结构件使用。但塑料的使用温度不能太低，当温度低于 T_b 时，物理性能发生变化，在很小的外力作用下就会发生断裂，使塑料失去使用价值。通常称 T_b 为脆化温度，它是塑料使用的下限温度。当温度高于 T_g 时，塑料不能保持其尺寸的稳定性和使用性能，因此，T_g 是塑料使用的上限温度。显然，从使用的角度看，T_b 与 T_g 间的范围越宽越好。当聚合物的温度升到图 2-2 中的 T_d 温度时，便开始分解，所以称 T_d 为分解温度。聚合物在 $T_f \sim T_d$ 温度范围内是粘流态，塑料的成型加工就是在这个范围内进行的。这个范围越宽，塑料成型加工就越容易进行。聚苯乙烯、聚乙烯、聚丙烯的 $T_f \sim T_d$ 范围相当宽，可在相当宽的温度范围里呈粘流态，不易分解，因而易于操作。硬聚氯乙烯则不然，它的粘流温度与分解温度很接近，而且即使在接近 T_d 的温度下，虽经高压作用，其流动性仍然很小，成型加工就很困难。

综上所述，聚合物的成型加工是在粘流状态中实现的。欲使聚合物达到粘流态，加热只是方法之一；加入溶剂使聚合物达到粘流态则是另外的一种方式。通过加入增塑剂可以降低聚合物的粘流温度。粘流温度 T_f 是塑料成型加工的最低温度，粘流温度不仅与聚合物的化学结构有关，而且与相对分子质量的大小有关。粘流温度随相对分子质量的增高而升高。在塑料的成型加工过程中，首先要化验聚合物的粘度与熔融指数（熔融指数是指聚合物在挤压力作用下获得变形和流动的能力），然后确定成型加工的温度。粘度值小、熔融指数大的树脂（即相对分子质量低的树脂）成型加工温度可选择低一些，但相对分子质量低的树脂制成的塑件强度较差。因此，塑料的使用性能与成型加工工艺必须科学合理地选择。

以上叙述的是热塑性线型无定形聚合物的热力学性能，而常用热固性树脂在成型前分子结构是线型的或带有支链型的，成型时在热和压力的作用下可达到一定的高弹态甚至粘流态，具有变形和可成型的能力。但在热力作用下，大分子间的交联化学反应也同时进行，直至形成高度交联的体型聚合物，此时，由于分子运动的阻力很大，随温度发生的力学状态变化很小，高弹态和粘流态基本消失，即转变成遇热不熔，高温时分解的物体。因此，热固性树脂成型时，应注意成型温度和成型时间的控制。

对于线型结晶型聚合物，其热力学曲线如图 2-3 所示。图中 1 所示为聚合物相对分子质量较低的完全线型结晶型聚合物的热力学曲线。温度低于 T_m 时，物体受力后的变形符合胡克定律，应变与应力成正比。加热到 T_m 时开始转化为液态，其对应的温度叫做熔点 T_m，是线型结晶型聚合物熔融或凝固的临界点。对于相对分子质量较高的聚合物，通常结晶区和非结晶区共存，如图 2-3 中的 2、3 所示。加热到 T_m 时，开始熔化，至 T_f 时完全转化为粘流态，其熔化是一个温度范围，通常称结晶型塑料从开始熔融到全部熔化的温度范围为“熔限”。线型结晶型聚合物的“熔限”随聚合物的相对分子质量增大而变宽，有时 T_f 温度甚至高于分解温度，所以采用一般方法难以成型。例如聚四氟乙烯，由于它的粘流温度高于分解温度，在未完全达到粘流态之前就发生分解，所以一般的成型方法无法加工聚四氟乙烯，通常其制品采用高温烧结法制成。与线型无定形聚合物相比，结晶型聚合物在低于熔点时的变形量很小，因此其耐热性能较好；且由于不存在明显的高弹态，可在脆化温度与熔点之间应用，其使用温度范围也较宽。如由聚合法制得的无定形聚苯乙烯的玻璃化温度为80℃，而由定向聚合法制得的结晶型聚苯乙烯的熔点为230～240℃。由此看出，结晶型聚苯乙烯比无定形聚苯乙烯的使用温度范围宽得多。

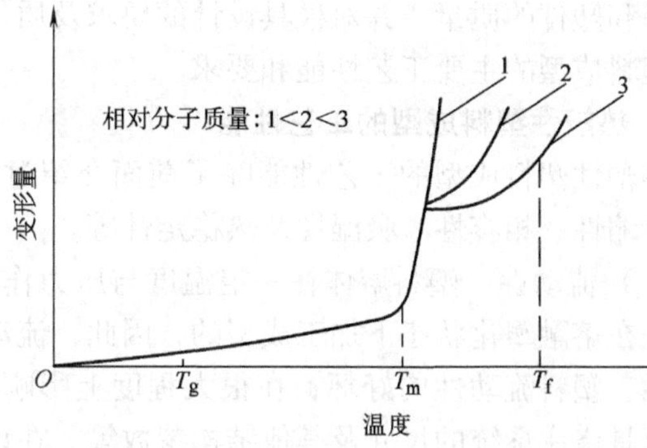

图2-3　结晶型聚合物的热力学曲线

2. 聚合物的加工工艺

聚合物在温度高于 T_f 时为粘流态，统称为熔体。从 T_f 开始分子热运动激烈，塑料的弹性模量急剧降低，其形变特点为在不大的外力作用下就能产生不可逆的粘性变形。此时，塑料在 T_f 以上不高的温度范围一般表现出类似乳胶流动的行为。这一温度范围常用来进行压延成型、某些挤出成型和吹塑成型等。比 T_f 更高的温度使分子热运动大大激化，塑料的弹性模量降低到最低值，这时聚合物熔体形变的特点是在很小的外力作用下就能引起宏观流动，其形变是更加不可逆的液态流动。这一温度范围常用来进行熔融纺丝、注射、挤出和粘合等加工。过高的温度将使聚合物的粘度大大降低，不适当地增大流动性容易引起诸如注射成型中的溢料、挤出制品的形状扭曲、收缩和纺丝过程纤维的毛细断裂等现象。温度高到 T_d 附近还会引起聚合物分解，以致降低产品物理性能、力学性能及引起外观不良等。因此，T_f 与 T_d 是聚合物进行成型加工的重要工艺参数。在不同状态下热塑性塑料的物理性能与加工工艺关系见表2-2。

表2-2　在不同状态下热塑性塑料的物理性能与加工工艺关系

状　态	玻璃态	高弹态	粘流态
温度	T_g 以下	$T_g \sim T_f$	$T_f \sim T_d$
分子状态	分子纠缠为无规则线团或卷曲状	分子链展开，可链段运动	高分子链运动，彼此可滑移
工艺状态	坚硬的固态	高弹性固态，似橡胶状	塑性状态或高粘滞液态
可加工工艺	可作为结构材料进行锉、锯、钻、车、铣等机械加工	弯曲、吹塑、引伸、真空成型、冲压等，成型后内应力较大	可注射、挤出、压延、模压等，成型后内应力小

二、塑料成型工艺性

塑料成型工艺性是指塑料在成型过程中表现出的特有性能，影响着成型方法及工艺参数的选择和塑件的质量，并对模具设计的要求及质量影响很大。下面分别介绍热塑性塑料与热固性塑料成型的主要工艺性能和要求。

1. 热塑性塑料成型的工艺性能

热塑性塑料成型的工艺性能除了前面介绍过的热力学性能和结晶性外，还应包括流动性、收缩性、相容性、吸湿性及热稳定性等。

（1）流动性　塑料熔体在一定温度与压力作用下充填型腔的能力称为流动性。所有塑料都是在熔融塑化状态下加工成型的，因此，流动性是塑料加工为制品过程中所应具备的基本特性。塑料流动性的好坏，在很大程度上影响着成型工艺的许多参数，如成型温度、压力、模具浇注系统的尺寸及其他结构参数等。在设计塑件大小与壁厚时，也要考虑流动性的影响。

从分子结构来讲，流动的产生实质上是分子间相对滑移的结果。聚合物熔体的滑移是通过分子链段运动来实现的。显然，流动性主要取决于分子组成、相对分子质量大小及其结构。只有线型分子结构而没有或很少有交联结构的聚合物流动性好，而体型结构高分子一般不产生流动。聚合物中加入填料会降低树脂的流动性；加入增塑剂、润滑剂可以提高流动性。流动性差的塑料，在注射成型时不易充满型腔，使塑件产生“缺肉”。当采用多个浇口时，塑料熔体的汇合处会因熔接不好而产生“熔接痕”。这些缺陷甚至会导致塑件报废。相反，若塑料的流动性太好，注射时容易产生流延和造成塑件溢边，成型的塑件容易变形。因此，成型过程中应适当控制塑料的流动性，以获得满意的塑料制件。

塑料的流动性采用统一的方法来测定。对于热塑性塑料的流动性常用熔体流动速率指数，简称熔融指数来表示。其测定方法如图 2-4 所示，将被测塑料装于标准装置的塑化室 3 内，加热到使塑料熔融塑化的要求温度，然后在一定压力下使塑料熔体通过标准毛细管（直径为 ϕ2.09mm 的口模 4），在 10min 内挤出塑料的质量值即为要测定塑料的熔融指数。熔融指数的单位为 g/10min，通常用 MI 表示。熔融指数越大，塑料熔体的流动性越好。塑料熔体的流动性与塑料的分子结构和添加剂有关。在实际成型过程中，可以通过改变工艺参数来改变塑料的流动性，如提高成型温度和压力，合理设计浇口的位置与尺寸，降低型腔表面粗糙度值等都能大大提高流动性。

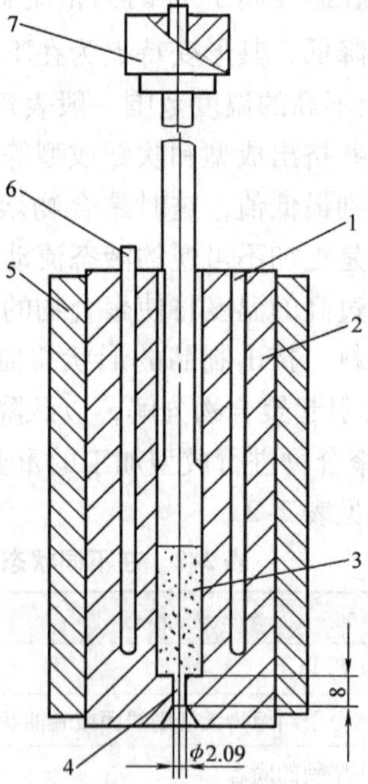

图 2-4　熔融指数测定仪结构示意图

1—温度计孔　2—料筒　3—塑化室　4—口模　5—保温层　6—加热棒　7—重锤（重锤加柱塞共重 2160g）和柱塞

为方便起见，在设计模具时，人们常用塑料熔体溢料间隙（溢边值）来反映塑料的流动性。所谓溢料间隙，是指塑料熔体在成型压力下不得溢出的最大间隙值。根据溢料间隙大小，塑料的流动性大致可划分为好、中等和差三个等级，它对设计者确定流道类型及浇注系统的尺寸、控制镶件和推杆等与模具孔的配合间隙等具有实用意义。表2-3列出了常用塑料的流动性与溢料间隙。

表2-3 常用塑料的流动性与溢料间隙

溢料间隙/mm	流动性等级	塑料类型
≤0.03	好	尼龙、聚乙烯、聚丙烯、聚苯乙烯、醋酸纤维素
>0.03~0.05	中等	改性聚苯乙烯、ABS、聚甲醛、聚甲基丙烯酸甲酯
>0.05~0.08	差	聚碳酸酯、硬聚氯乙烯、聚砜、聚苯醚

(2) 收缩性 一定量的塑料在熔融状态下的体积总比其固态下的体积大，说明塑料在成型及冷却过程中发生了体积收缩，这种性质称为收缩性。影响塑料收缩性的因素很多，主要有塑料的组成及结构、成型工艺方法、工艺条件、塑件几何形状及金属嵌件的数量、模具结构及浇口形状与尺寸等。收缩性的大小以单位长度塑件收缩量的百分率来表示，叫做收缩率。其公式表示如下：

$$S = \frac{L_m - L}{L_m} \times 100\% \tag{2-1}$$

式中，S 是塑料的收缩率（%）；L_m 是模具在室温时的型腔尺寸（mm）；L 是塑件在室温时的尺寸（mm）。

收缩率的测定应在标准试验模具里完成，一般用直径为 ϕ100mm±0.8mm、厚为4mm±0.2mm的圆片模具或每边长25mm±0.5mm的立方体模具，在适应该塑料所要求的工艺条件下进行模塑。

产生收缩的原因，除热胀冷缩外，往往是由于在聚合物固化过程中高分子堆砌密度的不同以及聚集状态的改变等造成的。不同聚集状态的塑料其收缩率亦不同。一般结晶塑料制件的收缩率为1.2%~4%，非结晶塑料制件的收缩率为0.3%~1.0%。熔融状态的塑料有明显的可压缩性，利用这种可压缩性，成型时对塑料熔体施加压力，可以预防制件的凹痕和缩孔的形成，提高制件的尺寸精度。

由于塑料收缩性影响着塑件的尺寸精度，所以在设计模具时必须精确地计算收缩率的大小。又由于塑件的收缩是体积收缩，所以模具各项尺寸均应考虑其收缩的补偿问题。由式(2-1)整理得：

$$L_m = \frac{L}{1 - S} \tag{2-2}$$

由数学知（幂级数展开）：

$$\frac{1}{1 S} = 1 + S + S^2 + S^3 + \cdots$$

由于 S 相对尺寸很小，故 S 的高次项可以忽略，因此：

$$L_m = L(1 + S) \tag{2-3}$$

式(2-3)是模具型腔尺寸计算时经常应用的基本公式。但对于收缩性较大的大型模塑件，则建议采用式(2-2)为好。

（3）热稳定性　它是指塑料在受热时性能上发生变化的程度。有些塑料在长时间处于高温状态下时会发生降解、分解和变色等现象，使性能发生变化。如聚氯乙烯、聚甲醛、ABS 塑料等在成型时，如在机筒停留时间过长，就会有一种气味放出来，塑件颜色变深，所以它们的热稳定性就不好。因此，这类塑料成型加工时必须正确控制温度及周期，选择合适的加工设备或在塑料中加入稳定剂方能避免上述缺陷发生。

（4）吸湿性　它是指塑料对水分的亲疏程度。据此塑料大致可以分为两种类型。第一类是具有吸湿或粘附水分倾向的塑料，例如聚酰胺、聚碳酸酯、ABS、聚苯醚、聚砜等。第二类是吸湿或粘附水分倾向极小的材料，如聚乙烯、聚丙烯等。造成这种差别的原因主要是由于其组成及分子结构的不同。如聚酰胺分子链中含有酰胺基 CO—NH 极性基团，对水有吸附能力；而聚乙烯类的分子链是由非极性基团组成的，表面是蜡状，对水不具有吸附能力。材料疏松使塑料表面积增大，也容易增加吸湿性。

塑料因吸湿、粘附水分，在成型加工过程中如果水分含量超过一定限度，则水分会在成型机械的高温机筒中变成气体，促使塑料高温水解，从而导致塑料降解、起泡、粘度下降，给成型带来困难，使制件外观质量及机械强度明显下降。因此，塑料在加工成型前，一般都要经过干燥，使水分含量（质量分数）控制在 0.5% ~0.2% 以下。如聚碳酸酯，要求水分含量在 0.2% 以下，可用循环鼓风干燥箱，在 110℃ 干燥 12h 以上，并要在加工过程中继续保温，以防重新吸潮。

（5）相容性　它是指两种或两种以上不同品种的塑料，在熔融状态不产生相互分离的能力。如果两种塑料不相容，则混熔时制件会出现分层、脱皮等表观缺陷。

不同种塑料的相容性与其分子结构有一定关系，分子结构相似者较易相容，例如高压聚乙烯、低压聚乙烯、聚丙烯彼此之间的混熔等；分子结构不同时较难相容，例如聚乙烯和聚苯乙烯之间的混熔等。

塑料的相容性俗称为共混性。通过塑料的这一性质，可以得到类似共聚物的综合性能，是改进塑料性能的重要途径之一。例如聚碳酸酯与 ABS 塑料相容，在聚碳酸酯中加入 ABS 能改善其成型工艺性。

塑料的相容性对成型加工操作过程有影响。当改用不同品种的塑料时，应首先确定清洗机筒的方法（一般用清洗法或拆洗法）。如果是相容性塑料，只需要将所要加工的原料直接加入成型设备中清洗即可；如果是不相容的塑料，就应更换机筒或彻底清洗机筒。

2. 热固性塑料成型的工艺性能

热固性塑料同热塑性塑料相比，具有制件尺寸稳定性好、耐热和刚性大等特点，所以在工程上应用十分广泛。热固性塑料的热力学性能明显不同于热塑性塑料，所以，其成型工艺性能也不同于热塑性塑料。其主要的工艺性指标有收缩率、流动性、水分及挥发物含量、固化速度等。

（1）收缩率　同热塑性塑料一样，热固性塑料也具有因成型加工而引起的尺寸减小。标准收缩率是用直径 ϕ100mm、厚 4mm 的圆片试样来测定的。计算方法与热塑性塑料收缩率相同。产生收缩的主要原因有：

1）热收缩。这是因热胀冷缩而引起的尺寸变化。由于塑料是以高分子化合物为基础组成的物质，线胀系数比钢材大几倍甚至十几倍，制件从成型加工温度冷却到室温时，就会产生远大于模具尺寸收缩的收缩。这种热收缩所引起的尺寸减小是可逆的。收缩量大小可以用塑料线胀系数的大小来判断。

2）结构变化引起的收缩。热固性塑料的成型加工过程是热固性树脂在型腔中进行化学反应的过程，即产生交联结构。分子交联使分子链间距离缩小，结构紧密，引起体积收缩。这种收缩所引起的体积减小是不可逆的，在进行到一定程度时不会继续产生。

3）弹性回复。塑料制件固化后并非刚性体，脱模时成型压力降低，体积会略有膨胀，形成一定的弹性回复。这种现象会降低收缩率，在成型玻璃纤维和布质为填料的热固性塑料时，尤为明显。

4）塑性变形。这主要表现在当制件脱模时，成型压力迅速降低，但模壁仍紧压着制件的周围，产生塑性变形。发生变形部分的收缩率比没有发生变形部分的收缩率大，因此，制件往往在平行于加压方向收缩较小，而垂直于加压方向收缩较大。为防止两个方向的收缩率相差过大，可采用迅速脱模的办法补救。

影响热固性塑料收缩率的因素主要有原材料、模具结构、成型方法及成型工艺条件等。塑料中树脂和填料的种类及含量，会直接影响收缩率的大小。当所用树脂在固化反应中放出的低分子挥发物较多时，收缩率较大；放出低分子挥发物较少时，收缩率较小。

在同类塑料中，填料含量多，收缩率小；填料中无机填料比有机填料所得的塑件收缩小，例如以木粉为填料的酚醛塑料的收缩率，比相同数量无机填料（如硅粉）的酚醛塑料收缩率大（前者为0.6%～1.0%，后者为0.15%～0.65%）。

凡有利于提高成型压力、增大塑料充模流动性、使制件密实的模具结构，均能减少制件的收缩率。例如，用压缩成型工艺模塑的塑件比注射成型工艺模塑的塑件收缩率小。凡能使制件密实、成型前使低分子挥发物溢出的工艺因素，都能使制件收缩率减少，例如成型前对酚醛塑料的预热、加压等。

（2）流动性　流动性的意义与热塑性塑料流动性类同，但热固性塑料通常是以拉西格流动性来表示的，而不是用熔融指数表示。其测定原理如图2-5所示，将一定量的被测塑料预压成圆锭，然后将圆锭放入压模中，在一定的温度和压力下，测定它从流料槽3中挤出的长度（只计算光滑部分，以mm计），此即为拉西格流动性，数值大则流动性好。

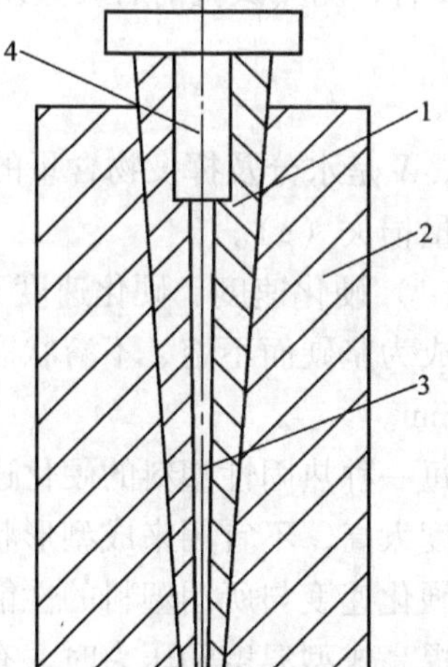

图2-5　拉西格流动性测定模

1—组合凹模　2—模套　3—流料槽　4—加料室

热固性塑料流动性等级及应用见表2-4。

表2-4　热固性塑料流动性等级及应用

流动性等级	适宜成型方法	适宜制件
一级：（拉西格流动性值100～130mm）	压缩成型	形状简单，壁厚一般，无嵌件
二级：（拉西格流动性值131～150mm）	压缩成型	形状中等复杂
三级：（拉西格流动性值151mm以上）	压缩、传递成型；拉西格值在200mm以上，可用于注射成型	形状复杂、薄壁、大件或嵌件较多的塑件

流动性过大容易造成溢料过多，填充不密实，塑件组织疏松，树脂与填料分头聚积，易粘模而使脱模和清理困难，早期硬化等缺陷；流动性过小则填充不足，不易成型，成型压力增大。影响热固性塑料流动性的主要因素有：

1）塑料原料。组成塑料的树脂和填料的性质及配比等对流动性都有影响。树脂分子支链化程度低，流动性好；填料颗粒小，流动性好；加入的润滑剂及水分、挥发物含量高时，流动性好。

2）模具及工艺条件的影响。模具型腔表面光滑、形状简单，采用能够提高型腔压力的模具结构和适当的预热、预压、合适的模温等，都有利于提高热固性塑料的流动性。

(3) 水分及挥发物含量　塑料中水分及挥发物的含量主要来自两方面：一是热固性塑料在制造中未除尽的水分或贮存过程中由于包装不当而吸收的水分；二是来自塑料中树脂制造时化学反应的副产物。

适当的水分及挥发物含量在塑料中可起增塑作用，有利于成型，有利于提高充模流动性。例如，在酚醛塑料粉中通常要求水分及挥发物含量为 1.3% 时合适。若水分及挥发物含量过多，则会促使流动性过大，将导致成型周期延长，制件收缩率增大，易发生翘曲、变形、出现裂纹及表面粗糙，同时，对塑件性能，尤其是电绝缘性能将会有所降低。

水分及挥发物含量的测定，是采用 15g ± 0.2g 的试验用料，在烘箱中于 103 ~ 105℃ 干燥 30min 后，测其试验前后质量差求得的。其计算公式为

$$X = \frac{m_b}{m_a} \times 100\% \tag{2-4}$$

式中，X 是水分及挥发物含量的质量分数；m_a 是塑料干燥前的质量（g）；m_b 是塑料干燥后的质量损失（g）。

(4) 硬化速度　硬化速度又称固化速度。它是指热固性塑料在压制标准试样时，于模内变成为坚硬而不熔、不溶状态的速度。通常以硬化 1mm 厚试样所用时间来表示，单位为 min/mm。

每一种热固性塑料的硬化速度都是一定的。硬化速度太低，会使塑件成型周期延长；硬化速度太高，不宜用来成型形状复杂的塑件。

硬化速度与所用塑料的性能、预压、预热、成型温度和压力的选择有关，采用预热、预压，提高成型温度和压力时，有利于提高硬化速度。

热固性塑料成型工艺性能除上述指标外，还有颗粒度、比体积、压片性等。成型工艺条件不同，对塑料的工艺性能要求也不同，可参照有关资料和具体成型要求进行选择确定。

第四节　塑料成型流变学基础

一、聚合物的流变学性质

1. 牛顿流动

聚合物三种物理状态对塑料的使用和加工工艺方法的选用具有重要意义。聚合物成型过程中往往处于粘流态，不仅易于流动，而且易于变形，称之为聚合物的流变性，这给原料的输送和造型带来了很大的方便。

通常把聚合物熔体归属于液体。液体在平直导管内受切应力而发生流动，分为层流和湍流两种形式。层流时，液体主体的流动是按照许多彼此平行的流层进行的，同一流层上的各点速度彼此相同；各层之间的速度不一定相等，贴合管壁处受摩擦影响不可能与中心层等速；各流层完全平行互不干涉。如果层流的速度超过某一临界值，则转变为湍流，此时液体内各点速度的大小和方向都随时间而变化，出现了扰动。

图 2-6 所示为圆导管中液体层流的流速分布模型。F 是作用在液流方向上的总压力（外力），A 为两端无限伸长的液层平面的面积，R 为平直圆形截面导管的半径。由于外力 F 与管壁的摩擦阻力 F_1，以及流层间的粘滞阻力共同构成对液体的剪切作用，在液体流层上产生切应力 τ（$\tau=F/A$）。在它的作用下，流层间就产生了相对位移。因受摩擦力的影响，各流层间存在速度之差。设间距为 dr 的两流层的移动速度分别为 v 和 $v+\mathrm{d}v$，则有速度梯度 dv/dr；另一方面，设流层在 dt 时间内沿流动方向流过的位移量为 dx，则又有 $v=\mathrm{d}x/\mathrm{d}t$ 的关系，于是可以得到

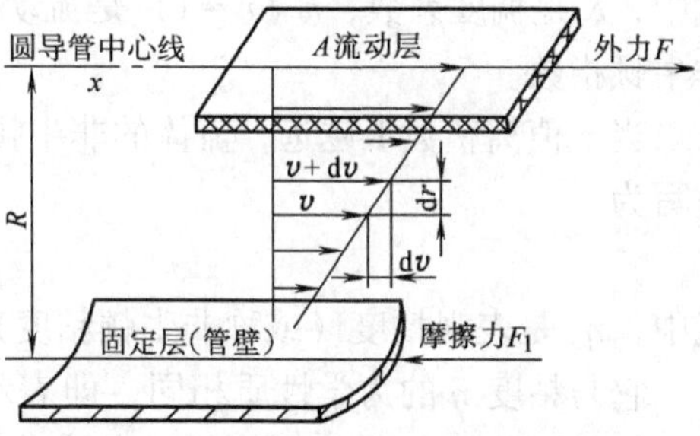

图 2-6　圆导管中液体层流的流速分布模型

$$\frac{\mathrm{d}v}{\mathrm{d}r}=\frac{\mathrm{d}(\mathrm{d}x/\mathrm{d}t)}{\mathrm{d}r}=\frac{\mathrm{d}(\mathrm{d}x/\mathrm{d}r)}{\mathrm{d}t} \tag{2-5}$$

式中，dx/dr 是某流层对应于间距为 dr 的另一邻层相对位移变化。

实际上这是由于液体在切应力的作用下产生的切应变 γ，代入上式可得到

$$\frac{\mathrm{d}v}{\mathrm{d}r}=\frac{\mathrm{d}\gamma}{\mathrm{d}t}=\dot{\gamma} \tag{2-6}$$

式中，$\dot{\gamma}$ 是表示单位时间内的切应变，称为剪切速率（或应变速率、速度梯度、流变速率）。

牛顿（Newton）在研究低分子液体的流动行为时发现，在温度一定时，切应力 τ 与剪切速率 $\dot{\gamma}$ 有线性比例关系，可表示为

$$\tau=\eta\dot{\gamma}=\eta\frac{\mathrm{d}v}{\mathrm{d}r} \tag{2-7}$$

式中，η 是比例常数，是液体的固有特性，可以用来表征液体在外力作用下抵抗剪切变形的能力，称为牛顿粘度或剪切粘度（简称粘度）。

式（2-7）称为牛顿流动方程，它描述了层流液体最简单的规律，通常称为牛顿流动定律。凡液体层流时符合牛顿流动定律的统称为牛顿流体。式（2-7）表明牛顿流体的剪切粘度取决于分子的结构和温度，而不依赖于切应力和剪切速率。当 η 越大时，熔体的粘稠性越大，变形和流动就越不容易。一般情况下，低分子聚合物的流动属于牛顿流动。在众多的高分子聚合物中，只有聚碳酸酯和氯乙烯－偏二氯乙烯共聚物等少数几种聚合物熔体的流动与牛顿流体相近。

式（2-7）的线性关系可由图 2-7 表示，称之为流动曲线图。

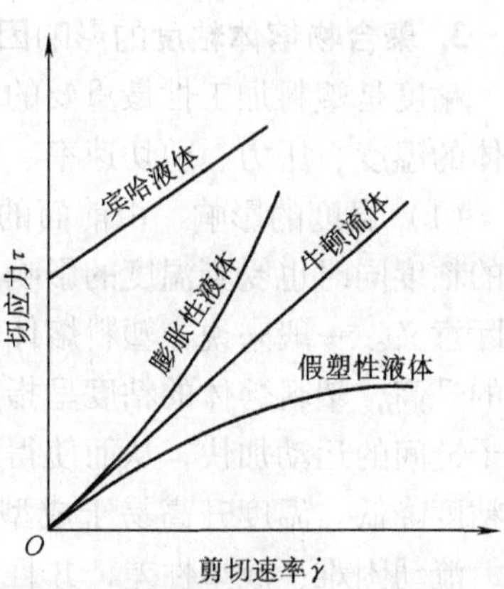

图 2-7　各种类型流体的流动曲线

2. 非牛顿流动

大多数聚合物熔体的流动不服从式（2-7）的关系，称之为非牛顿流动，但在一定温度和剪切速率范围内，切应力与剪切速率若呈指数函数关系，其流动规律可表示为

$$\tau = K\dot{\gamma}^n = K\left(\frac{\mathrm{d}v}{\mathrm{d}r}\right)^n \tag{2-8}$$

式中，K 是稠度系数；n（$n \neq 1$）是流动行为指数，可判定与牛顿流体差别的程度，故称为非牛顿指数。

当 n 值离整数 1 越远，流体的非牛顿性就越强。为便于与牛顿方程比较，式（2-8）可改写为

$$\tau = \eta_a \dot{\gamma} \tag{2-9}$$

式中，η_a 是表观粘度（或称非牛顿粘度）。

它与粘度 η 的力学性质相同，即表示在外力作用下抵抗剪切变形的能力。但由于非牛顿流体的流动复杂性，η_a 除与本身性质和温度有关外，还受剪切速率——所受外力大小及作用时间的影响，可定义它为切应力与当时所发生的剪切速率的比值，即 $\eta_a = \tau/\dot{\gamma}$。把式（2-8）代入，则有

$$\eta_a = K\dot{\gamma}^{n-1} \tag{2-10}$$

当式（2-8）和式（2-10）中的 $n=1$ 时，则有 $\eta_a = K = \eta$，非牛顿流体就转变成牛顿流体。

在聚合物流变学中，称服从指数流动规律的非牛顿流体为粘性液体。依据其 n 值不同分为三种类型：$n<1$ 时为假塑性液体；$n>1$ 时为膨胀性液体；$n=1$，但只在切应力达到或超过某一定值才能流动的液体，称为宾哈液体。大多数聚合物的熔体，如聚甲基丙烯酸甲酯、聚酰胺、聚乙烯、聚苯乙烯、聚氯乙烯等，以及所有聚合物在其良性溶剂中的溶液的流动行为都倾向于假塑性液体。故可把它看做为接近工程塑料的代表。为便于比较，上述三种液体的流动曲线也集中地描绘在图 2-7 上。

在工程应用中常将指数流动规律改写成

$$\dot{\gamma} = k\tau^m \tag{2-11}$$

式中，k 是流动系数，$k = \left(\frac{1}{K}\right)^{\frac{1}{n}}$；$m$ 是流动指数，$m = \frac{1}{n}$时，表观粘度 $\eta_a = k^{-\frac{1}{m}}\dot{\gamma}^{\frac{1-m}{m}}$。

3. 聚合物熔体粘度的影响因素

粘度是塑料加工性最重要的基本概念之一，是对流动性的定量表示，影响粘度的因素有熔体的温度、压力、剪切速率、结构以及低相对分子质量添加剂等，下面分别叙述。

（1）温度的影响　由前面的分析已经知道，塑料的粘度是剪切速率的函数，但是，塑料的粘度同时也受到温度的影响。所以，只有剪切速率恒定时，研究温度对粘度的影响才有实际意义。一般来说，塑料熔体对粘度的敏感性要比对剪切作用敏感大。研究表明，随着温度的升高，塑料熔体的粘度呈指数函数方式下降。这是因为，温度升高，必然使得分子间、分子链间的运动加快，从而使得塑料分子链之间的缠绕降低，分子之间的距离增大，从而导致粘度降低。温度升高易于成型，但制品收缩率大，还会引起分解；温度太低，熔体粘度大，流动困难，成型性差，并且弹性大，也会使制品的形状稳定性差。

但是不同塑料的粘度对于温度的敏感程度不同。聚甲醛对温度的变化最不敏感，其次是

聚乙烯、聚丙烯、聚苯乙烯，最敏感的是乙酸纤维素，表 2-5 中列出了一些常用光学塑料表观粘度与温度的关系。非常敏感的塑料，温控十分重要，否则粘度变化较大，使操作不稳定，影响产品质量。

表 2-5 常用光学塑料表观粘度与温度的关系

聚合物名称	T_1/℃	η_{a1}/kPa	T_2/℃	η_{a2}/kPa	粘度对温度的敏感性 η_{a1}/η_{a2}
聚苯乙烯	200	1.8	240	1.1	1.6
聚碳酸酯	230	21	270	6.2	3.4
聚甲基丙烯酸甲酯	200	11	240	2.7	4.1

在实用中，对于温度敏感性高的熔体，可以考虑在成型过程中提高塑料的成型温度来改善塑料的流动性能，如 PMMA、PC、CA、PA。但是对于敏感性低的塑料，提高温度对于改善流动性能并不明显，所以一般不采用提高温度的办法来改进其流动特性。如 POM 和 PE、PP 等非极性塑料，即使温度升高幅度很大，粘度却降低很小。还有，提高温度必须受到一定条件的限制，就是成型温度必须在塑料允许的成型温度范围之内，否则，塑料就会发生降解，成型设备损耗大，工作条件恶化。利用活化能的大小来表达物料的粘度和温度的关系，有定量意义。

（2）压力的影响　塑料熔体内部的分子之间、分子链之间具有微小的空间，即所谓的自由体积，因此塑料是可以压缩的。在注射过程中，塑料受到的外部压力最大可以达到几十甚至几百兆帕。在此压力作用下，大分子之间的距离减小，链段活动范围减小，分子间距离缩小，分子间的作用力增加，致使链间的错动更为困难，表现为整体粘度增大。

但是不同塑料在同样的压力下，粘度的增大程度并不相同。聚苯乙烯（PS）对于压力的敏感程度最高，即增加压力时，粘度增加得很快。高密度聚乙烯与低密度聚乙烯相比，压力对粘度的影响较小，聚丙烯受压力的影响相当于中等程度的聚乙烯。

增加压力引起粘度增加这一事实表明，单纯通过增加压力去提高塑料熔体的流量是不恰当的。过高的压力不仅不能明显地改善流体的填充性，而且由于粘度的增加，填充性能有时还可能下降，不仅造成过多的功率损耗和过大的设备磨损，还会引起溢料和增加制品内应力等弊病。此外，压力过高，还会出现制品变形等注射缺陷，导致功率的过度消耗。但压力过低则会造成缺料。

结合温度对于粘度的影响可以发现，在塑料的正常加工参数范围内，增加压力对塑料熔体粘度的影响和降低温度对于塑料粘度的影响效果相似。例如对于很多塑料，当压力增加到 100MPa 时，其粘度的变化相当于降低温度 30～50℃的作用。

（3）剪切速率的影响　随着剪切速率的增大，塑料的粘度一般都降低。但在剪切速率很低和很高的情况下，粘度几乎不随剪切速率变化而变化。在温度和压力一定的前提下，不同塑料粘度降低程度不同。或者说，尽管大多数塑料熔体的粘度是随着剪切速率的增加而下降的，但是不同的塑料对剪切速率（切应力）的敏感程度是不一样的。

这一点对使用的启示是：在一定的剪切速率范围内，提高剪切速率会显著降低塑料的粘度，改善其流动性能。尽管如此，宁可选择在熔体粘度对剪切速率不太敏感的范围进行工艺调整，否则因为剪切速率的波动，会造成加工不稳定和塑料制品质量上的缺陷。

（4）塑料结构的影响　对于塑料，在给定温度下，随着相对平均分子质量的增大，塑料的粘度增大。相对分子质量越大，分子间作用力越强，于是粘度也越高。

塑料的相对分子质量越小，粘度对于剪切速率的依赖程度越小；相对分子质量越大，粘度对于剪切速率的依赖程度越大。相对分子质量分布宽的树脂和双峰相对分子质量分布树脂熔体粘度低和加工性优良。因为低相对分子质量链部分有利于提高树脂熔体流动性。

（5）低相对分子质量添加剂的影响　低分子可降低大分子链间的作用力，起“润滑”作用，因而使熔体粘度减小，同时降低了粘流化温度。如加入增塑剂和溶剂，可使树脂易于充模成型。

总之，聚合物熔体粘度的大小直接影响注射成型过程的难易。如控制某塑料成型温度在其分解温度以下，剪切速率为 $10^{-3}s^{-1}$时，熔体粘度为 50～500Pa·s，注射成型较容易。但如果粘度过大，就要求有较高的注射压力，制品的大小受到限制，而且制品还容易出现缺陷；如果粘度过小，溢模现象严重，产品质量也不容易保证，在这种情况下要求喷嘴有自锁装置。

4. 弹性

聚合物熔体流变时不仅具有粘流性，还具有固体般的弹性，当受应力作用时要吸收部分变形能，一旦外加应力释除就得以恢复，如塑料在挤出时的出模膨胀。弹性的存在会使熔体在流动时产生某些流动的缺陷（详见后述）。

二、聚合物熔体在成型时的流动

1. 简单截面导管内的流动

（1）圆形截面导管内的流动　流体在等截面圆形流道中的流动模型如图 2-8 所示，假设导管的内半径为 R，长度为 L；流经导管的熔体为层流，服从指数规律，稳态（流速不随时间而变化）。如果导管中心处的流速为 v 时，那么，随着流动层任意半径 r 的增大流速将变小。故式（2-11）可改写为

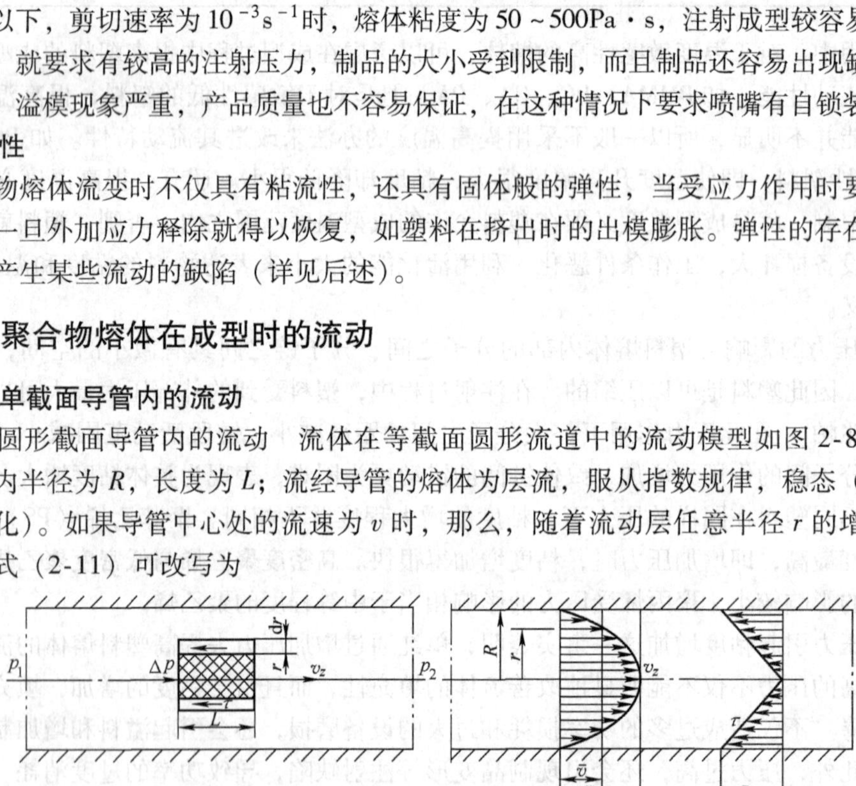

图 2-8　流体在等截面圆形流道中流动

a）圆柱单元体流动模型　b）速度及切应力分布

$$-\frac{dv}{dr} = k\tau^{m} \tag{2-12}$$

根据上述给定条件可知，在任意半径为 r 的流层所受的切应力为

$$\tau = \frac{r\Delta p}{2L} \tag{2-13}$$

式中，Δp 是长为 L 的导管两端的压力降。

如果假设熔体在管壁处的流速为零，将式（2-13）代入式（2-12）并求其积分，得到

在任意半径处的熔体流速 v_r 为

$$v_r = k\left(\frac{\Delta p}{2L}\right)^m\left(\frac{R^{m+1}-r^{m+1}}{m+1}\right) \tag{2-14}$$

式（2－14）既表示定压下圆截面上各点的流速，也表达压力降与流速的关系。利用此式进一步可以得到流量的表达式如下：

$$q = \int_0^R 2\pi r v_r \mathrm{d}r = \pi k\left(\frac{\Delta p}{2L}\right)^m\left(\frac{R^{m+3}}{m+3}\right) \tag{2-15}$$

（2）狭缝形导管内的流动　如图2-9所示，设狭缝形导管宽度为 W，高度为 h。当宽度大于高度20倍时，两侧壁对流速的影响可略去不计。按照对圆导管的处理方式，设缝管中心平面上流速最大，上下壁处为零。于是有类似式（2-12）的关系：

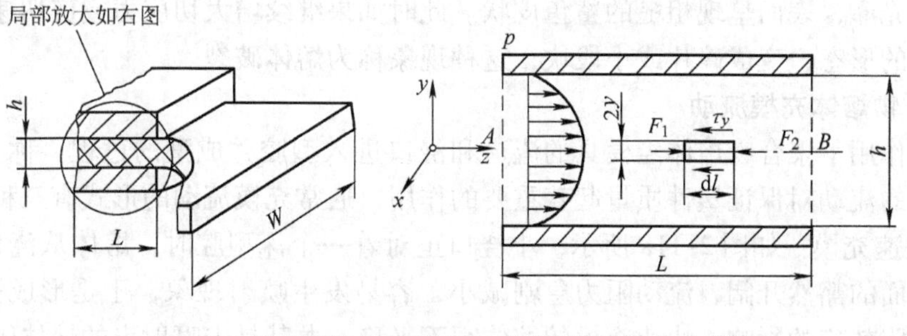

图2-9　平行板狭缝通道中流动液体单元受力示意图

$$-\frac{\mathrm{d}v}{\mathrm{d}y} = k\tau^m \tag{2-16}$$

式中，y 是狭缝形截面上任意一点到中心平面的垂直距离。

由过此点的流层所受的切应力为

$$\tau_y = \frac{\Delta p}{L}y \tag{2-17}$$

式中，Δp、L 的定义同前。

同样的，也可以得到任意流层处的流速 v_y 和流量 q 的计算公式如下：

$$v_y = k\left(\frac{\Delta p}{L}\right)^m\left(\frac{1}{m+1}\right)\left[\left(\frac{h}{2}\right)^{m+1} - y^{m+1}\right] \tag{2-18}$$

$$q = 2\int_0^{\frac{h}{2}} W v_y \mathrm{d}y = kW\left(\frac{\Delta p}{L}\right)^m \frac{h^{m+2}}{2^{m+1}(m+2)} \tag{2-19}$$

2. 流动的缺陷

（1）端末效应　聚合物熔体流经截面变化的型腔时，因弹性产生的收敛或膨胀现象被称为端末效应。它会导致塑件的变形、挠曲、尺寸不稳定、应力集中甚至产生开裂等缺陷。

如图2-10a所示，熔体在压力作用下从大截面型腔进入小截面型腔时，将在入口处产生收敛性流动。当过渡部位不够圆滑时，会产生湍流。这种收敛性流动使熔体产生弹性变形，并因此吸收能量而引起压力下降，而且还会使熔体在一定长度 L_e（称为失稳流长）的小截面型腔内发生湍流。这些现象被统称为入口效应。图2-10b所示为与此情况相反的离模膨胀现象，即当熔体流出型腔（如模具的流道或浇口）时发生体积膨胀的现象，称为离模膨胀效应。对于假塑性熔体，这种现象在经很短一段的体积收缩后才发生。

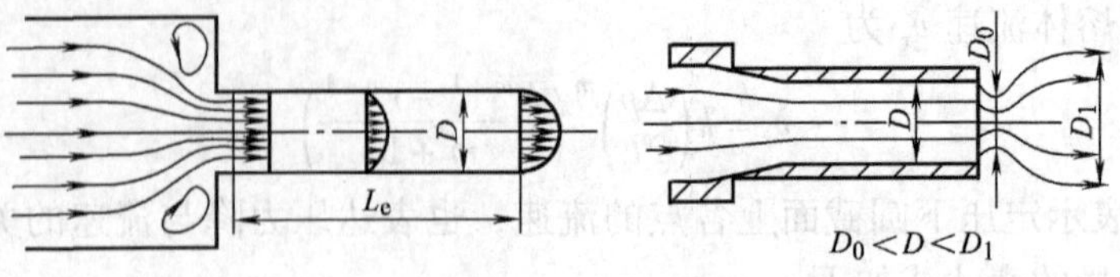

图 2-10 端末效应

a）入口效应 b）离模膨胀效应

（2）失稳流动和熔体破裂 当熔体的粘度降到某一临界值时，流动呈非稳定的层流，各点的流速将发生互相干扰的现象，称为失稳流动。在该状态下的熔体经过流道后变得粗细不均，没有光泽，表面呈现粗糙的鲨鱼皮状。此时如果继续增大切应力或剪切速率，熔体就呈更不规则的形态，变成碎片或小段块，这种现象称为熔体破裂。

3. 聚合物熔体充模流动

在压力作用下聚合物熔体经模具的流道和浇口进入型腔并成型的过程，称为充模流动。平稳和连续的流动对保证塑件质量起着重要的作用，通常充模流动的形式有三种。

（1）快速充模 如图 2-11a 所示，小浇口正对着一个深型腔时，熔体从浇口流向型腔，此时由于截面的豁然开阔，流动阻力急剧减小，容易发生喷射现象，于是形成了快速充模。因受离模膨胀效应的影响，快速充模的熔体很不平稳，尤其是先喷射出的熔体因速度减缓而阻碍后射入的熔体流动，在型腔内形成蛇形流，致使成型后的塑件质量不理想。

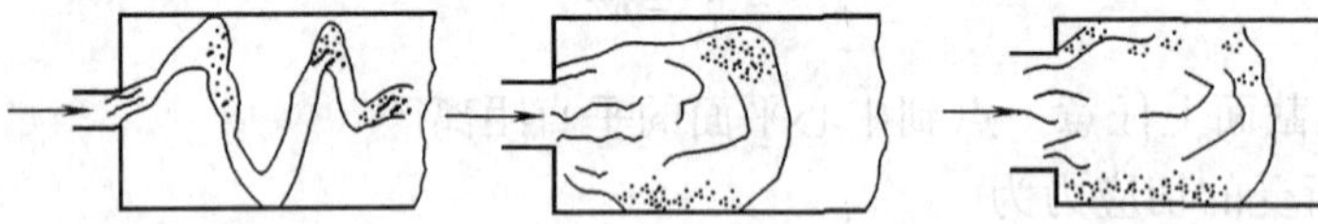

图 2-11 不同速度的熔体充模流动

a）快速充模 b）中速充模 c）慢速充模

（2）中速充模 如图 2-11b 所示，当浇口截面的尺度与型腔深度相差不大时，熔体喷射可能性小，以中速充模，熔体作比较平稳的扩展流动，这时可以获得比较好的塑件质量。

（3）慢速充模 如图 2-11c 所示，当浇口截面的尺度与型腔深度接近时，熔体一般不会发生喷射，以慢速平稳的扩展流动充模。实践表明，此时在浇口附近仍存在一段不太稳定的流动。

三、聚合物成型过程中的物理和化学变化

1. 聚合物的结晶及对塑件性能的影响

（1）聚合物的结晶 聚合物的结晶是聚合物中形成具有稳定规整排列分子链的过程。要使这种有序结构能在分子的热运动作用下不会被破坏，首先，分子链间必须具备足够大的内聚能以抵抗热运动的作用；其次，分子链节小和柔顺性不大都是结晶的有利因素。这是因为链节小者易于成型，柔顺性不大者难于缠结，所以排列成规整有序的机会就多。

聚合物的结晶倾向仅是一种内在能量的表现，只有在有利的外部条件下才能结晶，它一般发生在从高温熔体向低温固态的转变过程中。通常，分子结构简单、对称性高的聚合物都

能在该过程中结晶，如聚乙烯、聚偏二氯乙烯和聚四氟乙烯等；一些分子链节虽较大，但分子之间内聚能也很大的聚合物也可以结晶，如聚酰胺、聚甲醛等。然而，分子链上有很大侧基（支链）的聚合物，如聚苯乙烯、聚甲基丙烯酸甲酯等，以及分子链刚性大的聚合物，如聚砜、聚碳酸酯和聚苯醚等，都不容易甚至不能结晶。

另外，由于结晶过程比较缓慢，还会出现二次结晶和后结晶现象。二次结晶是指发生在初晶结构不完善的部位，或者在初结晶区以外非晶区内的结晶现象。后结晶是指在初晶界面上所生长的结晶。

（2）结晶度　聚合物内结晶组织的质量（或体积）占总质量（或总体积）的百分比称为结晶度。它表征了聚合物的结晶程度。非结晶组织的存在使结晶聚合物没有具体的熔点，其熔化是在一个比较宽的温度范围内完成的，这对成型工艺控制、调整具有一定的影响。完全熔化时的温度称为熔点。熔点和熔化温度范围随结晶度的不同而变化，结晶度高的聚合物，其熔点偏高。

聚合物可能达到的最大结晶度与自身结构和外部条件（如温度）有关，通常为10%～60%。高密度聚乙烯和聚四氟乙烯，最大结晶度可达90%或更高。

（3）结晶对塑件性能的影响　结晶后的聚合物分子链已经重新排列成规整而紧密的结构形式。该分子间内聚能强，体积相应收缩、比体积减小而密度增加。其效应随着结晶程度的深化而加强，成型后的塑件力学性能和热性能等可相应提高。但结晶引起聚合物的体积收缩会使成型后的塑件发生翘曲，严重地影响塑件质量。结晶还能使塑件表面致密，从而使表面粗糙度降低。

2. 聚合物的取向

聚合物大分子及其链段在应力作用下形成的有序排列过程称为取向。它与结晶的三维有序不同，取向是一维或者二维有序。取向因聚合物熔体的流动性质不同，有单轴取向和多轴（或平面）取向两种类型。前者分子链和链段沿着与拉伸方向平行的方向排列；后者分子链和链段是与型材（如单丝、薄膜）表面平行地排列，但在平面内的方向是无序的。如果从熔体所受应力的性质不同来分类，则有流动取向和拉伸取向两种形式。

当熔体从浇口流入模具型腔时，料流呈辐射状态，形成多轴（平面）取向结构。随着熔体的不断流入，开始了充模流动，与型腔表壁接触的熔体迅速冷却形成一个来不及取向的薄壳表面层。它对继而流入的熔体产生很大的摩擦切应力，以致产生很强的取向。与此同时，熔体内部因摩擦小，取向程度轻微。图2-12所示从两个截面上形象地表达了注射矩形长条试件时取向程度的分布。

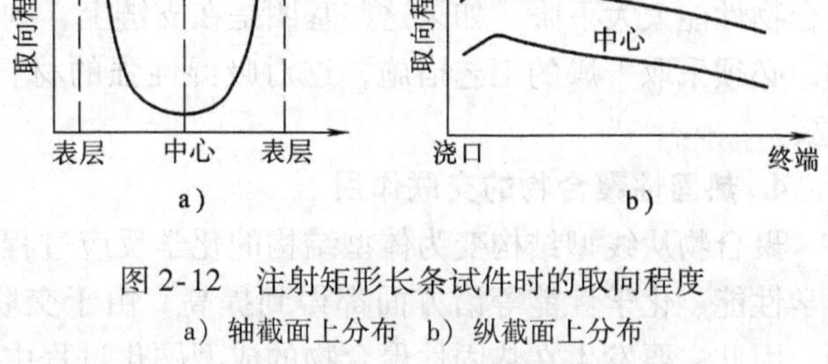

图2-12　注射矩形长条试件时的取向程度
a）轴截面上分布　b）纵截面上分布

含有纤维填料熔体的流动取向结构如图2-13所示。熔体从浇口处沿半径散开；扇形型腔中心部位的流速大，前锋碰到腔壁后转向两侧形成垂直半径方向的流动；最后形成弓形排列。图中数字1～6表示取向过程的顺序。

聚合物的取向结果使材质呈明显的各向异性，玻璃化温度升高；使结晶型聚合物的密度和结晶度提高。

3. 聚合物的降解

聚合物在热、力、氧、水和辐射等外界因素的作用下，或者在成型过程中往往会发生降解的化学反应。降解是聚合物大分子断链、交联、改变结构或侧基的化学反应过程。

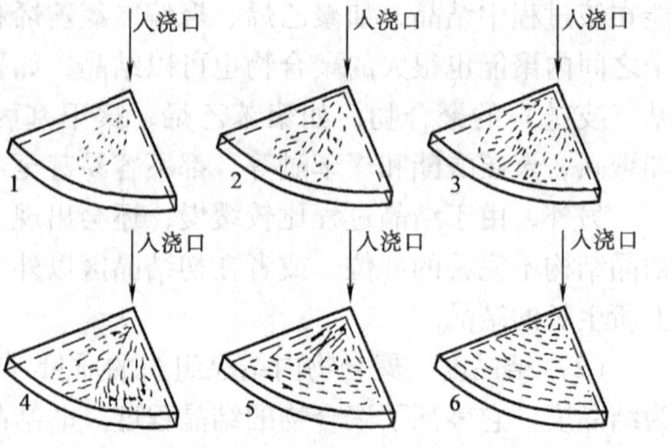

图 2-13　纤维状填料在扇形制件中流动取向

(1) 热降解　在成型中因高温受热时间过长而引起的降解反应称为热降解。这是一种游离基链式解聚反应，其速度随温度升高而加剧，首先大分子主链上的某些化学链断裂并生长初始游离基，然后通过产生活性中心、链转移、链减短和链终止等反应，再形成不同的降解物。

(2) 应力降解　在成型中因粉碎、高速搅拌、挤压、注射等而受到剪切和拉伸应力，使分子链发生断裂，并因此引起相对分子质量降低的现象称为应力降解。它常常伴有热量释放，若不及时泄排则可能引起热降解。实验结果表明，相对分子质量大、施加应力增大都会使力降解加剧；而成型温度提高、添加增塑剂都可减弱力降解。

(3) 氧化降解　常温下绝大多数聚合物都能与氧气发生缓慢的作用，某些化学链较弱的部分常常产生极不稳定的过氧化结构，易分解出游离基，从而导致解聚反应，称它为氧化降解。成型时它伴随着热作用而迅速地加剧，称之为热氧化降解。这种热氧化降解速度因聚合物的结构不同而异，例如不饱和碳链聚合物因主链上的双链易氧化，它的热氧化降解速度要比饱和碳链聚合物快得多。此外，热氧化降解速度还与含氧量、加热温度和时间有关，各因素的增强都促使其加快。为此成型时必须严格控制温度和时间，避免因过热而发生热氧化降解。

(4) 水降解　当聚合物分子结构中含有容易被水解的化学基团，如酰胺基（—CO—NH—）、酯基（—CO—C—）、腈基（—C≡N）、醚基（—C—O—C—）等，或者含有经氧化后而可以水解的基团时，都将称为水降解。如果这些基团是在聚合物的主链上，水解后的聚合物性能大大下降。如果这些基团是在支链上，则影响会少一些。成型时为避免水解的影响，必须采取干燥的工艺措施，这对吸湿性强的材料（例如聚酯、聚醚和聚酰胺等）尤为重要。

4. 热固性聚合物的交联作用

聚合物从线型结构变为体型结构的化学反应过程称为交联。经过交联的聚合物，在物理力学性能、化学性能等诸方面都得到提高。由于交联反应不利于热塑性聚合物的流动和成型，因此主要发生在热固性聚合物的成型硬化过程中。

热固性聚合物的交联作用，是分子链中带有反应基团（如羟甲基等）或反应活点（如不饱和键等）与交联剂（也称硬化剂）反应的结果。这种反应是聚合物分子链向三维发展并逐渐形成巨型网状结构的过程。随着交联的深入，在未发生作用的反应基团之间，或反应活点与交联剂之间的接触几率在减少；同时反应过程往往伴随有生成物的产生（如水气）。这些都阻缓了交联的深化。因此可以用“交联度”来表征交联作用的程度，即已经发生作用的基团（或活点）与原有反应基团（或活点）的比值。

习惯上常用硬化或熟化来代替交联这个词汇，故有“硬化得好”或“硬化得完全”之说，即指交联作用发展到一种最为适宜的程度。因此，交联度不大于100%，而硬化程度可以超过此值，并称此时的聚合物为“过熟”；相反情况便称为“欠熟”。

硬化不完全将会对成型后塑件各种性能产生极大的影响。当硬化不足时，内部常存有较多的可溶性低分子物，而且分子之间结合力弱，致使机械强度、耐热性、耐蚀性、电绝缘性下降，表面色泽差，易翘曲甚至裂纹。当过度硬化或过熟时，也会引起机械强度降低、发脆、变色，甚至表面出现密集的小泡。

思　考　题

1. 塑料的添加剂有哪些种类？其各自的主要用途是什么？
2. 什么是热塑性塑料？什么是热固性塑料？试各举两例。
3. 试写出下列常用塑料的代号及注射成型加工温度：聚乙烯、聚丙烯、聚苯乙烯、尼龙6、丙烯腈－丁二烯－苯乙烯共聚物、聚碳酸酯、聚甲醛。
4. 热塑性塑料成型的工艺性能主要指塑料加工中的哪些性能？

第三章　塑料成型工艺及成型制品结构工艺性

第一节　注射成型原理及工艺

一、注射成型原理及分类

注射成型是塑料模塑成型的一种主要成型方法，是根据金属压铸成形原理发展而来的，其基本原理就是利用塑料的可挤压性与可模塑性，先将松散的粒状或粉状成型物料从注射机的料斗送入高温的机筒内加热熔融塑化，使之成为粘流态熔体，然后在柱塞或螺杆的高压推动下，以高流速通过机筒前端的喷嘴注射到温度较低的闭合模具中，经过一段保压冷却定型时间后，开启模具便可从型腔中脱出具有一定形状和尺寸的塑料制品。注射成型原理如图3-1所示。

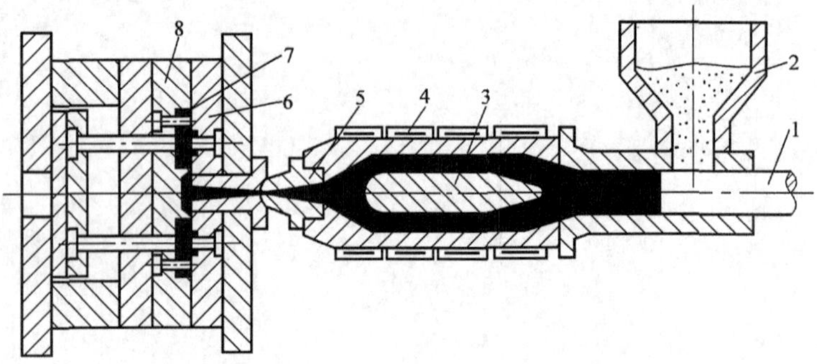

图3-1　注射成型原理

1—柱塞　2—料斗　3—分流梭　4—加热器

5—喷嘴　6—定模板　7—塑件　8—动模板

注射成型特点：成型周期短，能一次成型形状复杂、尺寸精确、带有金属或非金属嵌件的塑料制件；对成型各种塑料的适应性强，到目前为止，几乎所有的热塑性塑料（除氟塑料外）及一些热固性塑料均可用此方法成型；生产效率高，易于实现全自动化生产等。它广泛应用于各种塑料制件的生产中，其产品占目前塑料制件生产的30%左右。应当注意的是，注射成型的设备价格及模具制造费用较高，对于单件及小批量的塑料件生产不宜采用此法。

注射成型分为普通注射成型、精密注射成型和特种注射成型三类。

（1）普通注射成型　主要针对要求较低的热塑性塑料和一些热固性塑料制品成型。

（2）精密注射成型　可以成型要求较高的塑料制品。

（3）特种注射成型　方法很多，主要有气体辅助注射成型、共注射成型、动力熔融注射成型、结构发泡注射成型、排气注射成型、BMC注射成型、多级注射成型、反应注射成型、液态注射成型、高速注射成型、复合注射成型、多材质注射成型及内加饰注射成型等，随着注射成型工艺技术的不断发展，定会有更多的方法涌现出来。

二、注射成型设备

1. 注射机的分类、应用

不同的注射成型方法，对注射成型设备的要求及其装置配置是不同的。用于注射成型的设备有通用注射机、热固性塑料注射机以及特种注射成型工艺用注射机等类别。

通用注射机主要用于热塑性塑料注射成型，它是一类应用很广泛的注射成型设备。在这种设备上加上特定的辅助设施，可以用于热流道注射成型、气体辅助注射成型、多级注射成型等。

热固性塑料注射机用于热固性塑料注射成型，在其上面添加流道的温度调节与控制系统，或在锁模机构上加设二次合模系统，可用于热固性塑料冷流道注射成型或热固性塑料传递成型。

特种注射机有很多种，如动力熔融注射机、排气注射机、结构发泡注射机、BMC 注射机、液态注射机、反应注射机等，它们主要用于不同的特种注射成型工艺。

在这里，主要介绍应用广泛的通用注射机。通用注射机按分类方式不同，有多种形式。

（1）按照注射机的注射方向和模具的开合方向分类　可以分为以下三类：

1）卧式注射机。图 3-2 所示为卧式注射机简图，这种注射机成型物料的注射方向与合模机构开合方向均沿水平方向。其特点是重心低、稳定，加料、操作及维修均很方便，塑件推出后可自行脱落，便于实现自动化生产。它是当前广泛应用的一种，大、中型注射机一般均采用这种形式。其主要缺点是模具安装较麻烦，嵌件放入模具有倾斜和脱落的可能，机床占地面积较大。

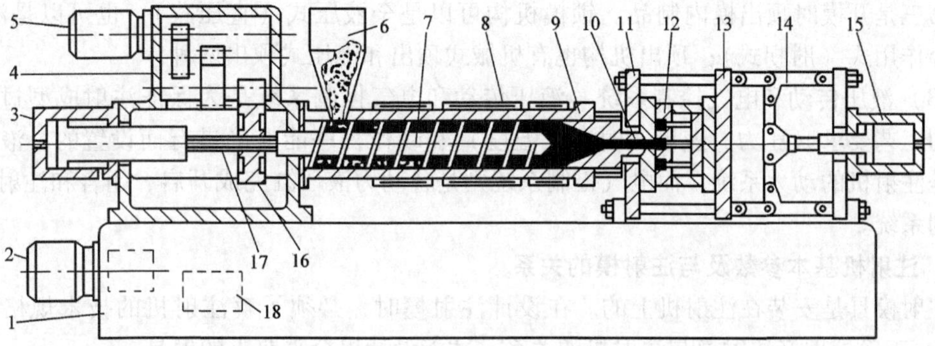

图 3-2　卧式注射机简图

1—机座　2—电动机及液压泵　3—注射液压缸　4—齿轮箱　5—齿轮传动电动机　6—料斗　7—螺杆　8—加热器　9—机筒　10—喷嘴　11—定模板　12—模具　13—动模板　14—锁模机构　15—锁模液压缸　16—螺杆传动齿轮箱　17—螺杆花键槽　18—油箱

2）立式注射机。成型物料的注射方向与合模机构开合方向是垂直于地面的。其主要优点是占地面积小，安装和拆卸模具方便，安放嵌件较容易。其缺点是重心高、不稳定，加料较困难，推出的塑件要人工取出，不易实现自动化生产。这种机型一般为小型的，最大注射量在 60g 以下。

3）角式注射机。成型物料的注射方向与合模机构开合方向相互垂直，故又称为直角式注射机。目前国内使用最多的角式注射机系采用沿水平方向合模，沿垂直方向注射，合模采用开合模丝杆传动，注射部分除采用齿轮齿条传动外也有采用液压传动的。它的主要优点是结构简单，便于自制；主要缺点是机械传动不能准确可靠地控制注射、保压压力及锁模力，模具受冲击和振动较大。

（2）按注射装置分类　可以分为以下三类：

1）螺杆式。以同一螺杆来实现成型物料的塑化和注射。虽然它的压力损失较大，但成型物料的混炼塑化均匀，没有材料滞流，构造简单，是当前应用较广泛的机型。

2）柱塞式。以加热机筒、分流梭和柱塞来实现成型物料的塑化及注射。它构造简单，适合于小型零件的成型，但材料滞流严重、压力损失大。

3）螺杆预塑化型。是双机筒形式，螺杆、机筒进行塑化，柱塞、机筒进行注射。它能使塑化均匀，计量准确，适合于精密成型，但其结构复杂，材料滞流大。

（3）按照锁模装置分类　可以分为以下两类：

1）直压式。以液压缸直接锁模。这种形式调整、保压都较容易，但能量消耗较大。

2）肘拐式。以连杆机构实现锁模，常与液压缸一起组合使用。它可以实现高速合模，锁模可靠，产品不易出飞边，但调整复杂，需要经常保养。

2. 注射机的组成

无论是哪一类注射机，它们都是由以下几大部分组成的。

（1）注射机构　主要作用是使固态的成型物料均匀地塑化成熔融状态，并以足够的压力和速度将熔融物料注入闭合的模具型腔中。注射机构包括加料器、机筒、螺杆（或柱塞与分流梭）及喷嘴等部件。

（2）锁模机构　锁模机构的作用有三点：第一是锁紧模具；第二是实现模具的开合动作；第三是开模时顶出模内制品。锁模机构可以是全液压式（直压式），也可以是液压-机械联合作用式（肘拐式）；顶出机构也有机械式顶出和液压式顶出两种。

（3）液压传动和电气控制系统　液压传动和电气控制系统是为保证注射成型过程按照预定的工艺要求（压力、速度、时间、温度）和动作程序能准确进行而设置的。液压传动系统是注射机的动力系统，而电气控制系统则是各动力液压缸完成开启、闭合和注射等动作的控制系统。

3. 注射机基本参数及与注射模的关系

注射模具是安装在注射机上的。在设计注射模时，必须了解注射机的技术规格（基本参数），正确处理好注射模与注射机的关系，才能设计出合乎要求的模具。

（1）最大注射量的校核　为了保证注射成型的正常进行，塑料制品连同浇道凝料及飞边在内的质量一般不应超过注射机最大注射量的80%。注射机额定的最大注射量通常是用聚苯乙烯来标定的（其在常温下的密度为1.06g/cm³），由于各种塑料的密度不同，在成型其他塑料时，应按下列公式对注射机的最大注射量进行换算。

$$m_{max} = m\frac{\rho_1}{\rho_2} \tag{3-1}$$

式中，m_{max}是注射机对成型塑料的额定最大注射量（g）；m是注射机额定注射量（g）；ρ_1是所成型塑料在常温下的密度（g/cm³）；ρ_2是聚苯乙烯在常温下的密度（g/cm³）。

由于刚加入机筒的塑料是疏松的，而以上计算是在认为塑化时两种塑料的体积压缩比相同的情况下进行的。当考虑到体积压缩比不相同时，式（3-1）应改写为

$$m_{\max} = m\frac{\rho_1}{\rho_2}\frac{f_2}{f_1} \tag{3-2}$$

式中，f_1 是所成型塑料的体积压缩比；f_2 是聚苯乙烯的体积压缩比，可取为2。塑料的体积压缩比与其粒度及粒子的规整性等因素有关，可通过实验测得。常用塑料的体积压缩比可查阅有关资料。

一般情况下，仅对最大注射量进行校核即可，但有时还应注意注射机能注射的最小注射量。如对于热敏性塑料，最小注射量应不小于额定注射量的20%。当每次注射量太小时，塑料在机筒内停留的时间会过长，这样会使塑料高温分解，从而使制品的质量和性能下降。

（2）注射压力的校核　注射压力的校核是额定注射机的最大注射压力能否满足该塑件成型的需要，塑件成型所需要的压力是由注射机的类型、喷嘴形式、塑料流动性和模具结构等因素决定的。如螺杆式注射机，其注射压力的传递比柱塞式好，因此，注射压力可取得小一些；流动性差的塑料或细长流程塑件，注射压力应取得大一些。设计模具时，可参考各种塑料的注射成型工艺性能来确定塑件的注射压力，再与注射机额定压力相比较。

（3）锁模力的校核　当高压塑料熔体充满模具型腔时，会产生很大的压力，使模具沿分型面胀开。该压力等于制品与浇注系统在垂直于锁模方向的分型面上的投影面积之和乘以型腔内熔体的压力。作用在这个面积上的总力，应小于注射机的额定锁模力，否则在注射成型时会因锁模不紧而发生溢边跑料现象。

型腔内熔体的压力 p（MPa），可按下式计算：

$$p = kp_a \tag{3-3}$$

式中，p_a 是注射压力，即机筒内注射机柱塞或螺杆施于熔体上的压力（MPa）；k 是压力损失系数，随塑料品种、注射机类型、喷嘴阻力、流道阻力的不同而变化，可在0.2～0.4的范围内选取。在成型中、小型塑料制品时，型腔内熔体的压力 p 常取20～40MPa。

（4）安装部分的尺寸校核　不同型号的注射机安装模具部分的形状和尺寸各不相同，为了使模具能顺利地安装在注射机上并生产出合格的塑料制品，在设计模具时必须校核注射机上与模具安装有关的尺寸。需校核的主要内容有喷嘴尺寸、定位圈尺寸、模具厚度和螺孔尺寸。

1）喷嘴尺寸。注射机喷嘴头一般为球面，其球面半径应与相接触的模具主流道始端凹下的球面半径相适应（详见浇注系统设计）。角式注射机喷嘴头多为平面，模具与其相接触处也应做成平面。

2）定位圈尺寸。为了使模具主流道的中心线与注射机喷嘴的中心线相重合，模具定模板上凸出的定位圈必须与注射机定模板上的定位孔呈较松动的间隙配合。

3）模具厚度。所设计的模具总厚度应介于注射机可安装模具的最大模厚与最小模厚之间。同时，应该校核模具的外形尺寸，使得模具能从注射机的拉杆间装入。

4）螺孔尺寸。模具常用的安装方法有两种：一种是用螺钉直接固定；另一种是用螺钉压板固定。采用前一种方法设计模具时，动、定模座板螺孔位置及尺寸应与注射机对应模板上的螺孔尺寸和位置相适应；而采用后一种方法，则比较灵活。

（5）开模行程和顶出机构的校核　各类注射机的开模行程是有限制的，取出制品所需

的开模距离必须小于注射机的最大开模距离。开模距离的校核可分为两种情况。

1）注射机最大开模行程与模厚无关。当注射机采用液压-机械联合作用的锁模机构时，最大开模行程由连杆的最大行程决定，而不受模具厚度的影响，其开模距离依据不同模具机构进行校核。图 3-3 所示的单分型面注射模可按下式校核：

$$S \geqslant H_1 + H_2 + (5 \sim 10)\ \text{mm} \tag{3-4}$$

式中，H_1 是制品脱模距离（mm）；H_2 是包括流道凝料在内的制品高度（mm）；S 是注射机的最大开模行程（mm）。

对于双分型面注射模（图 3-4），为了保证开模距离，需增加定模板与中间板的分离距离 a。a 的大小应能保证可取出流道内的凝料。此时

$$S \geqslant H_1 + H_2 + a + (5 \sim 10)\ \text{mm} \tag{3-5}$$

制品脱模距离 H_1 常等于型芯高度，但对于内表面为阶梯状的制品，有时不必顶出到型芯的全部高度就可以取出塑件，故 H_1 应根据具体情况而定，以能顺利取出塑件为准。

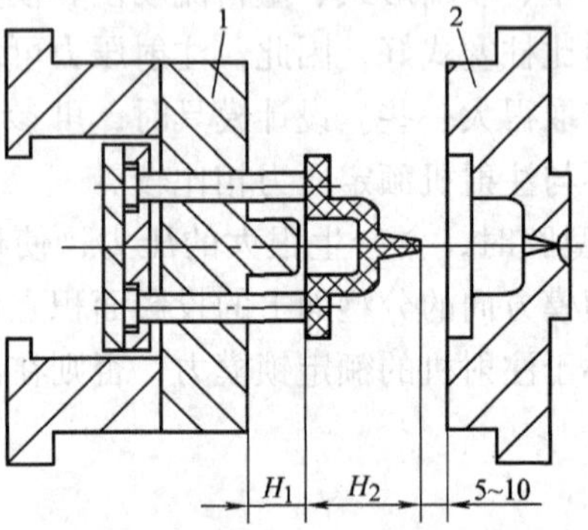

图 3-3　单分型面注射模开模行程校核

1—动模　2—定模

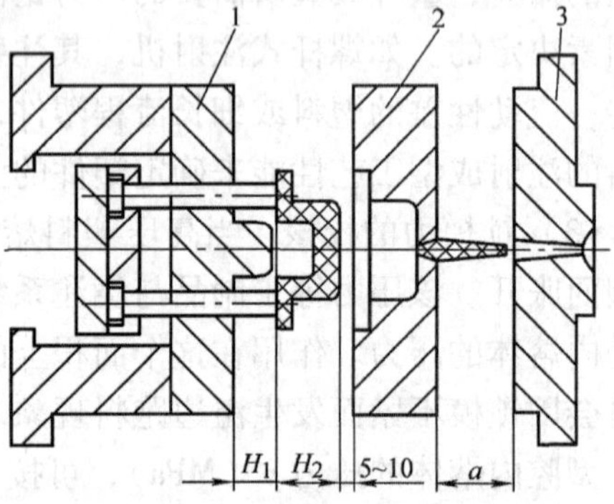

图 3-4　双分型面注射模开模行程校核

1—动模　2—中间板　3—定模

2）注射机最大开模行程与模厚有关。对于采用全液压式锁模机构的注射机，其最大开模行程受模具厚度的影响。此时最大开模行程等于注射机动模板与定模板之间的最大距离减去模具厚度 H_m。对于单分型面注射模，校核公式为

$$S \geqslant H_m + H_1 + H_2 + (5 \sim 10)\ \text{mm} \tag{3-6}$$

对于双分型面注射模，校核公式为

$$S \geqslant H_m + H_1 + H_2 + a + (5 \sim 10)\ \text{mm} \tag{3-7}$$

对于带侧向分型与抽芯机构的注射模，如果其分型与抽芯动作是由开模来完成的，此时还须根据侧向分型或抽芯的距离来决定开模行程。如图 3-5 所示的斜导柱侧向抽芯机构，为了保证侧向抽芯距离足够，所需的开模行程为 H_c，当 $H_c > H_1 + H_2$ 时，开模行程应按下式校核：

$$S \geqslant H_c + (5 \sim 10)\ \text{mm} \tag{3-8}$$

当 $H_c \leqslant H_1 + H_2$ 时，仍按式（3-4）或式（3-6）校核。

在设计模具顶出机构时，需校核注射机顶出机构的顶出形式（是中心顶杆顶出还是两侧顶杆顶出等）、最大顶出距离以及双顶杆中心距离等，以便保证模具的顶出机构与注射机的顶出机构相适应。

表 3-1 列出了 SZ 系列注射机的主要技术参数。

表 3-1 SZ系列注射机的主要技术参数

项目		SZ-25/20	SZ-40/25	SZ-60/40	SZ-100/60	SZ-100/80	SZ-160/100	SZ-200/120	SZ-250/100	SZ-300/160	SZ-500/200	SZ-630/200	SZ-1000/300	SZ-2500/500	SZ-4000/800	SZ-6300/1000	SZ-10000/1600
注射装置	螺杆直径/mm	25	30	30	35	35	40	42	45	45	55	60	70	90	110	130	150
	螺杆转速/($r \cdot min^{-1}$)	0～220	0～220	0～200	20～200	0～200	0～220	0～220	76～170	0～180	0～180	0～150	0～150	0～120	0～80	0～80	0～80
	理论注射容量/cm^3	25	40	60	100	100	160	200	250	300	500	630	1000	2500	4000	6300	10000
	注射压力/MPa	200	200	180	150	170	150	150	150	150	150	147	150	150	150	140	140
	注射速率/($g \cdot s^{-1}$)	35	50	70	85	95	105	120	135	145	173	245	325	570	770	1070	1130
	塑化能力/($kg \cdot h^{-1}$)	13	20	35	40	40	45	70	75	82	110	130	180	245	325	430	535
锁模装置	锁模力/kN	200	250	400	600	800	1000	1200	1200	1600	2000	2200	3000	5000	8000	10000	16000
	拉杆间距($H \times V$)/(mm×mm)	242×187	250×250	220×300	320×320	320×320	345×345	355×385	400×400	450×450	570×570	540×440	760×700	900×830	1120×1200	1100×1180	1300×1300
	模板行程/mm	210	230	250	300	305	325	305	320	380	500	500	650	850	1200	1200	1500
	模具最小厚度/mm	110	130	150	170	170	200	230	220	250	280	200	340	400	600	600	750
	模具最大厚度/mm	220	220	250	300	300	300	400	380	450	500	500	650	750	1100	1100	1500
	定位孔直径/mm	55	55	80	125	100	100	125	110	160	160	160	250	250	250	250	250
	定位孔深度/mm	10	10	10	10	10	10	15	15	20	25	30	40	50	50	50	50
	喷嘴伸出量/mm	20	20	20	20	20	20	20	20	20	30	30	30	50	50	50	50
	喷嘴球半径/mm	10	10	10	10	10	15	15	15	20	20	15	20	35	35	35	35
	喷嘴口孔径/mm		$\phi3$	$\phi3.5$	$\phi4$							$\phi5$		$\phi7$			
	顶出行程/mm	55	55	70	80	80	100	90	90	90	90	128	140	165	200	300	360
	顶出力/kN	6.7	6.7	12	15	15	15	22	28	33	53	60	70	110	280	280	300
电气	油泵电动机功率/kW	7.5	7.5	11	11	11	15	15	18.5	18.5	22	30	37	40	110	135	151
	加热功率/kW	2.6	4.5	4.7	6	6	7.25	8.25	6.72	9.25	15.55	15	24.5	28.1	40.4	40.4	80
其他	机器质量/t	2.7	2.7	3	2.8	3.5	4	4.3	5	6	8	9	15	29	65	70	78
	外形尺寸($L \times W \times H$)/(m×m×m)	2.1×1.2×1.4	2.5×1.3×1.4	4.0×1.4×1.6	3.9×1.3×1.8	4.2×1.5×1.7	4.4×1.5×1.8	4.0×1.4×1.9	5.1×1.3×1.8	4.6×1.7×2.0	5.6×1.9×2.0	6.0×1.5×2.2	6.7×1.9×2.3	10×2.7×2.8	12×2.8×3.8	12×2.8×3.8	12.6×4.05×3.9

三、热塑性塑料注射成型工艺

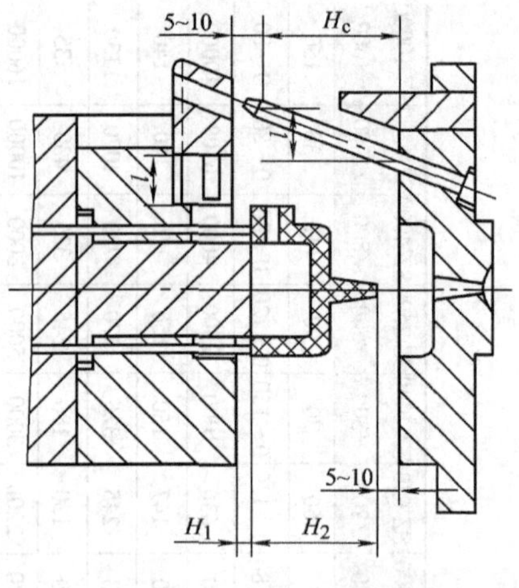

图 3-5　有侧向抽芯的注射模开模行程校核

1. 注射成型工艺过程

注射工艺过程包括成型前准备、注射成型过程和制件的后处理。

(1) 成型前的准备　为保证塑料制品质量，在成型前应作一些工艺准备工作，如对成型塑料进行外观（如物料的色泽、颗粒大小及均匀度等）检验，对其工艺性能（如熔融指数、流动性、热性能及收缩性）进行测试；对于某些容易吸湿的塑料（如聚酰胺、聚碳酸酯、ABS 等）成型前应进行充分的干燥，以避免产品表面出现银丝、斑纹和气泡等缺陷；成型不同种类塑料前，应对机筒进行清洗；对成型带有嵌件的塑件，应先对嵌件进行预热；对脱模困难的塑件，预备好合适的脱模剂。

(2) 注射工艺过程　注射过程一般包括加料、塑化、注射、冷却和脱模几个步骤。

1) 加料。由于注射成型是一个间歇过程，因而需定量（定容）加料，以保证操作稳定，塑料塑化均匀，最终获得良好的塑件。加料过多、受热时间过长容易引起塑料的热降解，同时注射机功率消耗增多；加料过少，机筒内缺少传压介质，型腔中塑料熔体压力降低，难以补塑，容易使塑件出现收缩、凹陷、空洞等缺陷。

2) 塑化。加入的塑料在机筒中进行加热，由固体颗粒转换成粘流态并且具有良好的可塑性的过程称为塑化。决定塑料塑化质量的主要因素是物料的受热情况和所受到的剪切作用。通过机筒对物料加热，使聚合物分子松弛，出现由固体向液体转变；一定的温度是塑料得以形变、熔融和塑化的必要条件；而剪切作用则以机械力的方式强化了混合和塑化过程，使混合和塑化扩展到聚合物分子的水平（而不是静态的熔融），它使塑料熔体的温度分布、物料组成和分子形态都发生改变，并更趋于均匀；同时螺杆的剪切作用能在塑料中产生更多的摩擦热，促进了塑料的塑化，因而螺杆式注射机对塑料的塑化比柱塞式注射机要好得多。总之，对塑料的塑化要求是：塑料熔体在进入型腔之前要充分塑化，既要达到规定的成型温度，又要使塑化料各处的温度尽量均匀一致，还要使热分解物的含量达到最小值，并能提供上述质量的足够的熔融塑料以保证生产连续并顺利进行。这些要求与塑料的特征、工艺条件的控制及注射机塑化装置的结构等密切相关。

3) 注射。不论何种形式的注射机，注射的过程可分为充模、保压、倒流、浇口冻结后的冷却和脱模等几个阶段。成型周期中的塑料压力变化曲线如图 3-6 所示。

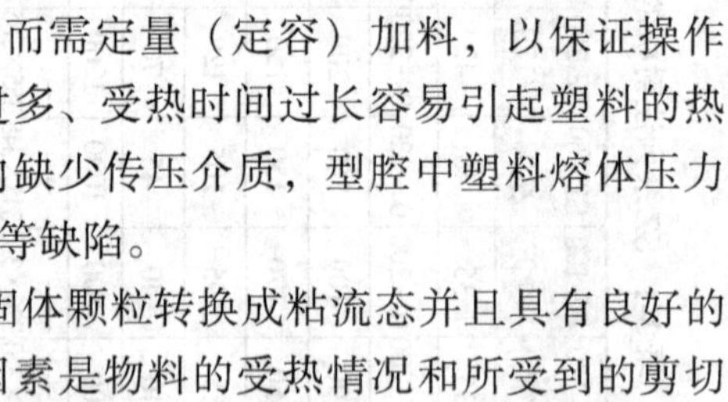

图 3-6　成型周期中的塑料压力变化曲线

p_0—模塑最大压力　p_s—浇口冻结时的压力

p_r—脱模时残余压力　t_1 ~ t_4—各代表一定时间

① 充模。塑化好的熔体被柱塞或螺杆推挤至机筒前端，经过喷嘴及模具浇注系统进入并填满型腔，此时（$t = t_1$）型腔内熔体压力迅速

上升，达到最大值 p_0 这一阶段称为充模。

② 保压。在模具中熔体冷却收缩时，继续保持施压状态的柱塞或螺杆迫使浇口附近的熔料不断补充进入模具中（时间从 t_1 到 t_2），使型腔中的塑料能成型出形状完整且致密的塑件，这一阶段称为保压。

③ 倒流。保压结束后，柱塞或螺杆后退，型腔中压力解除（时间从 t_2 到 t_3），这时型腔中的熔料压力将比浇口前方的高，如果浇口尚未冻结，就会发生型腔中熔料通过浇口流向浇注系统的倒流现象，使塑件产生收缩、变形及质地疏松等缺陷。如果保压结束之前浇口已经冻结，那就不存在倒流现象。

④ 浇口冻结后的冷却。当浇注系统的塑料已经冻结后，继续保压已不再需要，因此可退回柱塞或螺杆，卸除机筒内塑料的压力，并加入新料，同时通入冷却水、油或空气等冷却介质，对模具进行进一步的冷却，这一阶段称为浇口冻结后的冷却（时间从 t_3 到 t_4）。实际上冷却过程从塑料注入型腔起就开始了，它包括从充模完成、保压到脱模前的这一段时间。

⑤ 脱模。塑件冷却到一定的温度即可开模，在推出机构的作用下将塑料制件推出模外。

（3）制品的后处理　塑料制品脱模后常需要进行适当的后处理（退火或调湿），以便改善和提高制品的性能和尺寸稳定性。退火处理是使制品在定温的加热介质或热空气循环烘箱中静置一段时间。一般，退火温度比制品使用温度高 10～20℃，或比塑料热变形温度低 10～20℃，以消除制品的内应力，稳定结晶结构。有些塑料制品（如聚酰胺等）在高温下与空气接触会氧化变色或容易吸收水分而膨胀，此时需进行调湿处理，即将刚脱模的制品放在热水中处理，这样既可隔绝空气进行无氧化退火，又可使制品快速达到吸湿平衡状态，从而使制品尺寸稳定。

2. 注射成型工艺参数

注射成型最重要的工艺参数为影响熔体流动和冷却的温度、压力及相应的作用时间。

（1）温度　在注射成型过程中需要控制的温度有机筒温度、喷嘴温度和模具温度等。前两种温度主要影响塑料的塑化和流动；而后一种温度主要影响塑料的流动和冷却。

1）机筒温度。机筒温度的选择与塑料的特性有关。每一种塑料都具有不同的粘流态温度 T_f（对结晶型塑料即为熔点 T_m），为了保证塑料熔体的正常流动，不使塑料在机筒中发生热降解，机筒温度需控制在粘流态温度 T_f 与热分解温度 T_d 之间。机筒温度的分布，一般是从料斗一侧（后端）起至喷嘴（前端）止逐步升高，以使塑料温度平稳地上升以达到均匀塑化的目的。对于螺杆式注射机，因剪切摩擦热有助于塑化，因而前端的温度也可略低于中段，以防止塑料的过热分解。机筒温度对塑件物理性能的影响如图 3-7 所示。

2）喷嘴温度　喷嘴温度一般略低于机筒的最高温度，以防止直通式喷嘴发生“流延现象”。由喷嘴低温产生的影响可以从塑料注射时所发生的摩擦热得到一定的补偿。但应注意，温度低得太多可能导致熔体早凝而将喷嘴堵死。

机筒和喷嘴温度的选择不是孤立的，与其他工艺条件存在一定关系。如注射压力的大小对温度有直接影响，在保持同样的流速下，较低的注射压力，一般对应较高的温度；反之，较高的注射压力，对应于较低的温度。

3）模具温度。模具温度对塑料熔体的充型能力及塑件的内在性能和外观质量影响很大，模具温度对塑件成型性能的影响如图3-8所示。模具温度的高低取决于塑料结晶性的有无、塑件尺寸和结构、性能要求以及其他工艺条件（熔体温度、注射速度及注射压力、成型周期等）。

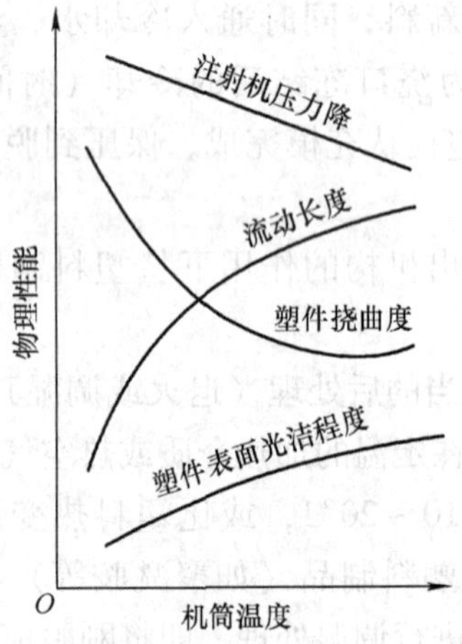

图3-7　机筒温度对塑件物理性能的影响

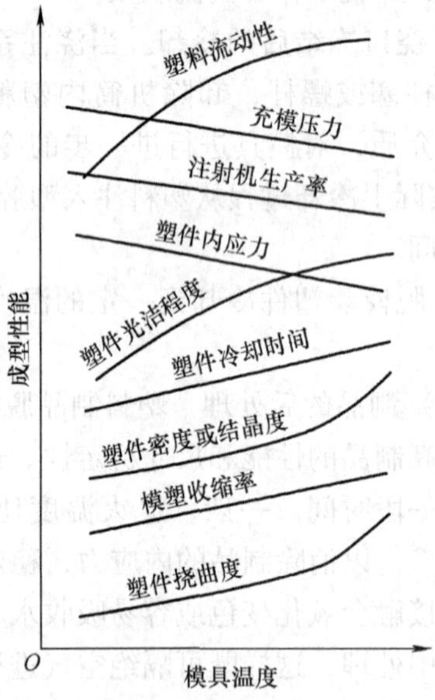

图3-8　模具温度对塑件成型性能的影响

模具温度由模具上设置的温度控制系统来控制。

(2) 压力　注射成型过程中的压力包括塑化压力和注射压力两种。

1）塑化压力。塑化压力又称背压，是指注射机螺杆顶部的熔体在螺杆转动后退时所受到的压力。增加背压能提高熔体温度并使温度均匀，但会降低塑化的速度。背压可以通过液压系统中的溢流阀来调整。注射中，塑化压力的大小是随螺杆的设计、塑件的质量要求以及塑料的种类不同而异的。

2）注射压力。注射压力用以克服熔体从机筒流向型腔的流动阻力，提供充模速度以及对熔体进行压实等。注射压力的大小与塑料制品的质量和生产率有直接的关系，注射压力对塑件成型性能的影响如图3-9所示。影响注射压力的因素很多，有塑料品种、注射机

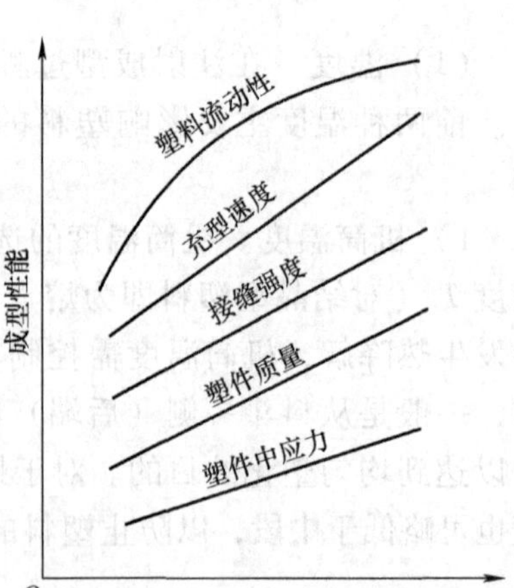

图3-9　注射压力对塑件成型性能的影响

类型、制品和模具结构以及其他工艺条件等，而各因素之间的关系十分复杂。近年来，国内外成功地采用注射流动模拟计算机软件，对注射压力进行了优化设计。

（3）时间　完成一次注射成型过程所需的时间称为成型周期，它包括以下几个部分：

- 成型周期
  - 注射时间
    - 充模时间（螺杆前进时间）
    - 保压时间（螺杆停留在前进位置的时间）
  - 闭模冷却时间（螺杆后退时间也包括在这段时间内）
  - 其他时间（开模、脱模、涂脱模剂、安放嵌件和合模等）

（保压时间与闭模冷却时间合称：冷却总时间）

在保证塑料制品质量的前提下，应尽量缩短成型周期中各段时间，以提高生产率。其中最重要的是注射时间和闭模冷却时间，它们对产品的质量有着决定性的影响。在生产中，充模时间一般约为3～5s，保压时间一般约为20～120s，闭模冷却时间一般约为30～120s。

3. 典型制品注射成型

（1）周转箱体类塑料制品

1）概述。周转箱体类塑料制品多采用高密度聚乙烯、聚丙烯或两者共混原料成型，其特点是质轻、强度高、容易清洗、运输方便、色泽丰富、使用寿命长、耐酸、防霉、无毒。它广泛用于食品、饮料、果品、蔬菜、药品等的周转和存放。

2）工艺流程及工艺条件。

① 工艺流程。周转箱类塑料制品的工艺流程如图3-10所示。

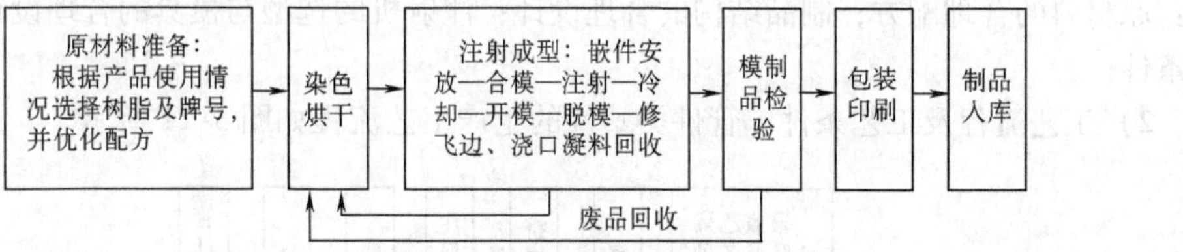

图3-10　周转箱类塑料制品的工艺流程图

生产全过程分为三个阶段：第一阶段为准备阶段，包括配料、烘干、染色；第二阶段为成型阶段，它是生产合格箱体塑件的关键所在；第三阶段为修飞边、检验、包装、印刷、入库。

② 工艺条件。箱体类塑料制品注射工艺条件见表3-2。

表3-2　箱体类塑料制品注射工艺条件

工艺条件 \ 塑料品种			PP周转箱	HDPE周转箱	PP洗衣机内桶
温度/℃	机筒	后	180～190	150～170	180～190
		中	220～240	200～220	240～260
		前	220～230	200～210	230～240
	喷嘴		170～200	160～190	180～200
	模具		60～80	40～60	70～90

（续）

工艺条件 \ 塑料品种		PP 周转箱	HDPE 周转箱	PP 洗衣机内桶
压力/MPa	塑化压力	0.5	0.5	1～2
	注射压力	70～110	60～110	100～140
周期/s	总周期	30～65	30～65	40～50
	注射时间	3～10	3～10	8～10
	保压时间	4～15	4～15	4～5
	冷却时间	20～40	20～40	30

③ 成型设备及模具。箱体类塑料制品的注射成型采用普通注射机，由于制品体积较大，注射机多选用容量为2000～6000cm^3 的中型设备；模具与一般注射模具结构基本相同，但体积较大、较复杂，箱体类塑料制品模具采用多开模结构形式较多。

（2）管件、阀门类塑料制品

1）概述。管件、阀门类塑料制品种类很多，包括弯头、三通、法兰盘、阀门等。在众多的产品中，以硬聚氯乙烯管件较常见。但是，由于硬聚氯乙烯塑料熔体粘度较高，再者，它的熔融温度与热分解温度比较接近，所以不能用提高温度的方法来降低粘度。硬聚氯乙烯塑料在高温下不能停留太长时间，否则会发生降解。因此，其注射成型比其他塑料，如聚乙烯、聚丙烯、聚苯乙烯等困难得多。

要获得高质量的硬聚氯乙烯注射管件、阀门类塑料制品，加工成型时应注意以下几个方面：原材料的合理配方；制品结构的合理设计；注射机的选型与模具的合理设计；正确的工艺条件。

2）工艺流程及工艺条件。管件类塑件的生产工艺流程如图 3-11 所示。

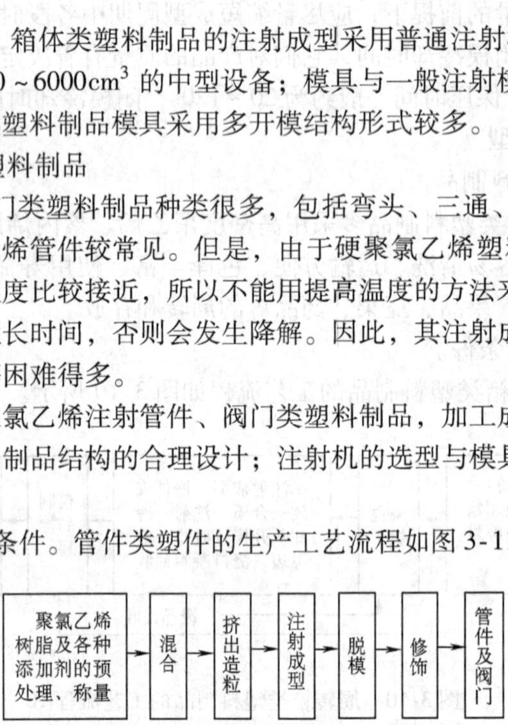

图 3-11　管件类塑件的生产工艺流程

生产工艺全过程分为两大步：首先制备粒料，粒料的生产是将树脂及添加剂按一定比例混合后，挤出造粒；而后，将粒料加入注射机注射成型。

注射成型时，注射机机筒温度一般分三段控制：加料段温度不宜太高，否则会使料斗处物料软化，影响正常加料；均化段温度也不宜太高，以防止物料分解，机筒温度控制在120～190℃；注射段喷嘴温度控制在 170～185℃。

硬聚氯乙烯塑料熔体粘度高，流动阻力大，且管件、阀门类塑料制品的模具结构较为复杂，所以注射压力应该偏高一些，但也不宜太高，否则会出现飞边，内应力也较大。注射压力通常为 70～140MPa。

模具温度对管件、阀门类塑料制品质量也有明显影响，若与注入模具的熔体温度相差太大，虽然冷却硬化快，生产效率高，但易造成制品产生内应力，故模具温度一般控制在30～

60℃之间。对厚壁管件或阀体制品可取较低模具温度，以使其充分冷却。

3）成型设备与模具。管件、阀门类塑料制品注射成型一般用螺杆式注射机，螺杆为渐变型，转速范围约 20 ~ 50r/min。模具一般采用普通浇注系统注射模结构。

四、热固性塑料注射成型工艺

热固性塑料注射成型开始于 20 世纪 60 年代初，此前热固性塑料主要采用压缩和传递成型方法，但这两种方法效率低、劳动强度大、制品质量不稳定。注射成型方法是对热固性塑料成型方法的重大改革。由于热固性塑料的工艺特性较之热塑性塑料有很大不同，因而其注射成型工艺较之热塑性塑料注射成型工艺有明显的区别。

热固性塑料注射成型工艺过程基本上与热塑性塑料相仿，但在各个工艺阶段其内容有很大差异，这主要是由于它们两者的化学性质不同所致。热固性塑料注射成型原理是将成型物料从注射机的料斗送入机筒内加热并在螺杆的旋转作用下熔融塑化，使之成为均匀的粘流态熔体，通过螺杆的高压推动，使熔体以很大的流速经过机筒前端的喷嘴注射进入高温型腔，经过一段时间的保压补缩和交联反应之后，固化成型为塑件形状，然后开模取出塑件。显然，从原理上讲，热固性与热塑性两种塑料的注射成型工艺过程的主要差异表现在熔体注入模具后的固化成型阶段。热塑性注射塑件的固化基本上是一个从高温液相到低温固相转变的物理过程，而热固性注射塑件的固化却必须依赖于高温下的交联化学反应。正是由于这一差异，导致两者的工艺条件不同。

1. 温度

（1）料温　与热塑性注射成型工艺一样，料温包括塑化温度和注射温度，它们分别取决于机筒和喷嘴两部分的温度。但由于热固性和热塑性注射成型过程的性质不同，两者对机筒和喷嘴的温度要求有差异。对于热固性塑料，为了防止熔体在机筒内发生早期硬化，并兼顾机筒温度对塑化的影响以及物料内的剪切摩擦的影响，所以倾向于机筒温度取小值。然而，机筒温度过低时，物料熔融较慢，螺杆与生料（固体物料）之间会产生很大的摩擦热，这些热量反而会比机筒处于较高温度时更容易使熔体发生早期硬化。因此，生产中应对机筒温度进行严格控制。通常，机筒的温度分两段或三段设定。分两段设定时，对于不同的物料，后段（加料侧）温度可在 20 ~ 70℃内选取，而前段（喷嘴侧）则在 70 ~ 95℃内选取。对于喷嘴的温度，选取时应考虑熔体与喷嘴之间的摩擦热，这部分的热量一般也较大，能使熔体经过喷嘴后出现很高的温升。原则上讲，通常都要求熔体经过喷嘴后，其温度一方面要能使自己具有良好的流动性，另一方面又能接近于硬化温度的临界值，这样既可保证注射充型，同时也有利于硬化定型。为此，一般都将喷嘴温度的取值高于机筒温度。对于不同的物料，喷嘴温度大约可在 75 ~ 100℃内选择和控制，在此温度下，熔体通过喷嘴后温度可达 100 ~ 130℃，这样便有可能满足上述两方面要求。

（2）模具温度　模具温度是影响热固性塑件硬化定型的关键因素，直接关系到成型质量的好坏和生产效率的高低。模具温度过低，硬化时间长；模具温度太高时，又会因硬化速度过快难于排出低分子挥发气体，导致塑件出现组织疏松、起泡和颜色发暗等缺陷。通常，对于不同的物料，模具温度的选择和控制范围约为 150 ~ 220℃，这样会更有利于塑件硬化定型。

2. 压力

（1）注射压力与注射速度　与热塑性注射成型工艺相似，热固性注射成型工艺的注射压力与注射速度密切相关。由于熔料中填料较多，粘度大，且在注射过程中对熔体有温升要求，所以注射压力一般要选择得大一些。对于不同物料，注射压力常用范围为 100～170MPa，少数物料也可取比此值范围较低或较高的数值。原则上讲，与注射压力相关的注射速度也应选大一些，这样有利于缩短流动充型和硬化定型时间，同时还能避免熔体在流道中出现早期硬化，减少塑件表面出现熔接痕和流道纹。但如果注射速度过大，又容易将空气卷入型腔和熔体，从而导致塑件表面出现气泡等缺陷。根据目前的生产经验，热固性塑料的注射速度可取 3～4.5m/min。

（2）保压压力和保压时间　保压压力和保压时间会直接影响型腔压力以及塑件的收缩和密度的大小。目前，由于热固性注射熔料的硬化速度比以前有很大提高，且模具大多采用点浇口，浇口的冻结比较迅速，所以常用的保压压力比注射压力稍低一些。保压时间比注射热塑性塑料略为减少些，但应根据不同的物料以及塑件的厚度和浇口冻结速度而定，通常取 5～20s。热固性注射成型的型腔压力约在 30～70MPa。

（3）背压和螺杆转速　注射热固性塑料时，螺杆的背压不能太大，否则，物料在螺杆中会受到长距离压缩作用，从而使注射困难或导致熔体过早硬化，一般约为 0.34～0.52MPa，并且在螺杆起动时可以接近于零。在某些情况下，甚至还可放松背压阀，仅用注射螺杆后退时的摩擦阻力作为背压。但也应注意，背压过小时，熔料中易充入空气，计量不稳定，塑化不均匀。注射热固性塑料时，与背压相关的螺杆转速也不宜取得过大，否则，物料容易在机筒内受热不均匀，从而产生塑化不良的结果。一般螺杆的转速在 30～70r/min 内选取。

3. 成型周期

热固性塑料注射成型周期，在内容上基本与热塑性塑料注射成型周期相同，但热固性塑件的冷却定型时间，对应于热塑性塑件来讲，应当改为硬化定型时间。热固性塑料成型周期中最重要的是注射时间和硬化定型时间，而保压时间既可属于注射时间，也可属于硬化时间，但也经常单独考虑。一般情况下，国产的热固性注射物料的注射时间约需 2～10s，保压时间约需 5～20s，硬化定型时间在 15～100s 内选择，成型周期总共约需时间 45～120s。但需要指出，确定热固性塑料的硬化定型时间时，不仅要考虑塑件的结构形状、复杂程度和壁厚大小，而且还要考虑注射物料质量的好坏，特别是根据塑件最大壁厚来确定硬化时间时，更应注意这个问题。一般的国产注射物料充型后的硬化时间可根据塑件的最大壁厚，按 8～12s/mm 硬化速度进行计算，但随着塑料生产技术的不断发展，有些热固性塑料的硬化速度已基本上达到国外快速注射物料的硬化速度，即 5～7s/mm。厚壁塑件可固化一定程度后移至模外加热固化。

4. 其他工艺条件

（1）物料在机筒中的存留时间及其注射量　注射机每完成一次注射动作，螺杆的槽中总会留有一部分已被塑化好的熔体未能注射出去，这些熔体虽然在以后的注射过程中被逐渐推出机筒，但它们很容易在机筒中因存留时间过长而发生交联硬化，从而轻则影响塑件的成型质量，重则导致注射机无法继续工作，为此，必须控制热固性塑料在机筒内的存留时间，其长短可按下式计算：

$$t_s = \frac{m_z}{m_i} t \tag{3-9}$$

式中，t_s 是物料在机筒内的停留时间（s）；m_z 是机筒中容纳的物料总量（包括螺旋槽内的物料）（g）；m_i 是注射机每次的注射量（g）；t 是成型周期（s）。

从式（3-9）中可知，物料在机筒内的停留时间与 m_z/m_i 和成型周期 t 有关，但 t_s 绝不能超过物料所允许的最长塑化时间，否则，物料将会在机筒中发生硬化。根据经验，$m_i=(0.7\sim0.8)m_z$ 比较合适，如果 m_i 取得过小，生产时就往往需要空注射才能防止物料在机筒内过早发生硬化，很明显，这会造成很大的原材料浪费。

（2）排气　由于热固性注射塑件在硬化定型过程中会有大量反应气体挥发，因此排气问题就显得非常重要。除了在模具中必须设计应有的排气系统外，还必须考虑注射成型操作时是否需要采取卸压开模放气措施。通常，这一措施对于厚壁塑件都是必需的，卸压开模时间可控制在 0.2s。

（3）热固性注射物料的典型工艺条件　前面一般性地阐述了热固性注射成型的工艺条件，表 3-3 列出了九种热固性塑料的典型注射成型工艺条件，可供生产中参考。但应当注意，热固性注射成型工艺仍处在发展阶段，注射成型工艺还将不断改进。另外，相同塑料的注射成型工艺也会因品级不同、塑件不同或生产厂家不同而有差异。

表 3-3　热固性塑料的典型注射成型工艺条件

项目 \ 塑料		酚醛	脲甲醛	三聚氰胺	不饱和聚酯	环氧树脂	PDAP	有机硅①	聚酰亚胺	聚丁二烯②
螺杆转速/r·min^{-1}		40~80	40~50	40~50	30~80	30~60	30~80		30~80	
喷嘴温度/℃		90~100	75~95	85~95		80~90			120	120
机筒温度/℃	前段	75~100	70~95	80~105	70~80	80~90	80~90	88~108	100~130	100
	后段	40~50	40~50	45~55	30~40	30~40	30~40	65~80	30~50	90
模具温度/℃		160~169	140~160	150~190	170~190	150~170	160~175	170~216	170~200	230
注射压力/MPa		98~147	60~78	59~78	49~147	49~118	49~147		49~147	
背压/MPa		0~0.49	0~0.29	0.196~0.49						
注射时间/s		2~10	3~8	3~12					20	20
保压时间/s		3~15	5~10	5~10						
硬化时间/s		15~50	15~40	20~70	15~30	60~80	30~60	30~60	60~80	

① 注射有机硅塑料时，机筒分三段控温：前段 88~108℃，中段 80~93℃，后段 65~80℃。

② 聚丁二烯为英国 BIP 公司生产的 INS/PBD 注射物料。

五、其他塑料注射成型工艺方法简述

除了前述通用热塑性塑料注射成型及始于20世纪60年代的热固性塑料注射成型外，随着注射成型工艺的发展，众多注射成型工艺方法不断涌现，种类繁多，以下对其中一些应用较多的成型方法作简要叙述。

1. BMC 注射成型

BMC注射成型，是将不饱和聚酯、苯乙烯树脂、矿物填料、着色剂和10%～30%（质量分数）的玻璃纤维增强材料等组成的块状塑料（命名为BMC，属增强热固性塑料）通过液压活塞压入塑化机筒内，在螺杆旋转作用下进行输送和塑化，并注射成型。BMC注射成型制品具有很高的电阻值、耐热性、优良的力学性能及较小的收缩率，可用来生产厚截面的制品、各种壳体和小零件等，在电子工业和家电方面应用广泛。

BMC注射成型时，模具温度应加热到140～170℃；注射机筒温度需严格控制，一般用液态循环加热，温度控制在30～60℃；注射压力一般为151×10^3kPa，注射时间为2～3s，螺杆转速为30～60r/min。在BMC注射机上装有特殊形式的料斗和供料装置，机筒开设有侧入口，以便与自动加料装置相连接；供料装置有液压活塞可把模塑料压入塑化机筒内，在螺杆作用下进行输送和塑化，塑化螺杆的长径比一般为20:1。

为了保持玻璃纤维的长度和准确地计量以及稳定塑化系统的压力，通常采用深螺槽无压缩段的螺杆，并在机筒头部装上防流延的针阀。

BMC注射成型必须注意物料流动路线。流道结构应避免死角，使流动阻力尽可能小，以防止物料流动困难或出现滞料现象。

2. 气体辅助注射成型

气体辅助注射成型（图3-12）原理是，当型腔中注射了部分塑料熔体后，紧接着通过喷嘴、流道将压缩空气（通常为N_2）注入熔体中形成气体夹心制品。这类制品在汽车、建材及日用品工业中的应用前景十分广阔。

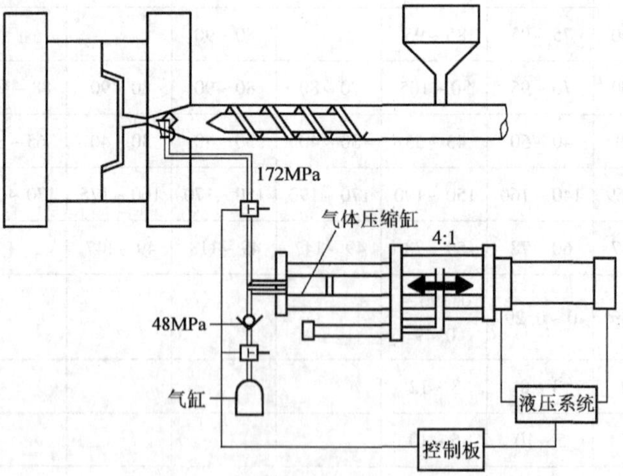

图3-12 气体辅助注射成型系统示意图

气体辅助注射成型系统与一般注射成型系统的主要区别在于添加了压缩空气的流道和

控制系统。气体辅助注射成型又可以认为是一种双色单模的共注射成型的演变，也可认为是中空吹塑成型的演变。

气体的压力、流量、体积是决定塑件中气体夹心方位、大小等的重要因素。此外，模具结构和工艺参数（注射速度、熔料温度、注射压力、保压时间）等也对气体夹心等产生重要影响。

3. 共注射成型

使用具有两个或两个以上注射系统的注射机，将不同品种或不同色泽的塑料同时或先后注射进入一个或几个模具工位的成型方法，称为共注射成型。共注射成型有两种典型的工艺方法：双色注射成型和双层注射成型。

（1）双色注射成型　双色注射成型的设备一般有两种形式，如图 3-13 和图 3-14 所示。

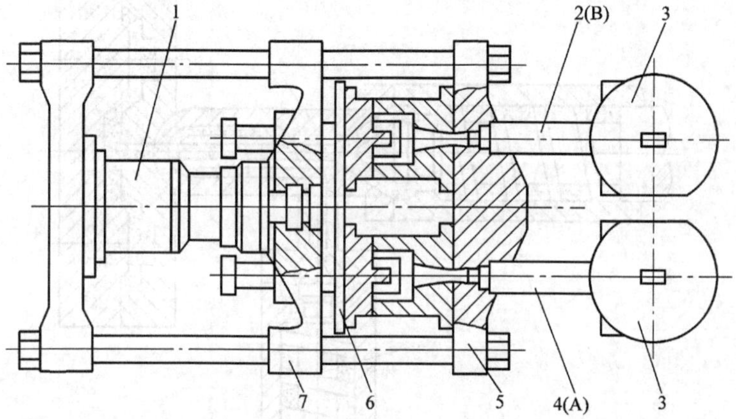

图 3-13　双色注射成型示意图之一

1—合模液压缸　2—注射系统（B）　3—料斗　4—注射系统（A）

5—定模固定板　6—模具回转板　7—动模固定板

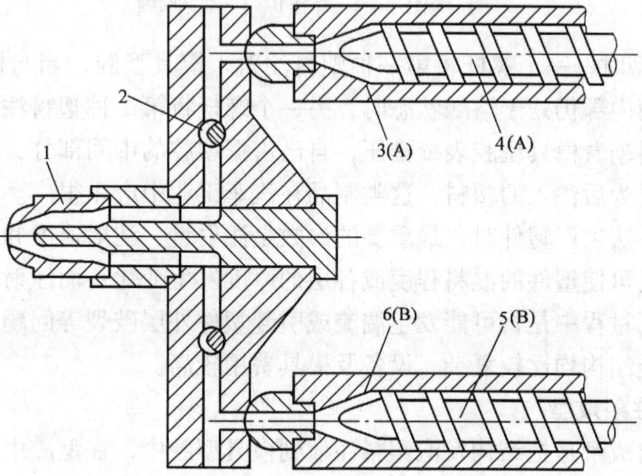

图 3-14　双色注射成型示意图之二

1—喷嘴　2—启闭阀　3—注射系统（A）　4—螺杆（A）　5—螺杆（B）　6—注射系统（B）

图 3-13 有两个注射系统（机筒），两副模具共用一个合模系统，模具固定在一个模具回转板 6 上，当其中一个注射系统 4 向模内注入一定数量的 A 种塑料后（未充满型腔）回转板转动，将模具送到另一个注射系统 2 的工作位置上，这个注射系统立刻向模内注入 B 种塑料，直到它们充满型腔为止，经过保压和冷却定型后脱模。生产出分色明显的混合塑件。

图 3-14 是两个注射系统共用一个喷嘴，喷嘴通路中装有启闭机构，调整启闭阀 2 的换向时间，就能生产出各种花纹的塑料制件。

（2）双层注射成型　双层注射成型原理如图 3-15 所示，注射系统是由两个互相垂直安装的螺杆 1 和 2 构成，端部是一个交叉喷嘴 3。

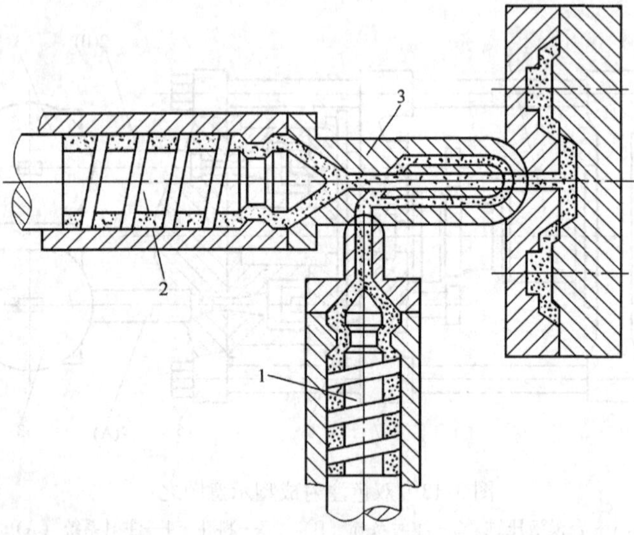

图 3-15　双层注射成型示意图

1—螺杆 A　2—螺杆 B　3—交叉喷嘴

双层注射成型时，一个螺杆将第一种塑料注射入模具型腔，当与模具型腔表壁接触的塑料开始凝固，而内部仍处于熔融状态时，另一个螺杆将第二种塑料注入，后注入的塑料不断地把前一种塑料朝着模具型腔表壁推压，自己占据型腔的中间部分，冷却定型后获得夹心塑件，芯部塑料层为后注入的塑料。这类制品在汽车工业中应用很广。

共注射成型方法生产塑件时，最重要的参数是注射量、注射速度和模具温度。因为变更注射量和模具温度可使塑件的混料程度或各层的厚度发生变化；而注射速度恰当与否，会直接影响熔体在流动过程中是否可能发生湍流或引起塑件外层破裂等问题。此外，共注射成型的塑化和喷嘴系统结构均比较复杂，设备及模具费用较高。

4. 结构发泡注射成型

结构发泡注射成型是把结构发泡塑料注射到模具型腔中，在型腔中发泡胀大，形成表层致密、内部呈微孔泡沫结构塑件的一种注射成型方法。其成型工艺过程需专用的结构发泡塑料、结构发泡注射机、结构发泡注射模等。

结构发泡塑料又称低发泡塑料、硬质发泡体或合成木材。所谓结构发泡塑件就是指在塑料中加入发泡剂，发泡倍数为1～2倍，采用特殊要求的注射机、模具和成型工艺所成型的塑件。使用的塑料主要有聚苯乙烯、ABS、聚乙烯和聚丙烯等。

结构发泡塑件的特点是：表面平整无凹陷和翘曲，无内应力；具有一定的刚度和强度；成型加工简便；密度小，比一般塑料的质量减少15%～50%；表面粗糙，颜色不鲜艳。

结构发泡塑件广泛用于家具、汽车、电器部件、建材、仪表外壳、工艺品框架、乐器和包装箱等方面。

结构发泡成型常用的方法有高压法和低压法两种。

（1）高压法　高压法分为木纹化模塑法与二次开模法两种类型。

木纹化模塑法是将混料完全充满型腔。此法用一般注射机稍加改进即可，发泡率一般只有10%～20%，模具设计和工艺要求均较复杂，如配合不当，则不能获得质量良好的木质纹塑件。

二次开模法要求注射机设有二次移动模板的机构，在塑料熔体注满模具型腔后，瞬间移动模板，模具开模一小段，使芯层发泡，从而获得低发泡塑件。图3-16所示为一种最简单的高压低发泡注射成型示意图。模具由动、定模组成，动模随注射机移动一段距离使制品发泡。

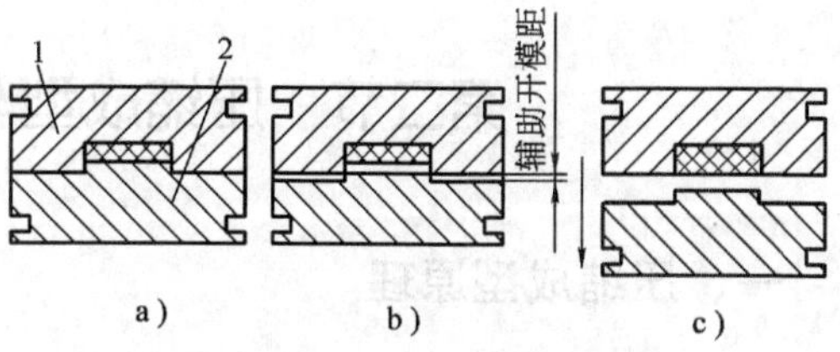

图3-16　二次开模低发泡成型

a）充模结束　b）发泡成型　c）开模

1—定模　2—动模

（2）低压法　塑料以高压、高速注入整个型腔容积的75%～80%，靠塑料在型腔内发泡而充满型腔。低压法要求注射机喷嘴带有阀门并能够密封，才能达到较好的效果。低压法成型的塑件泡孔均匀，但是塑件的表面较粗糙。

与普通注射成型一样，结构发泡塑件注射成功与否与注射速度（注射时间）、注射压力、注射温度（熔体温度）、型腔温度及模具结构等因素有关。除此之外，重要的因素还有发泡剂的性质、发泡剂在熔体中分散的程度、发泡孔的最终尺寸及分布的均匀程度、气泡的增长过程、增长速率等。因为这些因素都将影响到皮层和芯部的结构状态，最终会影响到塑件的物理力学性能。

5. 多级注射成型

随着近代注射成型技术的发展，为了获得高质量的塑件，对于形状特别复杂的制品，由于浇注系统及各部位几何形状不同，不同部位对于充模熔体的流动（速度、压力）要求各异，以同一参数充填型腔会影响制品的内在与表观质量，采用多级注射成型可获得所需质量制品。多级注射成型是指在一个注射成型过程中，当注射机螺杆推动熔体注入模具时可以根据不同的需要实现在不同位置上有不同的注射速度和不同的注射压力等工艺参数的控制。

多级注射成型工艺应根据不同种类的塑料和不同形状的塑件进行制订和选择。图3-17所示为质量136g、材料为PMMA的塑料水管的多级注射速度和压力图。由图中可见，当注射行程达到95%左右时，注射机由多级速度控制自动切换为多级保压控制。

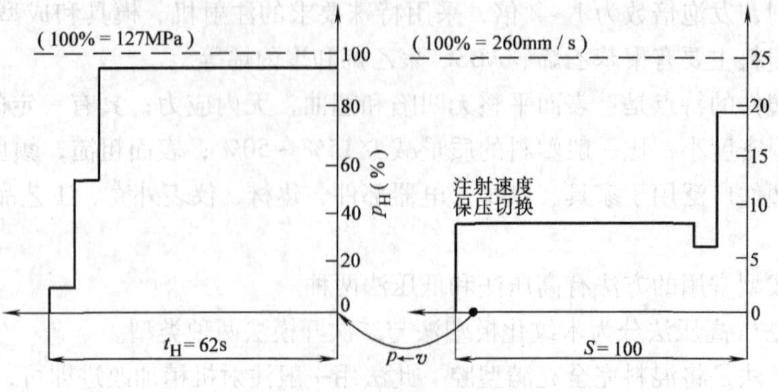

图 3-17　多级注射速度和压力图

v—相对速度　p_H—相对压力　t_H—保压时间　S—行程

第二节　压缩成型与传递成型原理及工艺

一、压缩成型原理

图 3-18 为压缩成型原理示意图，它的基本工作原理是将松散的固态成型物料直接加入到模具中，通过加热和加压方法使其熔融塑化，然后根据型腔形状进行流动成型，最终经过固化转变成为塑件。

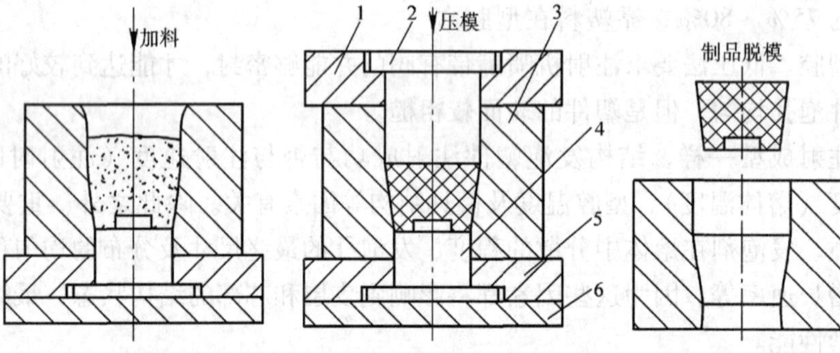

图 3-18　压缩成型原理示意图

a) 加料　b) 压模　c) 脱模

1—上模座（兼起固定板作用）　2—上凸模　3—凹模（加料腔）

4—下凸模　5—下模板　6—下模座（兼起垫板作用）

与注射成型相比，压缩成型具有一些明显的特点：具有模具结构简单、不用浇注系统、所成型制品组织致密性高、制品内取向组织少、取向程度低、性能比较均匀及成型收缩率小、成型所用设备可用普通压力机等优点；不足的是，成型周期长、劳动强度大、生产环境差、操作多用手工而不易实现自动化，以及制品经常带有溢料飞边、精度难以控制和模具容易磨损、使用寿命较短等。

压缩成型主要用于热固性塑件的生产；对于热塑性塑料，由于压缩成型的生产周期长、效率低，同时模具易损坏，故生产中很少采用，仅在塑件较大或做实验研究时才采用。由于热固性塑料注射成型及其他成型方法的相继出现，目前压缩成型的应用受到一定的限制，但在生产某些大型的特殊产品时还常采用这种成型方法。用于压缩成型的塑料主要有酚醛塑料、氨基塑料、环氧树脂、不饱和聚酯塑料、聚酰亚胺等。

二、压缩成型设备

压缩成型一般采用液压机为主要成型设备，图 3-19 为典型柱式液压机的结构，它由机身（包括上梁、立柱、机台等）、工作液压缸、活动横梁、顶出机构、液压传动和电气控制系统等组成。考虑到装料和操作的方便，液压机一般采用立式启闭模的形式。

压缩成型所用液压机有多种类型：按机身结构分为柱式、框式液压机；按动作方式分为上压式、下压式液压机；按操作方式分为手动、半自动、全自动液压机；按传动形式分为泵直接传动、泵蓄压器传动液压机等。

目前生产中使用较多的是上压式泵直接传动半自动的柱式或框式液压机，如图 3-19 与图 3-20 所示。成型大、中型热固性塑料，常采用泵蓄压器传动液压机，即集中供应高压油的办法，避免各台液压机单独配备液压系统，这样可以节省资金，提高液压设备的利用率；但需要高压蓄压器和一套中央供压系统，以平衡低负荷和高峰负荷时的高压液体。对层压塑料，一般采用下压式液压机。

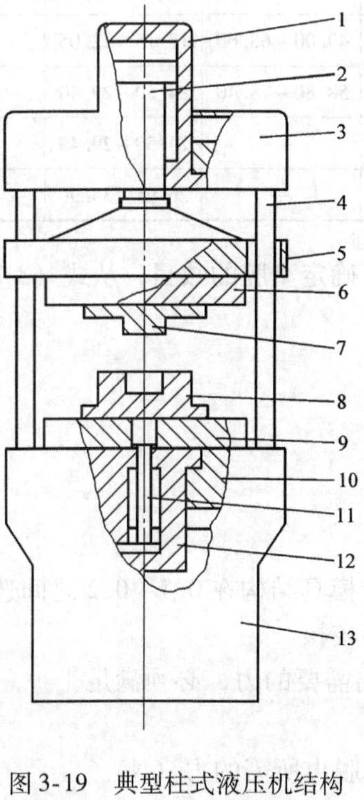

图 3-19　典型柱式液压机结构

1—主液压缸　2—主液压缸柱塞　3—上梁
4—支柱　5—活动板　6—上模板　7—凸模
8—凹模　9—下模板　10—机台
11—顶出缸柱塞　12—顶出液压缸　13—机座

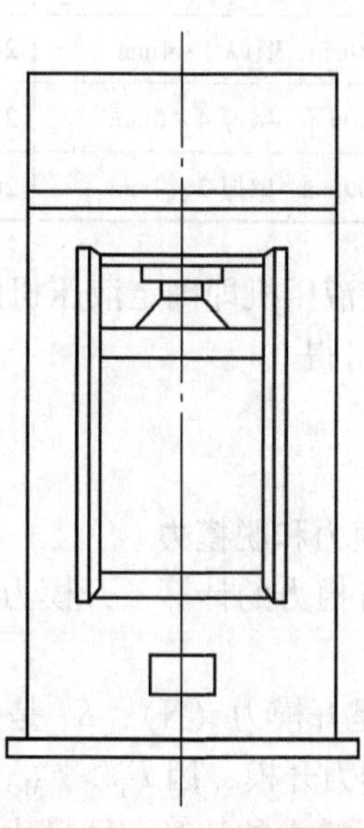

图 3-20　框式液压机

压缩成型时，对所采用液压机要了解的主要参数包括以下几个方面：

1. 成型总压力

成型总压力是指塑料压缩成型时所需的压力，它与塑件几何形状、水平投影面积、成型工艺等因素有关。成型总压力必须满足下式

$$F_M \leqslant kF_P \tag{3-10}$$

式中，F_M 是用模具成型所需的成型总压力（N）；F_P 是液压机的公称压力（N）；k 是修正系数，一般取0.75～0.90，视液压机的新旧程度而定。

模具成型塑件时所需总压力如下

$$F_M = 10^6 nAp \tag{3-11}$$

式中，n 是型腔数目；A 是每一型腔加料室的水平投影面积（m^2）；p 是塑料压缩成型时所需的单位压力（MPa），见表3-4。

表3-4　压缩成型时的单位压力 p　（单位：MPa）

塑件特征 \ 塑料品种	酚醛塑料粉		布层塑料	氨基塑料	酚醛石棉塑料
	不预热	预热			
扁平厚壁塑件	12.25～17.15	9.80～14.70	29.40～39.20	12.25～17.15	44.10
高20～40mm，壁厚4～6mm	12.25～17.15	9.80～14.70	34.30～44.10	12.25～17.15	44.10
高20～40mm，壁厚2～4mm	12.25～17.15	9.80～14.70	39.20～49.00	12.25～17.15	44.10
高40～60mm，壁厚4～6mm	17.15～22.05	12.25～15.39	49.00～68.60	17.15～22.05	53.90
高40～60mm，壁厚2～4mm	24.50～29.40	14.70～19.60	58.80～78.40	24.50～29.40	53.90
高60～100mm，壁厚4～6mm	24.50～29.40	14.70～19.60	—	24.50～29.40	53.90
高60～100mm，壁厚2～4mm	26.95～34.30	17.15～22.05	—	26.95～34.90	53.90

当选定液压机即确定液压机的压缩成型能力后，可确定型腔的数目，从式（3-10）和式（3-11）中可得

$$n \leqslant \frac{kF_P}{10^6 Ap} \tag{3-12}$$

2. 开模力和脱模力

（1）开模力的计算　开模力可按下式计算

$$F_k = K_1 F_M \tag{3-13}$$

式中，F_k 是开模力（N）；K_1 是系数，根据塑件形状及模具结构在0.1～0.2之间选择。

用机器力开模，因 $F_P > F_M$，F_k 是足够的，不需要校核。

（2）脱模力的计算　脱模力是将塑件从模具中顶出需要的力，必须满足

$$F_d > F_t \tag{3-14}$$

式中，F_d 是液压机的顶出力（N）；F_t 是塑件从模具中脱出所需的力（N）。

脱模力计算公式如下：

$$F_t = 10^6 A_c p_j \tag{3-15}$$

式中，A_c 是塑件侧面积之和（m^2）；p_j 是塑件与金属的结合压力（MPa），见表3-5。

表 3-5　塑件与金属的结合压力　　（单位：MPa）

塑料性质	p_j
含木纤维和矿物填料的塑料	0.49
玻璃纤维塑料	1.47

3. 开合模行程

压缩成型能否顺利进行，液压机的开合模行程必须与压缩模的闭合高度及开模取件行程相适应，即

$$h_{min} \leqslant h \leqslant h_{max} \tag{3-16}$$

$$h = h_1 + h_2 \tag{3-17}$$

式中，h_{min} 是液压机上下模板之间的最小距离（mm）；h_{max} 是液压机上下模板之间的最大距离（mm）；h 是模闭合高度（mm）；h_1 是凹模的高度（mm），h_2 是凸模台肩的高度，如图 3-21 所示。

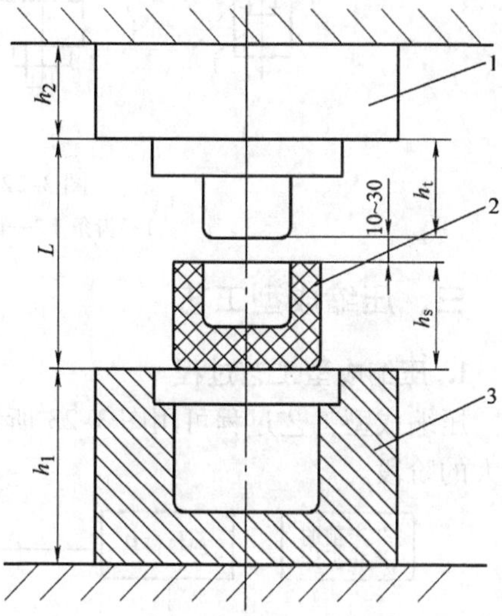

图 3-21　模具高度和开模行程
1—凸模　2—塑件　3—凹模

如果 $h < h_{min}$，上下模不能闭合，液压机无法工作，这时在上下压板之间必须加垫板，以保证 $h_{min} \leqslant h +$ 垫板厚度。

除满足 $h_{max} > h$ 外，还要求大于模具的闭合高度加开模行程之和，如图 3-21 所示，以保证塑件顺利脱模，即

$$h_{max} \geqslant h + L \tag{3-18}$$

$$L = h_s + h_t + (10 \sim 30)\text{mm} \tag{3-19}$$

$$h_{max} \geqslant h + h_s + h_t + (10 \sim 30)\text{mm} \tag{3-20}$$

式中，h_s 是塑件高度（mm）；h_t 是凸模高度（mm）；L 是模具最小开模距离（mm）。

4. 液压机工作台面有关尺寸

液压机的上下工作台都设有 T 形槽。T 形槽有平行和对角线交叉两种形式，槽宽及槽间距离（平行 T 形槽）尺寸是模具设计时要注意的。此外，模具的最大尺寸要小于液压机工作台面的尺寸。

5. 液压机顶出机构的形式

不同液压机顶出机构的形式是不一样的，上压式液压机的顶出机构常见的有手动顶出机构、顶出托架和液压顶出机构三种形式，如图 3-22 所示。

图 3-22a 为手动顶出机构，通过手柄带动齿轮旋转，齿轮与下模板正中的顶出杆齿条相互啮合，得到顶出与回程运动；图 3-22b 为顶出托架，在上下工作台两边有对称的两根拉杆，当上下工作台升到一定的高度时，与拉杆调节螺母相接触，通过两侧的拉杆拉动位于下工作台下方的托架（横梁），托架托起中心顶杆顶出塑件；图 3-22c 为液压顶出机构，在下工作台正中设有顶出液压缸，缸内有差动活塞，可带动顶杆作往复运动，顶杆的正中可通过螺纹孔、T 形槽与顶出机构的尾轴相连接。

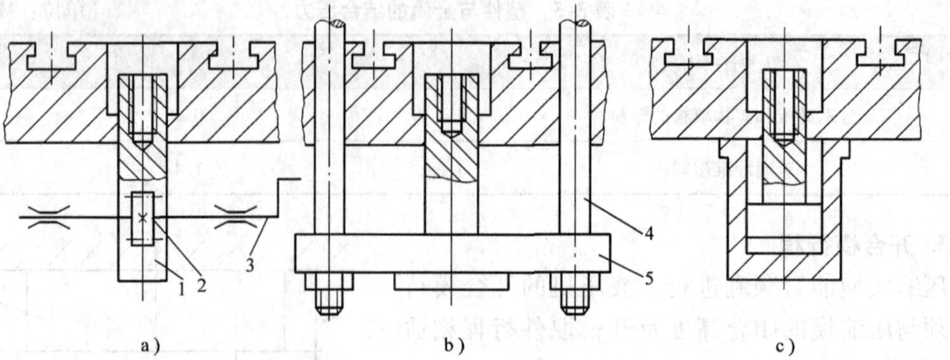

图 3-22　上压式液压机顶出机构

1—齿条　2—齿轮　3—手柄　4—拉杆　5—托架

三、压缩成型工艺

1. 压缩成型工艺过程

压缩成型工艺过程可用图 3-23 所示的框图表示。总的说来，压缩成型工艺过程分为三个大的阶段。

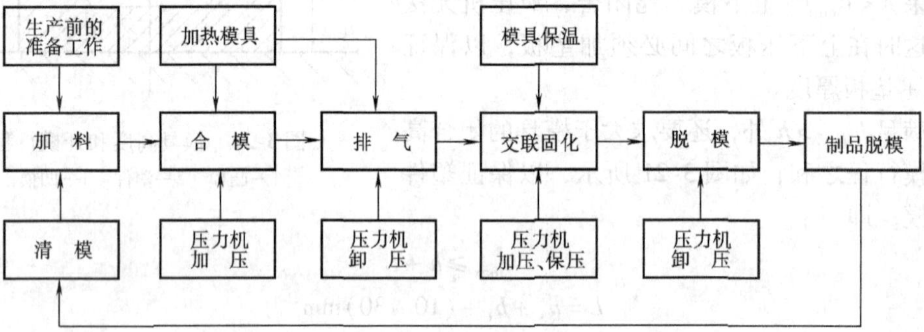

图 3-23　压缩成型工艺过程

（1）成型前准备　热固性塑料易吸湿，储存时易受潮，且比体积较大，为了使成型过程能顺利进行，并保证塑件的质量和产量，需对原料进行预热处理，在有些情况下还要对原料进行预压处理。

1）预热。成型前对热固性塑料原料进行预热处理，目的是去除其中的水分和其他挥发物，同时提高料温，便于缩短压缩成型周期。生产中常用电热烘箱进行预热。

2）预压。在室温下将松散的热固性塑料用预压模在液压机上压成质量一定、形状一致的型坯，型坯的形状以能紧凑地放入模具中预热为宜，多为圆片状及长条状等。

（2）压缩成型过程　热固性塑料压缩成型过程包括加料、合模、排气、固化和脱模等几个阶段，如成型带有嵌件的塑件，加料前应预热嵌件并将其安放定位于模内。

1）嵌件的安放。安放嵌件一般是用镊子或专用工具进行。安放的嵌件要求位置正确且平稳，以避免成型后出现废品和损坏模具。

2）加料。在模具加料室内加入已经预热和定量的物料，加料定量的方法有重量法、容积法、计数法三种。重量法准确，但操作麻烦；容积法虽然没有重量法准确，但操作方便；计数法只用于加预压物。

3）合模。加料完成后便合模。在凸模尚未接触物料前合模速度要快，以缩短模塑周期，避免塑料过早固化和过多降解；当凸模接触物料后改为慢速，以避免模具中的嵌件、成型杆或型腔遭到破坏。此外，慢速还可以使模具内的气体得到充分排除。待模具闭合后可加大压力（通常达15～35MPa）对原料进行加热加压。合模所需的时间由几秒至数十秒不等。

4）排气。压缩热固性塑料时，在模具闭合后有时还需卸压，即将凸模松动少许时间，以便排出其中的气体，这道工序称为排气。排气不但可以缩短固化时间，而且还有利于塑件性能和表面质量的提高。排气的次数和时间按需要确定，通常排气的次数为1～2次，每次排气由几秒至几十秒不等。

5）固化。热固性塑料的固化是在压缩成型温度下保持一段时间，以待其性能达到最佳状态。固化速率不高的塑料，有时也不必将整个固化过程放在模内完成，而只要塑件能够完整地脱模即可结束固化，因为拖长固化时间会降低生产率。提前结束固化时间的塑件，需要用后烘的方法来完成它的固化。通常酚醛压缩塑件的后烘温度为90～150℃，时间由几个小时至几十个小时不等，视塑件的厚薄而定。模内固化时间取决于塑料的种类、塑件的厚度、物料的形状以及预热和成型的温度等，一般由30s至数分钟不等，需由试验方法确定，过长或过短对塑件的性能都不利。

6）脱模。固化完成后使塑件从模具型腔内脱出，通常用推出机构将塑件推出模外，带有侧型芯或嵌件时，应先用专门工具将它们拨出，然后再进行脱模。

（3）压后处理　塑件脱模后，需对模具进行清洗，有时还要对塑件进行后处理。

1）模具的清理。热固性塑料成型脱模后，模内会留有一些脱落的碎料或飞边等，如果这些杂物进入再一次成型的塑件中，会严重影响塑件的质量甚至造成塑件的报废。模具清理即是利用有关工具或压缩空气将这些杂物清理出模外。

2）后处理。对某些塑件进行后处理是为了进一步提高其质量。热固性塑件脱模后的后处理一般是将其置于较高温度的环境中保温一段时间。后处理能使塑料固化更趋完全，同时减少或消除塑件的内应力，减少水分及挥发物等，有利于提高塑件的电性能及强度。后处理方法与注射成型的后处理方法一样，在一定的环境条件下进行，所不同的只是处理的温度不同而已。处理温度一般比成型温度提高10～50℃。

2. 压缩成型工艺参数

压缩成型工艺参数主要是指压缩成型压力、压缩成型温度和压缩时间。

（1）压缩成型压力　压缩成型压力是指压缩时液压机通过凸模对塑料熔体充满型腔和固化时在分型面单位投影面积上施加的压力，简称成型压力，可采用以下公式计算

$$p=\frac{p_b \pi D^2}{4A} \tag{3-21}$$

式中，p是成型压力（MPa），一般为15～30MPa；p_b是液压机工作液压缸表压力（MPa）；D是液压机主缸活塞直径（m）；A是塑件与凸模接触部分在分型面上的投影面积（m^2）。

施加成型压力的目的是：促使物料流动充模，增大塑件密度，提高塑件的内在质量；克服塑料树脂在成型过程中因化学变化释放的低分子物质及塑料中的水分等产生的胀模力，使模具闭合，保证塑件具有稳定的尺寸、形状，减少飞边，防止变形。但过大的成型压力会缩短模具寿命。

压缩成型压力的大小与塑料牌号、塑件结构及模具温度等因素有关，一般情况下，塑料的流动性越小，塑件越厚以及形状越复杂，塑料固化速度和压缩比越大，所需的成型压力也越大。常用热固性塑料的压缩成型温度和成型压力见表3-6。

表3-6 常用热固性塑料的压缩成型温度和成型压力

塑料种类	压缩成型温度/℃	压缩成型压力/MPa	塑料种类	压缩成型温度/℃	压缩成型压力/MPa
酚醛塑料（PF）	146~180	7~42	邻苯二甲酸二丙烯酯塑料（PDPO）	120~160	3.5~14
三聚氰胺甲醛塑料（MF）	140~180	14~56	环氧树脂塑料（EP）	145~200	0.7~14
脲甲醛塑料（UF）	135~155	14~56	有机硅塑料（DSMC）	150~190	7~56
聚酯塑料（UP）	85~150	0.35~3.5			

（2）压缩成型温度　压缩成型温度是指压缩成型时所需的模具温度。它是使热固性塑料流动、充模及最后固化成型的主要影响因素，决定了成型过程中聚合物交联反应的速度，从而影响塑件的最终性能。

热固性塑料受到温度作用时，其粘度或流动性会发生很大变化，这种变化是在温度作用下的聚合物松弛（使粘度降低，流动性增加）和交联反应（引起粘度增大、流动性降低），是物理变化和化学变化的综合结果。温度上升的过程，就是塑料从固态粉末逐渐熔化，粘度由大到小，然后交联反应开始。随着温度的升高，交联反应速度增大，聚合物熔体粘度则经历由减小到增大（流动性由增大到减小）的过程，因而其流动性随温度变化具有峰值。因此，在闭模后迅速增大成型压力，使塑料在温度还不很高而流动性又较大时充满型腔各个部分是非常重要的。温度升高能使热固性塑料在型腔中的固化速度加快，固化时间缩短，因此高温有利于缩短模压周期。但是，过高的温度会因固化速度太快而使塑料流动性迅速下降，并引起充模不足，特别是模压形状复杂、壁薄、深度大的塑件，这种弊病最为明显；温度过高还可能引起物料变色，树脂和有机填料等的分解，使塑件表面颜色暗淡。另外，高温下外层固化要比内层固化快得多，从而使内层挥发物难以排除，这不仅会降低塑件的力学性能，而且会使塑件发生肿胀、开裂、变形和翘曲等。因此，在压缩成型厚度较大的塑件时，往往不是提高温度，而是在降低温度的前提下延长压缩时间。但温度过低时不仅固化慢，而且效果差，也会造成塑件暗淡无光，这是由于固化不完全的外层受不住内层挥发物压力作用所致。

（3）压缩时间　热固性塑料压缩成型时，在一定温度和压力下保持一定的时间，才能使其充分固化，成为性能优越的塑件，这一时间称为压缩时间。压缩时间与塑料的种类（树脂种类、挥发物含量等）、塑件形状、压缩成型工艺条件（温度、压力）以及操作步骤（是否排气、预压、预热）等有关。压缩成型温度升高，塑料固化速度加快，所需压缩时间减少，因而压缩周期随模具温度的提高而缩短。压缩成型压力对模压时间的影响虽不及模压温度那么明显，但随压力增大，压缩时间也略有减少。由于预热减少了塑料充模和开模时间，所以压缩时间比不预热时要短。通常压缩时间还随塑件厚度的增大而增加。

压缩时间的长短对塑件的性能影响很大。压缩时间太短，树脂固化不完全（欠熟），塑件力学和物理性能差，外观无光泽，脱模后易出现翘曲、变形等现象。但过分延长压缩时间会使塑料“过熟”，不仅延长成型时间，降低生产率，多消耗热能，而且因树脂交联过度会使塑件收缩率增加，引起树脂与填料之间产生内应力，从而使塑件力学性能下降，严重时会使塑件破裂。一般的酚醛塑料，压缩时间为 1～2min，有机硅塑料达 2～7min。表 3-7 列出了酚醛塑料和氨基塑料的压缩成型工艺参数。

表 3-7　酚醛塑料和氨基塑料压缩成型工艺参数

工艺参数	酚醛塑料			氨基塑料
	一般工业用①	高压绝缘用②	耐高频电绝缘用③	
压缩成型温度/℃	150～165	160±10	185±5	140～155
压缩成型压力/MPa	30±5	30±5	>30	30±5
压缩时间/min·mm^{-1}	1±0.2	1.5～2.5	2.5	0.7～1.0

① 系以苯酚-甲醛线型树脂和粉末为基础的压缩粉。

② 系以甲酚-甲醛可溶性树脂的粉末为基础的压缩粉。

③ 系以苯酚-苯胺-甲醛树脂和无机矿物为基础的压缩粉。

四、传递成型原理及工艺

传递成型是在压缩成型基础上发展起来的一种热固性塑料的成型方法。

(1) 传递成型原理及特点　传递成型原理如图 3-24 所示，模具闭合后，将热固性塑料（预压锭或预热的原料）加入到加料室中（图 3-24a），使其受热熔融；接着在压力作用下，塑料熔体通过模具浇注系统以高速挤入型腔（图 3-24b）；塑料在型腔内继续受热受压而发生交联反应固化成型为塑件，最后打开模具将其取出（图 3-24c）。

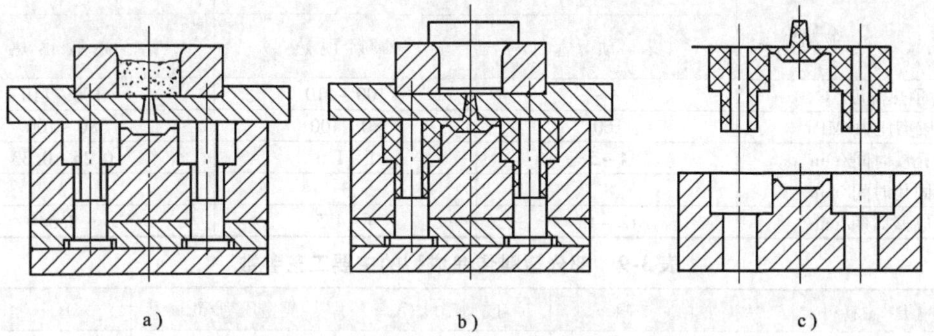

图 3-24　传递成型原理

a）合模、加料及熔融　b）熔体挤入型腔　c）成型后脱模

与压缩成型相比其特点为：传递成型的塑料在进入型腔前已经塑化，因此能生产外形复杂、薄壁或壁厚变化很大、带有精细嵌件的塑件；塑料在模具内的保压硬化时间较短，缩短了成型周期，提高了生产效率；塑件的密度和强度也得到提高；由于塑料成型前模具完全闭合，分型面的飞边很薄，因而塑件精度容易保证，表面粗糙度值也较低。但传递所用的模具结构要复杂些；传递成型塑料浪费较大，塑件因有浇口痕迹，使修整工作量增大；工艺条件较压缩成型要求更严格，操作难度大。

(2) 传递成型工艺过程　传递成型工艺过程与压缩成型基本相似。它们的主要区别在于，压缩成型过程是先加料后合模，而传递成型是先合模后加料。

(3) 传递成型工艺参数　传递成型工艺参数与压缩成型相比较，有一定区别。

1）传递成型压力。由于经过浇注系统的消耗，传递成型的压力一般为压缩成型压力的2～3倍。压力随塑料种类、模具结构及塑件的形状不同而异，酚醛塑料粉为50～80MPa；纤维填料的塑料为80～160MPa；环氧树脂、硅酮等低压封装塑料为2～10MPa。

2）模具温度。传递成型的模具温度通常比压缩成型低15～30℃，一般为130～190℃，这是因为塑料通过浇注系统时能从中获取一部分摩擦热所致。加料室和下模的温度要低一些，而中框的温度要高一些，这样可以保证塑料畅通进入型腔而又不会出现溢料现象，同时也可避免塑件出现缺料、起泡、接缝等缺陷。

3）传递时间及保压时间。在一般情况下传递时间控制在加压后10～30s内将塑料充满型腔。保压时间与压缩成型比较可以短一些，因为塑料在热和压力作用下通过浇口的料量少，加入迅速而均匀，塑料化学反应也较均匀，所以当塑料进入型腔时已临近树脂固化的最后温度。

另外，传递成型对塑料有一定要求：在未达到硬化温度以前塑料应具有较大的流动性，而达到硬化温度以后又需具有较快的硬化速度。能符合这种要求的塑料有：酚醛、三聚氰胺甲醛和环氧树脂等塑料。而不饱和聚酯和脲醛塑料，因在低温下具有较大的硬化速度，所以不能成型较大的塑件。

表3-8是酚醛塑料传递成型的主要工艺参数。其他部分热固性塑料传递成型的工艺参数见表3-9。

表3-8　酚醛塑料传递成型的主要工艺参数

工艺参数 \ 模具类型 / 物料状态	罐　式		柱　塞　式
	未　预　热	高　频　预　热	高　频　预　热
预热温度/℃	—	100～110	100～110
成型压力/MPa	160	80～100	80～100
充模时间/min	4～5	1～1.5	0.25～0.33
固化时间/min	8	3	3
成型周期/min	12～13	4～4.5	3.5

表3-9　部分塑料传递成型的主要工艺参数

塑　　料	填　　料	成型温度/℃	成型压力/MPa	压　缩　率
环氧双酚A模塑料	玻璃纤维	138～193	7～34	3.0～7.0
	矿物填料	121～193	0.7～21	2.0～3.0
环氧酚醛模塑料	矿物和玻纤	121～193	1.7～21	
	矿物和玻纤	190～196	2～17.2	1.5～2.5
	玻璃纤维	143～165	17～34	6～7
三聚氰胺	纤维素	149	55～138	2.1～3.1
酚醛	织物和回收料	149～182	13.8～138	1.0～1.5
聚酯（BMC、TMC①）	玻璃纤维	138～160		
聚酯（SMC、TMC）	导电护套料②	138～160	3.4～1.4	1.0
聚酯（BMC）	导电护套料	138～160		—
醇酸树脂	矿物质	160～182	13.8～138	1.8～2.5
聚酰亚胺	50%玻纤	199	20.7～69	—
脲醛塑料	α-纤维素	132～182	13.8～138	2.2～3.0

① TMC指粘稠状模塑料。

② 在聚酯中添加导电性填料和增强材料的电子材料工业用护套料。

第三节　挤出成型原理及工艺

一、挤出成型原理及类型

挤出成型一般用于热塑性塑料成型，热塑性塑料的挤出成型原理如图 3-25 所示（以管材挤出为例）。首先将粒状或粉状塑料加入料斗中（加料部分未画），在旋转的挤出机螺杆的作用下，塑料沿螺杆的螺旋槽向前方输送，在此过程中，不断地接受外加热和螺杆与物料、物料与机料及物料与机筒之间的剪切摩擦热，逐渐熔融呈粘流态；然后，在挤压系统的作用下，塑料熔体通过具有一定形状的挤出模具（机头）口模以及一系列辅助装置（定型、冷却、牵引、切割等装置），从而获得截面形状一定的塑料型材。

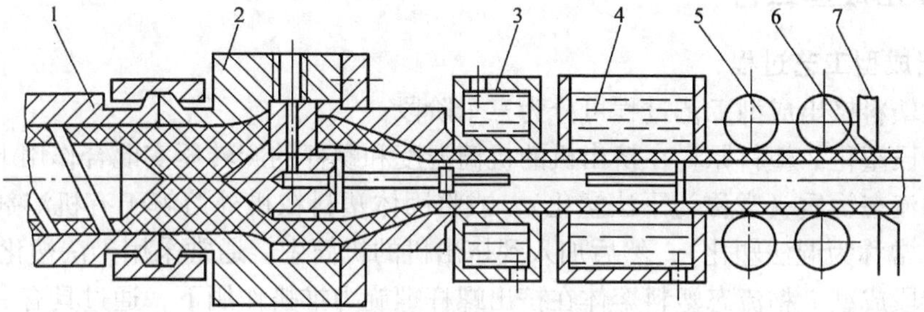

图 3-25　挤出成型原理

1—挤出机机筒　2—机头　3—定径装置　4—冷却装置

5—牵引装置　6—塑料管　7—切割装置

挤出成型是连续进行的，其特点是：生产量大、生产率高、成本低；塑件截面形状不变，塑件内部组织均衡紧密、尺寸比较稳定；适用性强，除氟塑料外，几乎所有热塑性塑料都可以采用挤出成型，少量热固性塑料也可以采用挤出成型。

挤出成型应用范围很广，能生产管材、棒材、板材、异形材、薄膜、单丝、电线与电缆护套，以及中空制品等。

二、挤出成型设备

挤出成型所用设备为挤出机。挤出机有多种类型，其分类方式各异。如按螺杆数目的多少可以分为单螺杆挤出机和多螺杆挤出机；按可否排气可分为排气挤出机和非排气挤出机；按螺杆的有无可分为螺杆挤出机和无螺杆挤出机；按螺杆在空间的位置可分为卧式挤出机和立式挤出机。最常用的是卧式单螺杆非排气挤出机。

挤出机由主机和辅机两大部分组成。主机部分包括挤压系统、传动系统、加热系统；辅机部分包括定型装置、冷却装置、牵引装置、切割装置、卷曲装置等。主机和辅机由统一的控制系统进行控制，用以检测、控制主机和辅机的温度、压力、流量、速度，最终实现对产品质量的控制。

卧式单螺杆非排气挤出机性能特征用以下几个主要技术参数表示：

螺杆直径：指螺杆外径，用 D 表示，单位为 mm。

螺杆长径比：用 L/D 表示。其中 L 为螺杆的工作部分（或有效部分）长度，即有螺纹部分的长度（工艺上将 L 定义为由加料口中心线到螺纹末端的长度），D 为螺杆直径。

螺杆的转数范围：用 $n_{max} \sim n_{min}$ 表示。n_{max} 和 n_{min} 分别表示最高、最低螺杆转数，单位为 r/min。

驱动电动机功率：用 P 表示，单位为 kW。

机筒加热段数：用 B 表示。

机筒加热功率：用 E 表示，单位为 kW。

挤出机生产率：用 Q 表示，单位为 kg/h。

机器的中心高：用 H 表示，指螺杆中心线到地面的高度，单位为 mm。

机器的外形尺寸：长、宽、高，单位为 mm。

三、挤出成型工艺

1. 挤出成型工艺过程

热塑性塑料挤出成型工艺过程可分为三个阶段：

第一阶段塑化。塑料原料在挤出机的机筒温度和螺杆的旋转压实混合作用下由粒状或粉状转变成粘流态物质（常称为干法塑化），或将固体塑料在机外溶解于有机溶剂中而成为粘流态物质（常称为湿法塑化），然后加入到挤出机的机筒中。通常采用干法塑化方法。

第二阶段成型。粘流态塑料熔体在挤出螺杆螺旋力推挤作用下，通过具有一定形状的口模而得到截面与口模形状一致的连续型材。

第三阶段定型。通过适当的处理方法，如定径处理、冷却处理等，使已挤出的塑料连续型材固化为塑料制件。

以下介绍干法塑化挤出成型工艺过程。

（1）原料的准备　对原料进行干燥处理及去除其中存在的杂质。水分在原料中的存在，会使成型后的制品中出现气泡、皱纹、流痕，制件表面灰暗无光等缺陷，物料性能和力学性能也随之下降。原料的干燥一般是在烘箱或烘房中进行的。

（2）挤出成型　将挤出机预热到预定温度后，起动电动机带动螺杆旋转输送物料，同时向机筒中加入塑料。机筒中的塑料在外加热和剪切摩擦热作用下熔融塑化，由于螺杆旋转时对塑料不断推挤，迫使塑料经过滤板上的过滤网，由机头成型为一定口模形状的连续型材。

初期的挤出质量较差，外观也欠佳，要调整工艺条件及设备装置直到正常状态后才能投入正式生产。在挤出成型过程中，要特别注意温度和剪切摩擦热两个因素对塑件质量的影响。

（3）塑件的定型与冷却　热塑性塑件在离开机头口模后，应该立即进行定型和冷却，否则，塑件在自重力作用下就会变形，出现凹陷或扭曲现象。在大多数情况下，定型和冷却是同时进行的，只有在挤出各种棒料和管材时，才有一个独立的定径过程，而挤出薄膜、单丝等无需定型，仅通过冷却便可。挤出板材和片材，有时还要通过一对压辊压平，兼有定型与冷却作用。管材的定型方法可用定径套、定径环和定径板等，也有采用能通水冷却的特殊口模来定径的，但不管哪种方法，都是使管坯内外形成压力差，使其紧贴着定径套冷却定径。

冷却一般采用空气冷却或水冷却，冷却速度对塑件性能有很大影响。硬质塑件（如聚苯乙烯、低密度聚乙烯和硬聚氯乙烯等）不能冷却得过快，否则，容易造成残余应力，并影响塑件的外观质量；软质或结晶型塑件则要求及时冷却，以免变形。

（4）塑件的牵引、卷曲和切割　塑料制件自口模取出后，一般都会因压力突然解除而发生离模膨胀现象，而冷却后又发生收缩现象，从而使塑件的尺寸和形状发生改变。此外，由于塑件被连续不断地挤出，自重量越来越大，如果不加以引出，会造成塑件停滞，使塑件不能顺利地挤出。因此，在冷却的同时，要连续均匀地将塑件引出，这就是牵引。

牵引过程由挤出机的辅机部分的牵引装置来完成。牵引速度要与挤出速度相适应，一般是牵引速度略大于挤出速度，以便消除塑件尺寸的变化值，同时对塑件进行适当的拉伸可提高质量。不同的塑件牵引速度不同，通常对薄膜和单丝的牵引速度要大些。对于挤出硬质塑件的牵引速度则不能大，通常需将牵引速度定在一定的范围内，并且要十分均匀，不然会影响其尺寸均匀性和力学性能。

通过牵引的塑件可根据使用要求在切割装置上裁剪（如棒、管、板、片等）。或在卷曲装置上绕制成卷（如薄膜、单丝、电线电缆等）。此外，某些塑件，如薄膜等有时还需进行后处理，以提高尺寸稳定性。

图 3-26 所示为常见的挤出工艺过程示意图。

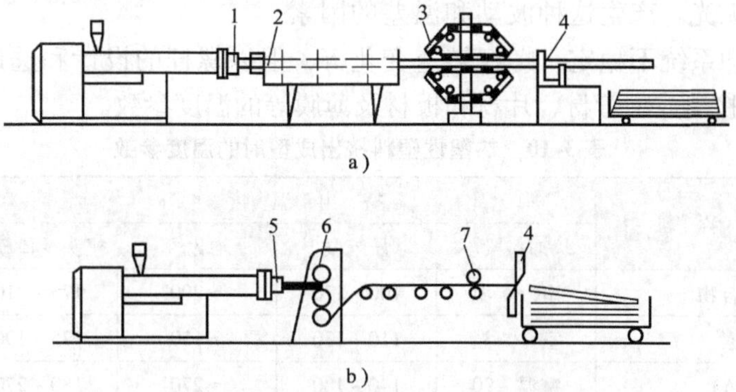

图 3-26　常见的挤出工艺过程示意图

a）管材挤出　b）片（板）材挤出

1—挤管机头　2—定型与冷却装置　3—牵引装置　4—切断装置

5—片（板）坯挤出机头　6—辊平与冷却装置　7—切边与牵引装置

2. 挤出成型工艺参数

挤出成型工艺参数包括温度、压力、挤出速度、牵引速度等。

（1）温度　温度是挤出过程得以顺利进行的重要条件之一。塑料从加入料斗到最后成为塑料制件经历了一个极为复杂的温度变化过程。严格讲，挤出成型温度应指塑料熔体的温度，但该温度却在很大程度上取决于机筒和螺杆的温度。这是因为塑料熔体的热量除一部分来源于机筒中混合时产生的摩擦热以外，大部分是由机筒外部的加热器所提供的，因此，在实际生产中为了检测方便，经常用机筒温度近似表示成型温度。

图 3-27 所示为聚乙烯（PE）的温度曲线，它是沿机筒轴线方向测得的。由图可知，机筒和塑料温度在螺杆各段是有差异的，要满足这种要求，机筒就必须具有加热、冷却和温度调节等一系列装置。一般来说，对挤出成型温度进行控制时，加料段的温度不宜过高，而

压缩段和均化段的温度则可取高一些，具体的数值应根据塑件种类和塑件情况而定。机头口模的温度相当于注射成型时的温度，通常，机头温度必须控制在塑料热分解温度以下，而口模处的温度可比机头温度稍低一些，但应保证塑料熔体具有良好的流动性。

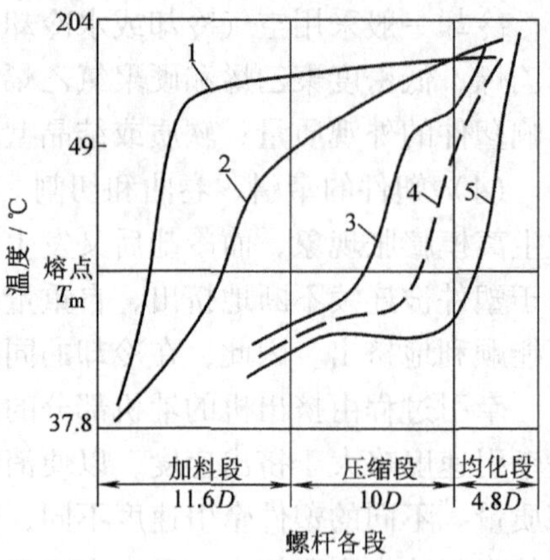

图 3-27 挤出成型温度曲线

1—机筒温度曲线 2—螺杆温度曲线
3—物料（PE）的最高温度
4—物料（PE）的平均温度
5—物料（PE）的最低温度
D—机筒直径

图 3-27 所示的温度曲线只是稳定挤出过程中温度的宏观表示。实际上，在挤出过程中，即使是稳定挤出，每个测试点的温度随时间变化还是有变化的，温度随时间的不同而产生波动，并且这种波动往往具有一定的周期性。习惯上，把沿着塑料流动方向上的温度波动称为轴向温度波动，另外，在与塑料流动方向相垂直的截面上，各点的温度值也是不同的，即有径向温差。

上述温度波动和温差，都会给塑件质量带来十分不良的后果，使塑件产生残余应力，各点强度不均匀，表面灰暗无光。产生这种波动和温差的因素很多，如加热冷却系统不稳定、螺杆转速变化等，但以螺杆的设计和选用的影响最大。表 3-10 是几种塑料挤出成型管材、片材和板材及薄膜等的温度参数。

表 3-10 热塑性塑料挤出成型时的温度参数

塑 料 名 称	挤 出 温 度 /℃				原料中水分控制（%）
	加料段	压缩段	均化段	机头及口模段	
丙烯酸类聚合物	室 温	100~170	≈200	175~210	≤0.025
醋酸纤维素	室 温	110~130	≈150	175~190	<0.5
聚酰胺（PA）	室温~90	140~180	≈270	180~270	<0.3
聚乙烯（PE）	室 温	90~140	≈180	160~200	<0.3
硬聚氯乙烯（HPVC）	室温~60	120~170	≈180	170~190	<0.2
软聚氯乙烯及氯乙烯共聚物	室 温	80~120	≈140	140~190	<0.2
聚苯乙烯（PS）	室温~100	130~170	≈220	180~245	<0.1

（2）压力 在挤出过程中，由于料流的阻力，螺杆槽深度的变化，且过滤板、过滤网和口模等产生阻碍，使得沿机筒轴线方向在塑料内部建立起一定的压力。这种压力的建立是塑料得以经历物理状态的变化，得以均匀密实并得到成型塑件的重要条件之一。与温度一样，压力随时间的变化也会产生周期性波动，这种波动对塑件质量同样有不利影响，如局部疏松、表面不平、弯曲等。螺杆、机筒的设计，螺杆转速的变化，加热冷却系统的不稳定都是产生压力波动的原因。为了减少压力波动，应合理控制螺杆转速，确保加热和冷却装置的温控精度。

（3）挤出速度 挤出速度是指单位时间内由挤出机头口模中挤出的塑化好的物料量或长度，它表征挤出生产能力的高低。影响挤出速度的因素很多，如机头、螺杆和机筒的结构、螺杆转速、加热冷却系统结构和塑料的性能等。在挤出机的结构和塑料品种及塑件类型已确定的情况下，挤出速度仅与螺杆转速有关，因此，调整螺杆转速是控制挤出速度的主要措施。挤出速度在生产过程中也存在波动现象，对产品的形状和尺寸精度有显著不良影响。为了保证挤出速度均匀，应设计与生产的塑件相适应的螺杆结构和尺寸；严格控制螺杆转速；同时严格控制挤出温度，防止因温度改变而引起挤出压力和熔体粘度变化，从而导致挤出速度的波动。

（4）牵引速度　挤出成型主要生产长度连续的塑件，因此必须设置牵引装置。从机头口模中挤出的塑件，在牵引力作用下将会发生拉伸取向。拉伸取向程度越高，塑件沿取向方位的拉伸强度也越大，但冷却后长度收缩也大。通常，牵引速度可与挤出速度相当。牵引速度与挤出速度的比值称为牵引比，其值必须等于或大于1。几种塑料管材的挤出成型工艺参数见表3-11。

表3-11　几种塑料管材的挤出成型工艺参数

工艺参数 \ 塑料管材		硬聚氯乙烯（HPVC）	软聚氯乙烯（LPVC）	低密度聚乙烯（LDPE）	ABS	聚酰胺1010（PA1010）	聚碳酸酯（PC）
管材外径/mm		95	31	24	32.5	31.3	32.8
管材内径/mm		85	25	19	25.5	25	25.5
管材壁厚/mm		5±1	3	2±1	3±1	—	—
机筒温度/℃	后段	80~100	90~100	90~100	160~165	250~200	200~240
	中段	140~150	120~130	110~120	170~175	260~270	240~250
	前段	160~170	130~140	120~130	175~180	260~280	230~255
机头温度/℃		160~170	150~160	130~135	175~180	220~240	200~220
口模温度/℃		160~180	170~180	130~140	190~195	200~210	200~210
螺杆转速/$r \cdot min^{-1}$		12	20	16	10.5	15	10.5
口模内径/mm		90.7	32	24.5	33	44.8	33
芯模外径/mm		79.7	25	19.1	26	38.5	26
稳流定型段长度①/mm		120	60	60	50	45	87
牵引比		1.04	1.2	1.1	1.02	1.5	0.97
真空定径套内径/mm		96.5	—	25	33	31.7	33
定径套长度/mm		300	—	160	250	—	250
定径套与口模间距/mm		—	—	—	25	20	20

① 稳流定型段由口模和芯模的平直部分组成。

第四节　塑料成型制品结构工艺性

要想获得合格的塑件，除合理选用塑件的原材料外，还必须考虑塑件的结构工艺性。塑件的结构工艺性与模具设计有直接关系，只有塑件结构设计满足成型工艺要求，才能设计出合理的模具结构，以防止成型时产生气泡、缩孔、凹陷及开裂等缺陷，达到提高生产率和降低成本的目的。在进行塑件结构工艺性设计时必须遵循以下几个原则：

1）在设计塑件时，应考虑原料的成型工艺性，如流动性、收缩率等。

2）在保证使用性能、物理与力学性能、电性能、耐化学腐蚀性能和耐热性能等前提下，力求结构简单，壁厚均匀，使用方便。

3）在设计塑件时应同时考虑其成型模具的总体结构，使模具型腔易于制造，抽芯和推出机构简单。

4）当设计的塑件外观要求较高时，应先通过造型，而后逐步绘制图样。

塑件结构工艺性的主要内容包括：尺寸和精度、表面粗糙度、塑件形状、壁厚、斜度、加强肋、支承面、圆角、孔、螺纹、齿轮、嵌件、文字、符号及标记等。

一、塑件的尺寸精度和表面质量

1. 塑件尺寸的大小

塑件尺寸的大小取决于塑料的流动性。在注射成型和传递成型中，流动性差的塑料（如布基塑料、玻璃纤维增强塑料等）及薄壁塑件等的尺寸不能设计得过大。大而薄的塑件，在塑料尚未充满型腔时已经固化，或勉强能充满但料的前锋已不能很好融合而形成熔接缝，影响塑件的外观和结构强度。注射成型的塑件尺寸，要受到注射机的注射量、锁模力和模板尺寸的限制；压缩和传递成型的塑件尺寸，要受到压机最大压力和压机工作台面最大尺寸的限制。

2. 影响尺寸精度的因素

塑件的尺寸精度是指所获得的塑件尺寸与产品图中尺寸的符合程度，即所获塑件尺寸的准确度。影响尺寸精度的因素有很多，表 3-12 列出了塑件产生尺寸误差的主要原因。从表中可以看出，塑件尺寸误差产生是诸多因素综合影响的结果，在一般情况下塑件要达到金属件那样的精度是非常困难的。

表 3-12　塑件产生尺寸误差的主要原因

原因分类	产品误差原因
与模具直接有关的原因	1）模具的形式或基本结构 2）模具的加工制造误差 3）模具的磨损、变形、热膨胀
与塑料有关的原因	1）不同种类塑料收缩率的变化 2）不同批次塑料的成型收缩率、流动性、结晶化程度的差别 3）再生塑料的混合、着色剂等附加物的影响 4）塑料中的水分以及挥发和分解气体的影响
与成型工艺有关的原因	1）由于成型条件的变化造成成型收缩率的变化 2）成型操作变化的影响 3）脱模顶出时的塑料变形、弹性回复
与成型后时效有关的原因	1）周围温度、湿度不同造成的尺寸变化 2）塑料的塑性变形及因为外力作用产生的蠕变、弹性回复 3）残余应力、残余变形引起的变化

从模具设计和制造的角度看，影响塑件尺寸精度的因素主要有以下五个方面：

1）模具成型部件的制造误差 δ_z。

2）模具成型零件的表面磨损 δ_c。

3）由塑料收缩率波动所引起的塑件的尺寸误差 δ_s。

4）模具活动成型部件的配合间隙变化引起的误差 δ_j。

5）模具成型部件的安装误差 δ_a。

因此，因模具原因使塑件产生的累积误差为

$$\delta = \delta_z + \delta_c + \delta_s + \delta_j + \delta_a \tag{3-22}$$

由于累积误差大，在选择塑件的精度等级时应十分谨慎，以免给模具制造和工艺操作带来不必要的困难，因为模具成型部件的制造精度总要高于制品的精度。制品规定的误差值 Δ 应大于或等于以上各项因素带来的累积误差，即

$$\Delta \geqslant \delta \tag{3-23}$$

一些资料指出，模具制造误差、收缩率波动引起的误差以及由磨损等造成的误差各占塑件尺寸误差的1/3。实际上对于小尺寸的塑件，模具制造误差对尺寸的影响要大一些；对于大尺寸的塑件，收缩率的波动引起的误差则是影响尺寸精度的主要因素。目前，我国一些工厂的经验是，当塑件的名义尺寸小于80mm或在80～120mm之间时，模具成型部件的尺寸公差取塑件尺寸公差的1/4～1/3；当塑件的尺寸在120～500mm时，模具成型部件的尺寸公差取塑件尺寸公差的1/9～1/8。

3. 尺寸精度和公差的确定

用模具成型的塑件的精度等级一般是根据使用要求确定的，但还必须充分考虑塑料的性能及成型工艺特点，过高的精度要求是不恰当的。GB/T 14486—2008（塑料模塑件尺寸公差）规定，模塑件尺寸公差等级分为7级，代号为MT，各级公差数值参见表3-13。常用塑料材料模塑件选用公差等级按收缩特性值确定，具体参见表3-14。标注时公差等级在表3-14中选择，具体数值与表3-13中公差等级相对应，具体上下偏差可根据塑件的配合性质进行选择。对于无公差要求的自由尺寸，可采用标准中该种塑料所对应“未注公差尺寸”的等级选用，孔类尺寸的公差取正值，轴类尺寸的公差取负值，中心距尺寸公差取表中数值之半并冠以±号。

表3-13中不受模具活动部分影响的尺寸，是指模具中由同一模具零件所成型的尺寸，例如由整体型腔成型塑件的径向尺寸，如图3-28a所示。表3-13中受模具活动部分影响的尺寸，是指由相对位置可发生变化的两个或更多模具零件共同成型的尺寸，例如，壁厚和底厚尺寸，受嵌件或滑块位置影响的尺寸，如图3-28b所示。

4. 表面粗糙度的确定

塑件的表面粗糙度，除了在成型时从工艺上尽可能避免冷疤、波纹等疵点外，主要由模具的成型表面粗糙度决定。一般模具的成型表面粗糙度比塑件的表面粗糙度值低一级。为了降低模具成型表面的粗糙度值，需要模具工人精心地打磨和抛光，致使模具加工成本提高，因此对模具成型表面粗糙度的要求，应以刚刚能满足需要为好。对透明的塑件，要求型腔和型芯的表面粗糙度相同。对于不透明的塑件，模具型芯的成型表面并不影响塑件的外观，仅仅影响塑件的脱模性能，因此在不影响使用的前提下，型芯的表面粗糙度的级别可比型腔的表面粗糙度值高1～2级。

表 3-13　模塑件尺寸公差表(GB/T 14486—2008)　　（单位:mm）

公差等级	公差种类	>0~3	>3~6	>6~10	>10~14	>14~18	>18~24	>24~30	>30~40	>40~50	>50~65	>65~80	>80~100	>100~120	>120~140	>140~160	>160~180	>180~200	>200~225	>225~250	>250~280	>280~315	>315~355	>355~400	>400~450	>450~500	>500~630	>630~800	>800~1000
标注公差的尺寸公差值																													
MT1	*a*	0.07	0.08	0.09	0.10	0.11	0.12	0.14	0.16	0.18	0.20	0.23	0.26	0.29	0.32	0.36	0.40	0.44	0.48	0.52	0.56	0.60	0.64	0.70	0.78	0.86	0.97	1.16	1.39
	b	0.14	0.16	0.18	0.20	0.21	0.22	0.24	0.26	0.28	0.30	0.33	0.36	0.39	0.42	0.46	0.50	0.54	0.58	0.62	0.66	0.70	0.74	0.80	0.88	0.96	1.07	1.26	1.49
MT2	*a*	0.10	0.12	0.14	0.16	0.18	0.20	0.22	0.24	0.26	0.30	0.34	0.38	0.42	0.46	0.50	0.54	0.60	0.66	0.72	0.76	0.84	0.92	1.00	1.10	1.20	1.40	1.70	2.10
	b	0.20	0.22	0.24	0.26	0.28	0.30	0.32	0.34	0.36	0.40	0.44	0.48	0.52	0.56	0.60	0.64	0.70	0.76	0.82	0.86	0.94	1.02	1.10	1.20	1.30	1.50	1.80	2.20
MT3	*a*	0.12	0.14	0.16	0.18	0.20	0.22	0.26	0.30	0.34	0.40	0.46	0.52	0.58	0.64	0.70	0.78	0.86	0.92	1.00	1.10	1.20	1.30	1.44	1.60	1.74	2.00	2.40	3.00
	b	0.32	0.34	0.36	0.38	0.40	0.42	0.46	0.50	0.54	0.60	0.66	0.72	0.78	0.84	0.90	0.98	1.06	1.12	1.20	1.30	1.40	1.50	1.64	1.80	1.94	2.20	2.60	3.20
MT4	*a*	0.16	0.18	0.20	0.24	0.28	0.32	0.36	0.42	0.48	0.56	0.64	0.72	0.82	0.92	1.02	1.12	1.24	1.36	1.48	1.62	1.80	2.00	2.20	2.40	2.60	3.10	3.80	4.60
	b	0.36	0.38	0.40	0.44	0.48	0.52	0.56	0.62	0.68	0.76	0.84	0.92	1.02	1.12	1.22	1.32	1.44	1.56	1.68	1.82	2.00	2.20	2.40	2.60	2.80	3.30	4.00	4.80
MT5	*a*	0.20	0.24	0.28	0.32	0.38	0.44	0.50	0.56	0.64	0.74	0.86	1.00	1.14	1.28	1.44	1.60	1.76	1.92	2.10	2.30	2.50	2.80	3.10	3.50	3.90	4.50	5.60	6.90
	b	0.40	0.44	0.48	0.52	0.58	0.64	0.70	0.76	0.84	0.94	1.06	1.20	1.34	1.48	1.64	1.80	1.96	2.12	2.30	2.50	2.70	3.00	3.30	3.70	4.10	4.70	5.80	7.10
MT6	*a*	0.26	0.32	0.38	0.46	0.52	0.60	0.70	0.80	0.94	1.10	1.28	1.48	1.72	2.00	2.20	2.40	2.60	2.90	3.20	3.50	3.90	4.30	4.80	5.30	5.90	6.90	8.50	10.60
	b	0.45	0.52	0.58	0.66	0.72	0.80	0.90	1.00	1.14	1.30	1.48	1.68	1.92	2.20	2.40	2.60	2.80	3.10	3.40	3.70	4.10	4.50	5.00	5.50	6.10	7.10	8.70	10.80
MT7	*a*	0.38	0.46	0.56	0.66	0.76	0.86	0.98	1.12	1.32	1.54	1.80	2.10	2.40	2.70	3.00	3.30	3.70	4.10	4.50	4.90	5.40	6.00	6.70	7.40	8.20	9.60	11.90	14.80
	b	0.58	0.66	0.76	0.86	0.96	1.06	1.18	1.32	1.52	1.74	2.00	2.30	2.60	2.90	3.20	3.50	3.90	4.30	4.70	5.10	5.60	6.20	6.90	7.60	8.40	9.80	12.10	15.00
未注公差的尺寸允许偏差																													
MT5	*a*	±0.10	±0.12	±0.14	±0.16	±0.19	±0.22	±0.25	±0.28	±0.32	±0.37	±0.43	±0.50	±0.57	±0.64	±0.72	±0.80	±0.88	±0.96	±1.05	±1.15	±1.25	±1.40	±1.55	±1.75	±1.95	±2.25	±2.80	±3.45
	b	±0.20	±0.22	±0.24	±0.26	±0.29	±0.32	±0.35	±0.38	±0.42	±0.47	±0.53	±0.60	±0.67	±0.74	±0.82	±0.90	±0.98	±1.06	±1.15	±1.25	±1.35	±1.50	±1.65	±1.85	±2.05	±2.35	±2.90	±3.55
MT6	*a*	±0.13	±0.16	±0.19	±0.23	±0.26	±0.30	±0.35	±0.40	±0.47	±0.55	±0.64	±0.74	±0.86	±1.00	±1.10	±1.20	±1.30	±1.45	±1.60	±1.75	±1.95	±2.15	±2.40	±2.65	±2.95	±3.45	±4.25	±5.30
	b	±0.23	±0.26	±0.29	±0.33	±0.36	±0.40	±0.45	±0.50	±0.57	±0.65	±0.74	±0.84	±0.96	±1.10	±1.20	±1.30	±1.40	±1.55	±1.70	±1.85	±2.05	±2.25	±2.50	±2.75	±3.05	±3.55	±4.35	±5.40
MT7	*a*	±0.19	±0.23	±0.28	±0.33	±0.38	±0.43	±0.49	±0.56	±0.66	±0.77	±0.90	±1.05	±1.20	±1.35	±1.50	±1.65	±1.85	±2.05	±2.25	±2.45	±2.70	±3.00	±3.35	±3.70	±4.10	±4.80	±5.95	±7.40
	b	±0.29	±0.33	±0.38	±0.43	±0.48	±0.53	±0.59	±0.66	±0.76	±0.87	±1.00	±1.15	±1.30	±1.45	±1.60	±1.75	±1.95	±2.15	±2.35	±2.55	±2.80	±3.10	±3.45	±3.80	±4.20	±4.90	±6.05	±7.50

注：1. *a* 为不受模具活动部分影响的尺寸公差值；*b* 为受模具活动部分影响的尺寸公差值。

2. MT1 级为精密级，具有采用严密的工艺控制措施和高精度的模具、设备、原料时才有可能选用。

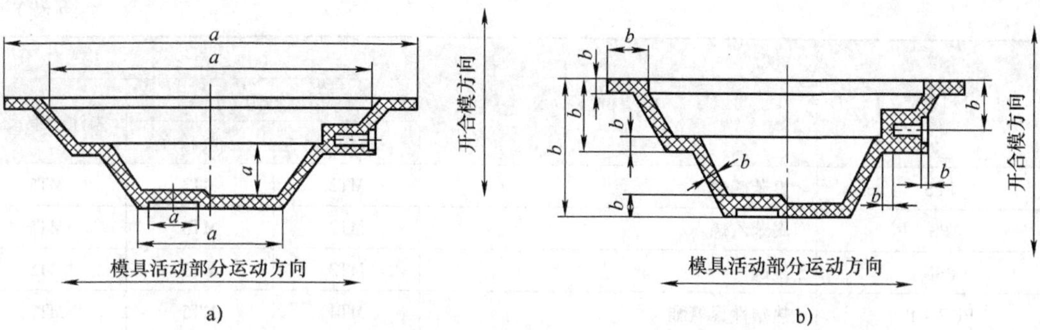

图 3-28　模具活动对成型塑件尺寸精度影响

a）不受模具活动部分影响的尺寸 *a*　b）受模具活动部分影响的尺寸 *b*

表 3-14　常用材料模塑件尺寸公差等级的选用（GB/T 14486—2008）

材料代号	模塑材料		公差等级		
			标注公差尺寸		未注公差尺寸
			高精度	一般精度	
ABS	（丙烯腈－丁二烯－苯乙烯）共聚物		MT2	MT3	MT5
CA	乙酸纤维素		MT3	MT4	MT6
EP	环氧树脂		MT2	MT3	MT5
PA	聚酰胺	无填料填充	MT3	MT4	MT6
		30%玻璃纤维填充	MT2	MT3	MT5
PBT	聚对苯二甲酸丁二酯	无填料填充	MT3	MT4	MT6
		30%玻璃纤维填充	MT2	MT3	MT5
PC	聚碳酸酯		MT2	MT3	MT5
PDAP	聚邻苯二甲酸二烯丙酯		MT2	MT3	MT5
PEEK	聚醚醚酮		MT2	MT3	MT5
PE－HD	高密度聚乙烯		MT4	MT5	MT7
PE－LD	低密度聚乙烯		MT5	MT6	MT7
PESU	聚醚砜		MT2	MT3	MT5
PET	聚对苯二甲酸乙二酯	无填料填充	MT3	MT4	MT6
		30%玻璃纤维填充	MT2	MT3	MT5
PF	苯酚－甲醛树脂	无机填料填充	MT2	MT3	MT5
		有机填料填充	MT3	MT4	MT6
PMMA	聚甲基丙烯酸甲酯		MT2	MT3	MT5
POM	聚甲醛	≤150mm	MT3	MT4	MT6
		＞150mm	MT4	MT5	MT7
PP	聚丙烯	无填料填充	MT4	MT5	MT7
		30%无机填料填充	MT2	MT3	MT5
PPE	聚苯醚；聚亚苯醚		MT2	MT3	MT5

（续）

材料代号	模塑材料		公差等级		
			标注公差尺寸		未注公差尺寸
			高精度	一般精度	
PPS	聚苯硫醚		MT2	MT3	MT5
PS	聚苯乙烯		MT2	MT3	MT5
PSU	聚砜		MT2	MT3	MT5
PUR-P	热塑性聚氨酯		MT4	MT5	MT7
PVC-P	软质聚氯乙烯		MT5	MT6	MT7
PVC-U	未增塑聚氯乙烯		MT2	MT3	MT5
SAN	（丙烯腈-苯乙烯）共聚物		MT2	MT3	MT5
UF	脲-甲醛树脂	无机填料填充	MT2	MT3	MT5
		有机填料填充	MT3	MT4	MT6
UP	不饱和聚酯	30%玻璃纤维填充	MT2	MT3	MT5

有些塑件的表面要求有 $Ra0.8 \sim 0.05\mu m$ 的表面粗糙度（镜面），而模具在使用中由于型腔的磨损，表面粗糙度值将逐渐提高，因此需要经常抛光型腔表面，以保持原有的镜面。

应该指出的是，光洁如镜的塑件表面很易划伤，塑件与模具表面还易形成真空吸附而使脱模困难。并且，在成型过程中产生的疵点、丝痕和波纹会在塑件的光洁表面上暴露无遗。因此，常常利用化学腐蚀的方法在模具型腔表面形成诸如凹槽纹、皮革纹、橘皮纹、木纹等装饰花纹，对塑件进行表面装饰。塑件表面经装饰后可以隐蔽其表面在成型过程中产生的缺陷，使外形美观，并且由于型腔表面细小的凹纹，在塑件表面与型腔表面直接能容纳少许的空气，不致形成真空吸附而造成脱模困难。

二、注射、压缩、传递成型塑件的几何形状

塑件的几何形状应根据使用要求进行设计。由于塑料有其特殊的物理力学性能，因此在设计塑件时必须充分发挥其性能上的优点，避免其缺点，在满足使用要求的前提下，塑件的几何形状应尽可能地做到简化模具结构，符合成型工艺特点，同时，还应尽可能美观大方。

1. 塑件的选材

塑件的选材应考虑如下几个方面，以判断其是否能满足使用要求。

1）塑料的力学性能，如强度、刚性、韧性、弹性、弯曲性能、冲击性能及对应力的敏感性。

2）塑料的物理性能，如对使用环境温度变化的适用性、光学特性、绝热和电气绝缘的程度、精加工和外观的圆满程度等。

3）塑料的化学性能，如对接触物（水、溶剂、油、药品）的耐性、卫生程度以及使用上的安全性等。

4）必要的精度，如收缩率的大小及各向收缩率的差异。

5）成型工艺性，如塑料的流动性、结晶性、热敏性等。

对于塑料材料的这些要求往往是通过塑料的特性表进行选择和比较的，表3-15列出了

常用塑料的特性。选出合适的材料后，再判断所选的材料是否满足塑件的使用条件，最好是通过试样做试验。应指出的是，采用标准试样所得到的数据（如力学性能）并不能代替或预测塑件在具体使用条件下的实际物理力学性能，只有当使用条件与测试条件相同时，试验才可靠。因此，最后是按照试验所形成的设想来制作原型模具，再通过原型模具生产的试验塑件来确认目标值，这样会使塑料材料的选择更为准确。

表 3-15　常用塑料特性一览

名称	成型性	机械加工性	耐冲击性	韧性	耐磨性	耐蠕变性	挠性	润滑性	透明性	耐候性	耐溶剂性	耐药性	耐燃性	热稳定性	耐寒性	耐湿性	尺寸稳定性
聚乙烯	好	好	好		好		较好	较好			较好	较好			好	较好	
聚丙烯	好	好	较好		较好		较好				较好	较好				较好	
聚氯乙烯	好	较好			较好		较好		较好	较好		较好	较好			较好	较好
聚苯乙烯	好								较好							较好	较好
ABS	好	好	好	较好					较好							较好	较好
聚碳酸酯	较好	好	好	好	较好	较好			较好	较好			较好	较好	较好		较好
聚酰胺	较好	好	较好	好	好	较好				较好	较好		较好	较好	较好		
聚甲醛	较好	好	较好	好	好	较好	较好	较好			较好	较好		较好			
酚醛树脂	好	较好			较好	好		较好			较好		较好	较好	较好		好
尿素树脂	好				较好	好				较好	较好		较好		较好		好
环氧树脂	较好		较好	较好	较好	好	较好		较好	较好	较好			较好	较好		
聚氨酯	较好	较好	较好	较好	较好		较好		较好		较好				好	较好	

现比较聚丙烯（PP）和高密度聚乙烯（HDPE）的使用特性和选择原则。

聚丙烯（PP）比高密度聚乙烯（HDPE）有许多占优势的性能。PP 的光泽性好，外观漂亮，由于收缩率比 HDPE 小，塑件细小部分的清晰度好，表面可制成皮革图案；HDPE 收缩率较大，塑件表面细微处难以模塑成型。PP 的透明性也比 HDPE 好，因此要求透明的塑件，如注射器和其他医疗器具、吹塑容器等均可选择 PP。PP 的尺寸稳定性也优于 HDPE，可采用 PP 制造较大平面的薄壁塑件。PP 的热变形温度高于 HDPE，因此可用 PP 制造耐热性餐具。

但是，HDPE 的耐冲击性能比 PP 强，即使在低温下韧性也好，因此 HDPE 适合制造寒冷地区使用的货箱及冷藏室中使用的塑件。HDPE 适应气候的能力优于 PP，像啤酒瓶周转箱、室外垃圾箱等塑件均宜采用 HDPE 制造。

2. 成型工艺对塑件几何形状的要求

塑件几何形状的设计，包括塑件的内外形状、脱模斜度、壁厚、加强肋及其他防变形结构、圆角、孔、支承面及凸台、标志及花纹等的设计。在设计时应在满足使用要求的基础上，一方面使模具结构尽量简单，另一方面要使塑件的几何形状能适应成型工艺的要求。

（1）塑件的内外形状　塑件的内外表面形状应尽可能保证有利于成型。由于侧抽芯或瓣合凹模、凸模不但使模具结构复杂，制造成本提高，而且还会在分型面上留下飞边，增加塑件的修整量。因此，塑件设计时应尽量避免侧向凹凸，如果有侧向凹凸，则在模具设计时应在保证塑件使用要求的前提下适当改变其结构，以简化模具的结构。表 3-16 为改变塑件形状以利于成型的几个实例。

表 3-16　改变塑件形状以利于模具成型的典型实例

序号	不合理	合理	说明
1	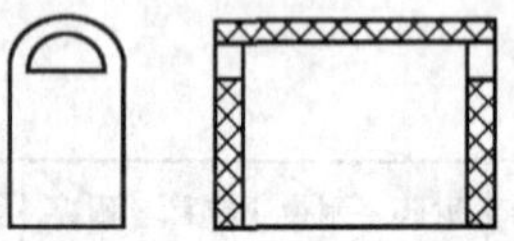	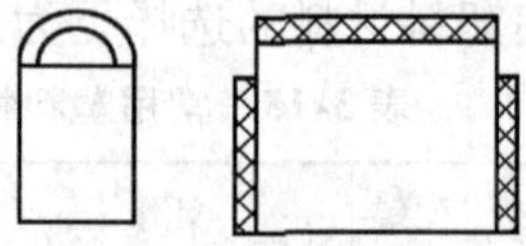	将左图侧孔容器改为右图侧凹容器，则不需要采用侧抽芯或瓣合分型的模具
2	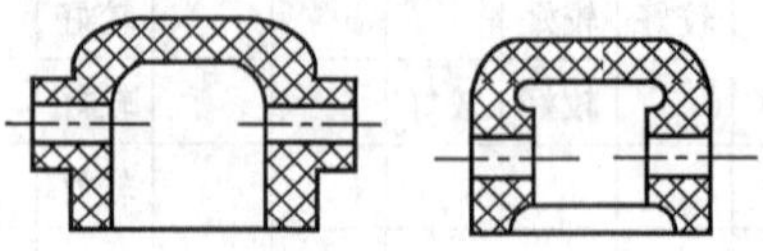	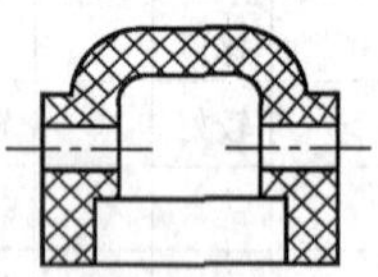	应避免塑件表面横向凸台，以便于脱模
3	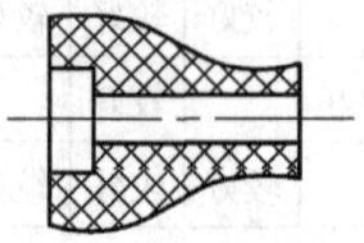	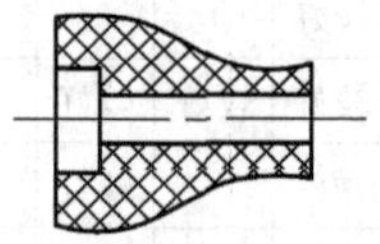	塑件外侧凹，必须采用瓣合凹模，使塑料模具结构复杂，塑件表面有接缝
4	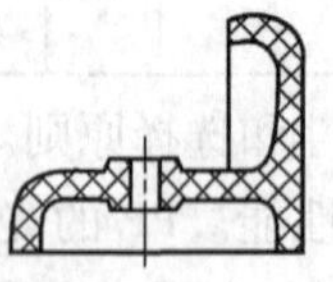	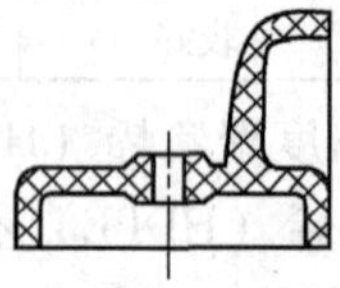	塑件内侧凹，抽芯困难
5	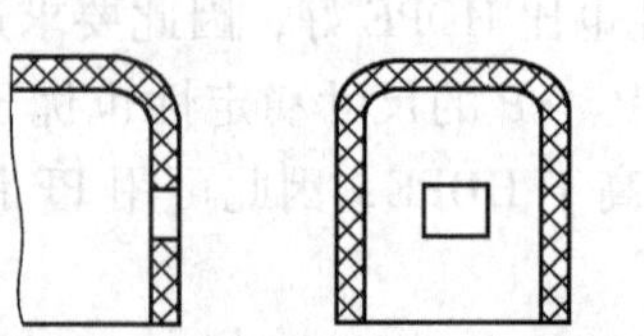	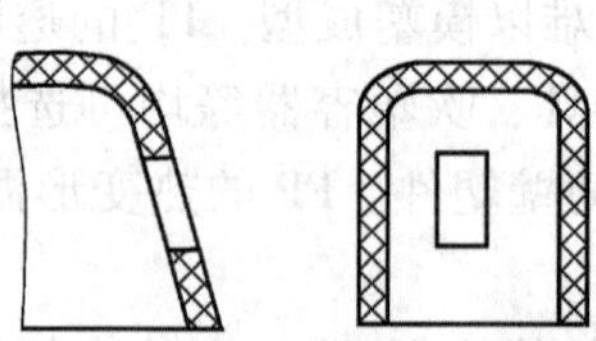	改变制件形状，避免侧孔抽侧型芯
6	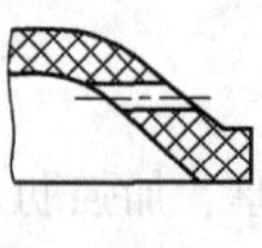	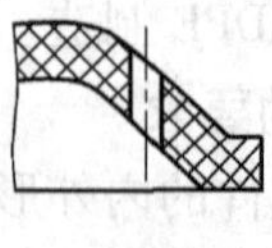	将横向侧孔改为垂直向孔，可免去侧抽芯机构

（2）脱模斜度　由于塑件冷却后产生收缩，会紧紧地包住模具型芯或型腔中凸出的部分。为了使塑件易于从模具内脱出，设计时必须保证其内外壁具有足够的斜度，以确保塑件脱模，该斜度叫做脱模斜度。

脱模斜度还没有比较精确的计算公式，目前仍依靠经验数据。脱模斜度与塑料的品种、制品的形状及模具的结构等有关，一般情况下脱模斜度取0.5°，最小为15′~20′。塑件脱模斜度的经验数据见表3-17。

表3-17　塑件脱模斜度的经验数据

塑 料 名 称	脱模斜度	
	型腔	型芯
聚乙烯(PE)、聚丙烯(PP)、软聚氯乙烯(LPVC)、聚酰胺(PA)、氯化聚醚(CPT)	25′~45′	20′~45′
硬聚氯乙烯（HPVC)、聚碳酸酯（PC)、聚砜（PSU)	35′~40′	30′~50′
聚苯乙烯（PS)、有机玻璃（PMMA)、ABS、聚甲醛（POM)	35′~1°30′	30′~40′
热固性塑料	25′~40′	20′~50′

注：本表所列脱模斜度适于开模后塑件留在凸模上的情形。

由表3-17可见，对性质较脆、较硬的塑料，脱模斜度要求大一些。在选择具体的脱模斜度时，应注意如下原则：

1）在满足塑件尺寸公差要求的前提下，脱模斜度可取得大一些，这样有利于脱模。

2）在塑料收缩率大的情况下应选用较大的脱模斜度。热塑性塑料的收缩率一般比热固性塑料大，故脱模斜度也相应大一些。

3）当塑件壁厚较大时，成型时收缩量大，应选用较大的脱模斜度。

4）对于较高、较大的塑件，应选用较小的脱模斜度。

5）对于高精度的塑件，应选用较小的脱模斜度。

6）只有塑件高度很小时才允许不设脱模斜度。

7）如果要求脱模后塑件保持在型芯一边，可有意地将塑件内表面的脱模斜度设计得比外表面的小。

8）如图3-29所示，取斜度的方向一般内孔以小端为基准，斜度由扩大方向取得；外形以大端为基准，斜度由缩小方向取得。

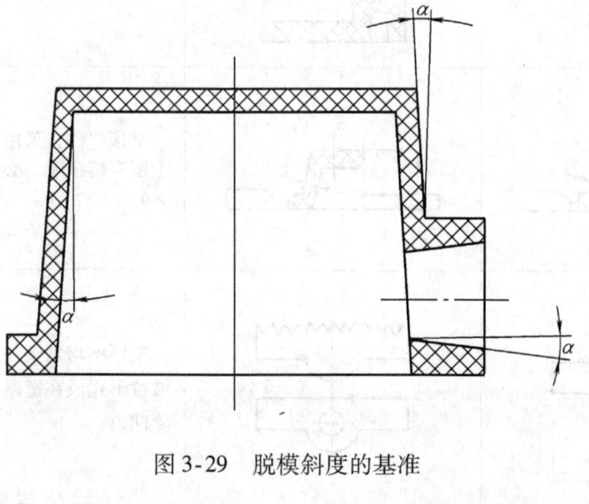

图3-29　脱模斜度的基准

（3）塑件壁厚　塑件应有一定的壁厚，这不仅是因为塑件在使用中要有足够的强度和刚度，而且也为了塑料在成型时有良好的流动状态。有时塑件在使用中需要的强度虽然很小，但是为了使塑件便于从模具中顶出以及部件的装配，仍需有适当的厚度。

根据成型工艺的有关要求，应尽量使塑件各部分的壁厚均匀，避免局部太厚或太薄，否则，成型后因收缩不均会使塑件变形或产生缩孔、凹陷及填充不足等缺陷。为了使壁厚均匀，在可能的情况下常常是将厚的部分挖空，使壁厚尽量一致。表 3-18 为改善塑件壁厚的典型实例。如果在结构上要求具有不同的壁厚时，不同壁厚的比例不应超过 1:3，且不同壁厚应采用适当的修饰半径使厚薄部分缓慢过渡。

表 3-18　改善塑件壁厚的典型实例

<table>
<tr><th>序号</th><th>不合理</th><th>合理</th><th>说明</th></tr>
<tr><td>1</td><td>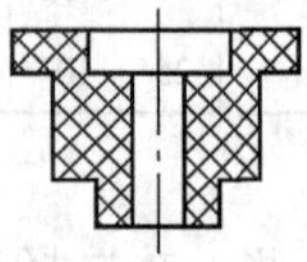</td><td>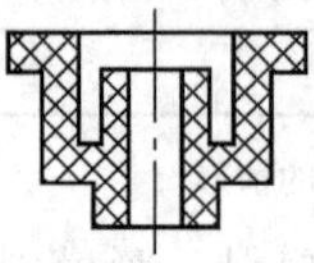</td><td rowspan="4">左图壁厚不均匀，易产生气泡及使塑件变形，右图壁厚均匀，改善了成型工艺条件，有利于保证质量</td></tr>
<tr><td>2</td><td>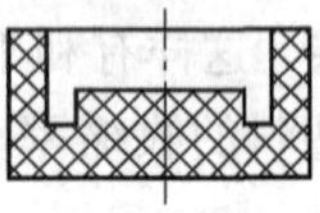</td><td>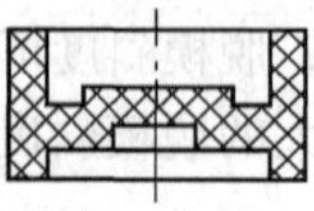</td></tr>
<tr><td>3</td><td>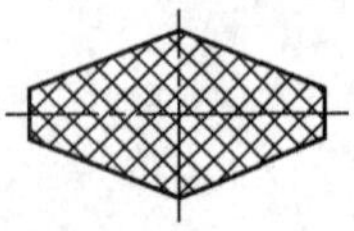</td><td>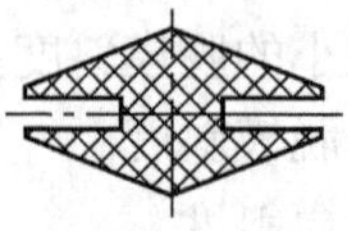</td></tr>
<tr><td>4</td><td>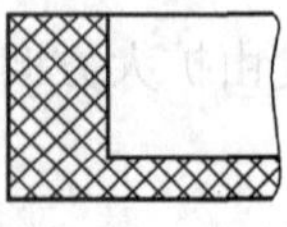</td><td>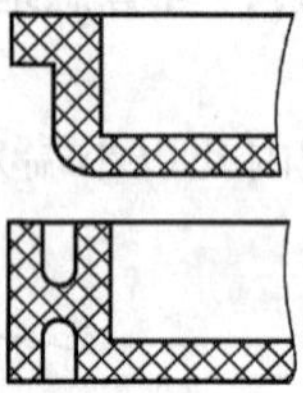</td></tr>
<tr><td>5</td><td>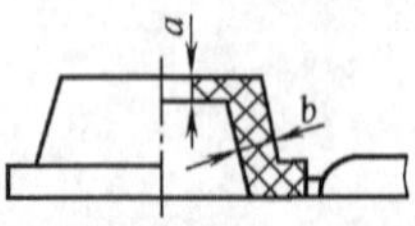</td><td>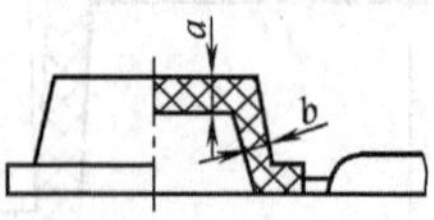</td><td>平顶塑件，采用侧浇口进料时，为避免平面上留有熔接痕，必须保证平面进料通畅，故 $a > b$</td></tr>
<tr><td>6</td><td>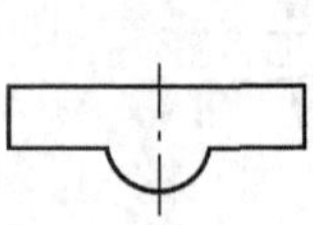</td><td>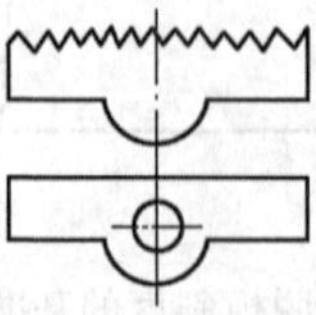</td><td>壁厚不均匀塑件，可在易产生凹痕表面采用波纹形式或在壁厚处开设工艺孔，以掩盖或消除凹痕</td></tr>
</table>

热固性塑料的小型塑件，壁厚取 1.6 ~ 2.5mm，大型塑件取 3.2 ~ 8mm。布基酚醛塑料等流动性差的应取较大值，但一般不宜超过 10mm。脆性塑料如矿物填充的酚醛塑料件壁厚应不小于 3.2mm。表 3-19 为根据外形尺寸推荐的热固性塑件壁厚值；热固性塑料易于成型

薄壁塑件，最小壁厚能达0.25mm，但一般不宜小于0.6～0.9mm，常取2～4mm。各种热塑性塑件壁厚常用值见表3-20。

表3-19　热固性塑件壁厚常用值　（单位：mm）

塑料名称	塑件外形高度		
	～50	>50～100	>100
粉状填料的酚醛塑料	0.7～2.0	2.0～3.0	5.0～6.5
纤维状填料的酚醛塑料	1.5～2.0	2.5～3.5	6.0～8.0
氨基塑料	1.0	1.3～2.0	3.0～4.0
聚酯玻璃纤维填料的塑料	1.0～2.0	2.4～3.2	>4.8
聚酯无机物填料的塑料	1.0～2.0	3.2～4.8	>4.8

表3-20　热塑性塑件最小壁厚及推荐壁厚　（单位：mm）

塑料种类	制件流程50mm的最小壁厚	一般制件壁厚	大型制件壁厚
聚酰胺（PA）	0.45	1.75～2.60	>2.4～3.2
聚苯乙烯（PS）	0.75	2.25～2.60	>3.2～5.4
改性聚苯乙烯	0.75	2.29～2.60	>3.2～5.4
有机玻璃（PMMA）	0.80	2.50～2.80	>4～6.5
聚甲醛（POM）	0.80	2.40～2.60	>3.2～5.4
软聚氯乙烯（LPVC）	0.85	2.25～2.50	>2.4～3.2
聚丙烯（PP）	0.85	2.45～2.75	>2.4～3.2
氯化聚醚（CPT）	0.85	2.35～2.80	>2.5～3.4
聚碳酸酯（PC）	0.95	2.60～2.80	>3～4.5
硬聚氯乙烯（HPVC）	1.15	2.60～2.80	>3.2～5.8
聚苯醚（PPO）	1.20	2.75～3.10	>3.5～6.4
聚乙烯（PE）	0.60	2.25～2.60	>2.4～3.2

（4）加强肋及其他防变形结构　加强肋的主要作用是增加塑件强度和避免塑件变形翘曲。用增加壁厚的方法来提高塑件的强度常常是不合理的，且易产生缩孔或凹陷，此时可采用加强肋以增加塑件强度。表3-21所示为加强肋设计的典型实例。

表3-21　加强肋设计的典型实例

序号	不合理	合理	说明
1	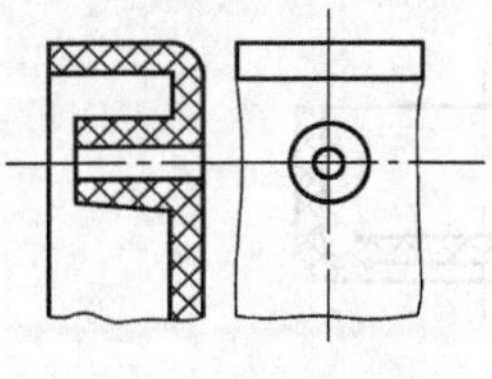	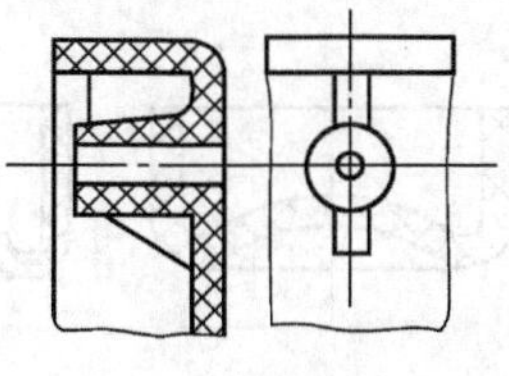	增设加强肋后，可提高塑件强度，改善料流状况

（续）

序号	不 合 理	合　理	说　明
2	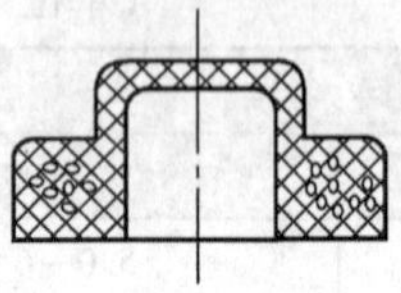	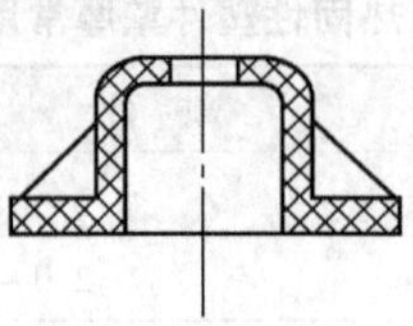	采用加强肋，既不影响塑件强度，又可避免因壁厚不匀而产生缩孔
3	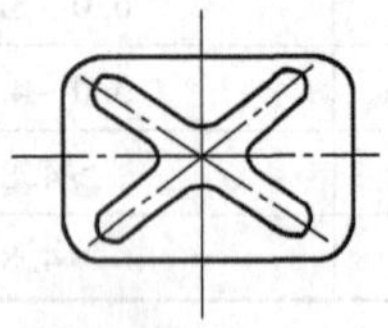	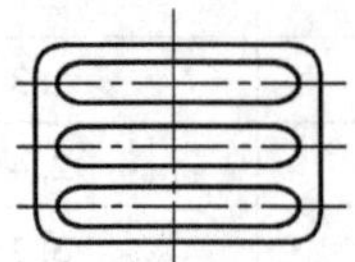	平板状塑件，加强肋应与料流方向平行，以免造成充模阻力过大和降低塑件韧性
4	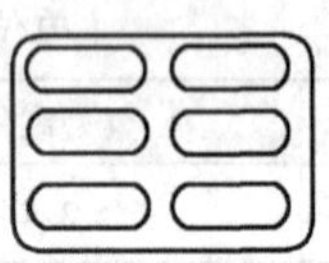	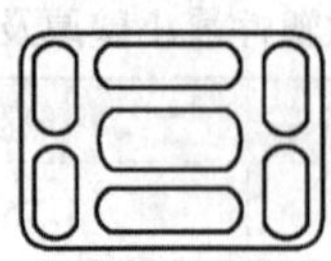	非平板状塑件，加强肋应交错排列，以免塑件产生翘曲变形
5	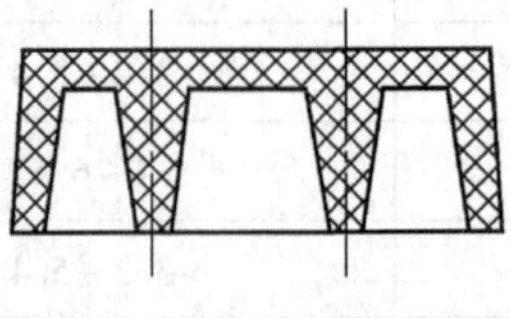	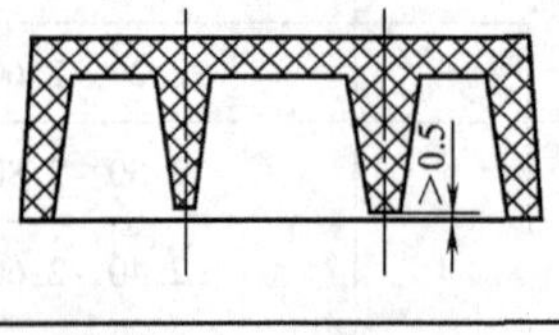	加强肋应设计得矮一些，与支承面应有大于 0.5mm 的间隙

加强肋不应设计得过厚，一般应小于该处的壁厚，否则在对应壁上会产生凹陷。加强肋必须有足够斜度，肋的底部应呈圆弧过渡。加强肋以设计得矮一些、多一些为好。加强肋的典型结构如图 3-30 所示，若塑件厚度为 δ，则加强肋的高度 $L=(1\sim3)\delta$；肋根宽 $b=(1/4\sim1)\delta$；肋根过渡圆角 $R=(1/8\sim1/4)\delta$，肋端部圆角 $r=\delta/8$；收缩角 $\alpha=2°\sim5°$。当 $\delta\leqslant2$mm 时，取 $b=\delta$。

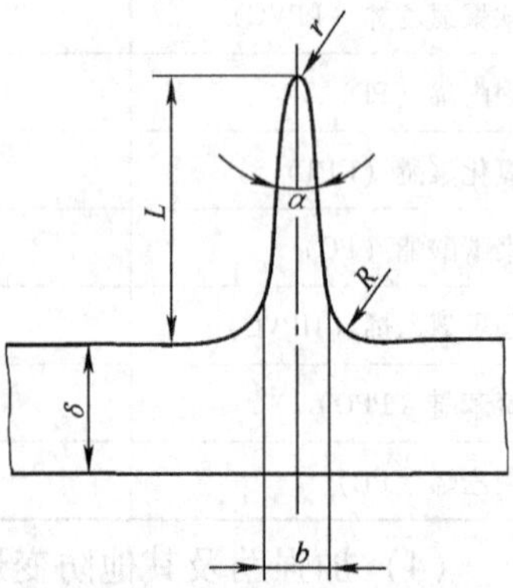

图 3-30　加强肋尺寸

除了采用加强肋外，薄壳状的塑件可制成球面或拱曲面，这样可以有效地增加刚性和减少变形，如图 3-31 所示。对于薄壁容器的边缘，可按图 3-32 所示设计来增加刚性和减少变形。矩形薄壁容器采用软塑料（如聚乙烯）时，侧壁易出现内凹变形，如图 3-33a 所示；如果事先把塑件侧壁设计成少许外凸，使变形后正好平直，则较为理想，如图 3-33b 所示，但这样是很困难的。因此在不影响使用的情况下，可将塑件各边均设计成向外凸出的弧形，使变形不易看出，如图 3-33c 所示。

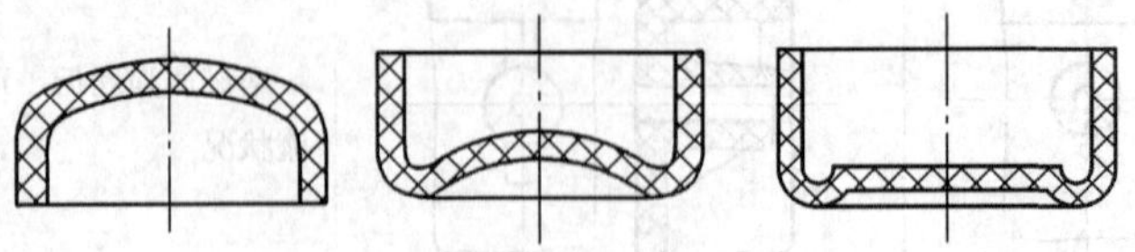

图 3-31　容器底与盖的加强

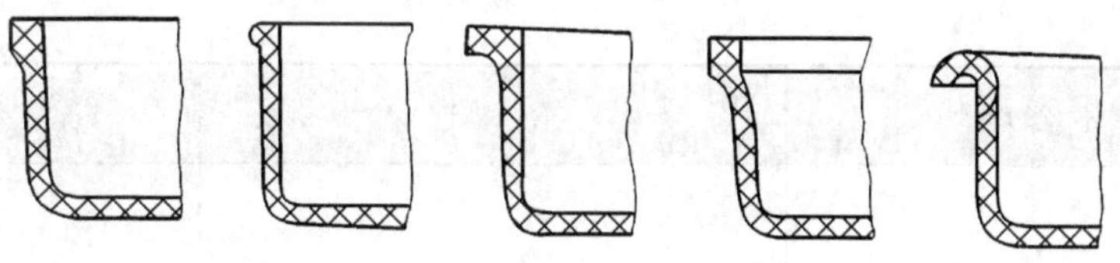

图 3-32 容器边缘的增强

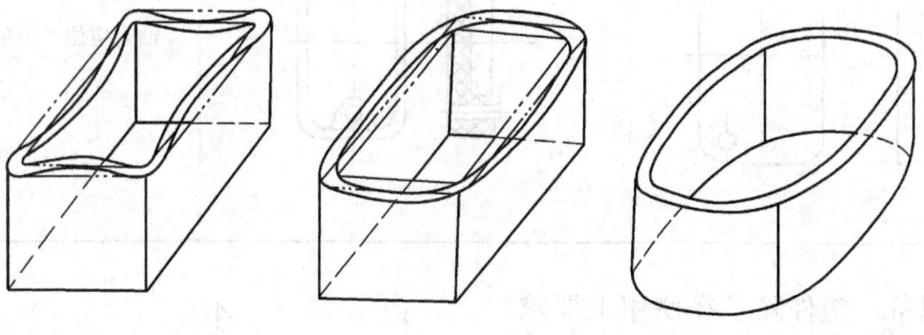

图 3-33 防止矩形薄壁容器侧壁内凹变形

（5）支承面及凸台 以塑件的整个底面作为支承面是不合理的，因为塑件稍许翘曲或变形就会使底面不平。通常采用的是底脚（三点或四点）支承或边框支承，见表 3-22 中序号 1 所列。

凸台是用来增强孔或装配附件的凸出部分的。设计凸台时，除应考虑前面所述的一般问题外，在可能情况下，凸台应当位于边角部位，其几何尺寸应小，高度不应超过其直径的两倍，并应具有足够的脱模斜度。设计固定用的凸台时，除应保证有足够的强度以承受紧固时的作用力外，在转折处不应有突变，连接面应局部接触，见表 3-22 中序号 2、3 所列。

表 3-22 支承面和固定凸台的结构

序号	不合理	合理	说明
1	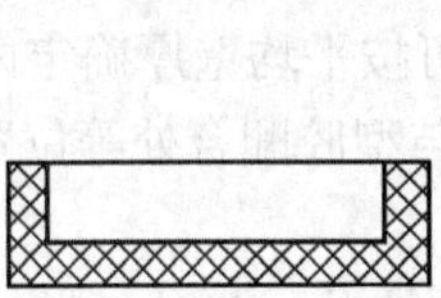	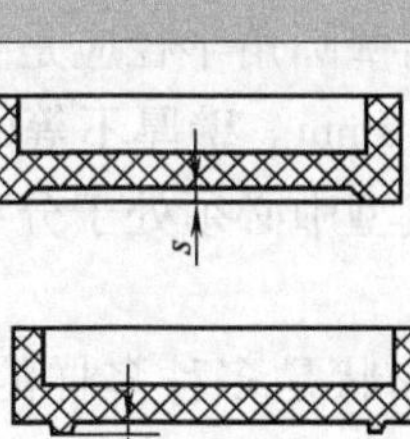	采用凸边或底脚作支承面，凸边或底脚的高度 s 取 0.3～0.5mm
2	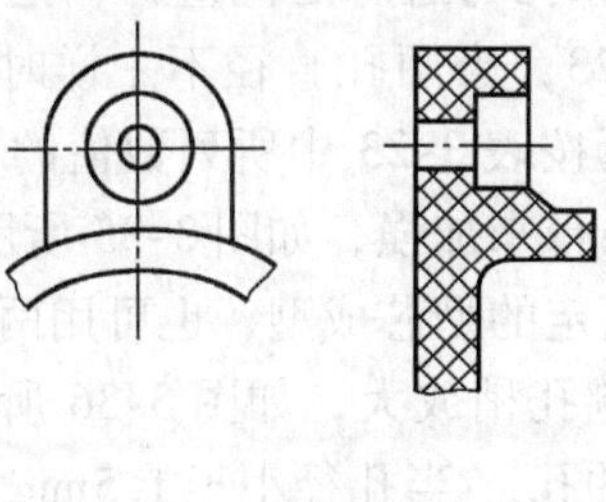	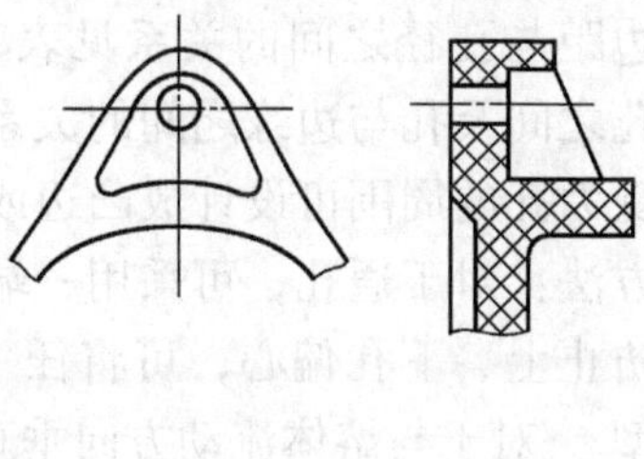	安装紧固螺钉用的凸台或凸耳应有足够的强度，避免突然过渡和用整个底面作支承面

（续）

序号	不合理	合　理	说　明
3	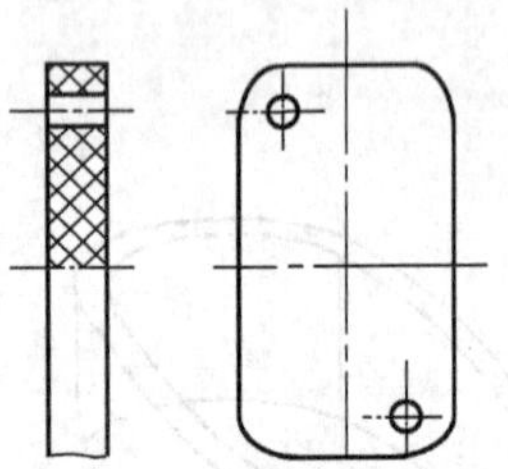	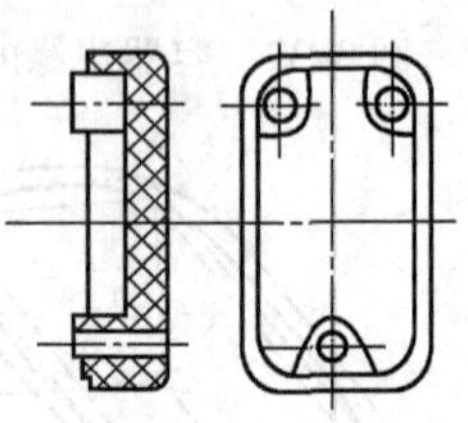	凸台应位于边角部位

（6）圆角　塑件除了在使用上要求采用尖角之外，其余所有转角处均应尽可能采用圆角过渡。因为带有尖角的塑件，往往会在尖角处产生应力集中，在受力或受冲击振动时会发生破裂，甚至在脱模过程中由于成型内应力而开裂，特别是塑件的内角处。图 3-34 所示为塑件受应力作用时应力集中系数与圆角半径的关系。从图中可以看出，理想的圆角半径 R 应为壁厚 δ 的1/3 以上。

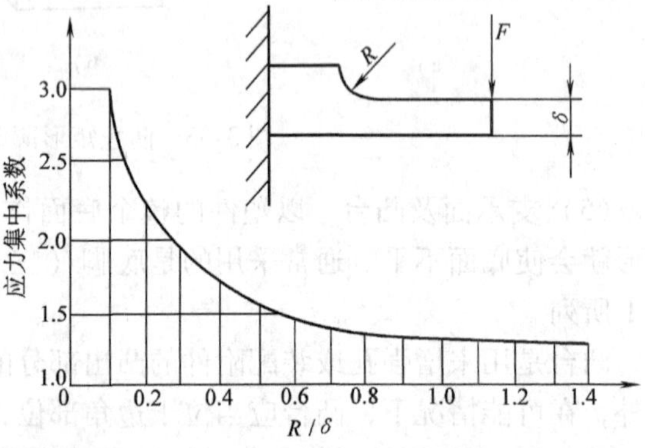

图 3-34　R/δ 与应力集中系数的关系

塑件上转角处采用圆弧过渡，不仅避免了应力集中，提高了强度，而且还使塑件变得美观，有利于塑料充型的流动。此外，有了圆角，模具在淬火或使用时不致因应力集中而开裂。但是，采用圆角会使凹模型腔加工复杂化，使钳工劳动量增大。通常，内壁圆角半径应是壁厚的一半，而外壁圆角半径可为壁厚的 1.5 倍，一般圆角半径不应小于 0.5mm。壁厚不等的两壁转角可按平均壁厚确定内、外圆角半径。对于塑件的某些部位，在成型中必须处于分型面、型芯与型腔配合处等位置时，则不便制成圆角，而采用尖角。

（7）孔的设计　塑件上的孔形状是多种多样的，常见的有通孔、盲孔、形状复杂的孔等。理论上说，可用模具上的型芯成型任何形状的孔，但成型复杂的孔，其模具制造困难，成本较高，因此，在塑件上设计孔时应考虑便于模具的加工制造。

孔应设置在不易削弱塑件强度的地方。相邻两孔之间和孔与边缘之间应保留适当的距离。热固性塑件孔间距、孔边距与孔径之间的关系见表 3-23，当两孔直径不一样时，按小的孔径取值。热塑性塑件两孔之间及孔与边缘之间的关系可按表 3-23 中所列数值的 75% 确定。塑件上固定用孔和其他受力孔的周围可设计成凸边或凸台来加强，如图 3-35 所示。

塑件上的孔有多种成型方法：对于通孔，可采用一端固定的型芯成型，也可用两端分别固定的对接型芯成型。为了防止上、下孔偏心，可将任一侧孔稍放大，如图 3-36 所示。盲孔只能用一端固定的型芯成型。对于与熔体流动方向垂直的孔，当孔径小于 1.5mm 时，为

表 3-23 热固性塑件孔间距、孔边距与孔径关系 （单位：mm）

孔径 d	~1.5	>1.5~3	>3~6	>6~10	>10~18	>18~30	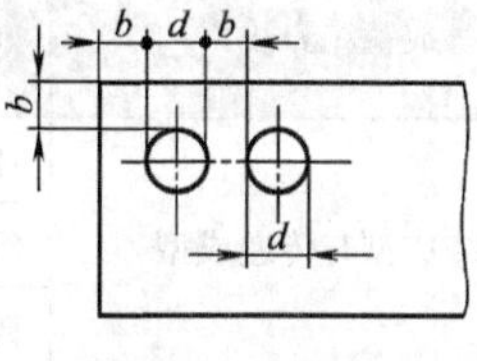
孔间距 孔边距 b	1~1.5	>1.5~2	>2~3	>3~4	>4~5	>5~7	

了防止型芯弯曲，孔深以不超过孔径的两倍为宜。

有些斜孔或形状复杂的孔可采用各种拼合的型芯成型，以避免侧向抽芯，如图 3-37 所示。

塑件上孔径的大小及孔深与塑件所采用塑料和成型方法有关，表 3-24 为各种塑料及不同成型方法适宜成型的最小孔径和最大孔深。

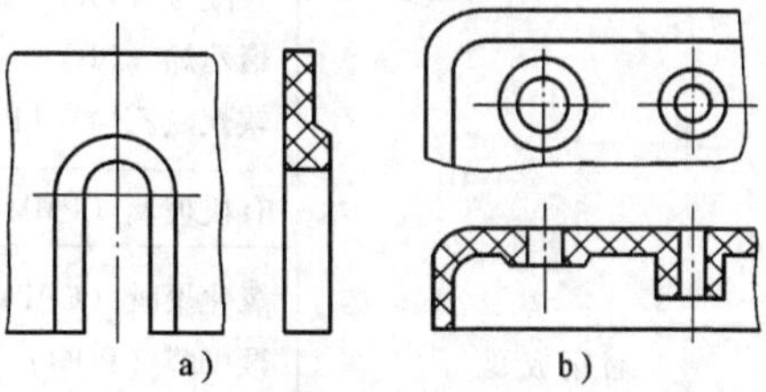

图 3-35 孔的加强

a）设计凸边 b）设计凸台

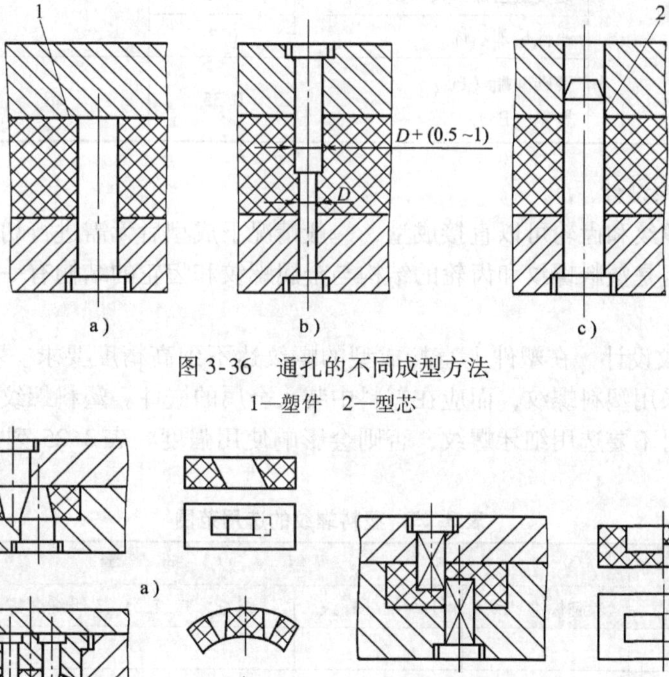

图 3-36 通孔的不同成型方法

1—塑件 2—型芯

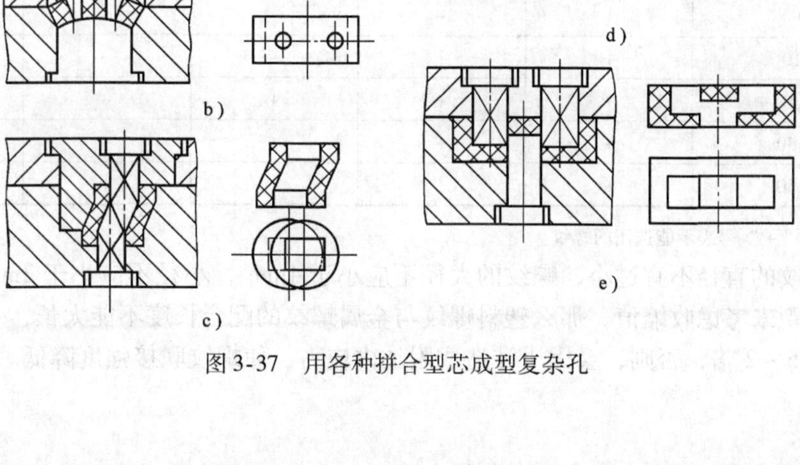

图 3-37 用各种拼合型芯成型复杂孔

表 3-24 塑件的最小孔径与最大孔深

成型方法	塑料名称	最小孔径 d/mm	最大孔深	
			盲孔	通孔
压缩成型与传递成型	压塑粉	1.0	压缩：$2d$ 传递：$4d$	压缩：$4d$ 传递：$8d$
	纤维塑料	1.5		
	碎布塑料	1.5		
注射成型	聚酰胺（PA） 聚乙烯（PE） 软聚氯乙烯（LPVC）	0.2	$4d$	$10d$
	有机玻璃（PMMA）	0.25	$3d$	$8d$
	氯化聚醚（CPT） 聚甲醛（POM） 聚苯醚（PPO）	0.3	$3d$	$8d$
	硬聚氯乙烯（HPVC）	0.25		
	改性聚苯乙烯	0.3		
	聚碳酸酯（PC） 聚砜（PS）	0.35	$2d$	$6d$

3. 螺纹与齿轮设计

因塑件上的螺纹和齿轮可以直接成型，一般情况下成型后无需进行切削加工，故其应用范围越来越广。但是塑料螺纹和齿轮的结构与金属螺纹和齿轮的结构有一些不同之处，在设计时应予以注意。

（1）塑料螺纹设计　在塑件上直接成型的螺纹达不到高精度要求。在经常装卸和受力较大的地方不宜采用塑料螺纹，而应在塑料中装入金属的嵌件。塑料螺纹应选用较大的螺牙尺寸，尺寸较小时不要选用细牙螺纹，否则会影响使用强度。表 3-25 列出了塑料螺纹的选用范围。

表 3-25 塑料螺纹的选用范围

螺纹公称直径 /mm	螺纹种类				
	米制标准螺纹	1 级细牙螺纹	2 级细牙螺纹	3 级细牙螺纹	4 级细牙螺纹
<3	+	−	−	−	−
3 ~ 6	+	−	−	−	−
>6 ~ 10	+	+	−	−	−
>10 ~ 18	+	+	+	−	−
>18 ~ 30	+	+	+	+	−
>30 ~ 50	+	+	+	+	+

注：表中“+”号表示能选用的螺纹。

塑料螺纹的直径不宜过小，螺纹的大径不应小于 4mm，小径不应小于 2mm。如果模具上螺纹的螺距未考虑收缩值，那么塑料螺纹与金属螺纹的配合长度不能太长，一般不大于螺纹直径的 1.5 ~ 2 倍，否则，会因干涉造成附加内应力，使螺纹联接强度降低。

因为一般塑料比金属的强度和刚度差，为了防止螺孔最外圈的螺纹崩裂或变形，螺孔始端应有一深度为0.2~0.8mm的台阶孔，螺纹末端也不宜与垂直底面相连接，一般与底面应留有不小于0.2mm的距离，如图3-38所示。

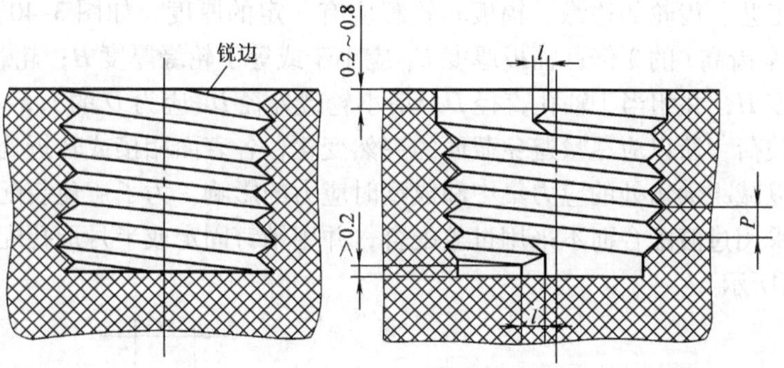

a)　　b)

图3-38　塑料螺孔的形状

a）不合理　b）合理

同样，塑料外螺纹的始端与顶面应留有0.2mm以上的距离，末端与底面也应留有0.5mm的距离。外螺纹的始端与末端均不应突然开始和结束，而应有过渡部分l，如图3-39所示。l值可按表3-26选取。

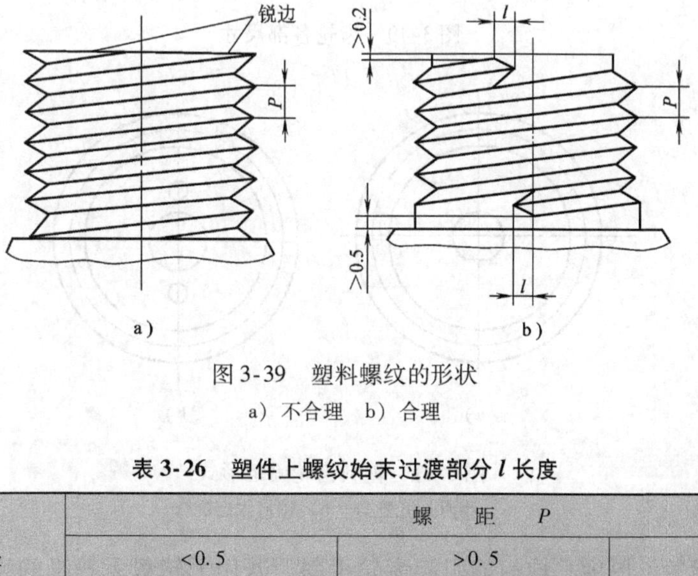

a)　　b)

图3-39　塑料螺纹的形状

a）不合理　b）合理

表3-26　塑件上螺纹始末过渡部分l长度　（单位：mm）

螺纹直径	螺距 P		
	<0.5	>0.5	>1
	始末过渡部分长度尺寸 l		
≤10	1	2	3
>10~20	2	3	4
>20~34	2	4	6
>34~52	3	6	8
>52	3	8	10

注：始末过渡部分长度相当于车制金属螺纹型芯或型腔时的退刀长度。

（2）塑料齿轮设计　塑料齿轮具有质量轻、弹性模量小、在同样制造精度下比钢和铸铁齿轮传动噪声小等特点，故在机电产品、民用产品及其精度和强度要求不太高的传动机构中应用越来越广。用作齿轮的塑料有聚酰胺、聚甲醛、聚碳酸酯和聚砜等。为了使塑料齿轮适应注射成型工艺，齿轮的边缘、辐板和轮毂应有一定的厚度，如图 3-40 所示。要求轮缘宽度 t_1 至少为全齿高 t 的 3 倍；辐板厚度 H_1 应小于或等于轮缘厚度 H；轮毂厚度 H_2 应大于或等于轮缘厚度 H，并相当于轴孔直径 D，最小轮毂外径 D_1 应为 D 的 1.5 ~3 倍。由于齿轮承受的是交变载荷，所以应尽量避免截面的突然变化，各表面相接或转折处应尽可能采用大的圆角过渡，以减小尖角处的应力集中和成型时应力的影响。为了避免装配时产生应力，轴与孔应尽可能采用过渡配合而不采用过盈配合，并用销钉固定或半月形孔配合的形式传递转矩，如图 3-41 所示。

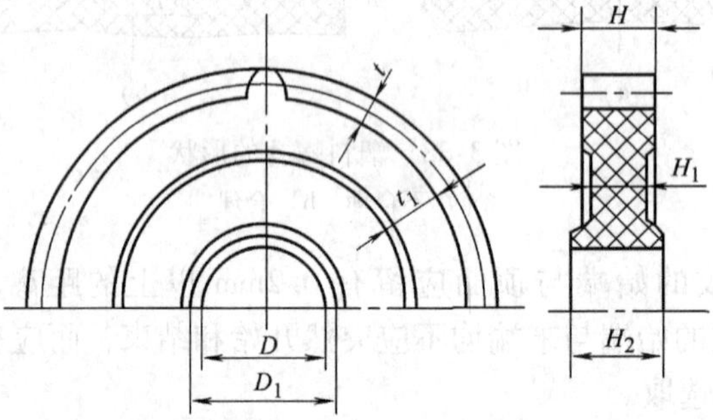

图 3-40　齿轮各部尺寸

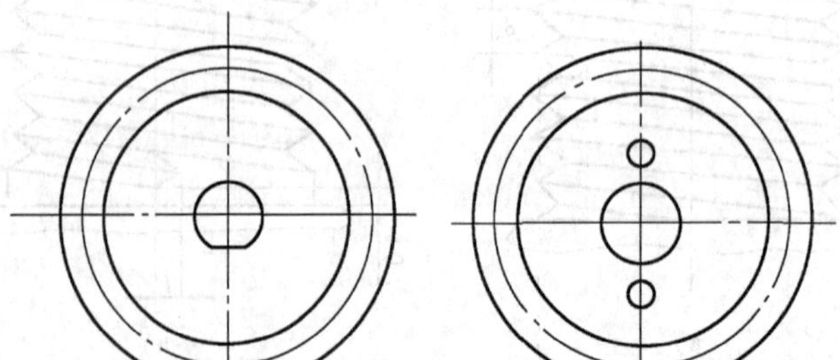

图 3-41　塑料齿轮固定形式

a）半月形孔配合　b）销钉固定配合

对于薄形齿轮，厚度不均匀能引起齿轮歪斜，若用无轮毂无轮缘的齿轮可以很好地改善这种情况。但如在辐板上有很大的孔时（图 3-42a），因孔在成型时很少向中心收缩，会使齿轮歪斜；若改用图 3-42b 的形式，即轮毂与轮缘之间采用薄肋时，则能保证轮缘向中心收缩。

由于塑料的收缩率较大，所以一般只宜用收缩率相同的塑料齿轮相互啮合工作。

4. 嵌件、饰纹、文字、符号及标记设计

（1）嵌件　塑件中镶入嵌件的目的是增强塑件局部的强度、硬度、耐磨性、导电性、导磁性等，或者是为增加塑件尺寸及形状的稳定性，或者是为降低塑料的消耗。嵌件的材料

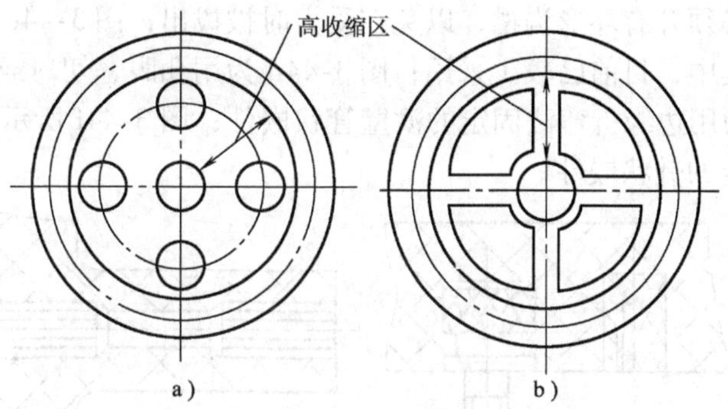

图 3-42　塑料齿轮辐板结构
a）带孔辐板　b）薄肋辐板

有金属、玻璃、木材和已成型的塑料等，其中金属嵌件用得最为普遍。

1）金属嵌件的形式。图 3-43 示出了几种常见的金属嵌件。其中，图 3-43a 为圆筒形嵌件，有通孔和盲孔两种，以带螺纹孔的最为常见，它主要用于经常拆卸或受力较大的场合或导电部位的螺纹联接；图 3-43b 为带分阶的圆柱形嵌件，有光杆和丝杆等；图 3-43c 为片状嵌件，常用作塑件内导体、焊片等；图 3-43d 为细杆状贯穿嵌件，如加入金属细杆嵌件的汽车转向盘塑件，其强度和刚度均得到了较大的提高。

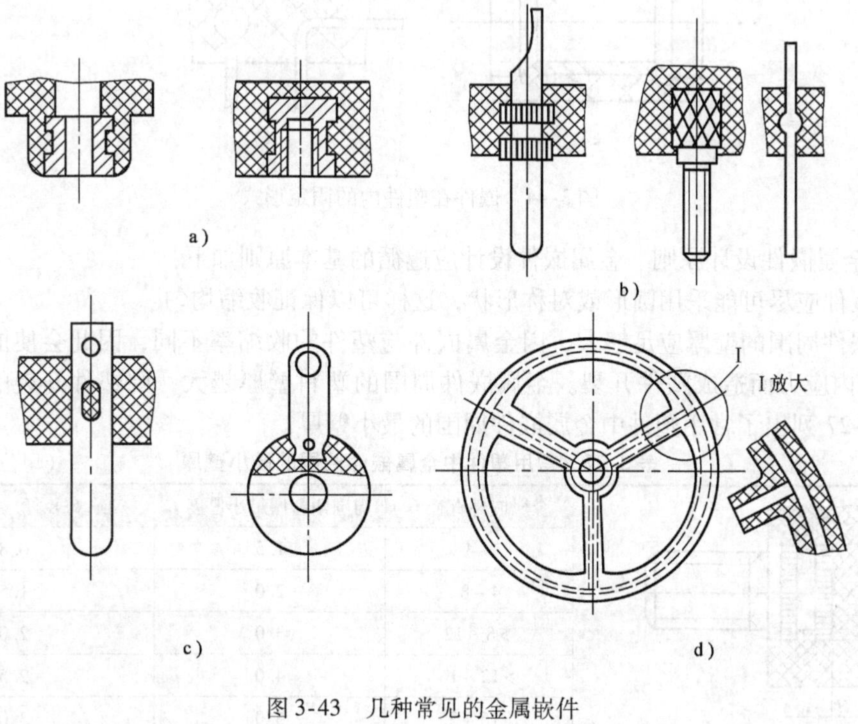

图 3-43　几种常见的金属嵌件

为了使嵌件牢固地固定在塑件中，防止嵌件受力时在塑件内转动或脱出，嵌件表面必须设计有适当的凸状或凹状部分。图 3-44 所示为常用的金属嵌件在塑件内的固定形式，其中图 3-44a 为最常用的菱形滚花，其抗拉或抗扭的效果均很好，固定力效果最佳；图 3-44b 为直纹滚花，这种滚花在嵌件较长时可允许塑件作少许的轴向伸长，以降低这一方向的拉力，但在这种嵌件上，必须开有环形沟槽，以免在受力时被拔出；图3-44c为六角形嵌件，因其尖角处易产生应力集中，目前已较少采用；图3-44d为用孔眼、切口或局部折弯来固定的片状嵌件；图3-44e为用边缘折弯法固定的薄壁管状嵌件；图3-44f所示为采用砸扁其中一段或折弯的方法来固定的针状嵌件。

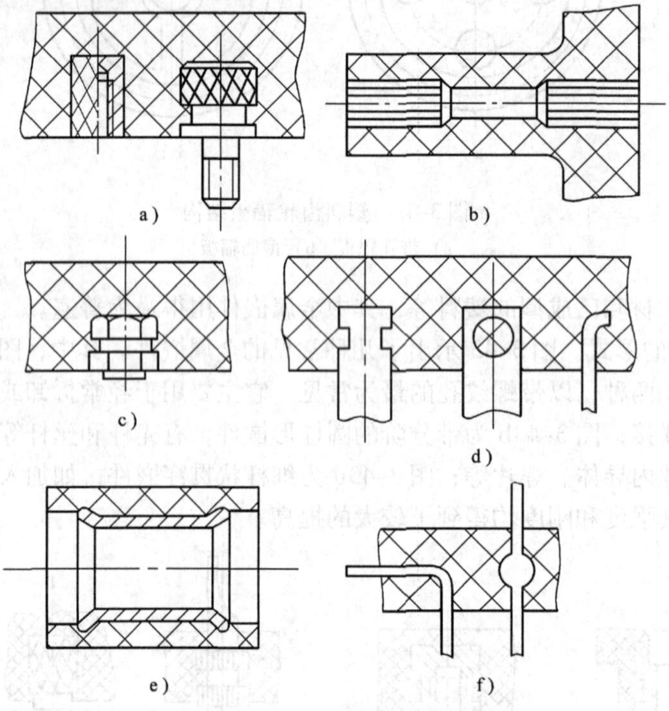

图3-44　嵌件在塑件内的固定形式

2）金属嵌件设计原则。金属嵌件设计应遵循的基本原则如下：

① 嵌件应尽可能采用圆形或对称形状，这样可以保证收缩均匀。

② 嵌件周围的壁厚应足够大，因金属嵌件与塑件的收缩率不同，因此会使嵌件周围产生很大的内应力而造成塑件开裂。金属嵌件周围的塑料壁厚越大，则塑件开裂的可能性越小，表3-27列出了常用塑件中金属嵌件周围的最小壁厚。

表3-27　常用塑件中金属嵌件周围的最小壁厚　（单位：mm）

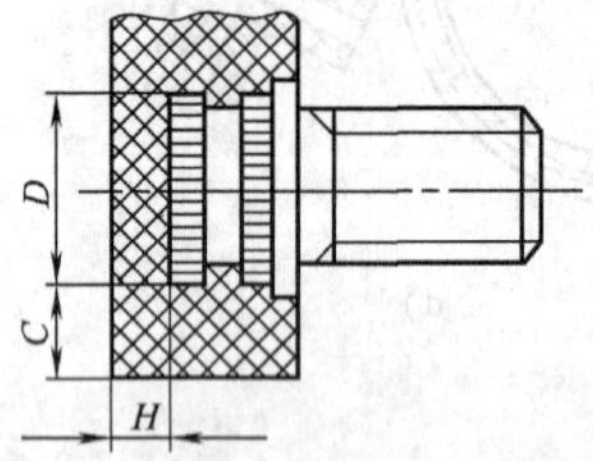

金属嵌件直径 D	周围塑料层最小厚度 C	顶部塑料层最小厚度 H
~4	1.5	0.8
4~8	2.0	1.5
>8~12	3.0	2.0
>12~16	4.0	2.5
>16~25	5.0	3.0

嵌件的顶部也应保持一定厚度的塑料层，否则嵌件顶部塑件表面会出现鼓泡或裂纹。

③ 金属嵌件嵌入部分的周边应有倒角，以减少周围塑料冷却时产生的应力集中。

④ 嵌件在模具内应可靠定位，因模具内的金属嵌件在成型过程中受到高压熔体流的冲击，可能发生位移或变形，同时塑料还可能挤入嵌件上预留的孔或螺纹线中，影响嵌件使

用，因此嵌件必须可靠定位。图 3-45 所示为外螺纹嵌件在模内固定的形式，图 3-45a 利用嵌件上的光杆部分与模具配合；图 3-45b 采用一台肩配合的形式，既可增加嵌件插入后的稳定性，又可阻止塑料流入螺纹中；图 3-45c 所示嵌件中有一凸出的圆环，在成型时圆环被压紧在模具上而形成密封环，以阻止塑料的溢入。

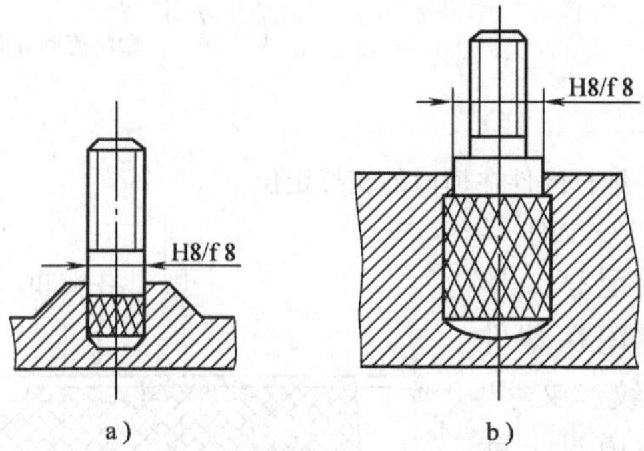

图 3-45 外螺纹嵌件在模具内的定位

当注射压力不大，且螺牙很细小（M3.5 以下）时，内螺纹嵌件也可以直接插在模具内的光杆上，塑料可能挤入螺纹牙缝内一小段，但不妨碍多数螺纹牙，这样安放嵌件可使操作方便很多。图 3-46 所示为内螺纹嵌件在模内固定的形式，其中图 3-46a 为嵌件直接插在模内的圆形光杆上的形式；图 3-46b 和图 3-46c 为用一凸出的台阶与模具上的孔相配合的形式，以增加定位的稳定性和密封性；图 3-46d 采用内部台阶与模具上的插入杆配合。

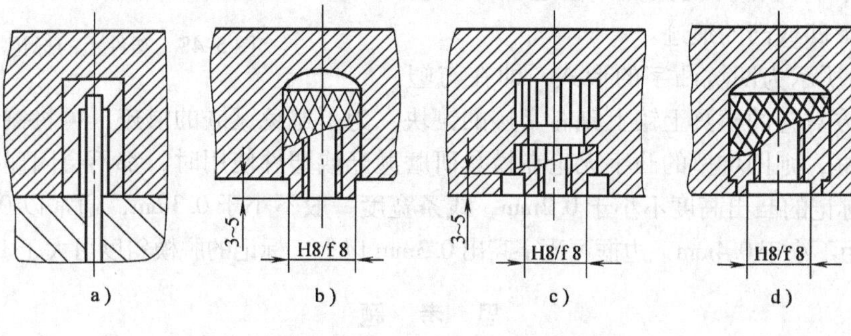

图 3-46 内螺纹嵌件在模内的定位

嵌件在模具内安装的配合形式常采用 H8/f8，配合长度一般为 3～5mm。

⑤ 嵌件自由伸出的长度不宜超过其定位部分直径的两倍，否则应在模具上设置支柱，以免嵌件弯曲；但支柱的使用会使塑件上留下孔，设计时应考虑该孔不影响塑件的使用，如图 3-47a、b 所示。薄片状嵌件可在塑件流动的方向上打孔，降低料流阻力，以减少嵌件的受力变形，如图 3-47c 所示。

⑥ 成型带嵌件的塑件会降低生产效率，使塑件的生产不易实现自动化，因此在设计塑件时，能避免的嵌件尽可能不用。

（2）饰纹、文字、符号及标记 由于装潢或某些特殊要求，塑件上常常要求有饰纹、文字、符号及标记等。对这些特有标记设计的基本原则是，它们的设置不应引起脱模的困难。

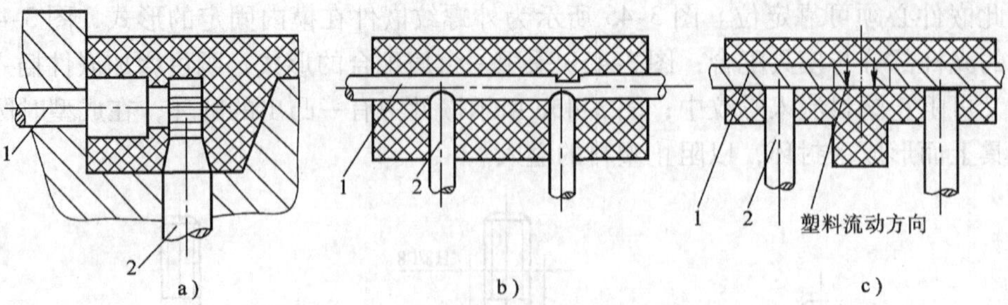

图 3-47 细长嵌件在模内的支撑定位

1—嵌件 2—支柱

塑件上的饰纹、文字、符号及标记有凸形和凹形两类。饰纹、文字、符号及标记在塑件上为凸形时，在模具上就为凹形；饰纹、文字、符号及标记在塑件上为凹形时，则在模具上就为凸形。模具上的凹形饰纹、文字、符号及标记易于加工，文字可用刻字机刻制，图案可用手工雕或电加工等；模具上的凸形饰纹、文字、符号及标记难以加工，直接做出凸形一般需要采用电火花、电铸或冷挤压成型。另外，有时为了便于更换标记、符号，也可以在模内镶入可成型标记、符号部分的镶件，但这种方法会在塑件上留下凹或凸的痕迹。

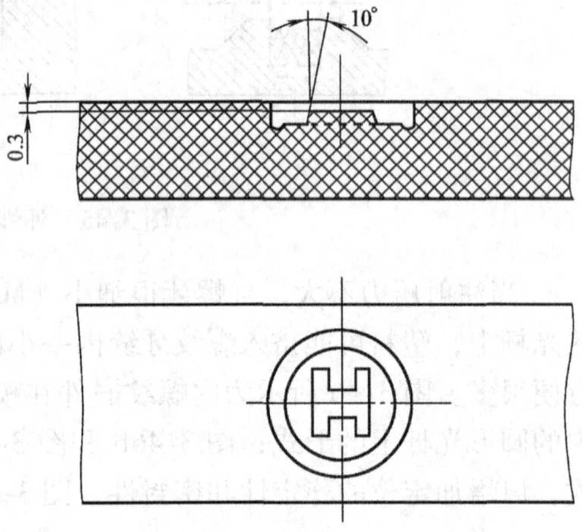

图 3-48 塑件上的标记

图 3-48 所示为凹坑凸字的形式，即在与塑件有文字地方对应的模具上镶上刻有字迹的镶块，为了避免镶嵌的痕迹，可将镶块周围的结合线作为边框，则凹坑里的凸字无论在模具研磨抛光或塑件使用时，都不会因碰撞而损坏。

塑件上标记的凸出高度不小于 0.2mm，线条宽度一般不小于 0.3mm，通常以 0.8mm 为宜。两条线的间距不小于 0.4mm，边框可比字高出 0.3mm 以上，标记的脱模斜度可大于 10°。

思 考 题

1. 通用注射机有哪些分类方式？根据不同的分类方式注射机可分为哪些类型？
2. 设计注射模时选用注射机是根据哪些参数来选择的？
3. 热塑性塑料注射成型过程主要包含哪些环节，其主要的工艺参数是什么？
4. 热固性塑料注射成型过程主要包含哪些环节，其主要的工艺参数是什么？
5. 压缩成型工艺过程包含哪几个阶段？每阶段包含哪些工作？
6. 试论述传递成型的原理及其特点。
7. 挤出装置由哪些部件构成？各部件的作用是什么？
8. 挤出成型包含哪些工艺过程？其主要的工艺参数是什么？
9. 塑料成型工艺有哪些类型？它们分别适合于成型哪种类型的塑件？
10. 试分析哪些因素影响塑件的尺寸精度。
11. 塑件的结构设计需注意哪些问题？为什么？

第四章 注射模设计

第一节 注射模分类及典型结构

注射模是塑料注射成型工艺所用的工装设备，它主要用于成型热塑性塑件。随着塑料加工行业的发展，近年来也逐渐应用到热固性塑件的加工。

1. 注射模的组成

注射模由动模和定模两大部分组成。动模安装在注射机的动模板上，定模安装在注射机的定模板上。注射前动、定模在注射机驱动下闭合，形成型腔和浇注系统，注射机将已塑化的塑料熔体通过浇注系统注入型腔，经冷却凝固后，动、定模打开，脱模机构推出塑件，如图 4-1b 所示。

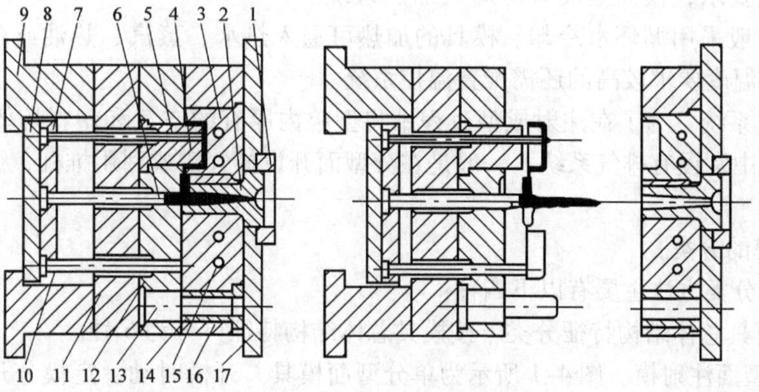

a)　　　　　　　　b)

图 4-1　单分型面注射模

a）闭合充模　b）开模取制品

1—定位环　2—浇口套　3—型腔　4—型芯　5—推杆　6—拉料杆
7—推杆固定板　8—推板　9—动模座板　10—复位杆　11—动模垫板
12—动模板　13—导柱　14—导套　15—冷却通道　16—定模板　17—定模座板

图 4-1a 所示为一典型的单分型面注射模。根据模具中各个零件的不同功能，注射模可由以下七个系统或机构组成：

（1）成型零部件　成型零部件是指构成模具的成型制品型腔，并与塑料熔体直接接触的模具零件或部件。一般有型腔、型芯、成型杆、镶件等，在动、定模闭合后，成型零件便确定了塑件的内外尺寸。

（2）浇注系统　由注射机喷嘴到型腔之间的进料通道称为浇注系统，一般由主流道、分流道、浇口和冷料穴组成。

（3）导向与定位机构　为确保动、定模闭合时能准确导向和定位而设置的零件，一般由导柱、导套构成。对于深腔模具一般还在分型面设有锥面定位。在用推板推出机构的模具中，为保证脱模机构的运动和定位，常在推板与动模板之间也设置导向机构。

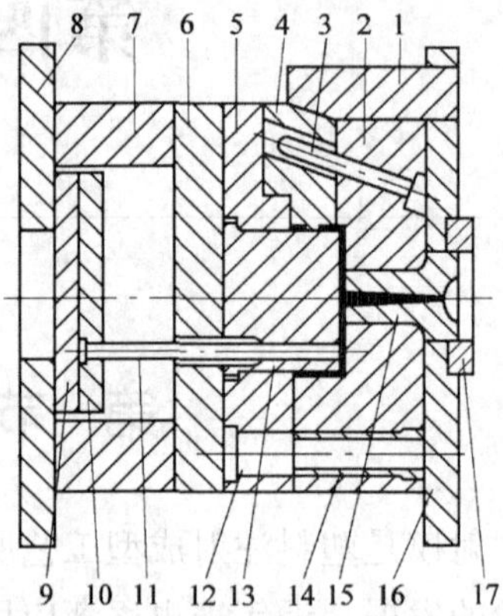

图 4-2　带侧向抽芯的注射模

1—楔紧块　2—定模板　3—斜导柱　4—滑块　5—动模板　6—动模垫板　7—支承块　8—动模座板　9—推板　10—推杆固定板　11—推杆　12—导柱　13—型芯　14—导套　15—浇口套　16—定模座板　17—定位环

（4）脱模机构　脱模机构是指模具在开模过程中或开模后将塑件从模具中推出的机构，一般由推杆、推杆固定板、推板、复位杆、拉料杆等组成。

（5）侧向分型与抽芯机构　成型带有侧孔或侧凹的塑件，在塑件被脱出模具之前，必须先侧向分型并将侧向型芯抽出。完成上述动作的零部件所构成的机构，称侧向分型与抽芯机构。图 4-2 所示为带侧向抽芯的注射模。

（6）温度调节系统　为了满足注射成型工艺对模具的温度要求，模具应设有冷却或加热系统。模具的冷却一般采用循环水冷却。模具的加热可通入热水、蒸汽、热油或在模具中设置加热元件，对于温度要求较高的还需配置温控系统。

（7）排气系统　为了在注射成型过程中将型腔内原有的空气和塑料熔体中逸出的气体排出，在模具中常设有排气系统，一般是在分型面开设排气槽或利用推杆、镶件的配合间隙排气。

2. 注射模的分类

注射模的分类方法主要有以下四种：

（1）按模具总体结构特征分类　按模具总体结构特征可分为 6 种。

1）单分型面注射模。图 4-1 所示为单分型面模具。开模时动、定模分开，从单一的分型面取出塑件和浇注系统冷凝料。该类模具又称双板式注射模具。

2）双分型面注射模。图 4-3 所示为双分型面注射模。它具有两个不同的分型面，用于分别取出塑件和冷凝料。它是在动模板与定模板之间增加一块可往复移动的型腔板（又称中间板或流道板）。双分型面注射模又称三板式注射模。

3）带有侧向分型与抽芯机构的注射模。当塑件有侧凹或侧孔时，需采用有可侧向移动的型芯或滑块成型。图 4-2 所示为斜导柱驱动的侧向抽芯注射模。

4）带有活动成型零件的注射模。由于塑件的某些特殊结构，要求模具设置可活动的成型零件，开模时活动成型零件可与塑件一起从模具内取出，然后由手工或简单工具使活动成型零件与塑件分离并放回模具中。如活动型芯、活动型腔、活动镶件、活动螺纹型芯或型环等。图 4-4 所示为带有活动镶件的注射模。

5）机动脱螺纹的注射模。对于带有螺纹的塑件，当要求自动脱模时可在模具上设置转动的螺纹型芯或型环。它是利用注射机的开模动作设置传动装置（或专门传动装置），带动螺纹型

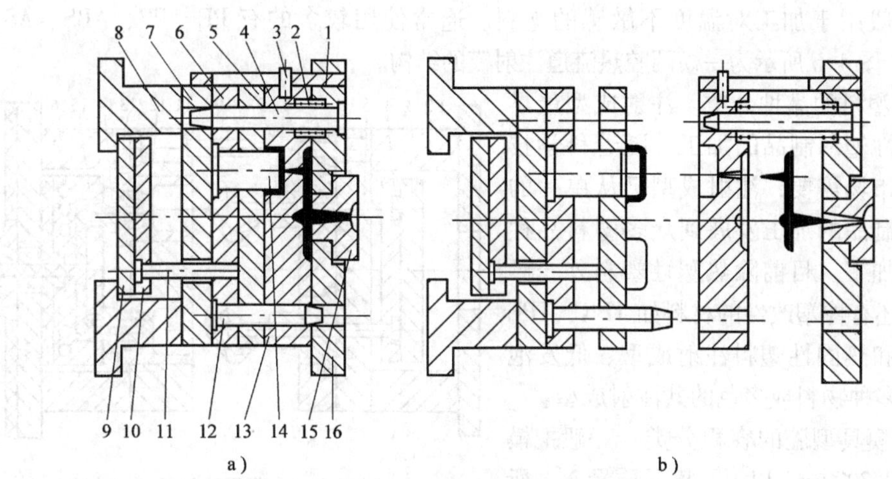

图 4-3　双分型面注射模

a）模具闭合状态　b）模具开模状态

1—定距拉板　2—压缩弹簧　3—限位钉　4、12—导柱　5、9—推板　6—型芯固定板　7—动模垫板　8—动模座板　10—推杆固定板　11—推杆　13—型腔板　14—型芯　15—浇口套　16—定模座板

芯或型环转动，从而脱出塑件。图 4-5 为在较简单的角式注射机上用的自动卸螺纹的直角式注射模。

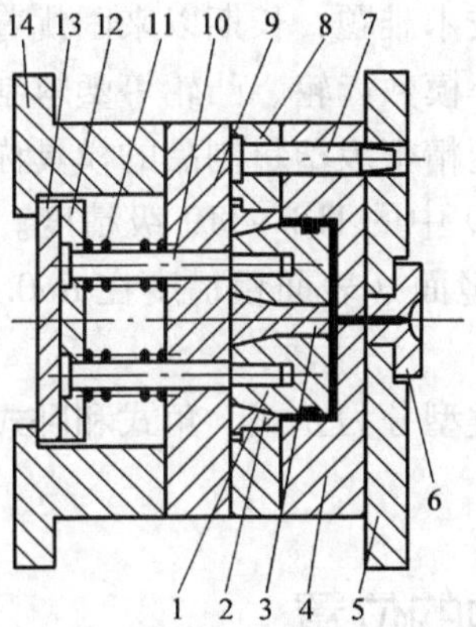

图 4-4　带活动镶件的注射模

1—活动镶件　2—滑套　3—导向块　4—定模板　5—定模座板　6—浇口套　7—导柱　8—动模板　9—动模垫板　10—推杆　11—压缩弹簧　12—推杆固定板　13—推板　14—动模座板

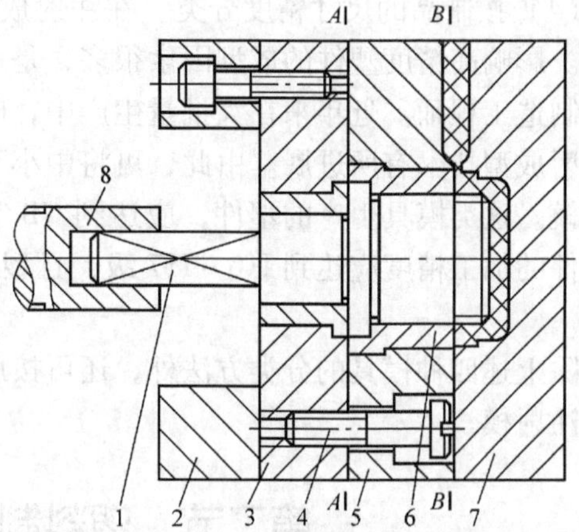

图 4-5　自动卸螺纹的直角式注射模

1—螺纹型芯　2—垫头　3—支承板　4—定距螺钉　5—动模板　6—衬套　7—定模板　8—注射机开合模丝杠

6）无流道注射模。无流道注射模是指在浇注系统中无流道凝料，它包括用于热塑性塑料的绝热流道和热流道模具，以及用于热固性塑料的温流道注射模等。这类模具通过对流道加热或绝热的方法来保证从注射机喷嘴到浇口之间的塑料始终保持熔融状态。这样，在每次注射成型后，没有浇注系统冷凝料，从而降低注射压力、缩短成型周期、减少回收料，有利于提高生产效率和改善产品质量。缺点是模具成本较高，对浇注系统的温度控制要求较高，同时

这种模具一般用于加工对温度不敏感的塑料。通常使用较多的有 PE、PP、ABS、AS、PS、ABS/PC 等。图 4-6 所示为一模两腔热流道注射模的结构。

（2）按塑料的品种分类　注射成型最早仅用于热塑性塑料制品的加工。随着科学技术的发展和市场需要，注射成型已从单一的热塑性塑料制品的加工发展到众多塑料品种的注射成型加工。目前除热塑性塑料外，已应用较多的还有橡塑改性的材料如 TPR、TPE 的注射成型和热固性塑料注射成型、低发泡注射成型、多种物料或多色的共注射成型。

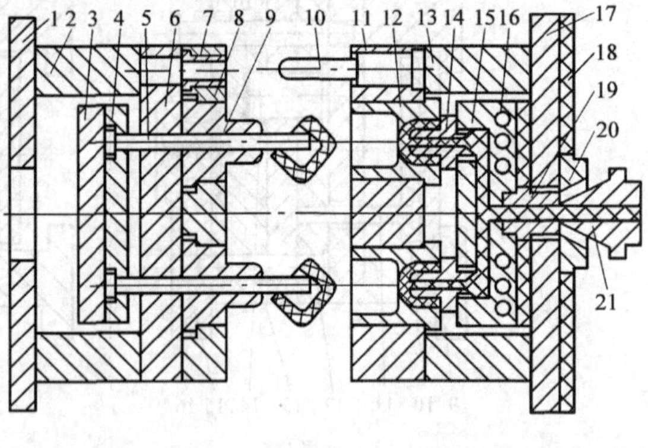

图 4-6　一模两腔热流道注射模
1—动模座板　2—垫块　3—推板　4—推板固定板　5—推杆　6—动模垫板　7—导套　8—动模板　9—型芯　10—导柱　11—定模板　12—型腔　13—支架　14—喷嘴　15—热流导板　16—加热器孔道　17—定模座板　18—绝热层　19—浇口套　20—定位环　21—注射机喷嘴

（3）按模具型腔的容积分类　一般把模具型腔容积达 3000cm^3 以上，模具质量 2t，所需锁模力 6×10^6N 以上的注射模，称为大型注射模。但大型注射模设计与制造的难度高、造价昂贵，必须慎重考虑塑料熔体的流动性、模具的力学特性和温度调节系统。习惯上把模具型腔容积小于或等于 100cm^3 的注射模称为小型注射模。介于上述两者之间的称为中型注射模。

（4）按制品的尺寸精度分类　在注射成型过程中，制品成型收缩率很难准确而稳定地控制。影响高精度塑件的成型因素很多，是一个综合性的技术难题，长期以来困扰着模具设计与制造工程师。近年来在大批量生产中，电器接触件、小模数齿轮、凸轮等塑料制品的精密注射成型技术有所进展。由此，可将中小型注射模中成型精密级塑料制品的模具称为精密注射模。这类模具生产的塑件，应达到 GB/T 1800.1—2009 中的 IT8 ~ IT9 级精度。模具成型零件的加工精度应达到 IT6 ~ IT7 级，且型腔表面应达到镜面（表面粗糙度在 $Ra0.8\mu m$ 以下）。

除上述四种模具的分类方法外，还可按所用注射机的类型分为立式、角式和卧式注射机用的注射模。

第二节　塑料制品在模具中的位置

塑料制品在成型模具中的位置，是由模具的分型面决定的。在注射模具的设计中，必须根据塑件的结构、形状，首先确定成型时塑件在模具中的位置，也即确定分型面；再根据成型塑料的性能特点、塑件的生产批量，来确定一模成型件数（即一模几腔）、浇口形式、排气系统及脱模方式等。

一、分型面设计

分型面是模具上用于取出塑件和（或）浇注系统冷凝料的可分离的接触表面。

1. 分型面的形式

分型面有多种形式，图 4-7 所示为典型的分型面形式。分型面按其位置与注射机开模运动方向的关系来分类有：分型面垂直于注射机开模运动方向（图4-7a、b、eⅠ、f），平行于开模方向（图4-7eⅡ），倾斜于开模方向（图4-7d）。

按分型面的形状来分类的有：平面分型面（图4-7a），曲面分型面（图4-7b），阶梯分型面（图4-7c）和斜面分型面（图4-7d）。

在一套模具中分型面可以是一个或多个。在模具常见的分型面中，一般单分型面模具其分型面与开模方向垂直（图4-7a、b、c、d）；双分型面模具是为取出塑件和浇注系统冷凝料开设一个以上分型面（图4-7f）；在瓣合模具中，为取出塑件，除主分型面Ⅰ外，还须增设侧向分型面Ⅱ（图4-7e）。

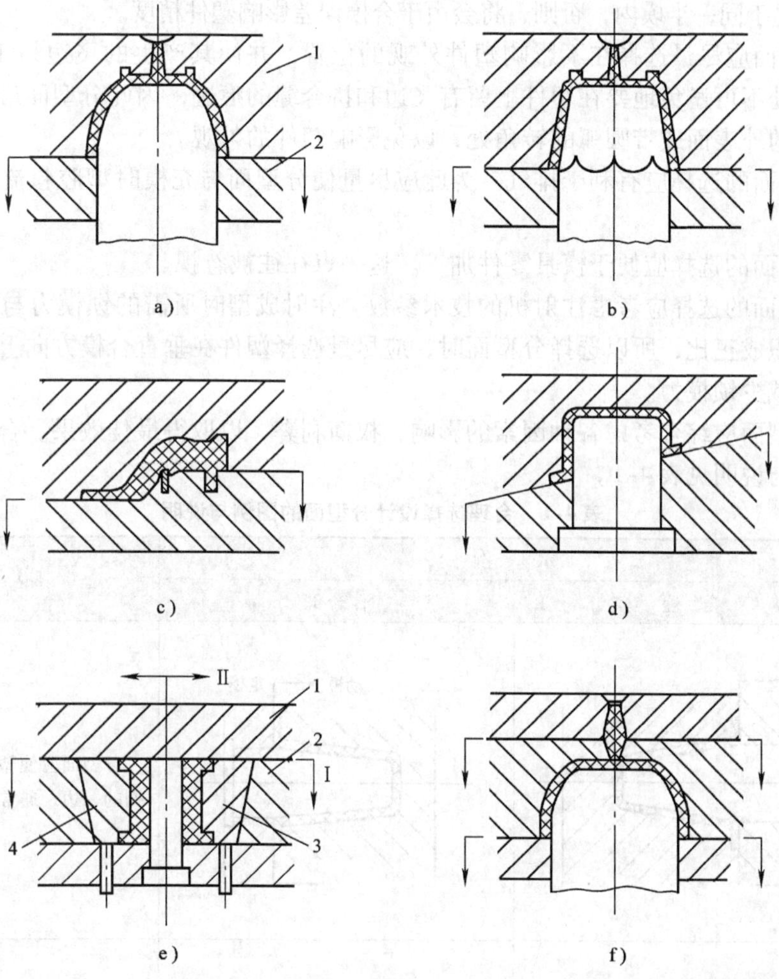

图4-7 典型的分型面形式

a）平面分型面 b）曲面分型面 c）阶梯分型面 d）斜面分型面

e）Ⅰ垂直分型面，Ⅱ平行分型面 f）双分型面

1—定模 2—动模 3、4—瓣合滑块

模具分型面的选择设计，主要是根据塑件的结构、精度要求、浇注系统形式、排气方式、脱模形式及模具的制造工艺等各种因素，进行全面考虑，作出合理选择。分型面选择设计合理与否，直接影响塑件质量、模具结构、模具使用可靠性和模具寿命等。

2. 选择分型面的原则

选择设计分型面的基本原则是：分型面应选择在塑件断面轮廓最大的位置，以便顺利脱模。同时在选择设计分型面时还应考虑以下因素：

1）分型面的选择应便于塑件脱模并简化模具结构。因此，应尽可能使塑件在动定模分离后留在动模一侧。因注射机的脱模机构一般都在动模一侧，否则会增加脱模难度，势必使模具结构复杂化。如塑件有侧孔或侧凹，选择分型面应尽可能将侧型芯置于动模，以避免定模抽芯，并使抽拔距离尽量短。

2）分型面的选择应考虑塑件的技术要求。当塑件的表面有同轴度、平行度等要求时，应尽可能将其置于同一半模内，否则，将会由于合模误差影响塑件精度。

3）分型面应尽量选择在不影响塑件外观的位置，并使其产生的飞边易于清理和修整。由于分型面处不可避免地要在塑件上留有飞边和拼合缝的痕迹，因此分型面最好不要设在塑件光亮平滑的外表面或带圆弧的转角处，以免影响塑件的外观。

4）分型面的选择应有利于排气。为此应尽量使分型面与充模时型腔料流末端重合，以利于排气。

5）分型面的选择应便于模具零件加工。这一点往往被忽视。

6）分型面的选择应考虑注射机的技术参数。注射成型时所需的锁模力与塑件在合模方向的投影面积成正比，所以选择分型面时，应尽量选择塑件在垂直合模方向上投影面积较小的表面，以减少锁模力。

选择分型面应综合考虑各种因素的影响，权衡利弊，以取得最佳效果。合理选择设计分型面的图例与说明见表4-1。

表4-1　合理选择设计分型面的图例与说明

选择原因	示例：合理	示例：不合理	说明
有利于脱模	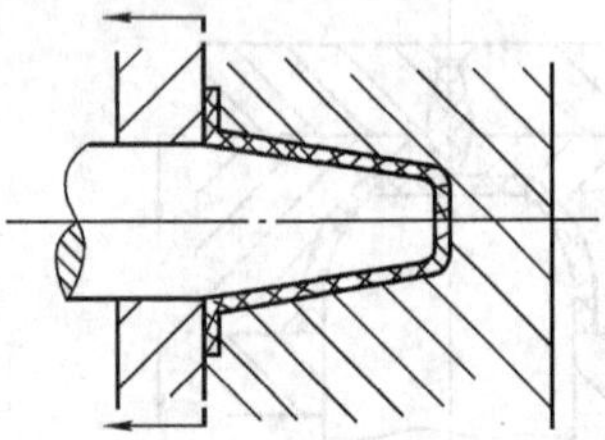	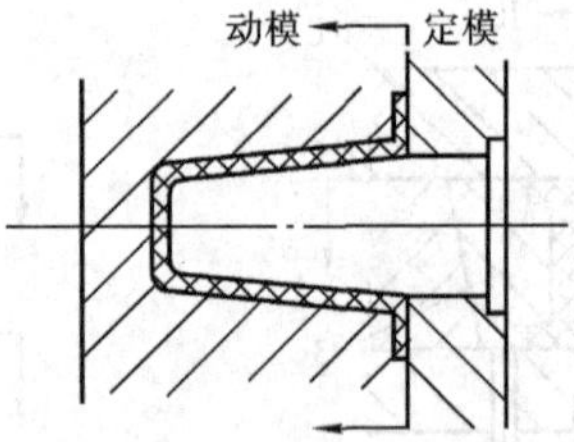	分型面应使塑件留在有脱模机构的一边，通常在动模
	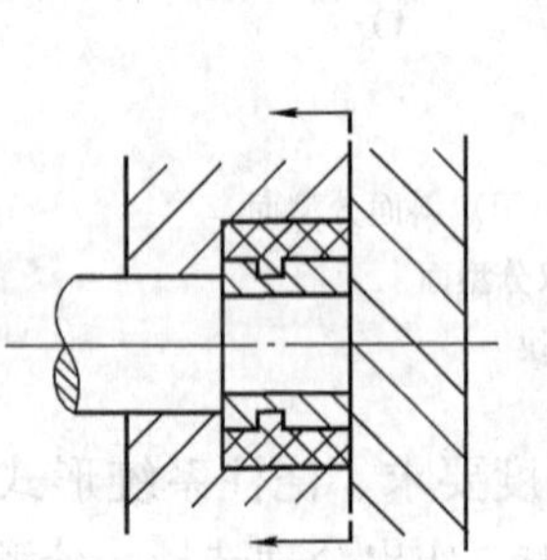	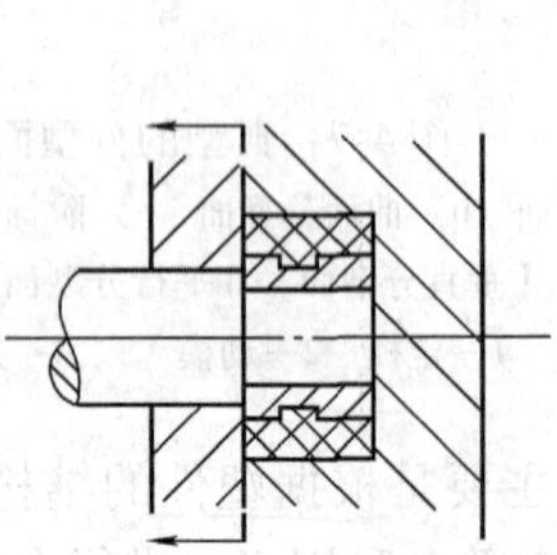	由于塑件内有嵌件，嵌件不会收缩，造成塑件粘附在型腔内，故应将型腔放在动模内

（续）

选择原因	示例 合理	示例 不合理	说明
有利于抽芯	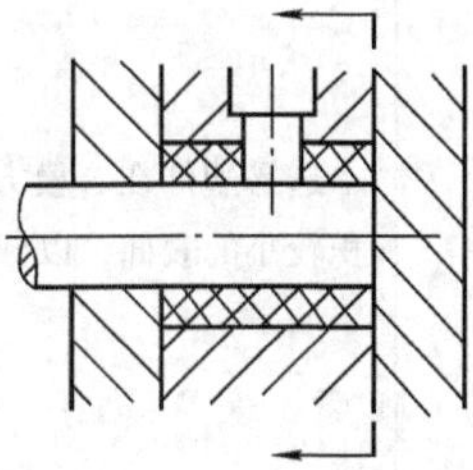	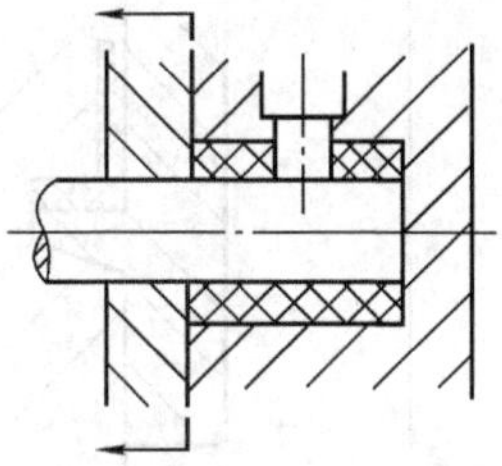	当塑件有抽芯时，应尽量放在动模，避免在定模抽芯
有利于抽芯	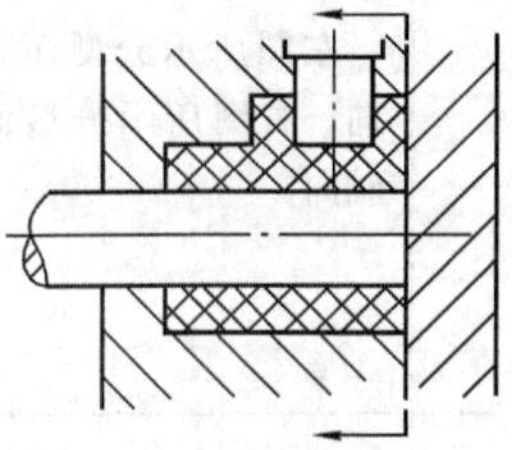	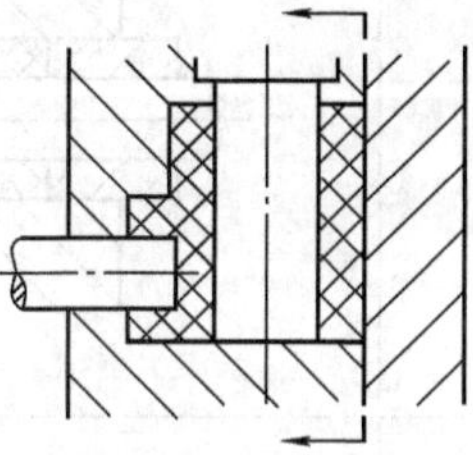	应尽量选择较短距离的孔抽芯
保证塑件精度	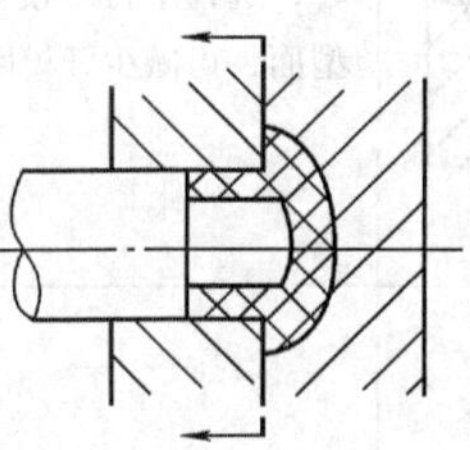	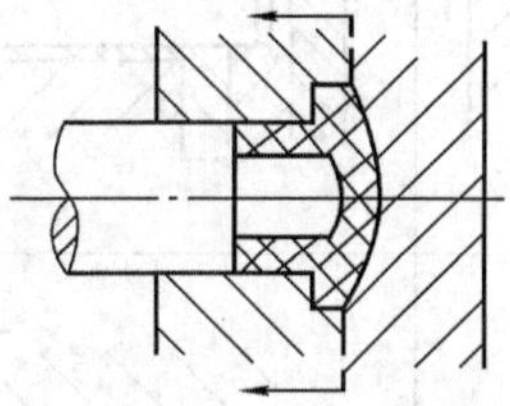	采用圆弧部分分型会影响塑件表面质量
保证塑件精度	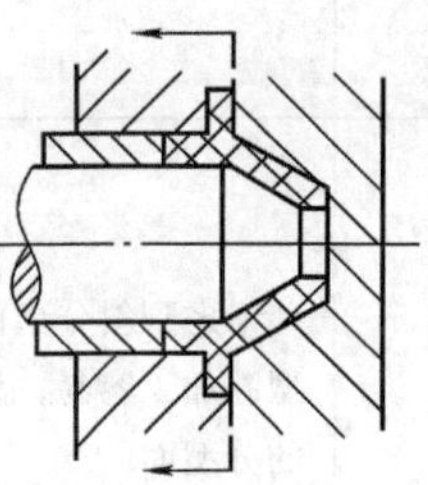	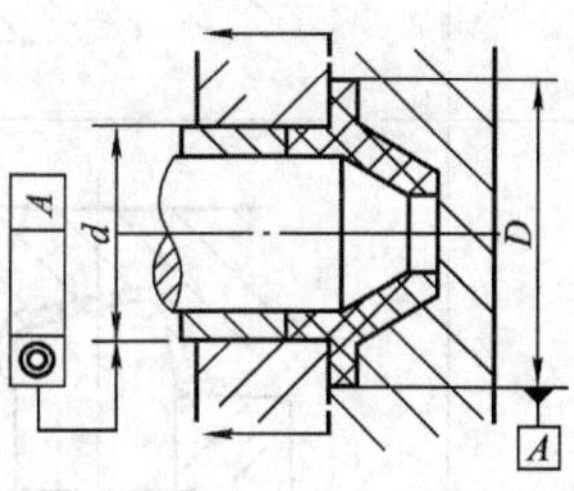	对有同轴度要求的塑件，应尽可能将有要求的表面放在动模或定模的同一边

（续）

选择原因	示例		说明
	合理	不合理	
有利于成型		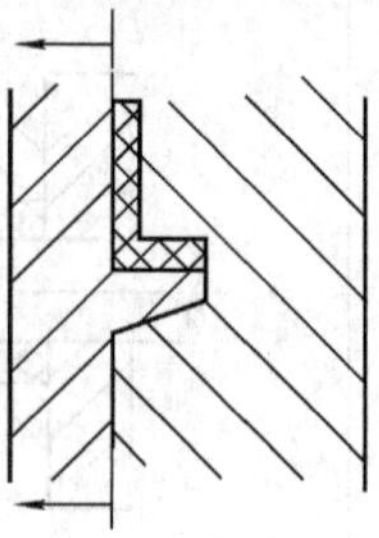	选择塑件在合模方向上投影面积较小的表面，以减少锁模力
根据塑件要求选择分型面	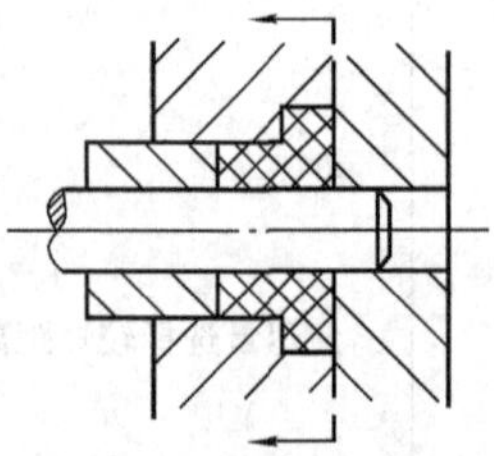	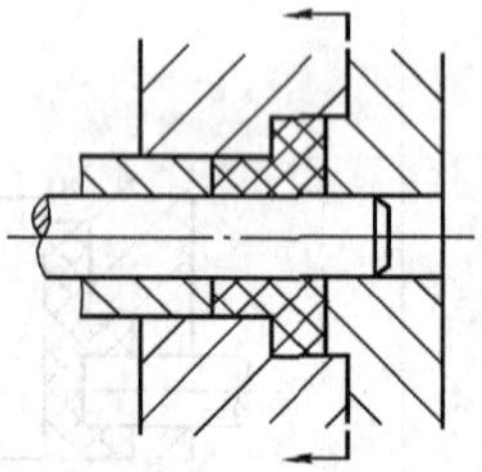	左图所示分型面其飞边是径向，右图所示分型面其飞边是轴向
	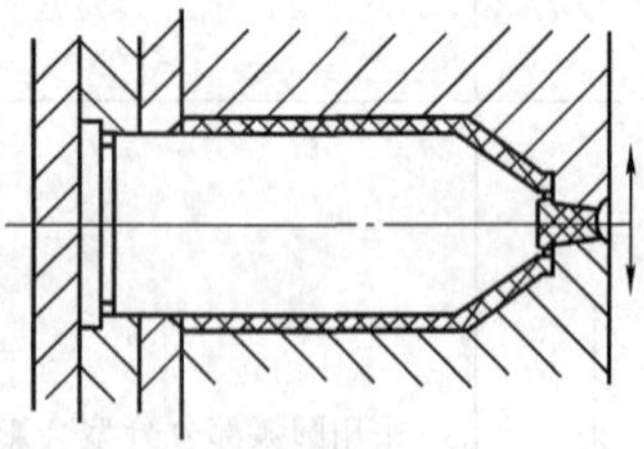	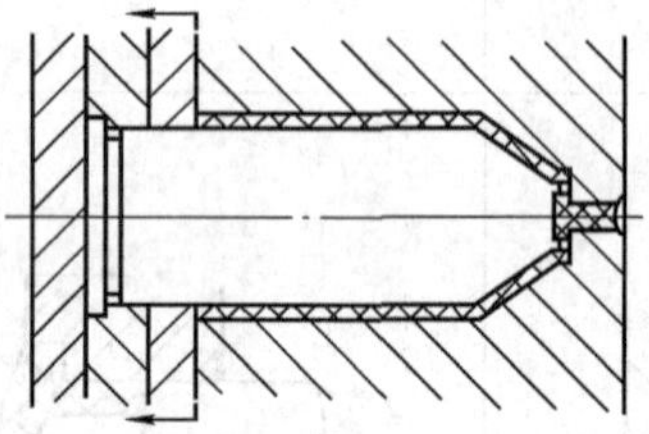	当塑件较高且外观无严格要求时，选择平行开模方向的瓣合分型面，可减少开模距
	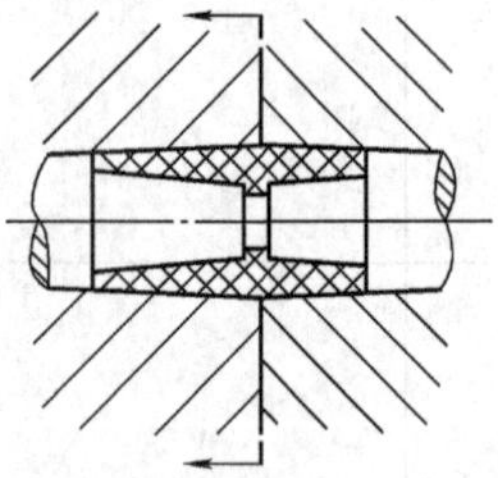	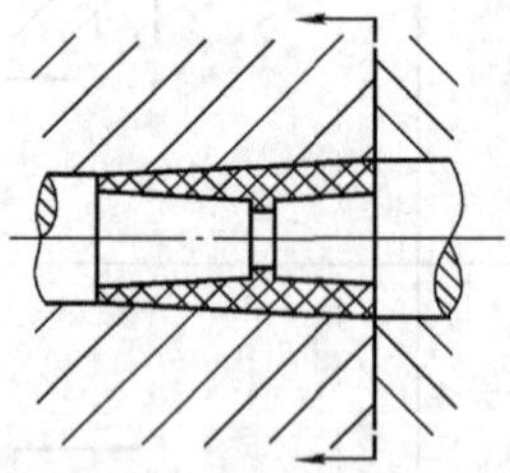	当塑件较高脱模较难，且外观无严格要求时，可选择左图所示的分型面
便于模具加工	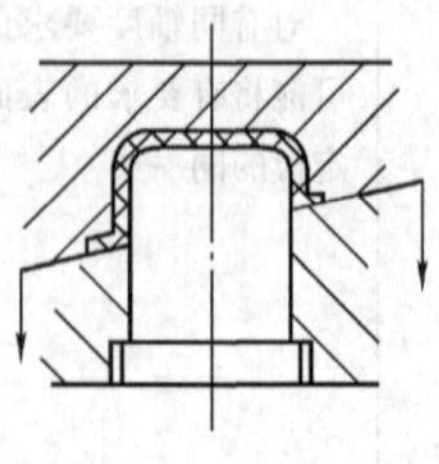	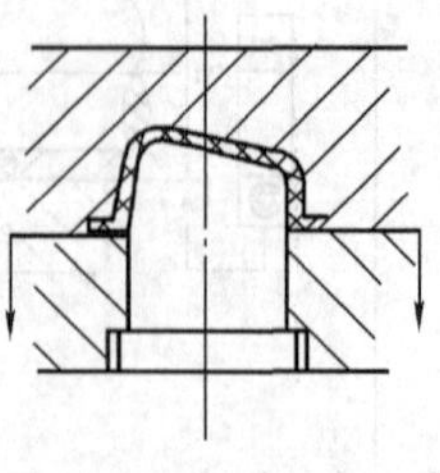	考虑到斜分型面比平分型面的型腔加工容易，故选用左图所示的分型面

（续）

选择原因	示　例		说　明
	合　理	不合理	
有利于排气	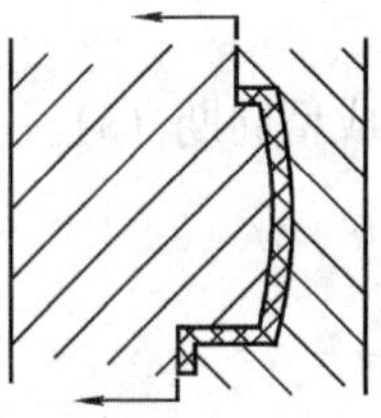		一般分型面应尽可能设在塑料熔体流动的末端，以利于排气

二、型腔布置

型腔的布置包括了两方面的问题，即模具型腔的数目和各型腔在模具中的排列。

1. 型腔数目的确定

为了使模具的生产效率与注射机相匹配，提高生产效率和经济效益，并保证塑件的精度，设计模具时应合理确定型腔的数目。一般确定型腔数目有以下几种方法。

（1）按注射机的最大注射量确定型腔个数 n　即

$$n \leqslant \frac{0.8V_g - V_j}{V_z} \tag{4-1}$$

$$n \leqslant \frac{0.8m_g - m_j}{m_z} \tag{4-2}$$

式中，V_g（m_g）是注射机最大注射量（cm^3 或 g）；V_j（m_j）是浇注系统冷凝料量（cm^3 或 g）；V_z（m_z）是单个塑件的容积或质量（cm^3 或 g）。

（2）按注塑机额定锁模力确定型腔个数 n　即

$$n \leqslant \frac{F - p_m A_j}{p_m A_z} \tag{4-3}$$

式中，F 是注射机的额定锁模力（N）；p_m 是塑料熔体对型腔的平均压力（MPa）；A_j 是浇注系统在制品分型面上的投影面积（mm^2）；A_z 是单个制品在分型面上的投影面积（mm^2）。

（3）按制品的精度要求确定型腔个数 n　生产经验认为，增加一个型腔，塑件的尺寸精度将下降4%，一般 $n>4$ 时，则生产不出高精度制品。为满足制品的尺寸精度要求，应满足以下条件：

$$L\Delta_s + (n-1)L\Delta_s 4\% \leqslant \delta \tag{4-4}$$

式中，L 是塑件的基本尺寸（mm）；δ 是塑件的尺寸公差（mm），为双向对称公差标注；Δ_s 是单型腔注射时塑件可能产生的尺寸误差的百分比，其数值对于 POM 为 ±2%，PA66 为 ±0.3%，而对于 PE、PP、PC、ABS、PVC 等结晶型塑料则仅为 ±0.05%。

式（4-4）简化可得型腔数目为

$$n \leqslant 25\frac{\delta}{L\Delta_s} - 24 \tag{4-5}$$

（4）按经济性确定型腔数　根据总成型加工成本最小的原则，并忽略准备时间和试生产原料费用，仅考虑模具费和成型加工费。

模具费用为
$$X_m = nC_1 + C_2 \tag{4-6}$$
式中，C_1 是每一型腔所需承担的与型腔数有关的模具费用；C_2 是与型腔无关的费用。

成型加工费用
$$X_j = N\frac{Yt}{3600n} \tag{4-7}$$
式中，N 是制品总件数；Y 是每小时注射成型加工费（元/h）；t 是成型周期（s）。

总加工费为
$$X = X_m + X_j \tag{4-8}$$
为使加工费最小，令$\frac{dX}{dn}=0$，则得
$$n = \sqrt{\frac{NYt}{3600C_1}} \tag{4-9}$$

2. 型腔的布置

型腔的布置形式有很多，在布置型腔时，要求塑料通过分流道能同时到达浇口进入型腔。

型腔的布置若按分流道的布置特点，可分为平衡式布置和非平衡式布置。若按分流道的布置形状，可分为O形排列（辐射形排列）、I形排列、H形排列、X形排列和混合形排列等多种形式。

图4-8是O形排列。其主要优点是分流道至各型腔的流程相等，属于分流道的平衡布置，其缺点是不能充分利用模具有效面积，不便于热交换系统的设计。

图4-9是分流道的I、H形排列，属于分流道的平衡式布置。其缺点是在多型腔模具中，因流道转弯较多，其分流道的流程较长，热量损失较多，压力损失较大。因此比较适合于PE、PP、PA等流动性较好的塑料。

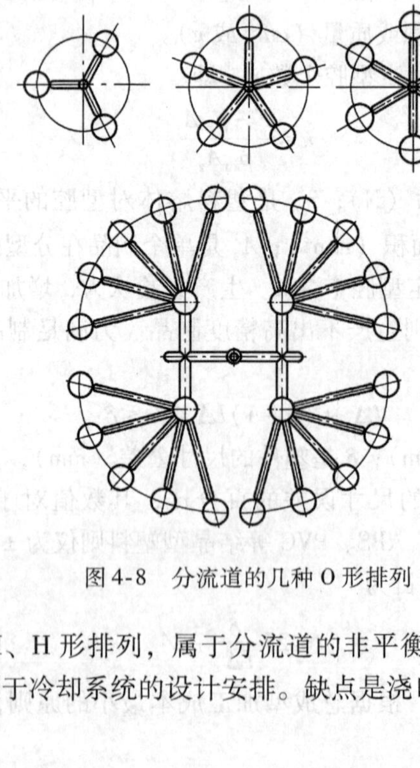

图4-8　分流道的几种O形排列

图4-10是分流道的I、H形排列，属于分流道的非平衡式布置。其优点是型腔排列紧凑，分流道设计简单，便于冷却系统的设计安排。缺点是浇口必须进行适当的修正。

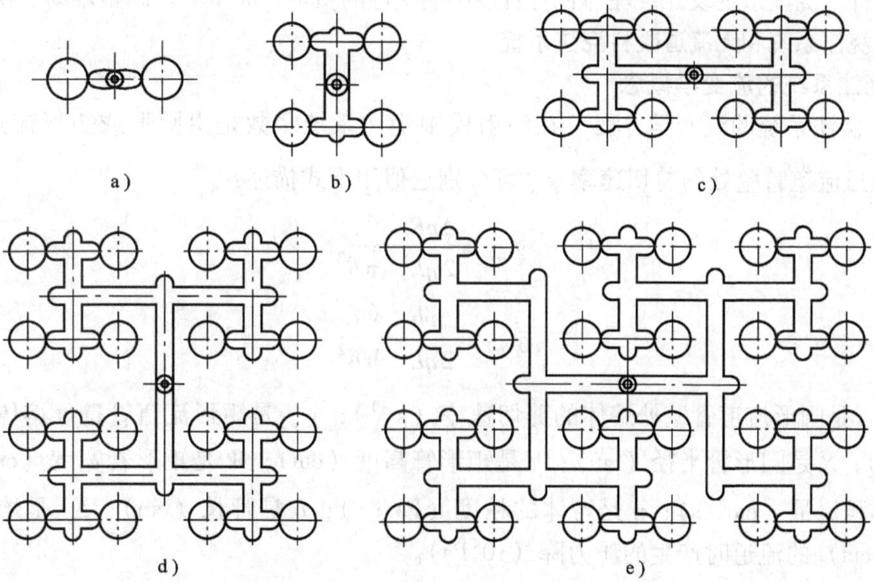

图 4-9　分流道的 I、H 形平衡式排列

a)、b) I 形排列　c)、d)、e) H 形排列

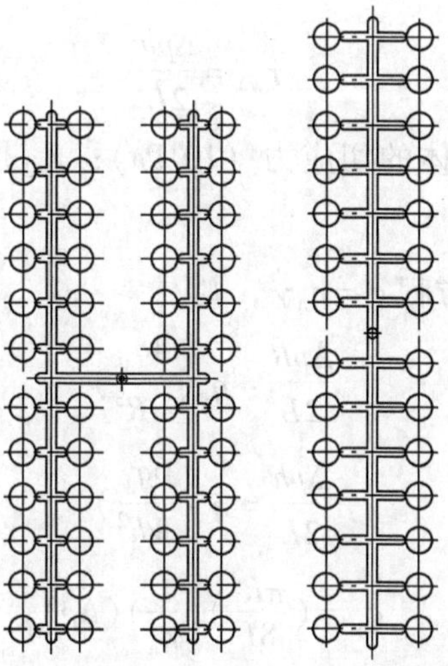

图 4-10　分流道的 I、H 形非平衡排列

a) H 形排列　b) I 形排列

第三节　浇注系统设计

一、浇注系统的组成及作用

浇注系统是指模具中塑料熔体由注射机喷嘴至型腔之间的进料通道。其作用是将塑料熔体充满型腔并将注射压力传递到型腔的各个部位，以获得组织致密、轮廓清晰、表面光洁、尺寸

精确的塑件。浇注系统设计合理与否将直接影响塑件的质量、成型工艺调整难易。浇注系统可分为普通浇注系统和无流道凝料浇注系统。

1. 浇注系统的流变学概念

（1）浇注系统的流变学方程　在注射模中浇注系统多数是由圆形或矩形流道组成的。圆形和矩形流道管壁处的剪切速率 $\dot{\gamma}_w$ 可分别近似用下式描述：

$$\dot{\gamma}_{w1}=\frac{\Delta pR}{2\eta L}=\frac{4q_V}{\pi R^3} \tag{4-10}$$

$$\dot{\gamma}_{w2}=\frac{\Delta ph}{2\eta L}=\frac{6q_V}{Wh^2} \tag{4-11}$$

式中，$\dot{\gamma}_{w1}$ 是圆形流道管壁处熔体的剪切速率（s^{-1}）；$\dot{\gamma}_{w2}$ 是矩形流道管壁处熔体的剪切速率（s^{-1}）；R 是圆形管半径（cm）；h 是矩形管高度（cm）；W 是矩形管宽度（cm）；q_V 是熔体的体积流量（cm^3/s）；η 是熔体的粘度（Pa·s）；L 是管长（cm）；Δp 是熔体流经管长为 L（cm）的流道时产生的压力降（10^4Pa）。

根据切应力的定义，对于圆形和矩形管，分别有

$$\tau_{w1}=\frac{\Delta pR}{2L} \tag{4-12}$$

$$\tau_{w2}=\frac{\Delta ph}{2L} \tag{4-13}$$

式中，τ_{w1} 是圆形管道管壁处熔体的切应力（10^4Pa）；τ_{w2} 是矩形管道管壁处熔体的切应力（10^4Pa）。

根据假塑性流体粘性流动方程 $\tau=\eta_a\dot{\gamma}$，则

$$\frac{\Delta pR}{2L}=\eta_a\left(\frac{4q_V}{\pi R^3}\right) \tag{4-14}$$

$$\frac{\Delta ph}{2L}=\eta_a\left(\frac{6q_V}{Wh^2}\right) \tag{4-15}$$

得

$$q_V=\left(\frac{\pi R^4}{8L}\right)\left(\frac{1}{\eta_a}\right)(\Delta p) \tag{4-16}$$

$$q_V=\left(\frac{Wh^3}{12L}\right)\left(\frac{1}{\eta_a}\right)(\Delta p) \tag{4-17}$$

式中，η_a 是熔体的表观粘度（10^4Pa·s）；其他符号同上公式。

由式（4-16）和式（4-17）可知，熔体的体积流量不仅与流道的长度 L、流道的截面尺寸 R^4 或 Wh^3 有关，还与熔体的表观粘度 η_a 和压力降 Δp 有关。而且这些参量还互相关联，当改变其中一个参量，可引起其他参量的变化。

（2）流变参数的变化与选择　注射成型的基本要求，是在合适的温度和压力下使塑料熔体尽快充满模具型腔。能否顺利地充模，浇注系统的合理设计是关键的因素之一。在浇注系统中浇口是最关键的因素。了解浇口结构尺寸对充模时熔体流量、压力的影响，以及正确设计浇注系统将有极大的帮助。

1）浇口截面尺寸和长度。从式（4-16）和式（4-17）可知，当流量 q_V 一定时，加大浇口截面尺寸 R 或 W、h，减小浇口长度 L，可减少熔体流动的压力降 Δp。但是，在 q_V 一定时，加大浇口截面尺寸 R 或 W、h，会使熔体的流速降低。由于大多数塑料熔体都是非牛顿型流体，其表观粘度是剪切速率的幂次函数，即 $\eta_a = K\dot{\gamma}^{n-1}(n<1)$，$K$ 是稠度系数。所以当 q_V 一定时，增大 R 或 W、h，使熔体的流速降低，即减小剪切速率 $\dot{\gamma}$，增大了熔体的表观粘度 η_a，反而加大了压力降。

另一方面当熔体高速流经小浇口时，部分动能因高速流动摩擦而转化为热能，使模具浇口和熔体温度升高，从而使熔体的表观粘度 η_a 进一步下降，压力降 Δp 再次得以减少。因此，并非加大浇口的截面尺寸就一定能改善充模情况。一般来说，较小的浇口截面尺寸可提高熔体的剪切速率，降低熔体的表观粘度，从而减少熔体的压力降。这也是小浇口应用较多的原因。但是，这并不意味着浇口越小越好。

一些塑料熔体对温度和剪切速率较敏感，较高的温度或剪切速率可能引起熔体破裂，使塑件的质量得不到保证。

2）合理选择剪切速率。由于大多数塑料熔体都属于非牛顿型流体，η_a 与 $\dot{\gamma}$ 之间符合 $\eta_a = K\dot{\gamma}^{n-1}$ 的关系，而不是线性关系，也就是说，η_a 随 $\dot{\gamma}$ 的变化情况与 $\dot{\gamma}$ 的范围有关。现以熔融指数为 0.8 的聚乙烯为例说明，如图 4-11 所示。从图中可以读出，当加工温度为 204°C 时，若剪切速率从 100s^{-1} 增至 300s^{-1}（即仅增加 200s^{-1}），则表观粘度就从 $2\times10^3\text{Pa}\cdot\text{s}$ 降至 $9\times10^2\text{Pa}\cdot\text{s}$，即降低 $1.1\times10^3\text{Pa}\cdot\text{s}$；若剪切速率从 1000s^{-1} 增至 2000s^{-1}（即仅增加 1000s^{-1}），则表观粘度只从 $3.3\times10^2\text{Pa}\cdot\text{s}$ 降至 $2\times10^2\text{Pa}\cdot\text{s}$，仅降低 $1.3\times10^2\text{Pa}\cdot\text{s}$，即

$$\left(\frac{\Delta\lg\eta_a}{\Delta\lg\dot{\gamma}}\right)_{低速} > \left(\frac{\Delta\lg\eta_a}{\Delta\lg\dot{\gamma}}\right)_{高速}$$

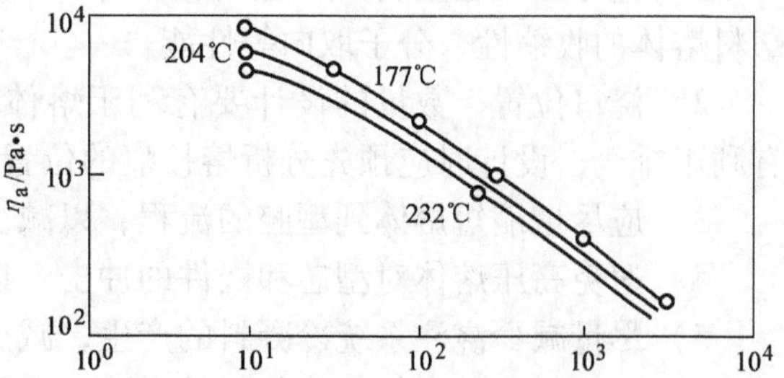

图 4-11 聚乙烯表观粘度与表观剪切速率关系曲线

如果剪切速率更高，表观粘度值降低更少。由此可知，在较低的剪切速率范围内，由于剪切速率的微小变化会引起粘度的巨大变化，这将使注射成型难以控制，使塑件出现表面不良、充模不匀、密度不均、内应力高、翘曲以及收缩不均等毛病。所以，要在 $\eta_a-\dot{\gamma}$ 曲线上选取这么一段剪切速率，使它对粘度的影响最小，才有利于注射成型，这一点是比较重要的。因此，在选择注射速度时需了解塑料熔体的流变性能。注射过程的剪切速率常取 $10^3\sim10^4\text{s}^{-1}$。而且尽可能取高值，这样就显示了大浇口的缺点。

3）表观粘度的控制。在注射成型中，当充模不满时，除了增大注射量、提高注射速度、加大浇注系统截面尺寸等方法外，降低塑料熔体的表观粘度也是一个行之有效的方法。

降低表观粘度的方法有：一是升高温度，在剪切速率恒定的情况下，熔体的表观粘度随温度的升高而降低。但温度不能高于塑料熔体的降解温度。同时升温带来了延长塑件冷却时间的弊病。降低粘度的另一个办法是提高剪切速率。提高剪切速率可通过减小浇口尺寸或提

高注射压力的办法来实现。提高剪切速率以不使塑料熔体降解，不产生“熔体破裂”为宜。

2. 浇注系统的组成和作用

浇注系统一般由主流道、分流道、浇口和冷料穴等四部分组成。如图4-12所示。

1）主流道。指连接注射机喷嘴与分流道或型腔（单型腔）的进料通道。其作用是将塑料熔体引入模具，其形状、大小会直接影响塑料熔体的流速和填充时间。

2）分流道。指连接主流道和浇口的进料通道。其作用是通过流道截面及方向的变化使塑料熔体平稳地转换流向，并均衡地分配给各个型腔（多型腔）。

3）浇口。指连接分流道与型腔之间的一段短小的进料通道。它是浇注系统的关键部分，它起着调节熔体流速、控制保压时间、防止熔体倒流的作用。

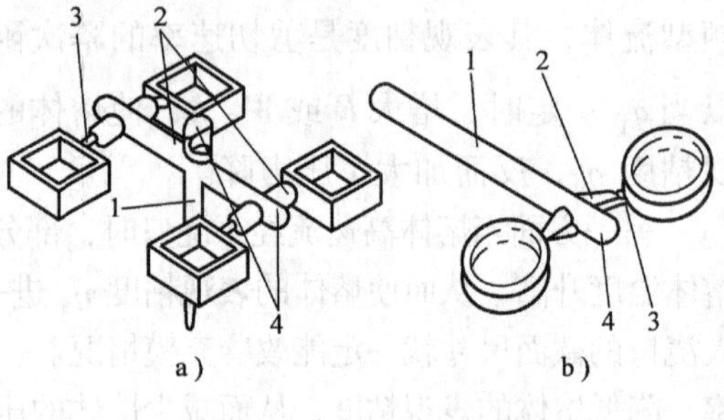

图4-12 浇注系统的组成

a）卧式注射机的浇注系统 b）角式注射机的浇注系统

1—主流道 2—分流道 3—浇口 4—冷料穴

4）冷料穴。在模具中直接对着主流道（或分流道）的孔或槽，用以储存注射时熔体料流前锋的冷料头，防止冷料进入型腔而影响塑件的质量，或由于冷料堵塞浇口，或降低流动性而造成填充不满。

二、浇注系统设计要点

1. 浇注系统的设计要求

浇注系统设计是否合理，对注射成型过程和塑件质量都有直接影响。因此设计浇注系统时应注意以下问题：

1）应考虑成型塑料的工艺特性。如成型塑料熔体的流动性，对压力、温度的敏感性，塑料熔体的收缩性、分子取向等性能。

2）浇口位置、数量的设计要有利于熔体的流动，避免产生湍流、涡流、喷射等现象，有利于排气；设计时应预先分析熔接痕的位置及对塑件质量的影响。

3）应尽量缩短熔体到型腔的流程，以减少压力损失。

4）避免高压熔体对型芯和嵌件的冲击，以防止型芯的变形或嵌件的位移。

5）尽量减少浇注系统冷凝料的产生，减少原材料的损耗。

6）浇口的设置要便于冷凝料的去除，不影响塑件的外观。

2. 流道设计

（1）主流道设计 在卧式或立式注射机使用的模具中，主流道垂直于分型面，其形状与尺寸如图4-13所示。其设计要点如下：

1）主流道一般设计成圆锥形，其圆锥角一般为2°~4°，流动性差的可取3°~6°，便于将冷凝料从主流道中拔出。内壁表面粗糙度为$Ra0.63\ \mu m$。

2）为保证主流道与注射机喷嘴紧密接触，防止漏料，一般主流道与喷嘴对接处做成球面凹坑，其半径$R_2=R_1+(1\sim2)$mm，其小端直径$d_1=d_2+(0.5\sim1)$mm。凹坑深度取$h=3\sim5$mm。

3）为减少熔体充模时的压力损失和塑料损耗，应尽量缩短主流道的长度，一般主流道的长度控制在 60mm 内。当主流道太长时，可在浇口套上挖出深凹坑，让喷嘴伸入到模具内。为减少料流转向时的阻力，主流道的出口端应有大圆角过度，其半径 r 约为 $d_1/8$。

4）由于主流道与高温塑料熔体及注射机喷嘴反复接触和碰撞，所以常将主流道设计成可拆卸的主流道衬套（浇口套），常用 T8 或 T10 钢材制作，并淬火处理到洛氏硬度 50 ~ 55HRC。浇口套的结构形式如图 4-14 所示。其中图 4-14a 的结构是将定位环 3 与浇口套 2 做成一体，常用于小型模具；图 4-14b 用螺钉把定位环 3 与定模板 1 连接，将浇口套压住，防止浇口套因受熔体的反压力而脱出；图 4 - 14c 结构是在定位环 3 的下端面做出一凸台，利用注射机的定模板把定位环和浇口套压住。

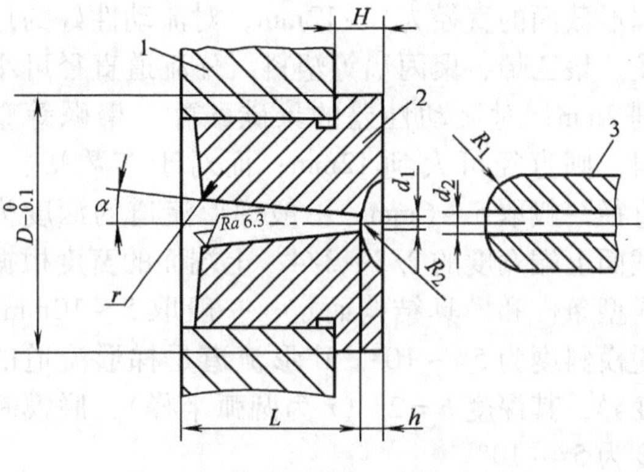

图 4-13　主流道形状及其与注射机喷嘴的配合关系
1—定模板　2—浇口套　3—注射机喷嘴

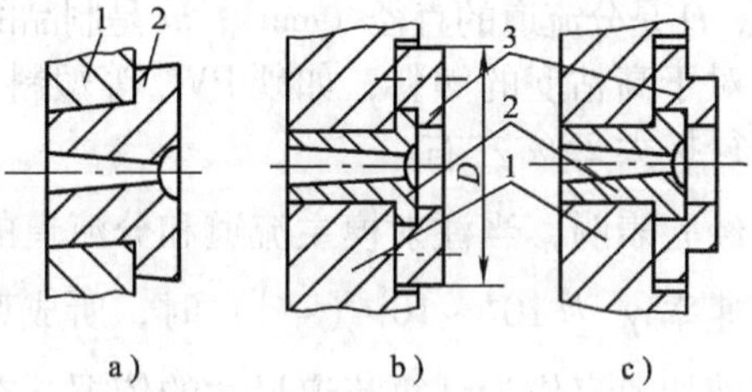

图 4-14　浇口套的结构形式
1—定模板　2—浇口套　3—定位环

（2）分流道设计　分流道是主流道与浇口之间的进料通道。在多型腔模具中分流道是必不可少的；在单型腔模具中，有时可省去分流道。在设计分流道时主要考虑的是尽量减少熔体流动时的压力损失和温度降低，同时尽量减小分流道的容积。

1）分流道的截面形状。常用的分流道截面形状有圆形、梯形、U 形、半圆形和矩形等。在分流道设计中既要有大的截面积以减少熔体流动的压力损失；同时又要使流道的表面积小，以减少熔体的传热损失。因此，常用流道的截面积与周长之比来表示流道的效率。该比值越大，表示流道的效率越高，常用几种流道的截面形状与效率如图4-15所示。

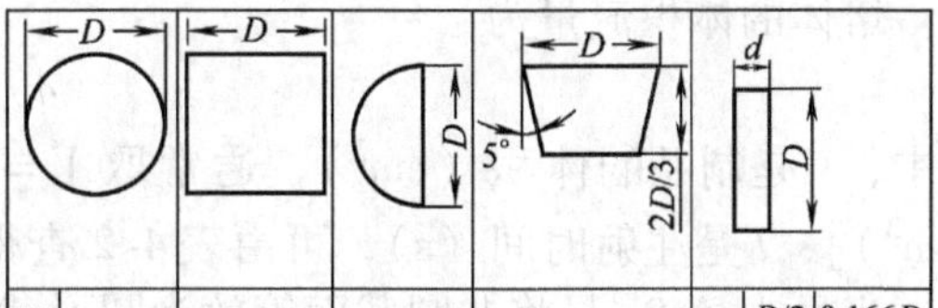

效率	0.250D	0.250D	0.153D	0.195D	d= $D/2$	0.166D
					$D/4$	0.100D
					$D/6$	0.071D

图 4-15　流道的截面形状与效率

从图 4-15 中可见，圆形和正方形流道的效率最高。但正方形截面流道不利于冷凝料的推出，圆形的需开设在分型面两侧，且对应两部分必须相吻合，加工较困难。最常用的是梯形和 U 形截面，因其加工较方便，且热量损失和流动阻力不大，所以在实际生产中得到较广泛的应用。

塑料熔体在流道中流动时，会在流道壁形成凝固层，凝固层起着绝热作用，使熔体能在流道中心部畅通。因此，流道中心最好能与浇口中心同在一条直线上。如图 4-16a 所示的圆形分流道，其流道中心与浇口中心重合；图 4-16b 所示的梯形分流道不重合。为使塑料熔体能在流道壁形成凝固层，常将分流道的表面加工得比较粗糙，一般取 $Ra1.25 \sim 2.5\mu m$，以加大对外层塑料熔体的流动阻力，使外层塑料凝固层固定。

2）分流道的截面尺寸。分流道截面尺寸可根据塑件的尺寸、塑料品种、注射速率及分流道的长度而定。要求分流道截面尺寸应满足良好的压力传递，保证合理的填充时间。一般圆形截面的直径为2~12mm，对流动性好的尼龙、聚乙烯、聚丙烯等塑料，分流道直径可小到2mm；对流动性差的聚碳酸酯、聚砜等塑料，则直径可大到12mm；而对于多数塑料，直径一般取5~6mm。一般梯形流道的深度为截面上端宽度的2/3~3/4，上端面的宽度根据成型条件和模具结构而定，一般取5~10mm，脱模斜度为5°~10°。U形流道是梯形流道的变异，其深度 $h=2r$（r 为圆弧半径），脱模斜度为5°~10°。

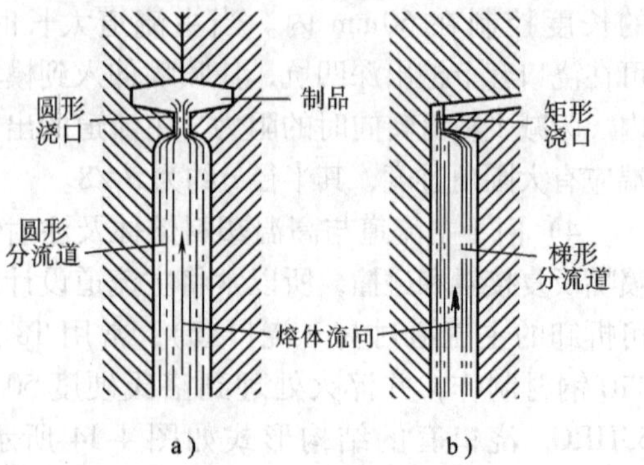

图4-16　浇口与分流道的相对位置

分流道的直径也可用经验公式计算如下：

$$D=0.2654\sqrt{m}\sqrt[4]{L} \tag{4-18}$$

式中，D 是分流道的直径（mm）；m 是制品的质量（g）；L 是分流道的长度（mm）。

对于高粘度的塑料，如硬PVC等塑料，在用式（4-18）计算时，可将计算所得的分流道直径扩大25%左右。

经验表明，当注射模主流道和分流道的剪切速率 $\dot{\gamma}$ 为 $5\times10^2\sim5\times10^3$（$s^{-1}$）、浇口的剪切速率 $\dot{\gamma}$ 为 $10^4\sim10^5$（s^{-1}）时，所成型的塑件质量较好。对于热塑性塑料，可将以上推荐的剪切速率作为计算流道尺寸的依据。在计算中 $\dot{\gamma}$ 可以使用如下经验公式：

$$\dot{\gamma}=3.3q_V/\pi R_n^3 \tag{4-19}$$

式中，q_V 是熔体的体积流量（cm^3/s）；R_n 是表征流道断面尺寸的当量半径（cm）。

熔体的体积流量为

$$q_V=V/t \tag{4-20}$$

式中，V 是制品的体积（cm^3），通常取 $V=(0.5\sim0.8)\ Q_n$［Q_n 为注射机的公称注射量（cm^3）］；t 是注射时间（s），可由表4-2查得。

当量半径 R_n 是将非圆截面等效为圆形截面来处理，其两者的关系为

$$R_n=\sqrt[3]{\frac{2A^2}{\pi L}} \tag{4-21}$$

式中，A 是实际流道的截面积（cm^2）；L 是实际流道截面的周长（cm）。

分流道的长度一般取主流道大端直径的1~2.5倍。

表4-2　注射机公称注射量与注射时间的关系

公称注射量 Q_n/cm^3	注射时间 t/s	公称注射量 Q_n/cm^3	注射时间 t/s
60	1.0	350	2.2
125	1.6	500	2.5
250	2.0	1000	3.1

（3）冷料穴设计　冷料穴位于主流道正对面的动模板上，或者在分流道的末端。其作用是收集熔体前锋的冷料，防止其进入型腔而影响塑件的质量。冷料穴分两种：一种专门用于收集储存冷料；另一种既有储存冷料又兼有拉出主流道冷凝料功能。

1）冷料穴。冷料穴是根据浇注系统的需要来设置的，它既可设置在主流道的末端，还可设置在各分流道的转向处，甚至在型腔料流的末端。冷料穴必须设置在熔体流向的转折处，并迎着上游料流的方向，如图4-17所示。冷料穴的长度一般取流道直径的1.5~2倍。

2）兼有拉料作用的冷料穴。常用的兼有拉料作用的冷料穴有以下几种：

① 带钩形头（Z 字形头）拉料杆的冷料穴。这是一种比较常用的冷料穴，其拉料杆的头部做成钩形，尺寸如图4-18a所示。注射成型后，穴内冷料与拉料杆的钩头搭接在一起。拉料杆固定在推杆固定板上。开模时，拉料杆通过钩头拉住冷料穴内冷料，将主流道的冷凝料从定模中拉出，然后在推板的推出运动中将冷凝料与塑件一起推出动模。取塑件时必须朝钩头的侧向稍许移动，即可将塑件与冷凝料一起取出。但是，此种结构不适宜全自动生产。

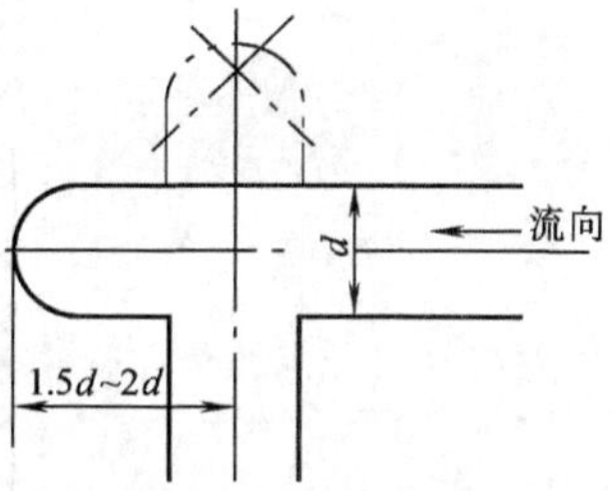

图 4-17　冷料穴的位置和尺寸

② 倒锥形和圆环形冷料穴。其形状和尺寸如图 4-18b、c 所示，其冷凝料推杆也固定在推杆固定板上。开模时，靠倒锥和圆环起拉料作用，然后由推杆强制推出。这两种冷料穴适用于弹性较好的塑料品种，也适用于全自动生产的模具。

以上三种结构的冷料穴均适用于推杆推出机构的模具。

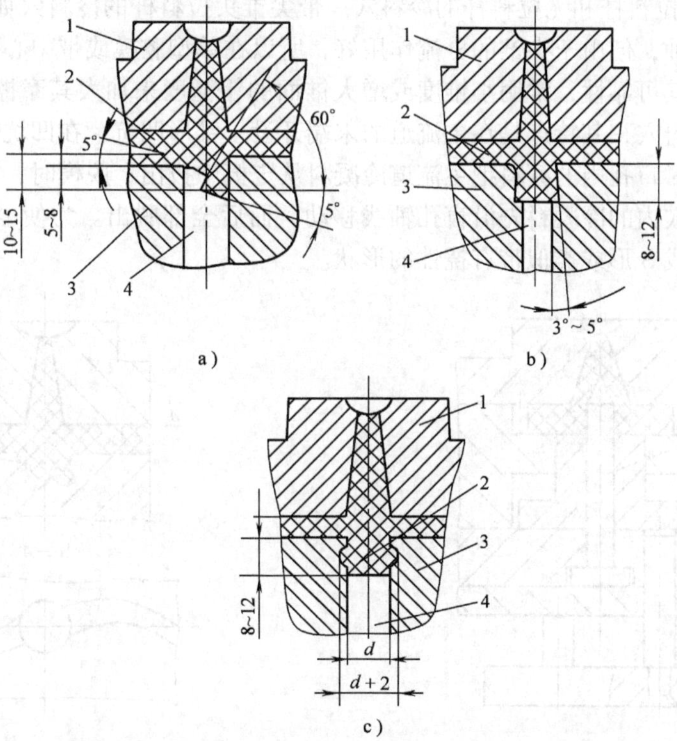

图 4-18　带拉料杆的冷料穴

a）带钩形头冷料穴　b）倒锥形冷料穴　c）圆环形冷料穴

1—定模　2—冷料穴　3—动模　4—拉料杆

③ 带球头（或菌形头）拉料杆的冷料穴。如图 4-19 所示，专用于推板推出机构的模具中。熔料进入冷料穴后，紧包在拉料杆的球头或菌形头上，拉料杆固定在型芯固定板上。开模时将主流道冷凝料拉出定模，然后在推板推出塑件时靠推板将冷凝料从拉料杆上刮下。因此，这两种拉料杆冷料穴也主要用于弹性较好的塑料品种。

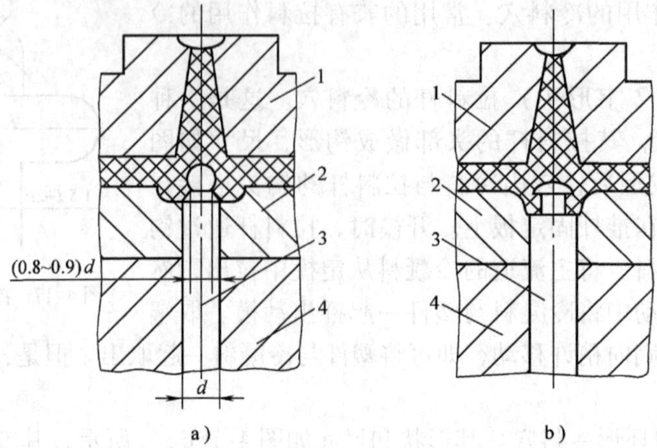

图 4-19　带球头（或菌形头）拉料杆的冷料穴

a）带球头拉料杆冷料穴　b）带菌形头拉料杆冷料穴

1—定模　2—推板　3—拉料杆　4—型芯固定板

④ 带尖锥头拉料杆和无拉料杆的冷料穴。带尖锥头拉料杆的冷料穴如图 4-20 所示，其可靠性不如前几种，但由于尖锥的分流作用好，所以在单型腔模或带中心孔的塑件成型中还常使用。为提高其可靠性，常用小锥度或增大锥面的粗糙度来加大其摩擦力。图 4-21 所示是无拉料杆的冷料穴，其特点是在主流道的末端开设一锥形凹坑，在凹坑侧壁上垂直钻一小盲孔。开模时，靠盲孔内的凝料把主流道冷凝料从定模中拔出；脱模时，靠推杆对塑件或分流道的推力，使穴内的冷凝料先沿盲孔轴线移动，而后全部脱出。为使冷凝料能斜向移动，分流道必须设计成 S 形或类似带有挠性的形状。

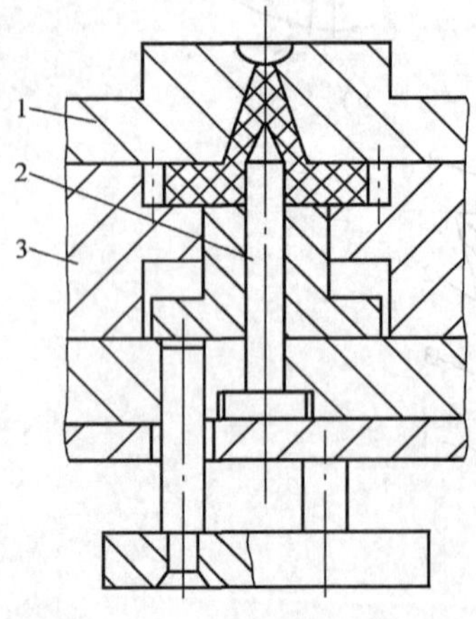

图 4-20　带尖锥头拉料杆的冷料穴

1—定模板　2—拉料杆　3—动模板

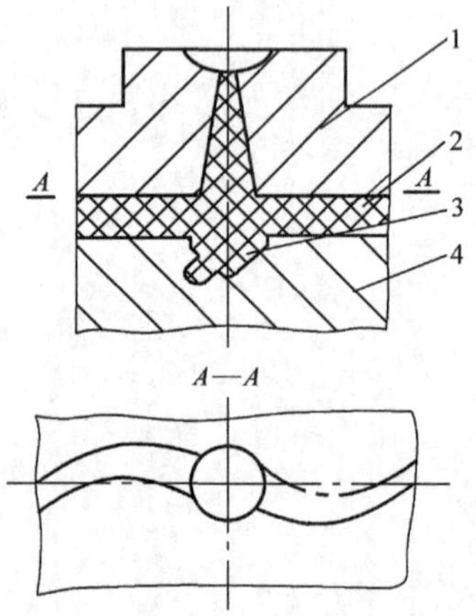

图 4-21　无拉料杆的冷料穴

1—定模　2—分流道　3—冷料穴　4—动模

3. 浇口设计

浇口是浇注系统的关键部分，它起着调节和控制料流速度、补料时间，防止倒流及在多型腔中平衡进料的作用。浇口的形状、尺寸和进料位置对塑件的质量影响很大，塑件上的一些质量问题，如缺料、缩孔、白斑、熔接痕、翘曲等现象，常常是由于浇口设计不合理而造成的。因此，正确设计浇口，对保证塑件质量是一个重要的环节。

浇口的设计与塑料的品种、塑件形状、塑件壁厚、模具结构及注射成型工艺参数等有关。对浇口总的设计要求是：要使熔料以较快的速度进入并充满型腔，同时在型腔充满后适时冷却封闭。一般要求浇口截面小、长度短，这样可提高料流的剪切速率，有利于充满型腔；同时有利于快速冷却封闭；且便于塑件与浇注系统冷凝料的分离，保证塑件的外观质量。在浇口设计时要注意以下问题。

（1）浇口位置选择　浇口的位置和数量对塑件质量的影响很大。选择浇口位置时应注意以下问题：

1）应避免引起熔体破裂。浇口的截面尺寸较小，且正对着宽度和厚度较大的型腔，高速熔体流经浇口时由于受较高的切应力作用，将会产生喷射和蠕动等熔体破裂现象，如图4-22所示的过程，使塑件表面形成波纹状痕迹。在高速下喷射出高度定向的细丝或断裂物，它们很快被冷却变硬，与后来的塑料熔体不相融合，造成塑件的缺陷或表面疵瘢。喷射还使型腔内的气体难以按顺序排出，形成焦痕和空气泡。克服喷射现象的办法是加大浇口截面尺寸，降低熔体的流速；改变浇口的位置并采用冲击型浇口，即浇口开设在正对着型腔壁或粗大型芯的位置。这样高速熔体进入型腔时，直接冲击在型腔壁或型芯上，从而降低了流速，改变了料流的方向，可使熔体均匀地填充，使熔体破裂现象消失。图4-23为采用重叠式浇口，以改善塑料熔体流动状况的示意图。

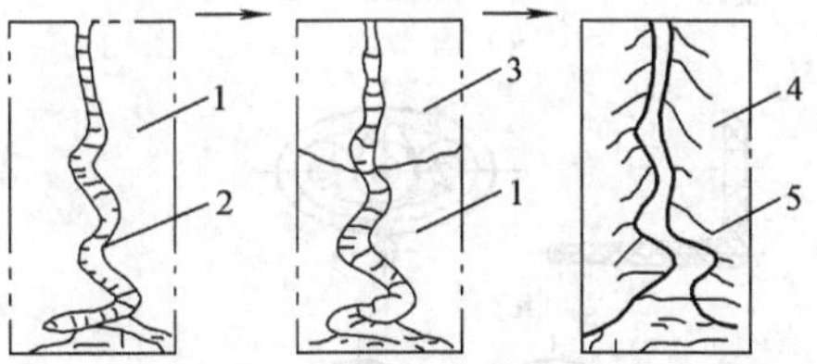

图4-22　喷射造成塑件缺陷

1—未填充部分　2—喷射流　3—充填部分

4—充填完毕　5—喷射造成缺陷

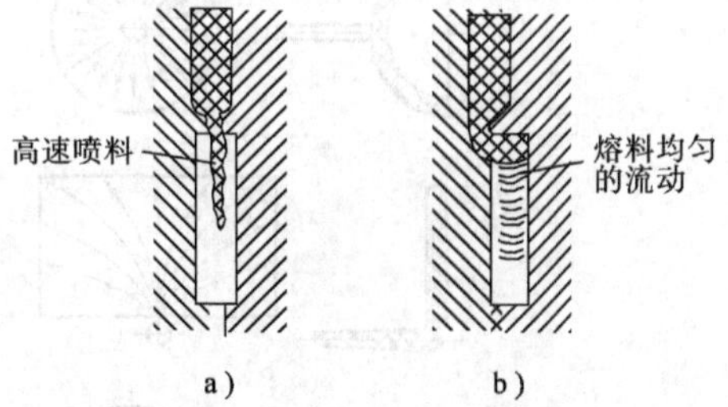

图4-23　采用重叠式浇口改善熔体流动状况

a）采用前高速料流产生喷射现象

b）采用后熔体料流均匀

2）浇口应设置在塑件最大壁厚处。当塑件的壁厚不均匀时，浇口应设置在塑件最大壁厚处，使熔体料流从厚壁流向薄壁，这样可保证把压力有效地从厚壁传递到薄壁处，有利于补塑，防止塑件产生缩孔和凹痕。

3）应有利于排气。在浇口的位置确定后，应在型腔最后充满处或远离浇口的位置开设排气槽，或利用分型面、推杆间隙、镶件间隙或模内活动部件间隙进行排气。如图4-24a所示的盒形件，塑件周边壁较厚，顶部的比较薄。如果采用侧浇口，因熔体流经侧壁的阻力小于顶部的阻力，因此，熔体在填充时先充满侧壁再填充顶部，这样在顶部会形成封闭气囊，使塑件填充不满，甚至出现烧焦、熔接痕等明显缺陷。改进的方法可以将浇口设置在塑件顶部（即用直接浇口或点浇口），如图4-24c所示；或加大塑件顶部壁厚，如图4-24b所示；或者将中间的型芯改成镶件或推杆。

4）有利于减少熔接痕和提高熔接痕强度。塑料熔体在型腔内的汇合处常常会形成熔接痕，导致该处强度降低。浇口的位置和数量是产生熔接痕的主要原因。

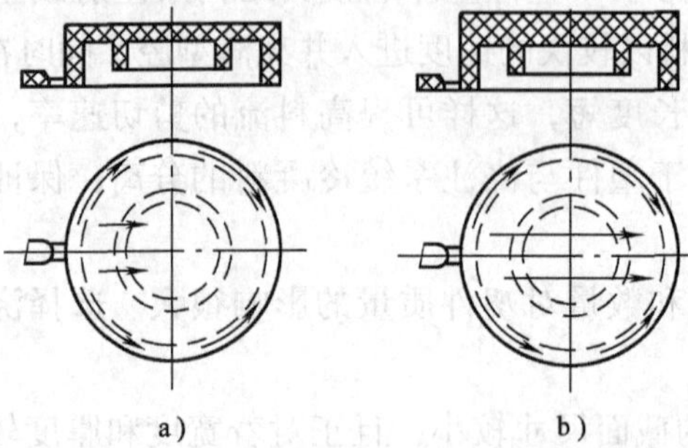

图 4-24　浇口位置对排气的影响

图 4-25 是各种浇口产生熔接痕的情况。从图中可知，浇口的数量越多，熔接痕也会越多，所以在熔体的流程不太长和无特殊需要时，尽量减少浇口数目，以减少熔接痕的数量。但对于大型盒形件，为减少其翘曲变形，应采用多点进料，以减少因内应力引起的翘曲变形。对于大型框架类塑件，可增设过渡浇口，如图 4-26b 所示，以缩短熔体流程，提高熔接痕强度。对于轮辐式浇口，可在熔接痕处外侧开设冷料井，使前锋冷料溢出，增强熔接痕强

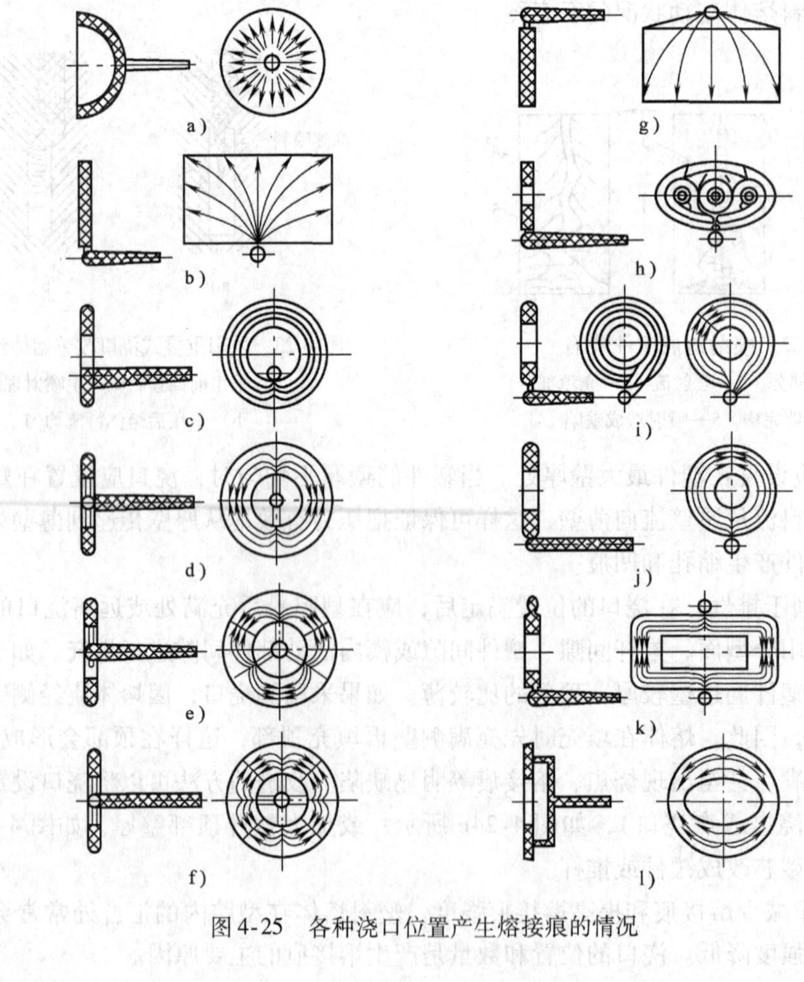

图 4-25　各种浇口位置产生熔接痕的情况

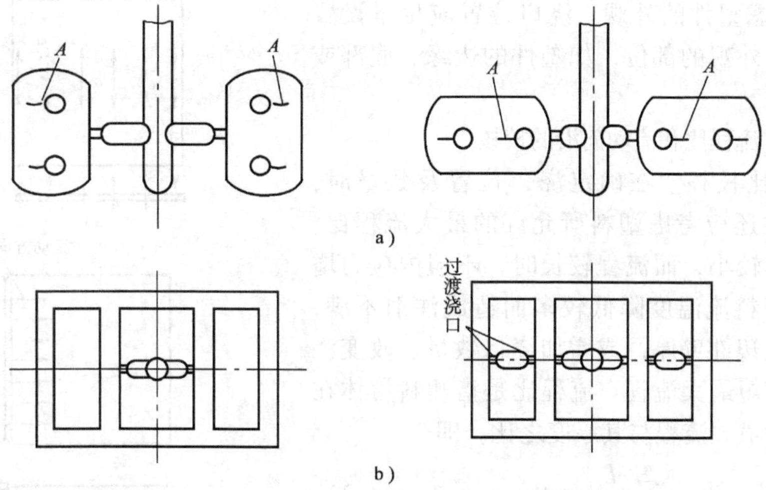

图 4-26 熔接痕位置与过渡浇口
a）熔接痕 b）过渡浇口

度。浇口的位置影响熔接痕的位置，从而影响塑件的强度。如图 4-26 所示带孔塑件，图 4-26a的左图设计较合理，熔接痕 A 较短且在边上；图 4-26a 右图中的浇口使熔接痕和小孔连成一线，大大减小了塑件的强度。浇口的类型也可影响熔接痕，如盘形浇口可消除熔接痕。

5）防止型芯变形。当模具有细长型芯时，如果浇口的位置设置不当，在熔体充模时，高压熔体会使细长型芯产生变形和偏移，造成注射不满。如图 4-27a 所示，当浇口直接对准两个型芯的间隙进料时，由于熔体进入三个缝隙的速度不一致，进料较快的中间缝隙高压熔体对两个型芯产生向外侧推力，偏斜的型芯使塑件的中间隔板增厚，两侧的壁厚减薄（上薄下厚），造成塑件脱模困难，严重的会使塑件注射不满。若为图4-27b所示的多点浇口进料，会使三路熔体流速较均匀，防止细长型芯变形。同时，应注意避免浇口位置直接对着细长型芯或嵌件，防止型芯变形和嵌件偏移。

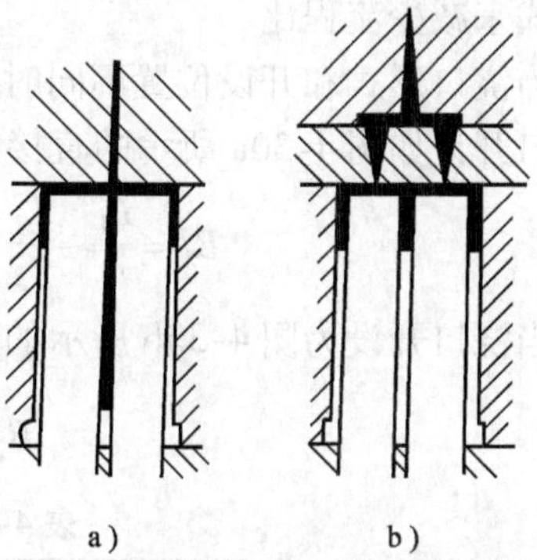

图 4-27 浇口位置对型芯变形的影响
a）设计不合理，单点浇口
b）改进设计，多点浇口

6）考虑塑件的收缩变形及分子取向。由于塑件在冷却时，平行和垂直于熔体流动方向的收缩率不同，对于大型平面塑件会造成翘曲变形。为解决此问题，可采用多点进料或薄片浇口，如图 4-28 所示。

浇口位置设置还应考虑分子取向对塑件性能的影响，如图 4-29 所示为带有金属嵌件的聚苯乙烯塑件，当浇口开在 A 处时，由于熔体在型腔内流动时造成聚合物大分子沿塑件轴线取向，使取向方位与轴向应力垂直，塑件可能会出现应力开裂现象；若将浇口开设在 B 处，则可减少这种现象。

7）应考虑塑件的外观。浇口位置应尽量设置在不影响塑件外观的部位，如塑件的边缘、底部或内侧。

（2）熔体流程比和流动前沿的校核

1）流程比校核。在确定浇口位置及数量时，对于大型塑件还应考虑塑料所允许的最大流程比。因当塑件壁厚较小，而流程较长时，不但内应力增大，而且会因料流温度降低较多而造成注射不满，这时必须增大塑件壁厚，或增加浇口数量、改变浇口位置，以缩短最大流程。流程比是指塑料熔体在型腔内流动的最大流程与其厚度之比，即

$$B = \sum_{i=1}^{n} \frac{L_i}{t_i} \leqslant B_p \qquad (4\text{-}22)$$

式中，B 是流程比；L_i 是各段流程长度（mm）；t_i 是各段流程的型腔厚度（mm）；B_p 是允许的流程比。

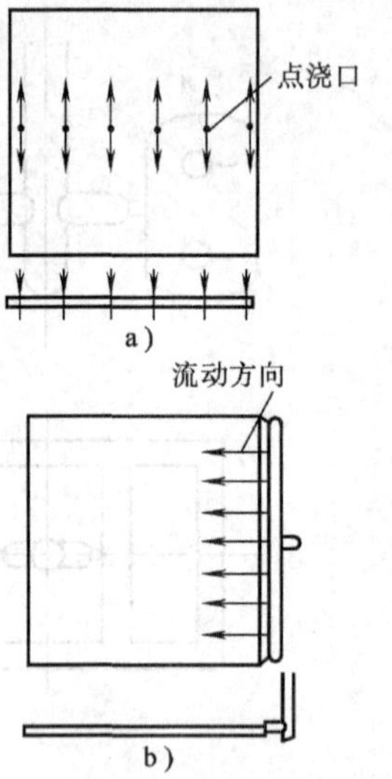

图 4-28　多点浇口和薄片浇口以减少塑件的翘曲变形
a）多点浇口　b）薄片浇口

最大流程比随熔体的性质、温度和注射压力而变化。表 4-3 为常用塑料允许的流程比范围。若计算的流程比大于允许值，就须改变浇口位置，或增加塑件壁厚，或采用多浇口的形式来减少流程比。

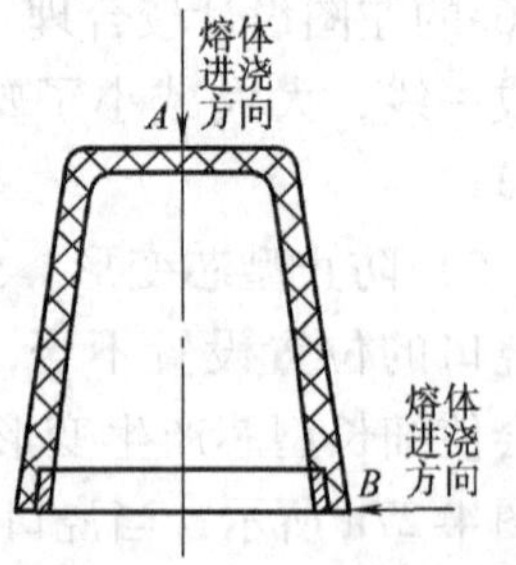

图 4-29　浇口位置与分子取向

当浇口形式和开设位置不同时，流程比的计算有所不同。当浇口开设如图 4-30a 所示的直接浇口时，其流程比为

$$B_1 = \frac{L_1}{t_1} + \frac{L_2 + L_3}{t_2} \qquad (4\text{-}23)$$

当浇口开设为图 4-30b 所示的侧浇口时，其流程比为

$$B_2 = \frac{L_1}{t_1} + \frac{L_2}{t_2} + \frac{L_3}{t_3} + \frac{2L_4}{t_4} + \frac{L_5}{t_5} \qquad (4\text{-}24)$$

表 4-3　常用塑料允许的流程比范围

塑料名称	注射压力/MPa	L/t	塑料名称	注射压力/MPa	L/t
PE	150	250～280	ABS	60	100～140
PP	120	280	软 PVC	70	200～240
PC	130	120～180	硬 PVC	90	90～130
PS	90	280～300			
PA	90	200～360			

2）流动前沿校核。为预测塑料熔体在型腔内的流动，以及熔接痕的位置和走向，可进行熔体流动前沿时间等值线校核。其方法有手工校核和计算机流动模拟两种。

① 手工校核。手工校核是采用作图的方法来描绘塑件的充模过程。具体步骤如下：

a. 将塑件的各个表面展开到一个平面上。

b. 料流从浇口开始以同心圆扩展，绘出一定时间间隔 Δt 的流程曲线。

c. 对于可能出现的壁厚变化，其流程修正值为

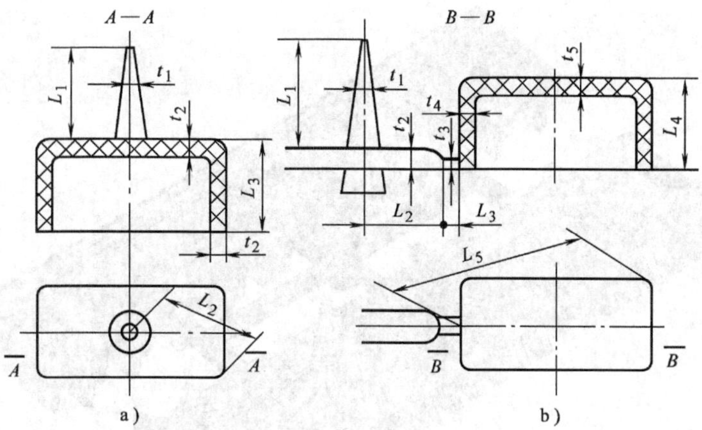

图 4-30　流程比计算实例

$$L_n = L_m\left(\frac{t_n}{t_m}\right) \tag{4-25}$$

式中，t_n、t_m 是对应于 n 和 m 段的塑件厚度（mm）；L_n、L_m 是对应于塑件厚度的熔体流程长度（mm）。

图 4-31a 和 b 分别表示中心直接浇口和侧浇口的矩形盒熔体前沿时间等值线分布。图中双点画线为所得熔接痕位置。图中表明，中心直接浇口流程短，料流末端在分型面上，排气容易；侧浇口充模的流程长，熔体温降大，熔接痕强度差，且排气困难。

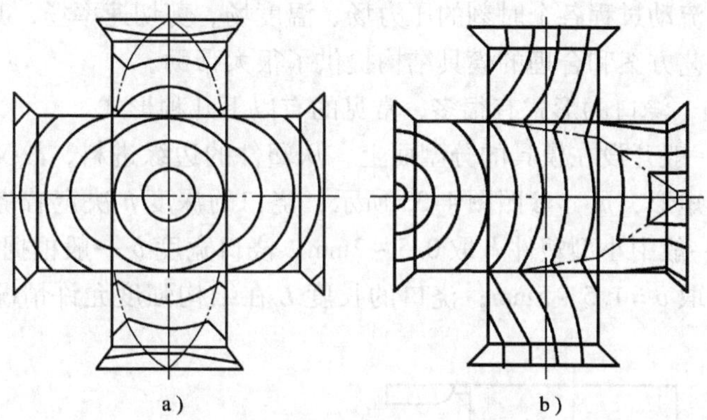

图 4-31　熔体流动前沿时间等值线
a）中心直接浇口矩形盒　b）侧浇口矩形盒

② 计算机软件流动模拟校核。用手工作图校核流动前沿是依据波浪传播原理绘制的。对于形状复杂的零件，手工作图既费时，又不准确。目前，国内外研究出的一些塑料注射流动模拟软件解决了这一问题，应用较著名的有 Autodesk 公司的 MOLDFLOW、中国台湾科盛公司的 Moldex3D 和华中科技大学模具技术国家重点实验室的 HSCAE 软件。图 4-32 所示为 MOLDFLOW 模拟的塑件熔体填充模具时间。

从图 4-32 中可见，流动模拟软件能够显示熔体从流道至浇口逐渐充满型腔的动态过程，可以清楚地看到各流动分支是否同一时间充满型腔的各个角落，熔接痕产生的位置，熔体最

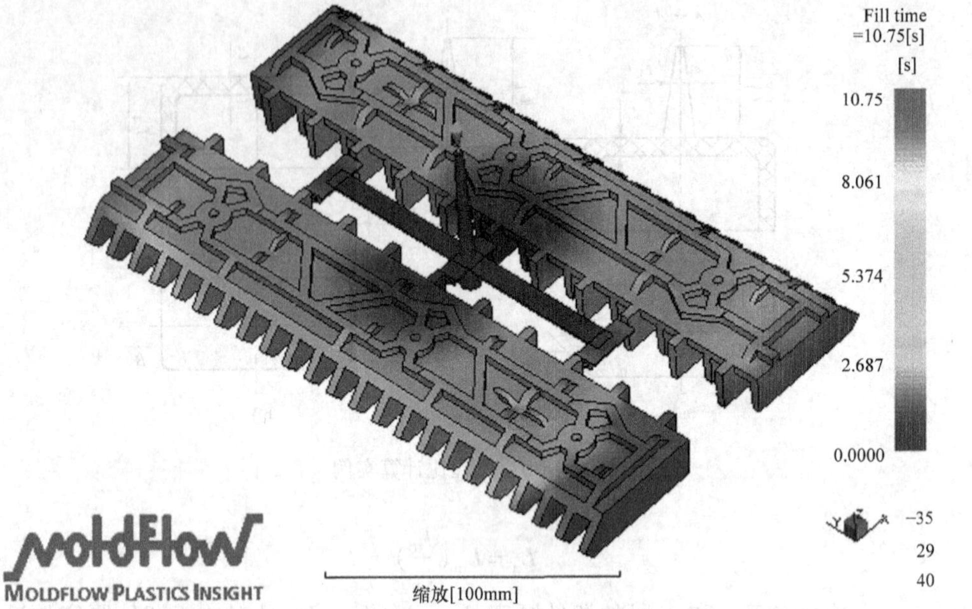

图 4-32 MOLDFLOW 模拟的塑件熔体填充模具时间

后充满的位置，排气是否顺利，从而可判断浇注系统设计是否合理。如果不理想，可以重新设计浇口的尺寸、位置、数量，再利用软件进行模拟，一直到理想为止。因此，大大提高了模具设计的质量，减少了模具在制造后才试模检验、重修所带来的时间和经济损失。此外，这些软件还能显示流动过程各个时刻的压力场、温度场、剪切速率场，其预测结果对模具设计者制订正确的工艺方案和合理的模具结构提供了很大帮助。

（3）浇口类型 浇口的形式有很多，常见的有以下几种形式。

1）侧浇口。一般开设在模具的分型面上，从塑件的边缘进料，故又称边缘浇口。其浇口截面形状一般为矩形，尺寸参照图 4-33 所示，浇口的深度 h 决定着浇口冷凝时间（即型腔的补料时间），一般中小型塑件 h 取 0.5 ~ 2mm；浇口宽度 b 一般根据塑件的质量来决定，对于中小型塑件常取 b = 1.5 ~ 5mm；浇口的长度 L 在结构强度允许情况下以短为好，一般取 L = 0.5 ~ 2mm。

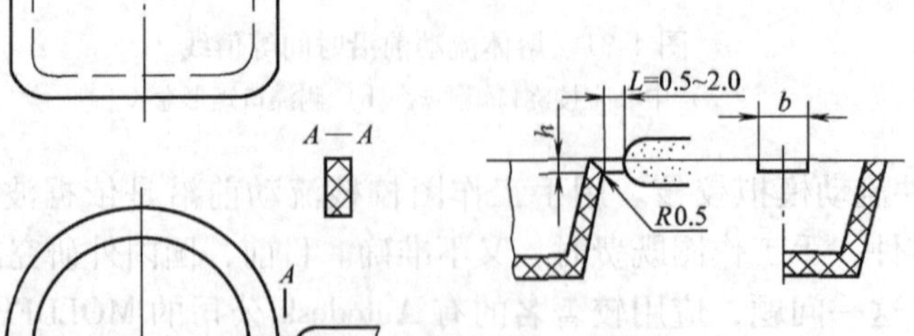

图 4-33 侧浇口及其尺寸

a）侧浇口 b）截面尺寸

由于侧浇口的形状简单，加工方便，通过改变浇口尺寸能有效调整充模时的剪切速率和浇口冷凝时间，所以这种浇口的应用非常广泛。特别是一模多腔的浇注系统，使用这种浇口非常方便，同时去除浇注系统冷凝料比较方便。其缺点是在塑件的外表面留有浇口痕迹。

2）重叠式浇口。当浇口开设在塑件端面边缘时，便形成了重叠式浇口，如图 4-34 所示。重叠式浇口可避免熔体从浇口向型腔产生喷射现象，其浇口的尺寸可参照侧浇口。

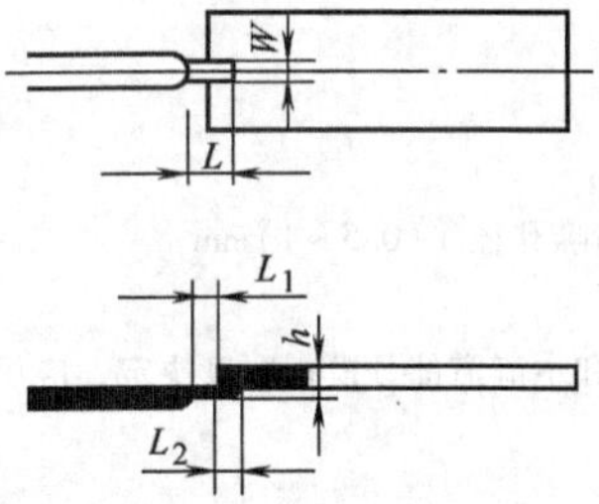

$L_1 = 2.0 \sim 3.0\text{mm}$

$L_2 = (0.6 \sim 0.9) + \dfrac{W}{2}\text{mm}$

$W = \dfrac{(0.6 \sim 0.9)\sqrt{A}}{30}\text{mm}$

A—塑件外侧表面积

图 4-34　重叠式浇口

3）扇形浇口是一种宽度沿浇口方向逐渐增加的呈扇形的，而浇口的深度逐渐减少的侧浇口，即是侧浇口的一种变异。在注射过程中，由于浇口深度不断减小，使塑料熔体流动时在横向得到更均匀的分配，从而减少流纹和定向效应。这种浇口比较适合于成型长条形或扁平而薄的塑件。

在扇形浇口的设计中，为保持整个浇口长度上截面积处处相等，浇口的深度应逐渐减少。同时，扇形中部和边缘流道长度不同，熔体的流速和压力降不同，为使其流速和压力降相同，在同一截面上浇口的深度应不同，如图 4-35 所示。

4）薄片浇口又称平缝式浇口，是侧浇口的另一种变异。其特点是浇口截面宽度很大（可与型腔宽度做成一体），深度 h 很小。浇口的分配流道与型腔平行，其长度 L 略大于型腔的宽度，如图 4-36 所示。薄片浇口使充模流动更为均匀，对成型有透明度和平直度要求，表面不允许有流痕的片状塑件比较适合。

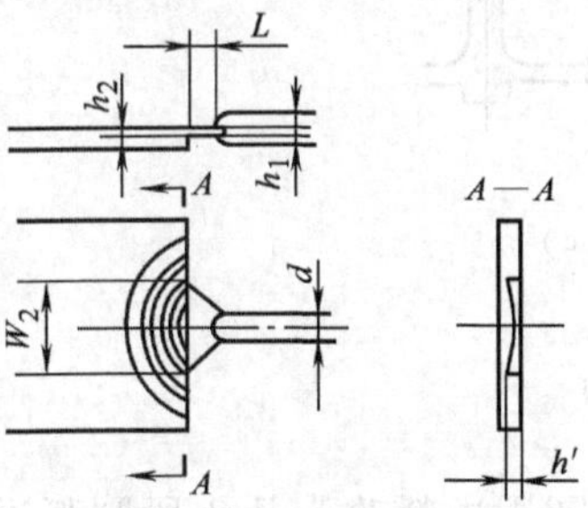

$L = 6.0\text{mm}$ 左右

$h_1 = 0.25 \sim 1.0\text{mm}$

$h_2 = \dfrac{W_2 h_1}{d}$

$W_2 = \dfrac{K\sqrt{A}}{30}$

$K = 0.6 \sim 0.9$

A—塑件外侧表面积

图 4-35　扇形浇口

5）直接浇口。如图 4-37 所示，这种浇口的特点是塑料熔体经主流道直接进入型腔，仅适合于单型腔模。这种浇口由于尺寸大，流程短，流动阻力小，进料快，传递压力好，有利于补缩和排气，常用于成型大型、壁厚、长流程的塑件及一些熔融粘度大的塑料。若直接浇口与塑件连接处的直径偏小，使熔体流动摩擦增大，易产生暗纹和暗斑；若直径太大，冷却时间长，冷凝料多，易产生缩孔，

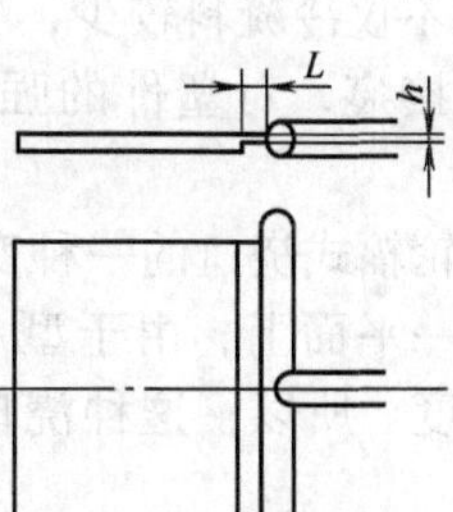

$L = 0.65\text{mm}$ 左右

$h = 0.25 \sim 0.65\text{mm}$

图 4-36　薄片浇口

且除去浇口困难。一般该处的浇口直径为塑件壁厚的两倍。

这种浇口的缺点是：由于浇口处熔体固化慢，易造成成型周期长；产生过大的残余应力，在浇口处易产生裂纹；浇口凝料切除后塑件上的疤痕较大。

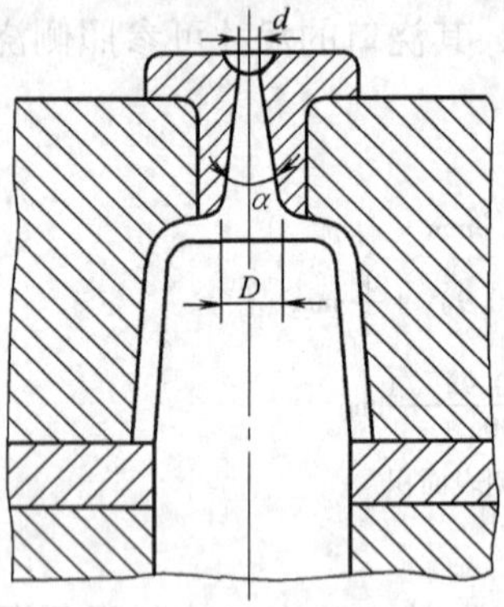

d = 注射机喷嘴孔径 + (0.5 ~ 1) mm

$\alpha = 2° \sim 4°$

D 由锥度 α 和主流道部分模板厚度决定，应尽量小

图 4-37　直接浇口

6）圆环形浇口。如图 4-38 所示，浇口可在孔的内侧，也可在外侧或在塑件端面上。分流道呈圆环布置，其截面为圆形或矩形，浇口为环形薄片。其特点是进料均匀，圆周上各处流速基本相等，排气容易，可避免和减少熔接痕。它主要用于圆筒形或中间带孔的塑件成型。

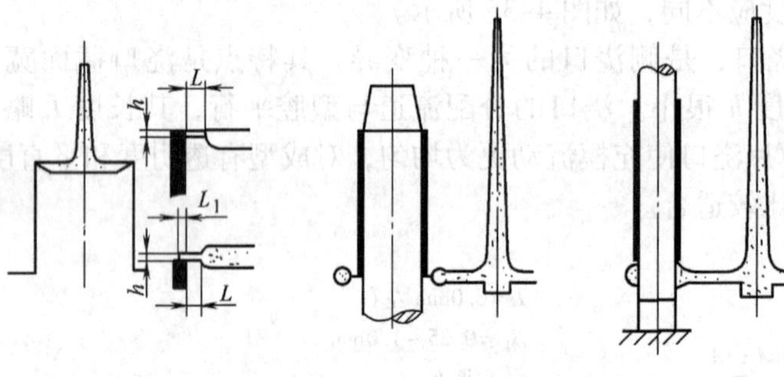

$L = 0.7 \sim 1.2\text{mm}$

$h = 0.35 \sim 1.5\text{mm}$

图 4-38　圆环形浇口

a）盘形浇口　b）外环形浇口　c）轴向缝式环形浇口

7）轮辐式浇口和爪形浇口。轮辐式浇口是将整个圆周进料改为几小段圆弧进料，如图 4-39 所示。这样不仅冷凝料较少，去除方便，还由于型芯上部得以定位而增加稳定性。其缺点是增加了熔接痕，对塑件的强度和外观有一定的影响。它的适用范围与圆环形浇口相似。

爪形浇口是轮辐式浇口的一种变异，如图 4-40 所示。它是在型芯头部开设流道，分流道与浇口不在同一平面上，由于型芯顶端伸入定模内，起到定位作用，从而避免了弯曲偏移，保证了同轴度。所以，这种浇口适用于成型内孔较小的管状塑件或同轴度要求较高的塑件。

8）点浇口。点浇口是截面面积小如针点状的浇口，其应用范围非常广泛，它具有如下优点：

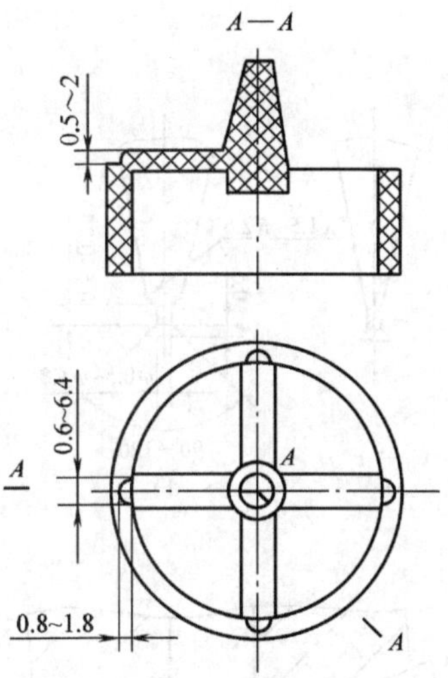

图 4-39　轮辐式浇口

图 4-40　爪形浇口

① 由于浇口截面面积非常小，显著提高了熔体的剪切速率，使熔体的粘度大为降低，有利于充模。这对于对剪切速率敏感的塑料熔体特别有效，如 ABS、PS、AS 等。

② 熔体经过小浇口时由于剧烈的摩擦生热，熔体温度升高，熔体的粘度再次下降，使熔体的流动性更好。

③ 由于浇口截面面积很小，便于塑件与冷凝料的分离，有利于自动化生产。同时，小浇口在塑件上留下的痕迹很小，有利于修整。

④ 由于点浇口模具多了一块分流道板，所以可以较自由地选择浇口位置。对于大投影面积或易于变形的塑件，可采用多点进料，以便于提高塑件的成型质量；而对于一模多腔的，易实现各型腔的平衡进料。

点浇口的缺点是：

a. 采用点浇口时，为了能取出浇注系统冷凝料，模具必须使用双分型面的结构或单分型面热流道结构，费用较高。

b. 不适合粘度高和对剪切速率不敏感的塑料熔体成型。

c. 不适合厚壁或壁厚不均匀的塑件成型。

d. 成型时需较高的注射压力。

点浇口的结构尺寸如图 4-41 所示，图 4-41a 所示的点浇口与主流道直接相通，图 4-41b 是多点进料和一模多腔。点浇口的直径一般取 0.5 ~1.8mm，圆柱孔长 L 不能太长，一般取 0.5 ~0.75mm，如果太长，在开模拉断冷凝料时，浇口的冷凝料不能完全被拉出而堵塞浇口。点浇口的引导圆锥孔有两种形式：一种是直锥孔，如图 4-41c 所示，它的阻力小，适合于含玻璃纤维的塑料熔体；另一种是图 4-41d 所示的带球形底的锥孔，它可延长冻结时间，有利于补料。点浇口引导部分长度 L 一般为 15 ~25mm，锥度 12° ~30°，与分流道用圆弧连接。点浇口与塑件表面连接用 90° ~120°、高 0.5mm 的倒锥，使点浇口拉断时不会损伤塑件的表面。点浇口附近充模时剪切速率高，冷却后残余应力大，为防止薄壁制品开裂，可将浇口对面的壁厚适当增厚，如图 4-42 所示。

9）潜伏浇口。潜伏浇口是由点浇口演变而来的，具有与点浇口类似的特点。不同的是潜伏浇口潜入分型面一侧，沿斜向进入型腔，如图 4-43 所示。开模时，能自动拉断浇口，

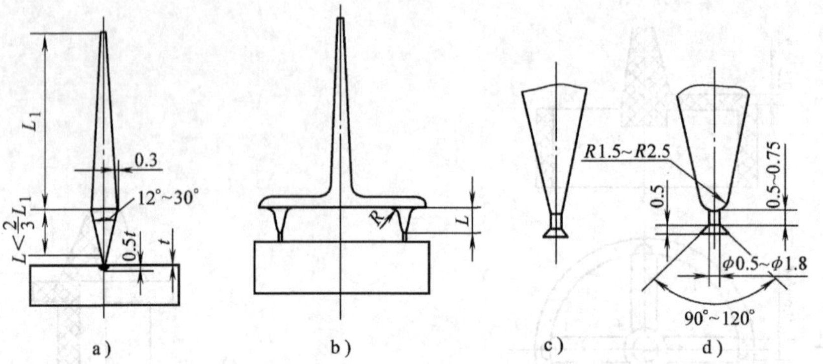

图 4-41　点浇口

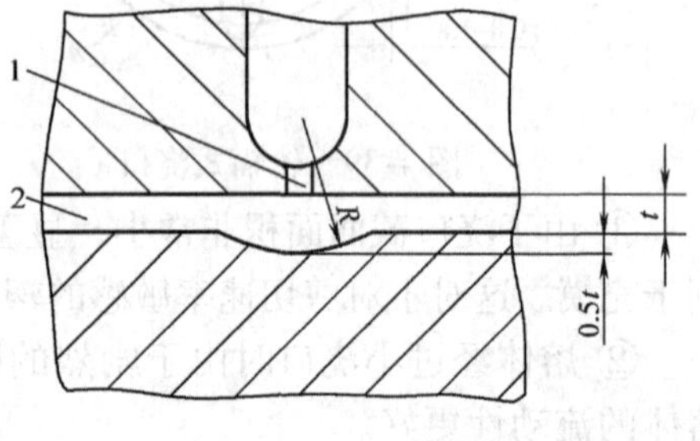

图 4-42　点浇口对面的壁厚增厚

1—浇口　2—型腔

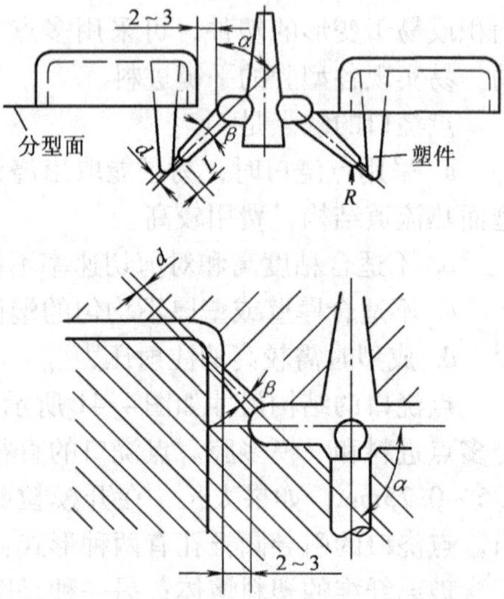

图 4-43　潜伏浇口

而且浇口的位置可设在塑件的侧面、端面和背面等隐蔽处，使塑件外表面无浇口痕迹。同时，模具的结构可简化为单分型面结构。浇口尺寸可参照点浇口。对于不同材料的浇口潜入角度也不同，一般 α 取 30°~45°，α 越小，越容易拔出浇口凝料。对弹性、韧性较好的材料，α 可取较大值；对硬质、脆性的塑料材料，α 可取较小值。而引导锥 β，对硬质、脆性的塑料应取较大值。因为较粗大的引导锥体可使浇口凝料的中心部位保持较高温度，在开模时仍具有较好弹性，并能承受较大的弯曲力。

10）护耳浇口。如图 4-44 所示，护耳浇口是在型腔侧面开设耳槽，熔体经浇口后冲击在耳槽侧面，从而改变料流方向，且降低流速，平稳而均匀地进入型腔，防止了小浇口直接对型腔注射时产生喷射现象。此外，因耳槽能允许浇口周边产生缩孔，所以能减少因注射压力造成的过量填充，以及因冷却收缩造成的变形。

护耳浇口主要用于流动性较差的塑料，如 PC、PMMA、HPVC 等。其缺点是成型时注射压力较高，成型后去除耳槽较麻烦。护耳浇口与分流道呈直角分布，耳部应设置在塑件厚壁处，其小浇口尺寸可参照侧浇口。耳槽长度 $L_1 = 1.5D$，耳槽宽度 $W = D$，耳槽深度 $h_1 = 0.8 \sim 0.9t$，其中 D 是分流道直径，t 是型腔厚度。

三、排溢系统设计

1. 排气槽的作用

排气槽是为使模具型腔中的气体排出而在模具上开设的通气槽或通气孔。排气是注射模具设计中一个重要的问题。在注射成型过程中，熔体注入型腔时，必须将型腔中的空气和从

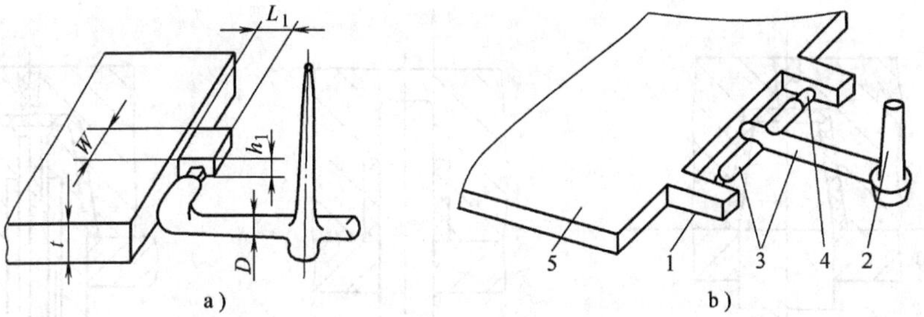

图 4-44 护耳浇口

1—护耳 2—主浇道 3—分浇道 4—浇口 5—塑件

熔体中溢出的挥发性气体顺利排出型腔。如果排气槽设计得不合理，将会给注射加工带来如下问题：

1）由于排气不顺而增加了熔体流动阻力，使型腔无法充满，造成塑件轮廓不清。

2）在塑件上可见明显的流动痕、熔接痕，使塑件的力学性能降低。

3）滞留的气体会在塑件的表面留下银纹、气孔、剥层等缺陷。

4）型腔内气体受压压缩后产生瞬时局部高温，使熔体降解甚至烧焦。

5）当排气不良时，降低了注射速度，不能实现快速充模。

2. 排气方式

注射模的排气方式有多种，常见的排气方式有下面几种：

1）利用分型面排气是最简单的方法，如图 4-45a 所示，其排气效果与分型面的接触精度有关。

2）利用型芯（或镶件）与模板的配合间隙排气，如图 4-45b 所示。

3）利用推杆与孔的配合间隙排气，如图 4-45c 和 d 所示。

4）利用侧型芯运动间隙排气，如图 4-45e 所示。

5）开设排气槽，当以上措施仍不能满足快速、完全排气时，应在适当的位置开设排气槽或排气孔，如图 4-45f 所示。

3. 排气槽的设计

排气槽的位置和大小主要依靠经验，在设计时应注意以下问题：

1）排气槽应尽量设置在分型面上，并靠在凹模一侧，以便于模具制造和清理。

2）排气槽应设在塑料熔体最后充满处和塑件厚壁处。

3）排气槽的排气方向不要朝向操作人员，以免注射时漏料伤人；排气槽最好呈曲线状。

排气槽的截面尺寸，以既有利于排气又不溢料为原则。排气槽的深度 h 根据塑料熔体的粘度而定，一般 $h=0.015\sim0.04$mm，熔体粘度低时取小值，粘度高时取大值。排气槽的宽度一般取 $W=1.5\sim6$mm，排气槽的长度 L 一般不超过 2mm。排气槽的后续导气沟应适当增大，以减小排气阻力。其深度 $h'=0.8\sim1.6$mm，宽度 $W'\geq W$，如图 4-46 所示。

4. 引气系统

在成型大型深腔塑件时，充模时型腔内的气体被塑料熔体完全排出，这时塑件的内表面与型芯的外表面之间基本上形成真空，脱模时由于大气压力将造成脱模困难，若强行脱模将

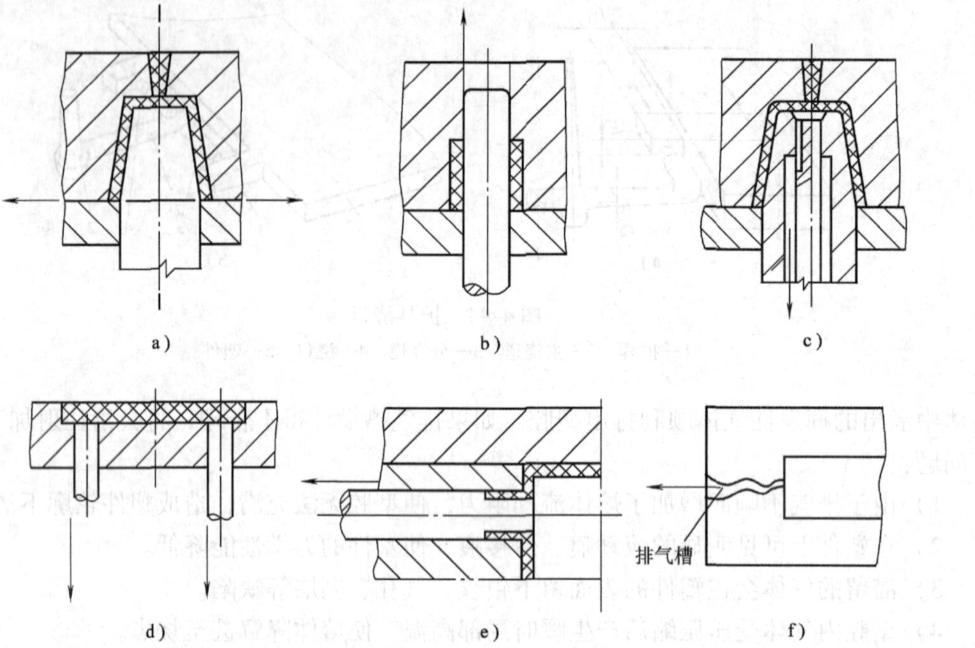

图 4-45　排气方式

导致塑件变形甚至破坏，为此，必须设置引气系统。引气方式有镶拼式侧隙引气（图 4-47a）和气阀式引气（图 4-47b 和 c）。

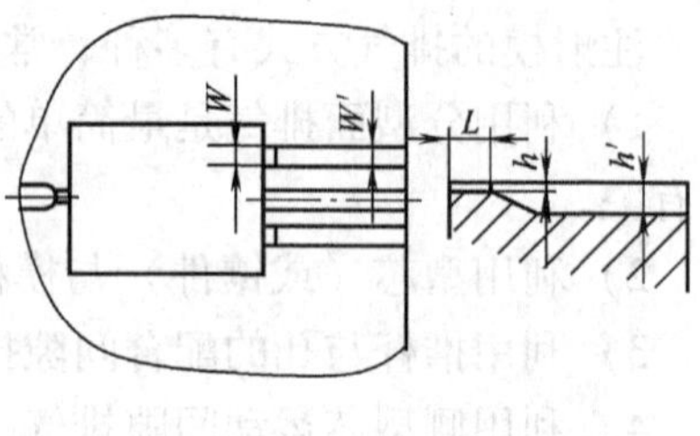

图 4-46　排气槽和导气沟

四、热流道浇注系统设计

热流道浇注系统属于无流道凝料浇注系统，它是注射模浇注系统的重要发展方向，它与普通浇注系统

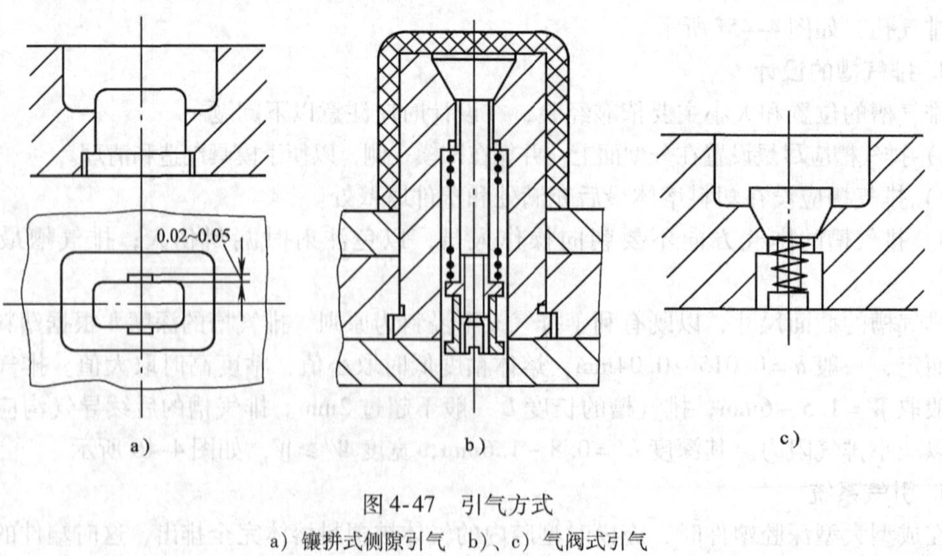

图 4-47　引气方式

a）镶拼式侧隙引气　b）、c）气阀式引气

的主要区别在于：在注射成型中对浇注系统采用适当的加热和温度控制，使流道内的塑料熔体始终保持熔融状态，不与型腔内的熔体一起冷却，从而避免浇注系统冷凝料的产生。目前，国外热流道已标准化，国内近几年也得到较广泛的应用，特别是在一些薄壁盒、盖、罩类塑件的加工方面，及一些精密快速注射成型的模具中得到了较普遍的应用。

1. 热流道浇注系统的特点及应用

（1）热流道浇注系统的特点　热流道浇注系统由于在注射成型过程中浇注系统的塑料熔体一直保持熔融状态，使其具有下列优点：

1）熔体在流道中的压力传递好，可降低注射压力和温度，从而减少了塑料熔体产生热降解和塑件产生残余应力的可能。

2）不产生浇注系统冷凝料，大大节省了塑料原料，同时省去了去除浇口冷凝料、修整塑件、回收冷凝料的工序，节省人力，大大降低生产成本。

3）塑件上无明显浇口痕迹，外观好，成型过程操作简单，有利于实现全自动化生产。

其缺点是：模具必须同时具有加热、控温、绝热和冷却装置，故模具结构复杂、造价高；加工一些对温度较敏感的塑料时，对温度的控制要求非常精确，使目前对热流道的应用不能广泛推广。

（2）热流道浇注系统的适用范围　由于热流道的特点使其对加工成型的塑料有一定的限制，一般具有下列性能的塑料才适合于使用热流道模具结构。

1）塑料的熔融范围宽、粘度变化小、热稳定性好，即在较低的温度下也有较好的流动性。在较高温度下，熔体不流延、不分解，能容易地进行温度控制。

2）塑料熔体粘度对压力敏感，当不施加压力时熔体不流动，一旦施加较小的压力熔体就能流动。

3）塑料的比热容低，易于熔融和固化。

4）塑料的热塑性变形温度高，能将塑件迅速从模具中取出。

能满足上述要求的塑料有：PE、PP、PS、AS、ABS、PC、PA、POM 等，其中 PA 和 POM 对温度的控制精度要求高。

2. 热流道浇注系统的结构

热流道浇注系统的结构形式很多，一般分为单型腔和多型腔两类。若按流道的加热方式可分为外热式、内热式、阀式等不同形式。现介绍目前较常用的形式。

（1）延长喷嘴　延长喷嘴是单型腔热流道的一种形式。它将特别长的喷嘴延伸至与型腔相接的点浇口处。为避免喷嘴热量过多地传给型腔，使温度难以控制，必须采用有效的绝热措施，常见的有塑料层绝热和空气绝热两种方法。

图 4-48 所示的是空气绝热的延长喷嘴，喷嘴与模具、浇口套与型腔板之间，除必要的定位和接触部分外，都留出厚约 1mm 的间隙并被空气所填充，起绝热作用。由于与喷嘴接触的浇口附近型腔壁很薄，为防止被喷嘴顶穿或变形，喷嘴与浇口套之间设置了环形承压面（图中 *A* 处）。

图 4-49 所示的是塑料层绝热的延长喷嘴，喷嘴与模具间有一环形接触面，起承压和密封作用，为减少散热，此面积不宜过大。喷嘴球面与模具之间的间隙被塑料熔体填充，起绝热作用。浇口直径约为 0.75～1.5mm；浇口处的间隙最小，厚约 0.5mm；浇口以外的绝热间隙不大于 1.5mm，以免注射时推力太大，而造成溢料。这种浇口不易堵塞，应用范围较

广。但由于绝热间隙存料，故不适合热稳定性差和易分解的塑料。

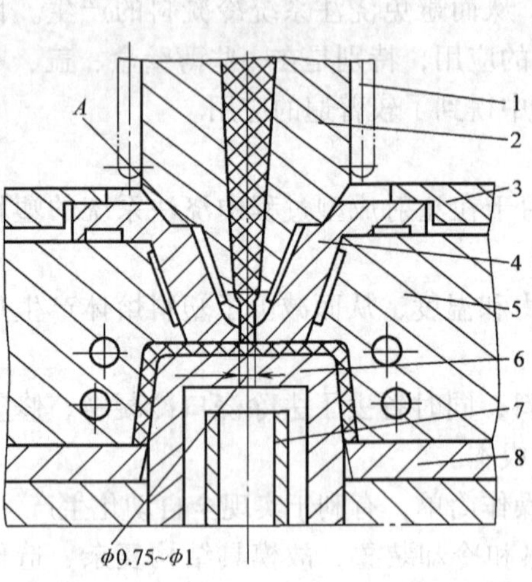

图 4-48　空气绝热的延长喷嘴

1—加热圈　2—延长喷嘴　3—定模板　4—浇口套　5—型腔板　6—型芯　7—型芯冷却管　8—型芯固定板

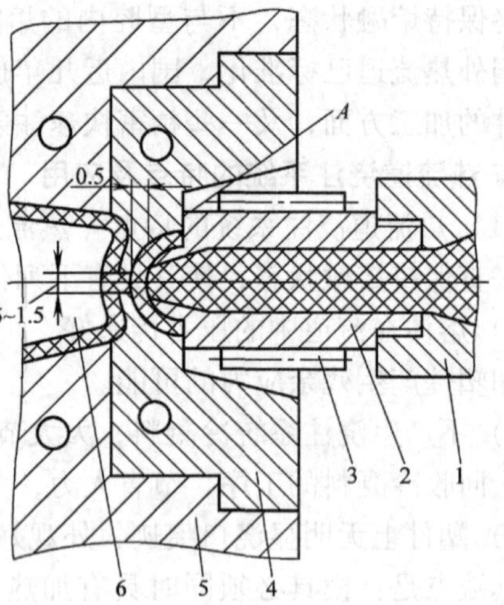

图 4-49　塑料层绝热的延长喷嘴

1—注射机机筒　2—延长喷嘴　3—加热圈　4—浇口套　5—定模　6—型芯

（2）多型腔热流道　多型腔热流道装置是由流道板和浇口套组成的。流道板由加热器加热，所有的分流道均设置在流道板内，并对流道板的温度进行控制，使加热温度均匀地达到设定值。根据流道板的加热方式不同，可分为内热式和外热式。

1）流道板设计。流道板应具有良好的加热和绝热设施，保证加热器安装方便和温度控制有效，根据浇口数目和位置不同，可分别采用一字形、H 形或 X 形等各种外形。图 4-50 所示为一模四腔的 X 形热流道板。

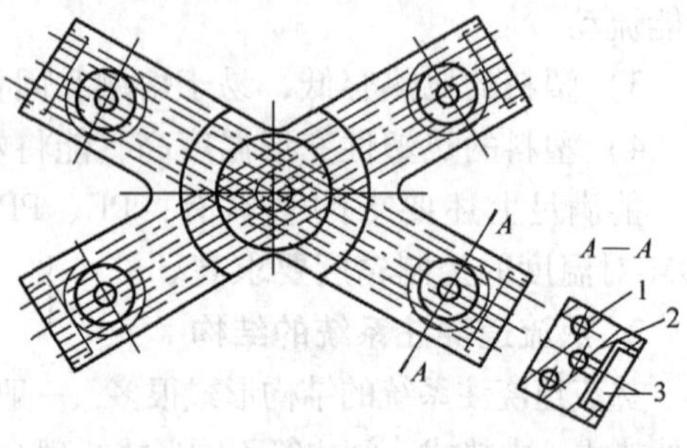

图 4-50　一模四腔的 X 形热流道板

1—加热器孔　2—分流道　3—热流道喷嘴安装板

分流道的直径根据塑件的质量确定，一般在 $\phi5\sim\phi15$mm。为提高流动性，分流道内必须进行光滑的精加工。两端工艺孔应使用比分流道孔径稍大的细牙螺钉作为端面孔塞销，并用铜质或聚四氟乙烯密封垫圈防止塑料熔体泄漏。在分流道转折处应圆滑过渡，防止塑料熔体滞流，造成熔体烧焦和变色劣化。

热流道板应选用比热容小、热传导率高、热膨胀系数小、热变形小的材料制作，一般选用中碳钢、镍铬钢或高强度铜合金。推荐使用内壁经过精加工的、质量高的不锈钢管制作大型塑件模具的分流道，其周围用铸铜固定，制作成“流道块”。

2）流道板喷嘴设计。喷嘴的正常工作是热流道模具成型的关键。喷嘴处于高温的流道板和低温的型腔交界面上，要保持喷嘴内的塑料熔体既不冷却过多而硬化堵塞浇口，又不过热流延、拉丝甚至热分解，所以应有效地使喷嘴与模具绝热，并使喷嘴达到热平衡。同时还必须考虑到流道板的热膨胀，要保证喷嘴与喷嘴套以及定模型腔上浇口孔对中。

流道板喷嘴的形式主要有加热和不加热两种，加热方式有内热式和外热式。图 4-51 所示为外热式流道板（喷嘴无加热装置），图4-52所示为外热式流道板（喷嘴加热）。喷嘴无加热装置的塑件上留有较长的料疤，脱模后还需切除，为避免浇口冷凝，必须对浇口部分进行绝热。根据绝热的情况不同，可分为半绝热式和全绝热式。两图中所示的结构为全绝热喷嘴，为实现喷嘴与浇口套的隔热，在喷嘴与浇口套之间的间隙中填充塑料熔体，以达到绝热效果。

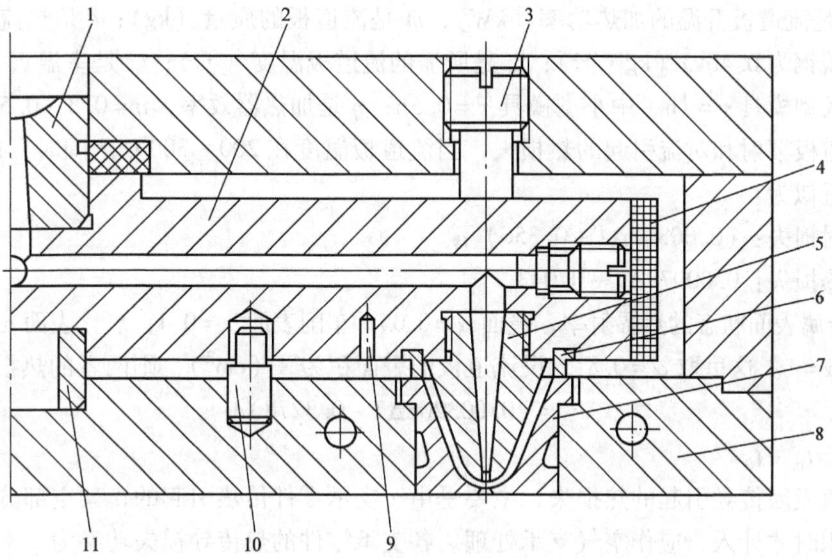

图4-51 外热式热流道板（喷嘴无加热装置）

1、7—浇口套 2—集流腔板 3—固定螺钉 4—电加热器
5—喷嘴 6—密封圈 8—模板 9—热电偶孔 10—安全支柱 11—定位圈

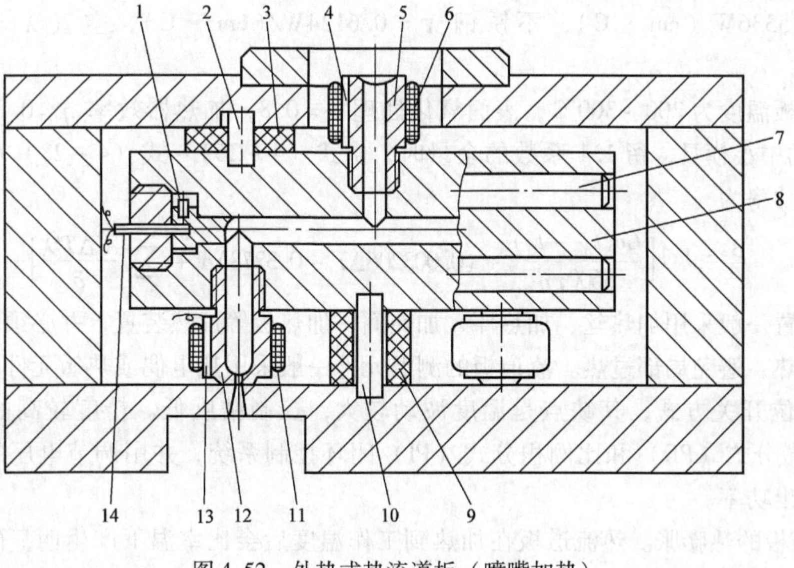

图4-52 外热式热流道板（喷嘴加热）

1、2、10—定位销 3、9—隔热垫块 6、11—电加热器
5—浇口套 7—电加热棒 8—聚流板 12—喷嘴 4、13、14—热电偶

3）流道板的加热与控制。

① 流道板升温所需功率。它是指在规定时间内，将钢制流道板从室温加热到流道板所需温度时的加热功率，其计算公式为

$$P_1 = \frac{mc(t_m - t_0)}{3600\tau\eta} \tag{4-26}$$

式中，P_1 是流道板升温的加热功率（kW）；m 是流道板的质量（kg）；c 是热流道板材料的比热容，碳钢为0.46kJ/(kg·℃)；t_m 是所需的流道板温度（℃）；t_0 是室温（℃）；τ 是升温时间，大型模具 $\tau=1h$，中小型模具 $\tau=0.5h$；η 是加热器效率，$\eta=0.3\sim0.5$。

热流道板辐射和对流引起的热损失，当流道板温度在200～300℃范围时，$1cm^2$ 表面积的热损失近似为

热辐射损失：$(0.00302\Delta T-0.356)\ \alpha$。

对流热损失：$0.00079\Delta T-0.043$。

α 为金属表面状态的热辐射率，镜面 $\alpha=0.05$，车削表面 $\alpha=0.4$，氧化表面 $\alpha=0.8\sim0.9$，完全黑体 $\alpha=1$。这里取 $\alpha=0.8$，设流道板的表面积为 A（cm^2），则两者的热损失功率为

$$P_2 = (0.003206\Delta T - 0.3278)A \tag{4-27}$$

式中，$\Delta T = t_m - t_0$。

热流道板因传导引起的热损失，主要是由于支承零件传热引起的，架空部分的空气传热在较大面积时才计入，应作空气支承处理。各支承零件的热传导损失功率为

$$P_3 = \sum \frac{A'\Delta T'\lambda}{\delta} \tag{4-28}$$

式中，P_3 是各支承件的总传导热损失功率（kW）；A'是支承件的接触面积（cm^2）；$\Delta T'$是热流道板与定模各板的温度差（℃）；δ 是支承物的厚度（cm）；λ 是支承物的热导率，中碳钢 $\lambda=0.5336W/(cm·℃)$，不锈钢 $\lambda=0.6124W/(cm·℃)$，空气 $\lambda=0.000356W/(cm·℃)$。

当流道板温度为200～300℃，表面氧化处理 $\alpha=0.8$，加热器效率 $\eta=0.3\sim0.5$，加热时间0.5h的中小模具，留1.1系数的余量时，由式（4－26）～式（4－28）可得到热流道板所需的总功率为

$$P = 1.1\left[\frac{Gc(t_m - t_0)}{3600\tau\eta} + (0.003206\Delta T - 0.3278)A + \sum \frac{A'\Delta T'\lambda}{\delta}\right] \tag{4-29}$$

流道装置一般采用加热丝、加热棒、加热圈、加热板等加热装置，并必须均匀、高效地对流道板加热，避免局部过热。流道板的测温元件一般采用热电偶或热敏元件。控温系统简单的可用二位开关方式，其缺点是温度波动较大，控制精度低。精度较高的可用比例式（P）、比例微分式（PD）和比例积分式（PI）闭环控制系统，并用调节电压的方式来控制加热器的输出功率。

② 流道板的热膨胀。热流道板在加热到工作温度后会比室温下产生明显的膨胀，所以在设计时必须预留一定的间隙，或采取其他措施来解决这一问题，防止模具变形甚至破坏。图4-51是利用喷嘴端面的滑动环的滑动来补偿的；图4-52是利用铍铜制作的热流道喷嘴的挠性来补偿的。热流道与型腔在工作时，由于温度不同而产生不同的横向热膨胀，使喷嘴与

型腔浇口孔产生偏心，如图 4-53 所示。设计时可先计算偏心量，并预留偏心量，力求在工作时使两中心线重合。

除此之外，热流道的形式还有阀式浇口，如图 4-54 所示，其工作原理是，将一根可开启和关闭的针形阀芯置于喷嘴中，使浇口成为阀门。在注射和保压阶段开启，在冷却阶段关闭，以避免浇口的流延和拉丝。主要是用于成型粘度很低的塑料。

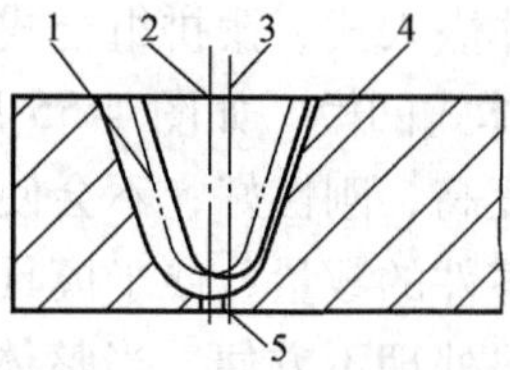

图 4-53　热流道喷嘴预留偏心量
1—补偿后的喷嘴轮廓
2—浇口中心线　3—常温时喷嘴中心线
4—常温时喷嘴轮廓　5—浇口

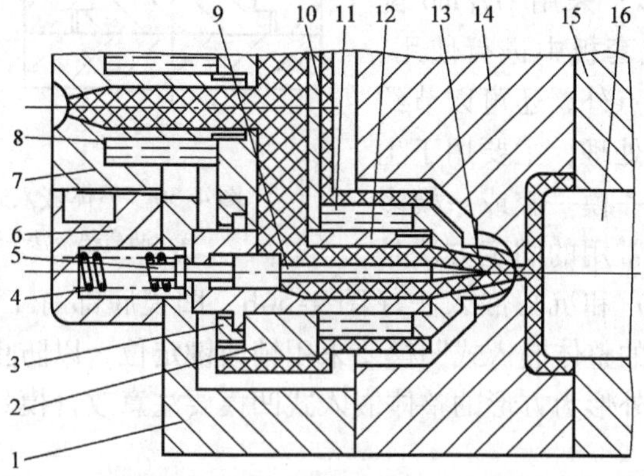

图 4-54　弹簧阀式浇口热流道注射模
1—定模底板　2—流道板　3—压环　4—压缩弹簧　5—活塞环　6—定位环　7—主流道衬套　8—加热器
9—针形阀芯　10—隔热层　11—加热圈　12—喷嘴体　13—喷嘴头　14—定模型腔板　15—脱模板　16—型芯

第四节　成型零部件设计

注射模的成型零部件是指构成模具型腔的零件，通常包括凹模、型芯，以及各种成型杆和成型镶件（块）。按功能划分，成型零部件可分为安装部分和工作部分。安装部分起安装、固定成型零件的作用，其表面粗糙度一般为 $Ra1.6\mu m$ 即可；工作部分与塑料直接接触，用来成型塑件，其表面粗糙度根据塑件材料和表面质量要求来定，一般不大于 $Ra0.4\mu m$。成型零部件工作部分的形状和尺寸决定着塑件的形状和尺寸，进行成型零部件的设计就是要根据被成型塑件的要求，结合模具制造的生产条件，合理确定成型零部件的结构形式，准确计算成型零部件的工作尺寸，并保证它们具有足够的强度和刚度。

一、成型零件的结构设计

成型零件在工作时与塑料直接接触，成型塑件。进行成型零件的结构设计时，既要考虑保证获得合格的塑件，又要便于加工制造，还要注意尽量节约贵重模具材料，以降低模具成本。

1. 凹模的结构设计

凹模也可以称为型腔、凹模型腔，用以形成塑件的外形轮廓，按结构形式的不同可分为整体式、整体嵌入式、镶拼组合式和瓣合式四种类型。

(1) 整体式凹模　如图 4-55 所示，整体式凹模由整块材料加工制成，强度高、刚性好，不会使塑件产生拼接缝痕迹，可减少注射模中成型零件的数量，便于模具装配，并缩小整个模具的外形结构尺寸，但热处理不方便。当整体式凹模成型复杂形状的塑件时，需使用数控加工或电火花加工，成本高，故除生产条件许可时采用外，主要适用于成型塑件形状不太复杂的中小型模具。

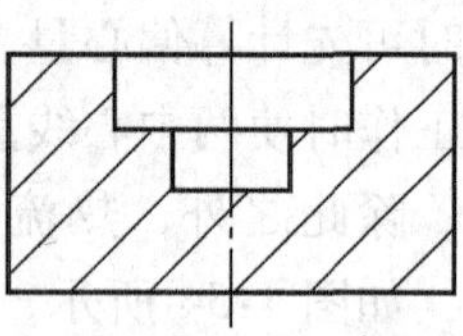

图 4-55　整体式凹模

(2) 整体嵌入式凹模　如图 4-56 所示，整体嵌入式凹模是将结构尺寸较小的整体式凹模（多为方形）采用 H7/m6 配合嵌入到凹模固定板或套板中进行使用，除具有整体式凹模的优点外，还可以节约贵重模具材料和便于热处理，主要用于生产批量较大的模具，可一模一腔或一模多腔。整体嵌入式凹模最常用的固定方法是凸肩垫板法（图 4-56a）和沉孔嵌入法（图 4-56b，凹模底部有工艺孔，便于拆卸顶出）。另外，对于外形为圆形的整体嵌入式凹模要采用销或键定位，以防止凹模与凹模固定板或套板发生相对转动。对于外形为方形的整体嵌入式凹模要注意改善模具零件的制造、装配工艺性，如图 4-57 所示。

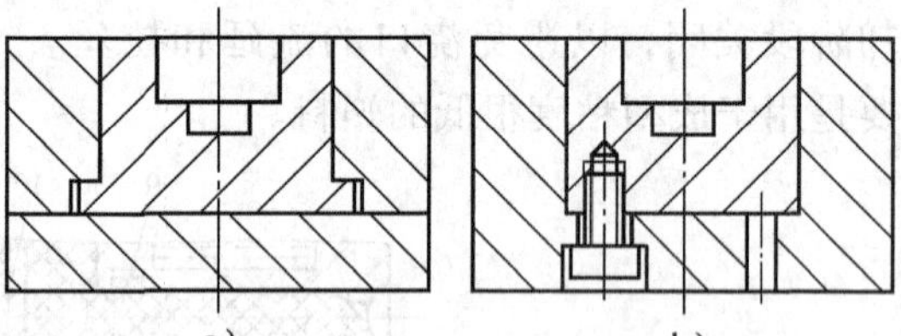

a)　b)

图 4-56　整体嵌入式凹模的固定方法

a) 凸肩垫板法　b) 沉孔嵌入法

如图 4-57a 所示，凹模固定板或套板圆角 r 为标准刀具半径，且小于凹模外形圆角 R；如图 4-57b 所示，凹模固定板或套板四周设计装配工艺圆角，该工艺圆角可用钻削的方法获得；如图 4-57c 所示，凹模外形圆角 R 做成直通式，便于铣削。

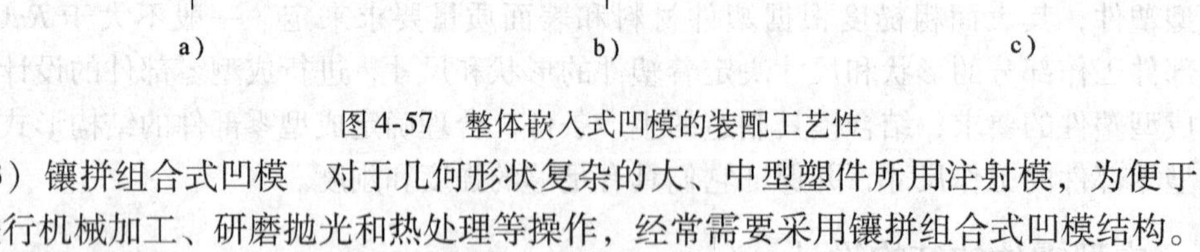

a)　b)　c)

图 4-57　整体嵌入式凹模的装配工艺性

(3) 镶拼组合式凹模　对于几何形状复杂的大、中型塑件所用注射模，为便于对凹模型腔进行机械加工、研磨抛光和热处理等操作，经常需要采用镶拼组合式凹模结构。

1) 镶拼组合式凹模有三种，即局部镶拼式、底部镶拼式和侧壁镶拼式。

① 局部镶拼式凹模。如图 4-58 所示，为了加工方便，或者因为型腔的某一部分容易损坏，常采用该结构。

② 底部镶拼式凹模。如图 4-59 所示，当凹模型腔的底部形状比较复杂或面积很大时，可将其底部与四周侧壁分割出来单独加工，然后再镶拼组合，由此能使内形加工变为外形加工，加工难度将因此而下降。

③ 侧壁镶拼式凹模。凹模型腔的侧壁也可分割出来单独加工，然后再镶拼组合而成。组合时可采用图 4-60 所示的锁扣拼合将镶件嵌入到模套中镶拼对接，以保证侧壁之间准确连接，降低装配难度，必要时也可用销钉定位、螺钉紧固。

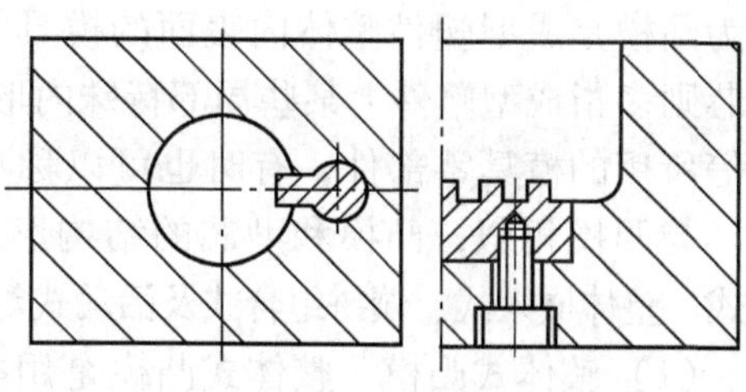

图 4-58　局部镶拼式凹模不同形式

2）镶拼组合式凹模的设计注意事项：

① 考虑将复杂的型腔内形加工变为镶拼件外形加工，降低加工难度。

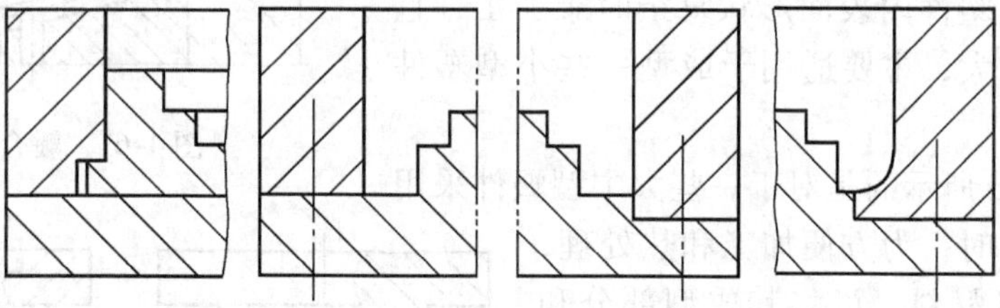

图 4-59　底部镶拼式凹模不同形式

② 拼缝避开型腔转角或圆弧，并与脱模方向一致，以避免出现横向飞边而影响塑件的顺利脱模。

③ 镶拼时应采用 H7/m6 过渡配合，即使这样也难免会在塑件表面出现拼缝痕迹，因此镶拼配合面最好选择在对塑件外观影响不大的部位。

④ 宜将易损坏部分设计成独立的镶块，以免加工时的失误造成更大的浪费。

⑤ 为便于模具装配，成型镶块本身尽量设计定位结构，如图 4-60 所示的凹凸槽嵌接（锁扣结构），以及图 4-59c 和 d 所示的台阶定位。

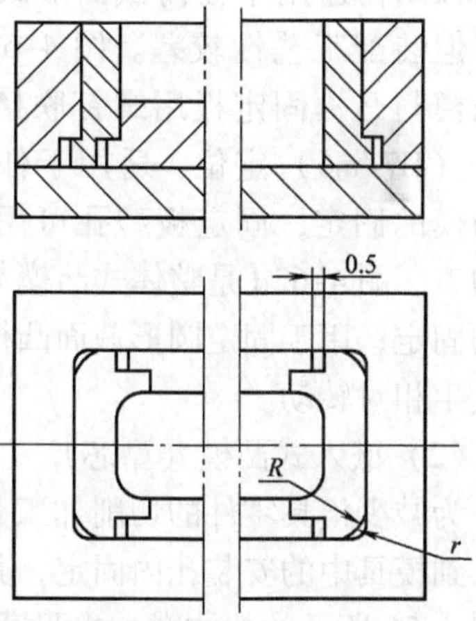

图 4-60　侧壁镶拼式凹模不同形式

（4）瓣合式凹模　严格地讲，瓣合式凹模也属于镶拼组合式凹模结构，组成凹模的每一个镶块都通过 T 形槽或燕尾槽与模套形成动连接，它们在塑件的成型过程中可以被模套或其他锁合装置箍合在一起；而在塑件的脱模过程中，又可以从模套或其他锁合装置中脱出并向侧面打开，从而能使带有侧凸、侧凹或侧孔的塑件可靠地从模具中脱出，如图 4-61 所示。

瓣合式凹模中的瓣合模块数量往往取决于塑件的几何形状。当瓣合模块数量等于二时，可将它们组成的注射模称为哈夫（half）模。

2. 凸模和型芯的结构设计

凸模和型芯都是用来成型塑件内表面的零部件，两者没有严格的区别。一般来讲，可以认为凸模是成型塑件整体内表面的模具零部件，而型芯则多指成型塑件上某些局部特殊内形或局部孔、槽等所用的模具零部件，有时也可以称型芯为成型杆。与凹模相似，凸模和型芯的结构形式可分为整体式、整体嵌入式、镶拼组合式及活动式等不同类型。

(1) 整体式凸模　整体式凸模是用整块模具材料直接加工而成的，其典型结构如图 4-62a 所示。其优点是结构牢靠、不易变形、塑件无拼缝的溢料痕迹；缺点是当塑件内表面形状复杂时难加工，且模具材料消耗量大，主要适用于成型一些小型塑件的塑料模。

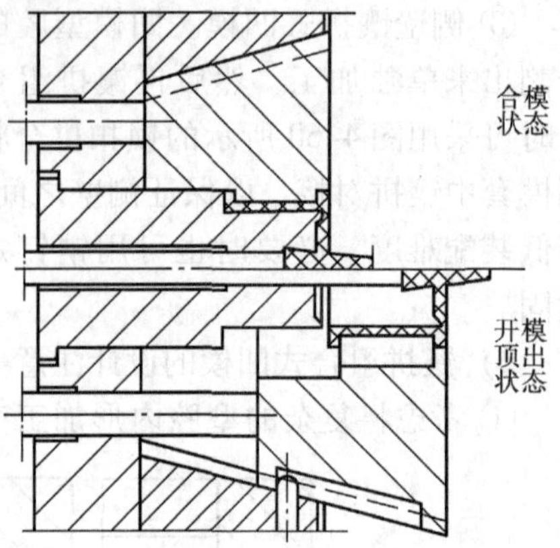

图 4-61　瓣合式凹模

图 4-62b、d 所示的是对于一些大中型塑件采用整体式凸模结构时，为方便加工和热处理，或节省贵重模具材料，可将其成型部分和安装部分分开加工好后，再连接起来。

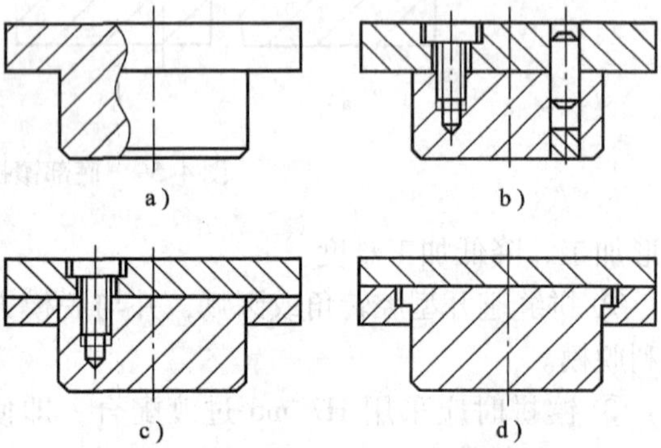

图 4-62　整体式凸模

图 4-62b 是整体式凸模与凸模固定板用螺钉联接、销钉定位，为避免塑件内表面出现凸台，销钉孔用软金属（纯铜）填平。该结构适用于任何截面形式凸模的固定，但装配工艺性较差。图 4-62c 是整体式凸模与凸模固定板用螺钉联接，靠过渡配合（H7/m6）定位，适用于任何异形截面凸模的固定，固定板型孔可用线切割方法加工。图 4-62d 是整体式凸模与凸模固定板用凸肩连接、定位，适用于方形、圆形截面凸模的固定；用于固定圆形截面凸模时，注意采用销或键定位，以防止凸模与凸模固定板或套板发生相对转动。

(2) 嵌入式凸模（型芯）　嵌入式凸模主要是指模具中的小型芯（成型杆）或成型镶块。为减少模具零件的切削加工量和便于加工，小型芯（成型杆）单独加工制造后，再被嵌入到模具中的安装孔内固定，其安装固定方式如图 4-63 所示。成型镶块的安装固定方式与图 4-56 所示的整体嵌入式凹模相似。

图 4-63a 采用过盈配合将型芯压入模具，结构简单，但塑料熔体易从型芯头部与模具之间的接合面中溢出，形成横向飞边影响塑件脱模。另外，如过盈量较小，开模时塑件容易将型芯带出安装孔。

图 4-63b 采用间隙配合将型芯压入模具，两者在横向无接合面，型芯底部又与其他成型零件铆接，故不会出现图 4-63a 所示结构中出现的问题。

图 4-63c 采用过渡配合（H7/m6）将型芯压入模具，型芯底部用凸肩固定，适用于长径比较小的圆形型芯。

图 4-63d 采用阶梯形以增加型芯刚度，局部采用过渡配合（H7/m6），型芯底部用凸肩固定，适用于长径比较大的圆形型芯。

图 4-63e 用螺塞紧固型芯，具有快换性质。

图 4-63f 用于固定方形型芯，成型部分按塑件形状加工，安装部分做成圆形等易安装定位的形状。

图 4-63g 中型芯底部与其他成型零件铆接，异形型芯只能用线切割等方法做成直通式时才采用此结构。

（3）镶拼组合式凸模（型芯）　如图 4-64 所示，当塑件内形比较复杂、凸模加工制造难度较大时，也可对凸模采用镶拼组合式结构，以便于加工、维修或更换。

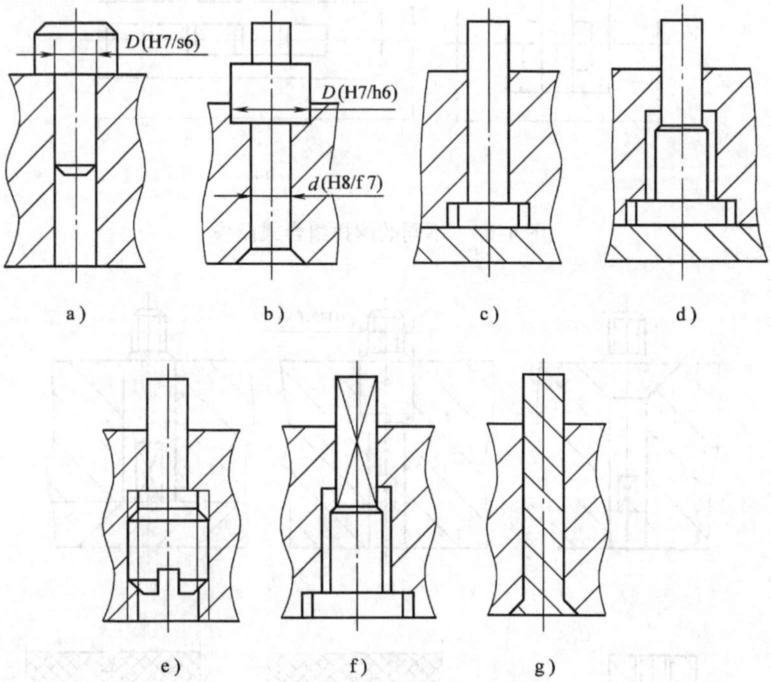

图 4-63　嵌入式凸模的安装固定

（4）活动凸模　活动凸模的主要形式有瓣合式凸模和侧向型芯。

1）瓣合式凸模。主要用来成型带有内侧凸凹的塑件，其设计方法可类比瓣合式凹模。

2）侧向型芯。主要用来成型塑件的侧孔或外表面的侧凹，它可通过斜导柱或斜滑块等侧向抽芯运动机构来驱动，其工作原理和有关设计方法见本章第七节有关内容。

二、螺纹型芯和螺纹型环的结构设计

螺纹型芯用来成型塑件内螺纹，螺纹型环用来成型塑件外螺纹。此外，它们还可以用来固定塑件中有螺纹的金属嵌件。按它们在模具上的拆卸方式不同又可分为自动卸除和手动卸除两种类型。这里仅介绍手动卸除类型，自动卸除类型见本章第六节有关内容。

1. 螺纹型芯

手动卸除型螺纹型芯在模具闭合前装入型腔内，成型后随制品一起脱模，并在模外卸下，多用于立式注射。为提高生产效率，注射生产时一般准备多套螺纹型芯，交替使用。为便于模外用工具将螺纹型芯卸下，其非成型端应制成方形或将相对两边磨成两个平面。螺纹型芯的结构和安装形式如图 4-65 所示。

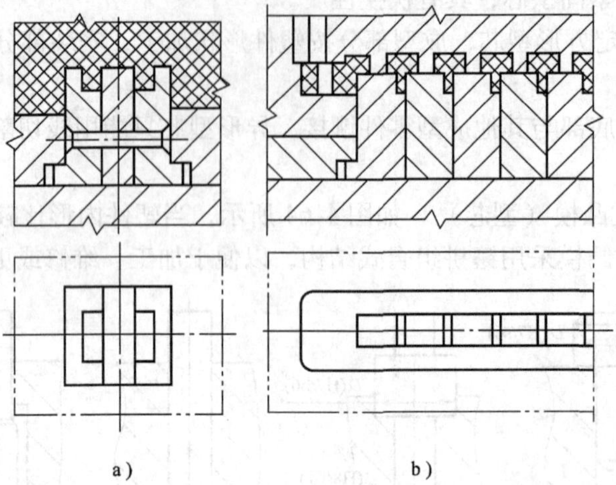

图 4-64　不同的镶拼组合式凸模

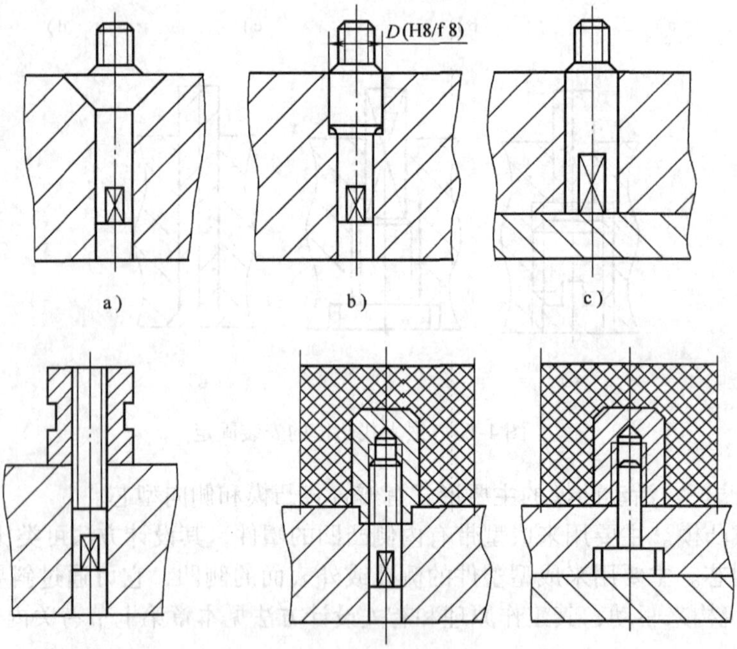

图 4-65　螺纹型芯的结构和安装形式

图 4-65a，锥面在模内对螺纹型芯起定位、支承和密封的作用。

图 4-65b，圆柱面起定位作用，圆柱形台阶起支承作用，防止螺纹型芯下沉。

图 4-65c，用垫板作支承，防止螺纹型芯下沉。

图 4-65d，用嵌件与模具的接触面防止型芯下沉，但在接触面易生产横向飞边，严重时会影响制品的使用。

图 4-65e，将嵌件下端嵌入到模板中，以增加嵌件的稳定性，并防止塑料挤入到嵌件的

螺孔中，较适用于M3以下的螺纹型芯。

图4-65f，将螺纹型芯变异为光杆型芯来固定金属螺纹嵌件，无需手工卸螺纹。但在成型过程中嵌件易产生移动甚至脱落。该结构主要适用于塑料熔体冲击力不大以及嵌件为盲孔的场合；当嵌件螺孔为非盲孔，直径较小，螺纹牙沟槽很细时，塑料仅能挤入一小段，不妨碍使用。

图4-66是固定在立式注射机上模或卧式注射机动模部分的螺纹型芯结构及固定方法。由于合模时的冲击振动较大，螺纹型芯插入时应有弹性连接装置，以免造成型芯脱落或移动，导致塑件报废或模具损伤。

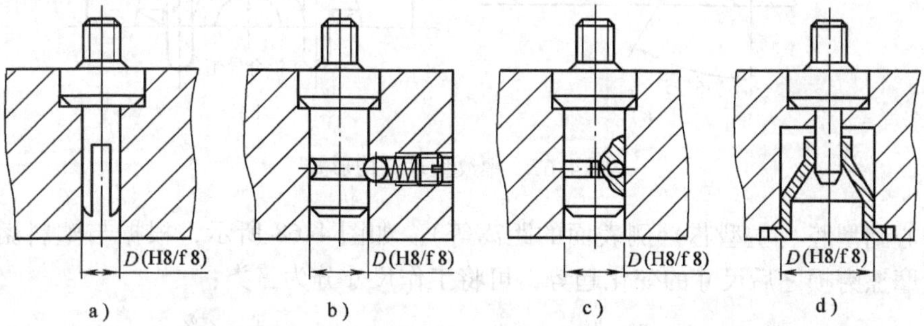

图4-66 带弹性连接的螺纹型芯结构和安装形式

图4-66a，是带豁口的结构，豁口柄的弹力将型芯支承在模具内，适用于直径小于8mm的型芯。

图4-66b，用钢球弹簧固定型芯，当螺纹型芯直径大于10mm时采用。

图4-66c，利用弹簧卡圈固定型芯。

图4-66d，用弹簧夹头固定型芯。

螺纹型芯与模板内安装孔的配合采用H8/f8。

2. 螺纹型环

螺纹型环和螺纹型芯一样在模具闭合前装入型腔内，成型后随塑件一起脱模，并在模外卸下。其结构形式如图4-67所示，可分为整体式和组合式。

(1) 整体式　如图4-67a所示，整体式螺纹型环外表面为台阶状，大端部分与模具上的固定孔呈间隙配合，配合高度3~5mm，其余部分可设计成3°~5°锥形，以利于装模；小端部分用来与扳手等工具配合，以便成型后将型环与塑件旋开。

(2) 组合式　如图4-67b所示，组合式螺纹型环由两块瓣拼合而成，并用锁合导销定位。为了能够将两块瓣合型环分开并与塑件分离，需要在两瓣型环的拼合面外侧开两条楔形槽。当要分开瓣合型环时，只需用两个尖劈状卸模器楔入两条楔形槽即可。该结构卸螺纹型环迅速，但会在拼合处留下难以修整的溢料飞边，适用于成型精度不高的粗牙螺纹。

三、成型零部件工作尺寸计算

1. 成型零部件工作尺寸分类及其有关规定

成型零部件中与塑料接触并决定塑件几何形状的各处尺寸，称为工作尺寸，它包括型腔深度与型芯高度尺寸、型腔和型芯径向尺寸、成型零件中心距（如孔间距、型芯间距、孔

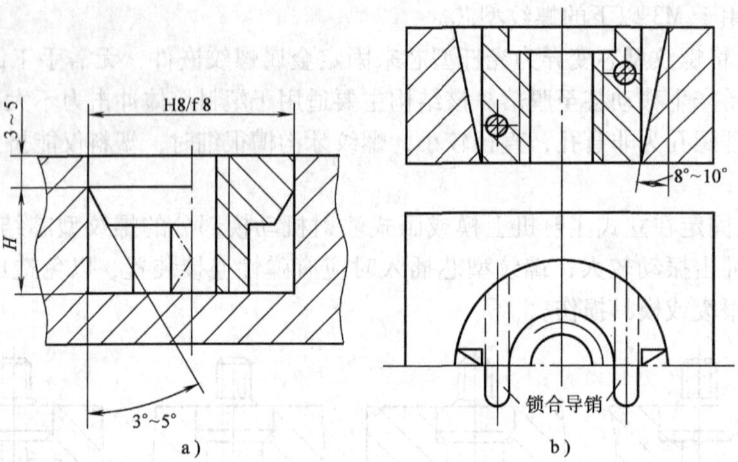

图4-67　螺纹型环结构形式

或凸台中心到型腔（主型芯）侧表面的距离等）。如图4-68所示，根据与塑料熔体或塑件之间产生摩擦磨损之后尺寸的变化趋势，可将工作尺寸分为三类：

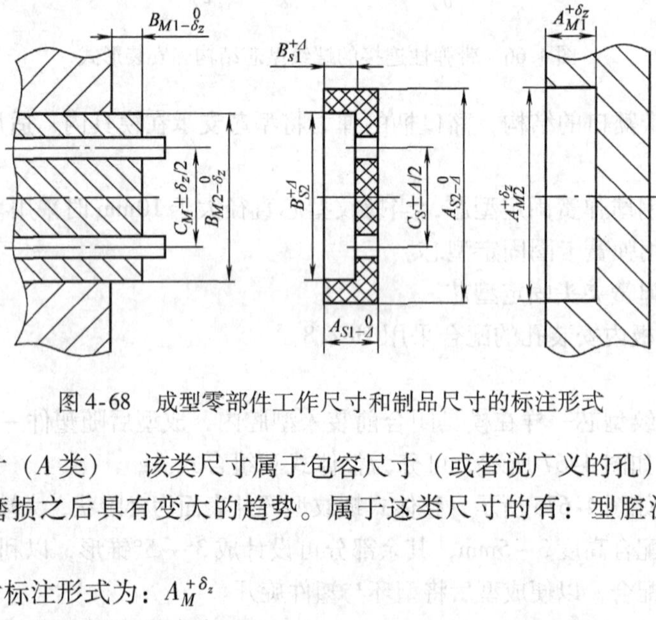

图4-68　成型零部件工作尺寸和制品尺寸的标注形式

（1）孔类尺寸（*A*类）　该类尺寸属于包容尺寸（或者说广义的孔），与塑料熔体或塑件之间产生摩擦磨损之后具有变大的趋势。属于这类尺寸的有：型腔深度、型腔径向尺寸等。

模具工作尺寸标注形式为：$A_M^{+\delta_z}$

与之相应的塑件尺寸标注形式为：$A_{S-\Delta}$

（2）轴类尺寸（*B*类）　该类尺寸属于被包容尺寸（或说广义的轴），与塑料熔体或塑件之间产生摩擦磨损之后具有变小的趋势。属于这类尺寸的有：型芯高度、型芯径向尺寸等。

模具工作尺寸标注形式为：$B_{M-\delta_z}$

与之相应的塑件尺寸标注形式为：$B_S^{+\Delta}$

（3）中心距类尺寸（*C*类）　该类尺寸不受摩擦磨损影响，因此可视为一种不变尺寸。属于这类尺寸的有：孔间距、型芯间距和孔中心与型芯中心的距离。

由于引起孔或凸台中心线到型腔（主型芯）侧表面的距离变化的磨损都属单边磨损，

磨损量很小，可忽略不计，故将孔或凸台中心线到型腔（主型芯）侧表面的距离尺寸也视为中心距类尺寸。

模具工作尺寸标注形式为：$C_M \pm \delta_z/2$

与之相应的塑件尺寸标注形式为：$C_S \pm \Delta/2$

当塑件尺寸标注形式与上述规定不符时，必须按上述规定更改。

2. 计算成型零部件工作尺寸时成型收缩率的确定

前面的章节中已介绍过各种塑料的收缩率的变化范围，计算成型零部件工作尺寸时要根据塑料品种、塑件形状及壁厚等具体情况酌情确定成型收缩率，其一般原则和方法如下：

1）对于收缩率范围较小的塑料品种，一般取平均收缩率，平均收缩率 $S = (S_{\max} + S_{\min})/2$。

2）对于收缩率范围较大的塑料品种，应根据塑件形状，尤其是壁厚来酌情选择（壁厚者，取上限值）。塑件各部位选择的收缩率也各不相同，如图4-69所示。

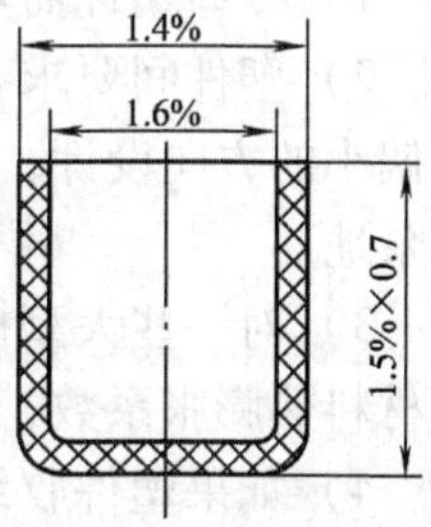

图4-69 不同部位的收缩率确定

3）嵌件较多时收缩率应取小。

4）塑件精度较高或收缩率不易掌握时，塑件外径取较小的收缩率，内径取较大的收缩率，以留有试模修模余量。

5）利用注射成型工艺参数可以对塑料制件的收缩量进行调节。如注射压力越高，成型收缩率越小；注射温度越高或时间越短，成型收缩率越大等。

3. 成型零部件工作尺寸计算

目前，主要使用两种方法计算成型零部件的工作尺寸，一种叫做平均值方法，另一种叫做公差带方法。现仅介绍比较简便的以塑料平均收缩率为基准的平均值计算方法。

（1）型腔和型芯尺寸计算

1）型腔径向尺寸（A类尺寸）。假设塑件的成型收缩率、型腔工作尺寸的制造偏差及其磨损量均为平均值，塑件的尺寸偏差也可获得其平均值，则

$$A_S - \Delta/2 = (A_M + \delta_z/2 + \delta_c/2) - (A_S - \Delta/2)S$$

式中，Δ是塑件公差；S是塑料平均收缩率；δ_c是模具磨损量；δ_z是模具制造公差，应根据模具的精度和加工方法确定，或按 $\delta_z = (1/6 \sim 1/3)\ \Delta$ 确定。

整理上式，并略去二阶微量（$\Delta/2$）S后，型腔的径向基本尺寸为

$$A_M = (1+S)\ A_S - (\Delta + \delta_z + \delta_c)/2$$

分析上式，δ_z和δ_c均是引起塑件尺寸偏差的主要因素，它们可用公差Δ表示，故型腔径向尺寸为

$$A_M{}^{+\delta_z} = [(1+S)A_S - x\Delta]^{+\delta_z} \tag{4-30}$$

式中，x是工作尺寸的制造与使用修正系数。塑件尺寸很大、精度很低时，δ_z和δ_c可忽略不计，$x=1/2$；塑件尺寸较小，精度较高时，$\delta_z=\Delta/3$，$\delta_c=\Delta/6$，$x=3/4$，故x的取值范围为$1/2 \sim 3/4$。

2）型腔深度尺寸（A类尺寸）。由于型腔底面的磨损属单边磨损，磨损量很小，磨损量δ_c不予考虑，取$\delta_z=\Delta/3$，类比型腔径向尺寸，型腔深度尺寸计算方法有

$$H_{M}^{+\delta_z}=\left[(1+S)\ H_S-\frac{2}{3}\Delta\right]^{+\delta_z} \tag{4-31}$$

3）型芯径向尺寸（B 类尺寸）。类比型腔径向尺寸，型芯径向尺寸计算方法有

$$B_{M-\delta_z}=[(1+S)\ B_S+x\Delta]_{-\delta_z} \tag{4-32}$$

4）型芯高度尺寸（B 类尺寸）。类比型腔径向尺寸，型芯高度尺寸计算方法有

$$h_{M-\delta_z}=\left[(1+S)\ h_S+\frac{2}{3}\Delta\right]_{-\delta_z} \tag{4-33}$$

5）型芯之间或成型孔之间等中心距尺寸（C 类尺寸）计算

$$C_M\pm\delta_z/2=[(1+S)\ C_S]\pm\delta_z/2 \tag{4-34}$$

（2）计算型腔和型芯尺寸时的注意事项

1）一些塑件需热处理时，应考虑热处理或吸湿处理后塑件的再收缩或膨胀。

2）塑件间要求有相互配合的部位时，模具上相应部位尺寸应放大，即型腔成型尺寸应向偏小的方向设计，型芯成型尺寸应向偏大方向设计，可留有修大型腔尺寸及修小型芯尺寸的余地。

3）对一些大型模具，要注意成型零件的热膨胀量 $Q=\alpha\ (t-t_0)\ A$，式中，α 是模具金属材料热膨胀系数，t_0 是模具常温，t 是模具工作温度，A 是模具尺寸。

4）如果塑件收缩率范围较大，但按平均收缩率计算尺寸时，为防止收缩超差可预先验算：

若塑件尺寸为轴类尺寸，则 $\Delta>D(S_{\max}-S_{\min})+\delta_z$

若塑件尺寸为孔类尺寸，则 $\Delta>d(S_{\max}-S_{\min})+\delta_z$

若塑件尺寸为中心距尺寸，则 $\Delta>L(S_{\max}-S_{\min})+\delta_z$

式中，D 是型腔最大尺寸；d 是型芯最大尺寸；L 是模具中心距最大尺寸。

5）选择成型零件安装部分制造公差的原则，一般以不使塑料熔体产生溢边为准。习惯上配合尺寸常取 H9/f9，尺寸较大时取 H7/e8 或 H7/f7；非配合尺寸取塑件公差的 1/3 ~ 1/4。

（3）螺纹型芯和螺纹型环的尺寸计算　螺纹型芯和螺纹型环按用途可分为固定金属嵌件和成型塑件螺纹两种。前者的尺寸计算可依据有关金属螺纹标准进行；后者的尺寸计算方法与一般型芯和型腔的径向尺寸计算方法相似，但又不尽相同。在塑料螺纹成型时，收缩使其牙型和尺寸有较大的偏差，使螺纹的可旋入性降低，为此需采用增加中径配合间隙的办法来补偿（增大成型零件螺母中径或减小成型零件螺栓中径）。具体做法是用塑件螺纹中径公差 $\Delta_{中}$ 替代式（4-30）~式（4-34）中相应的 $x\Delta$。

1）螺纹型芯中径

$$d_{M中-\delta_{中}}=[(1+S)d_{S中}+\Delta_{中}]_{-\delta_{中}} \tag{4-35}$$

2）螺纹型芯大径

$$d_{M大-\delta_{中}}=[(1+S)d_{S大}+\Delta_{中}]_{-\delta_{中}} \tag{4-36}$$

3）螺纹型芯小径

$$d_{M小-\delta_{中}}=[(1+S)d_{S小}+\Delta_{中}]_{-\delta_{中}} \tag{4-37}$$

4）螺纹型环中径

$$D_{M中}^{+\delta_{中}}=[(1+S)D_{S中}-\Delta_{中}]^{+\delta_{中}} \tag{4-38}$$

5）螺纹型环大径

$$D_{M大}^{+\delta_中} = [(1+S)D_{S大} - \Delta_中]^{+\delta_中} \tag{4-39}$$

6）螺纹型环小径

$$D_{M小}^{+\delta_中} = [(1+S)D_{S小} - \Delta_中]^{+\delta_中} \tag{4-40}$$

7）型芯型环螺距

$$P_M \pm \delta_中/2 = [(1+S)P_S] \pm \delta_中/2 \tag{4-41}$$

式中，$\delta_中$ 是成型零件螺纹中径制造公差，应根据模具的精度和加工方法确定，或取 $\delta_中 = (1/6 \sim 1/3)\Delta_中$。

当用塑料螺纹与金属螺纹配合时，如配合长度不超过 7～8 个螺纹牙，可不考虑计算塑料螺距的收缩率；内外螺纹材料收缩率相同或相近时，均不考虑收缩。另外，由于我国目前尚无专门的塑件螺纹公差标准，故只能参照金属螺纹公差标准中较低的精度选用，一般螺纹型芯和螺纹型环的精度等级比塑件螺纹的高 1 至 2 级。

4. 成型零部件工作尺寸计算实例

图 4-70 所示为塑料油壶盖制件，材料为低密度聚乙烯（LDPE），收缩率 1.5%～3%，该制件尺寸精度无特殊要求，所有尺寸均为自由尺寸，故按 MT7 查取公差。该制件材料是一种收缩范围较大的塑料，按平均值法计算模具成型零部件工作部分尺寸。平均收缩率 $S = (1.5\% + 3\%)/2 = 2.25\% = 0.0225$。模具的制造公差取 $\delta_Z = \Delta/3$。塑料油壶盖的标注尺寸和尺寸公差见表 4-4，型腔和型芯的径向和轴向尺寸见表 4-5。

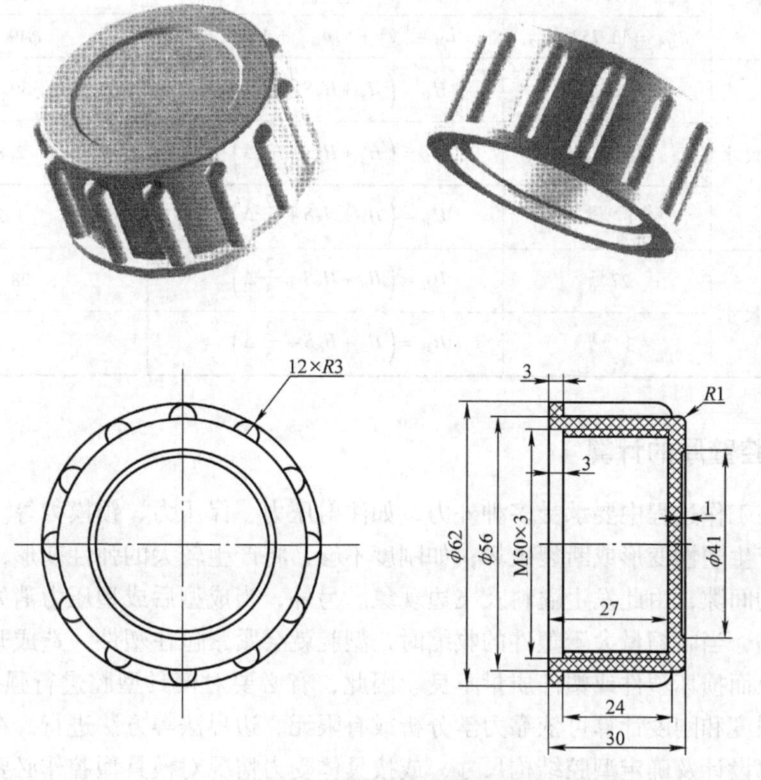

图 4-70　塑料油壶盖制件

表 4-4 塑料油壶盖的标注尺寸和尺寸公差

塑件标注尺寸		塑件尺寸公差（按 MT7 级精度）	塑件标注尺寸		塑件尺寸公差（按 MT7 级精度）
外形尺寸	$\phi56$	$\phi56^{\ 0}_{-1.54}$	内形尺寸	$d_{M小}=46.752$	$46.752^{+1.14}_{\ 0}$
	$\phi62$	$\phi62^{\ 0}_{-1.54}$		27	$27^{+1}_{\ 0}$
	3	$3^{\ 0}_{-0.38}$		3	$3^{+0.38}_{\ 0}$
	30	$30^{\ 0}_{-1}$		$\phi41$	$\phi41^{+1.14}_{\ 0}$
内形尺寸	$d_{M大}=50$	$50^{+1.14}_{\ 0}$		1	$1^{+0.38}_{\ 0}$
	$d_{M中}=48.051$	$48.051^{+1.14}_{\ 0}$			

表 4-5 型腔和型芯的径向和轴向尺寸

		塑件尺寸	计算公式	型腔或型芯工作尺寸
径向尺寸	型腔的径向尺寸	$\phi62^{\ 0}_{-1.54}$	$L_M=\left(L_S+L_SS-\frac{3}{4}\Delta\right)^{+\delta_z}_{0}$	$\phi62.24^{+0.51}_{\ 0}$
		$\phi56^{\ 0}_{-1.54}$	$L_M=\left(L_S+L_SS-\frac{3}{4}\Delta\right)^{+\delta_z}_{0}$	$\phi56.11^{+0.51}_{\ 0}$
		$\phi41^{+1.14}_{\ 0}$	$L_M=\left(L_S+L_SS+\frac{3}{4}\Delta\right)^{0}_{-\delta_z}$	$\phi42.78^{\ 0}_{-0.36}$
	型芯的径向尺寸	$d_{M大}=50^{\ 0}_{-1.32}$	$L_M=[(1+S)d_{M大}+\Delta_中]^{\ 0}_{-\delta_中}$	$\phi52.445^{\ 0}_{-0.03}$
		$d_{M中}=48.051^{\ 0}_{-1.32}$	$L_M=[(1+S)d_{M中}+\Delta_中]^{\ 0}_{-\delta_中}$	$\phi50.452^{\ 0}_{-0.03}$
		$d_{M小}=46.752^{\ 0}_{-1.32}$	$L_M=[(1+S)d_{M小}+\Delta_中]^{\ 0}_{-\delta_中}$	$\phi49.124^{\ 0}_{-0.03}$
轴向尺寸	型腔的轴向尺寸	$30^{\ 0}_{-1}$	$H_M=\left(H_S+H_SS-\frac{2}{3}\Delta\right)^{+\delta_z}_{0}$	$30.01^{+0.33}_{\ 0}$
		$3^{\ 0}_{-0.38}$	$H_M=\left(H_S+H_SS-\frac{2}{3}\Delta\right)^{+\delta_z}_{0}$	$2.81^{+0.18}_{\ 0}$
		$1^{+0.38}_{\ 0}$	$H_M=\left(H_S+H_SS+\frac{2}{3}\Delta\right)^{0}_{-\delta_z}$	$1.28^{\ 0}_{-0.13}$
	型芯的轴向尺寸	$27^{+1}_{\ 0}$	$H_M=\left(H_S+H_SS+\frac{2}{3}\Delta\right)^{0}_{-\delta_z}$	$28.27^{\ 0}_{-0.33}$
		$3^{+0.38}_{\ 0}$	$H_M=\left(H_S+H_SS+\frac{2}{3}\Delta\right)^{0}_{-\delta_z}$	$3.32^{\ 0}_{-0.13}$

四、型腔壁厚的计算

注射模在工作过程中要承受多种外力，如注射压力、保压力、锁模力等。模具型腔如强度不够，将产生塑性变形或断裂破坏；如刚度不够，将产生较大的弹性变形，使模具贴合面处出现较大的间隙，由此发生溢料及飞边现象。另外，当成型后成型压力消失时，型腔因弹性回复而收缩，当收缩量大于塑件的收缩时，型腔就会紧紧包住塑件，造成开模困难或塑件残留在定模上而损坏塑件或塑件质量不良。因此，有必要对模具型腔进行强度和刚度计算。模具型腔的强度和刚度计算可依靠力学分析或有限元、边界法等方法进行。在实际中，经常是按经验予以设计及确定型腔结构尺寸，或按具体受力情况对模具型腔作必要的强度或刚度校核。但对大型模具的型腔应予以设计计算。

1. 长方形型腔壁厚及底板厚度的计算

（1）组合式　矩形组合式型腔如图 4-71 所示。

1）型腔壁厚。从刚度的观点出发，型腔最小壁厚为

$$S_c = \sqrt[3]{\frac{paL_1^4}{32EH\delta}} \tag{4-42}$$

式中，p 是型腔内熔体的压力，一般取 25 ~ 45MPa；L_1 是型腔侧壁长边尺寸（mm）；H 是型腔高度（mm）；a 是受熔体压力部分的高度（mm）；E 是弹性模量，钢材取 2.1×10^5MPa；δ 是允许变形量（mm）。为防止溢料应根据不同塑料限定不同的最大不溢料间隙，如对低粘度塑料，取 0.025 ~ 0.04mm；对中粘度塑料，取 0.05mm 左右；对高粘度塑料取 0.06 ~ 0.08mm；为保证尺寸精度，δ 可取塑件允许公差的 1/5 左右。

从强度的观点出发，型腔侧壁每边均受拉应力和弯曲应力的联合作用，其校核公式为

$$\sigma_{拉} + \sigma_{弯} = \frac{paL_2}{2HS_c} + \frac{paL_1^2}{2HS_c{}^2} \leqslant [\sigma] \tag{4-43}$$

式中，$[\sigma]$ 是模具材料的许用应力，其他符号同前。

2）型腔底板厚。底板厚度 S 的计算因其支承形式不同有很大差异。对于图 4-72 所示的动模边为双支脚的底板，可由不同的角度计算获得。

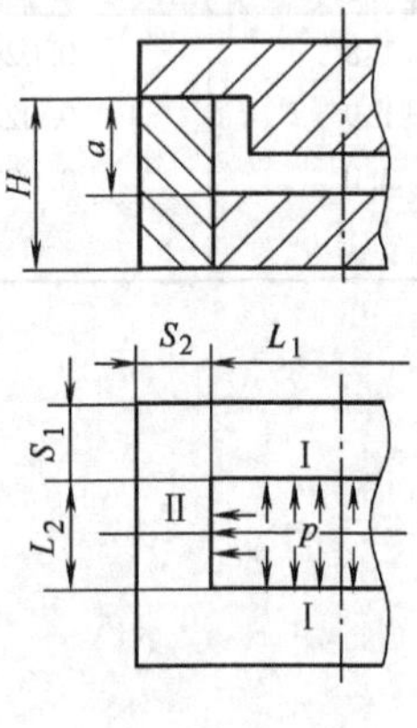

图 4-71　矩形组合式型腔

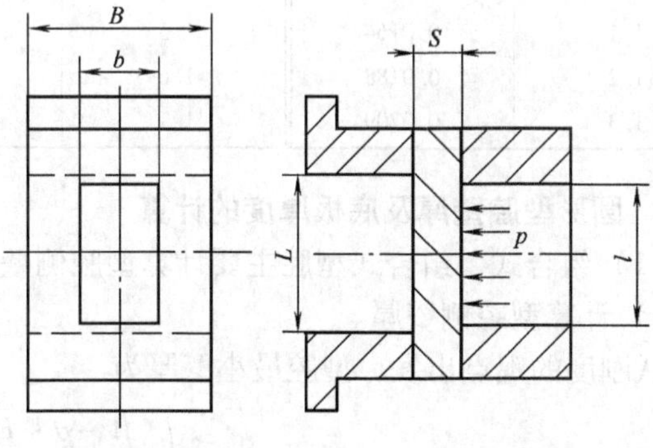

图 4-72　矩形组合式型腔底板厚度计算

按刚度计算为

$$S = \sqrt[3]{\frac{5pbl^4}{32EB\delta}} \tag{4-44}$$

按强度计算为

$$S = \sqrt{\frac{3pbL^2}{4B[\sigma]}} \tag{4-45}$$

式（4-44）和式（4-45）中，l 是型腔侧壁边长；L 是支承宽度；B 是凹模宽度；b 是型腔宽度；其他符号同前。

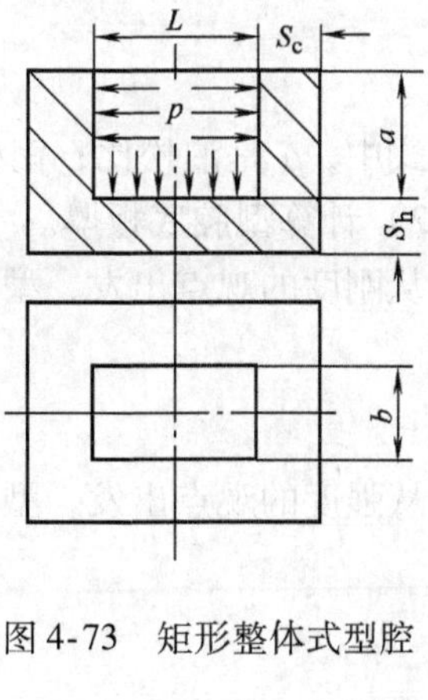

图 4-73　矩形整体式型腔

（2）矩形整体式　矩形整体式型腔如图 4-73 所示。

1）型腔壁厚。由刚度计算

$$S_c = \sqrt[3]{\frac{cpa^4}{E\delta}} \tag{4-46}$$

2）型腔底板厚。由刚度计算

$$S_h = \sqrt[3]{\frac{c'pb^4}{E\delta}} \tag{4-47}$$

上两式中，L 是型腔长度；a 是型腔深度；b 是型腔宽度；c 是 L/a 决定的常数，查表 4-6；c'是 L/b 决定的常数，查表 4-7；其他符号同前。

表 4-6　系数 c

L/a	c	L/a	c	L/a	c
3.33	0.930	1.43	0.117	0.83	0.015
2.50	0.570	1.25	0.073	0.67	0.008
2.00	0.330	1.10	0.045	0.5	0.002
1.66	0.188	1.00	0.031		

表 4-7　系数 c'

L/b	c'	L/b	c'	L/b	c'
1.0	0.0138	1.4	0.0226	1.8	0.0267
1.1	0.0164	1.5	0.0240	1.9	0.0272
1.2	0.0188	1.6	0.0251	2.0	0.0277
1.3	0.0209	1.7	0.0260		

2. 圆形型腔壁厚及底板厚度的计算

（1）组合式　组合式型腔主要计算型腔侧壁厚和型腔底板厚。

1）计算型腔侧壁厚。

从刚度的观点出发，型腔最小壁厚为

$$S_c = r\left(\sqrt{\frac{1-\mu+E\delta/(rp)}{E\delta/(rp)-\mu-1}}-1\right) \tag{4-48}$$

从强度的观点出发，型腔最小壁厚为

$$S_c = r\left(\sqrt{\frac{[\sigma]}{[\sigma]-2p}}-1\right) \tag{4-49}$$

上两式中，μ 是泊松比，钢材取 0.25；r 是型腔内径，其余符号同前。

2）计算型腔底板厚。

从刚度的观点出发，型腔最小壁厚为

$$S_h = \sqrt[3]{\frac{0.74pr^4}{E\delta}} \tag{4-50}$$

从强度的观点出发，型腔最小壁厚为

$$S_h = \sqrt{\frac{1.22pr^2}{[\sigma]}} \tag{4-51}$$

上两式中，符号同前。

（2）圆形整体式　如图 4-74 所示，圆形整体式型腔受到压力为 p 的熔体作用时其内半径将增大。但由于侧壁受到底板的限制，在一定的高度范围内，内半径增大量要小些。当侧壁高到一定界限 L 时，侧壁不再受底板约束，其内半径增大量与组合式型腔内径增大量 δ 相同。自由膨胀与约束膨胀的分界点高度为

$$L = \sqrt[4]{0.67r(R-r)^3} \tag{4-52}$$

约束膨胀时，内半径的增大量为

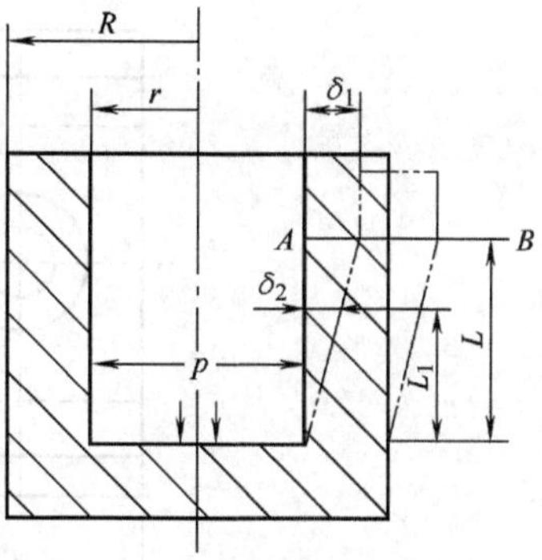

图 4-74　圆形整体式型腔

$$\delta_2 = \delta_1 \frac{L_1^4}{L^4} \tag{4-53}$$

式中，δ_1 是自由膨胀时内半径的增大量，L_1 是约束膨胀部分距底板的高度。

1）计算型腔侧壁厚

① 当型腔高度超过 L 时，按组合式圆形型腔计算。

② 当型腔高度小于 L 时，如从刚度的观点出发，则按式（4-52）和式（4-53）计算。

如从强度的观点出发，则有

$$\sigma = \frac{3pL^2}{S^2}\left(\frac{R^2+r^2}{R^2-r^2}+\mu\right) \leqslant [\sigma] \tag{4-54}$$

2）计算型腔底板厚

由刚度计算

$$S_h = \sqrt[3]{0.175\frac{pr^4}{E\delta}} \tag{4-55}$$

由强度计算

$$S_h = \sqrt{\frac{3pr^2}{4[\sigma]}} \tag{4-56}$$

3. 动模垫板厚度计算

动模垫板虽然不是成型零部件，但其厚度对型腔底部的强度和刚度有着直接影响，故有必要讨论动模垫板厚度的确定方法。动模垫板在工作时的受力情况如图 4-75 所示，其厚度为

$$h = K\sqrt{\frac{FL}{2B[\delta_{弯}]}} \tag{4-57}$$

$$F = Ap$$

式中，F 是动模垫板受的总压力（N）；A 是塑件及浇注系统在分型面上的投影面积；B 是动模垫板宽度（mm）；L 是支承块间距（mm）；p 是型腔压力，一般取 25～45MPa；$[\delta_{弯}]$ 是弯曲许用应力（MPa）；K 是修正系数，取 0.6～0.75。

按式（4-57）求得的动模垫板厚度 h 见表 4-8。

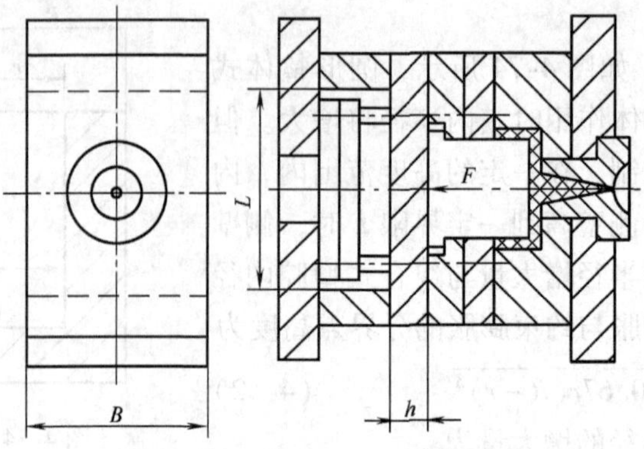

图 4-75　动模垫板厚度计算

表 4-8　动模垫板厚度

塑件、浇注系统投影面积 A/cm^2	h/mm	塑件、浇注系统投影面积 A/cm^2	h/mm
≤5	<15	>5～10	15～20
>10～50	20～25	>50～100	25～30
>100～200	30～40	>200	>40

第五节　导向与定位机构设计

注射模在工作中周期性地开模、合模。当动、定模完全分开时，可依靠注射成型机的拉杆导向，但仅靠注射成型机的拉杆导向并不能保证注射模具正常工作，注射模本身必须设置导向与定位机构。

一、导向机构的作用

注射模导向与定位机构，主要用来保证动模和定模两大部分或模内其他零件之间的准确配合和可靠地分开，以避免模内各零件发生碰撞和干涉，并确保塑件的形状和尺寸精度。导向机构的主要形式有导柱导向和锥面定位两种。前者在注射模中应用极为广泛，但在注射成型大型、深腔、高精度塑件和薄壁容器及偏心塑件时，为确保定位精度和定位强度，在使用前者的同时还经常配用后者。

二、导向机构的设计

1. 导柱导向机构

导柱导向机构是利用导柱与导柱孔之间的间隙配合来保证模具的对合精度，导柱、导套的组合形式如图 4-76 所示。

图 4-76a，用于小批量生产的简单模具，不需要导套，结构简单，加工方便。

图 4-76b，有导柱导套配合要求，适用于精度要求高、生产批量大的注射模具，且导柱导套可设计油槽，便于润滑，使用寿命长。

图 4-76c，采用了有肩导柱。制造时，可采用配合加工的方法一次性加工出导柱、导套

安装孔 d_1（H7），降低了对设备加工精度的要求，可获得好的技术经济效益。

图 4-76d，用于三板模，中间板上的导套用紧定螺钉锁住，以防松动。

（1）导柱的结构形式　导柱的结构和尺寸已经标准化，常见的结构形式有带头导柱和有肩导柱。有时为减小导柱与导柱孔之间的摩擦，在导柱的工作部分设置储油槽来储存润滑剂。

1）带头导柱，其结构如图 4-77 所示，直径尺寸由 12～100mm，长度尺寸由 50～800mm，其尺寸系列参照 GB/T 4169.4—2006。

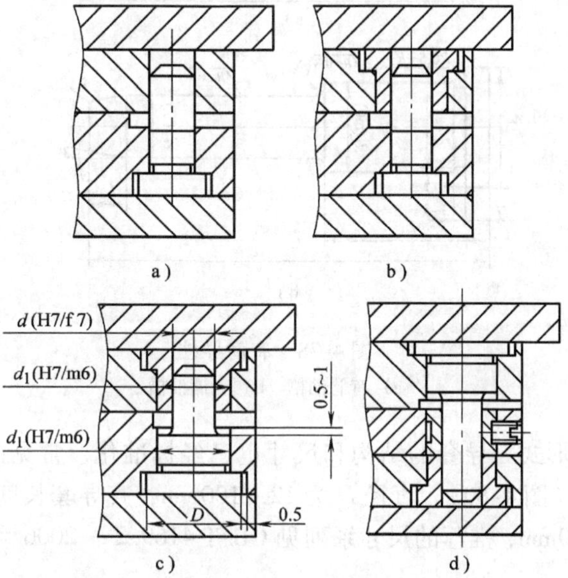

图 4-76　导柱、导套的组合形式

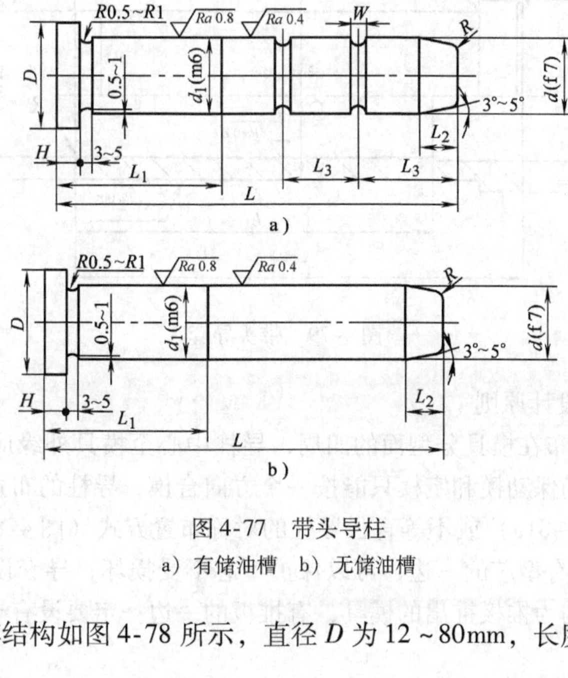

图 4-77　带头导柱

a）有储油槽　b）无储油槽

2）有肩导柱，其结构如图 4-78 所示，直径 D 为 12～80mm，长度 L 为 50～700mm，具

体尺寸系列参见 GB/T 4169.5—2006。

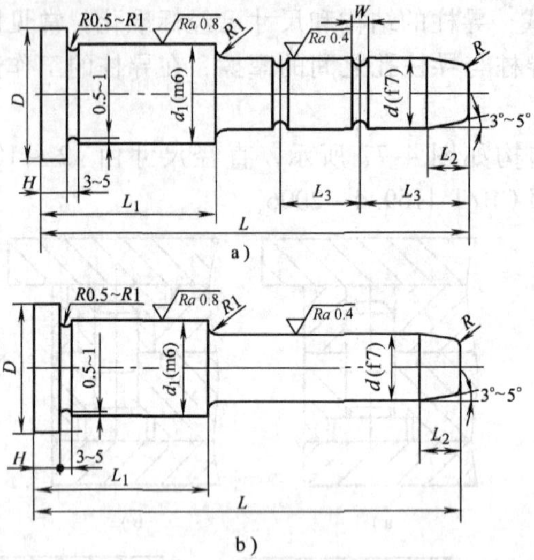

图 4-78　有肩导柱

a）有储油槽　b）无储油槽

（2）导套的结构形式　导套的结构和尺寸也已经标准化，常见的结构形式有带头导套（图 4-79）和直导套（图 4-80），直径 D 为 12～100mm，直导套长度 L 为 15～40mm，带头导套长度 L 为 20～200mm，推荐的尺寸系列见 GB/T 4169.2—2006 和 GB/T 4169.3—2006。

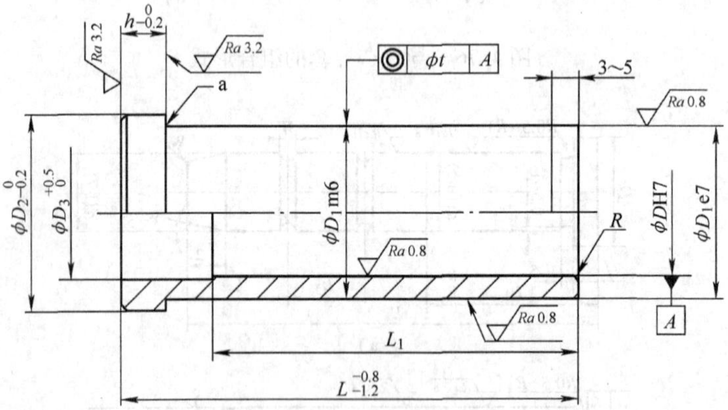

图 4-79　带头导套

（3）导柱导套的设计原则

1）导柱应合理均布在模具分型面的四周，导柱中心至模具外缘应有足够的距离，以保证模具的强度。为了确保动模和定模只能按一个方向合模，导柱的布置方式常采用等直径导柱的不对称布置（图 4-81a）或不等直径导柱的对称布置方式（图 4-81b）。

2）导柱一般设在有型芯的一边，可以保护型芯不受损坏；导套设在定模一边，便于塑件脱模。对于脱模机构为推板推出的模具，有推板的一边一定要设有导柱。对于点浇口三板

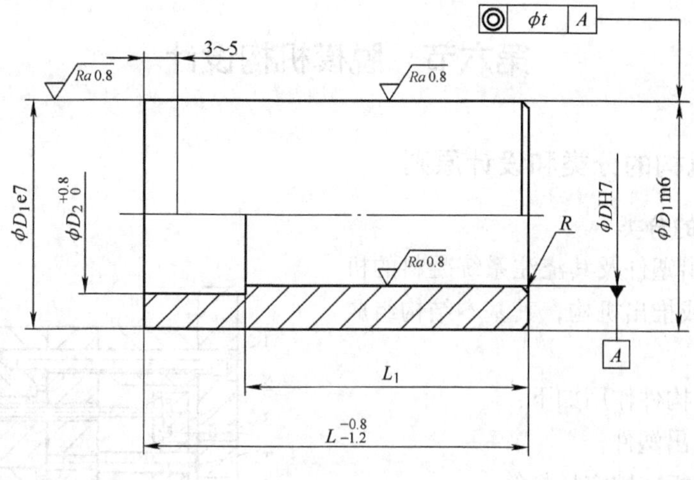

图 4-80　直导套

模、斜导柱和滑块均在定模的模具，导柱一般设在定模一边。

3）导柱长度应比凸模端面的高度高出 6~8mm，以保证在导柱伸入到导套后型芯才进入型腔，从而避免型芯与型腔相碰而损坏；对于脱模机构为推件板推出的模具，导柱长度应大于推件板的推出距离，以保证推件板在顶出过程中始终处于被导向状态。

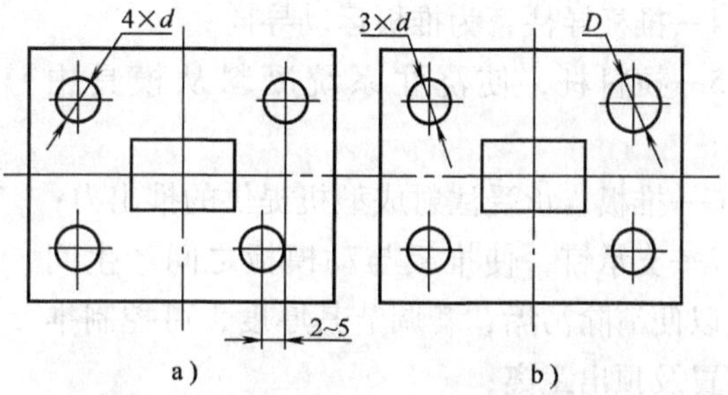

图 4-81　保证正确合模方向的导柱布置
a）等直径不对称　b）不等直径对称

4）为使导柱能顺利进入导套，导柱端部应做成锥形或半球形，导套的前端也应设有倒角。

5）导柱导套应有足够的耐磨度，它多采用 20 低碳钢经渗碳淬火处理，其硬度为 48~55HRC，也可采用 T8 或 T10 碳素工具钢，经淬火处理。导柱与导套配合部分的表面粗糙度要求为 $Ra0.8\mu m$。

6）导柱直径按模具尺寸选取，选取时参考国内外注射模架标准数据。

2. 锥面定位机构

在成型精度要求高的大型、薄壁、深型腔塑料制件时，型腔内的侧压力往往会引起型芯或型腔的偏移，如果这种侧压力完全由导柱来承受，会导致导柱卡死或损坏。因此，这时应增设锥面定位机构，用于承受部分侧压力，避免导柱承受侧压力后卡死或损坏。锥面配合形式如图 4-82 所示：型芯模块环抱型腔模块，使型腔模块受力时无法向外胀开；锥面角 α 越小越利于定位，但 α 太小反而增加开模力，故一般取 $\alpha=5°\sim20°$，环抱高度取 15mm 以上。

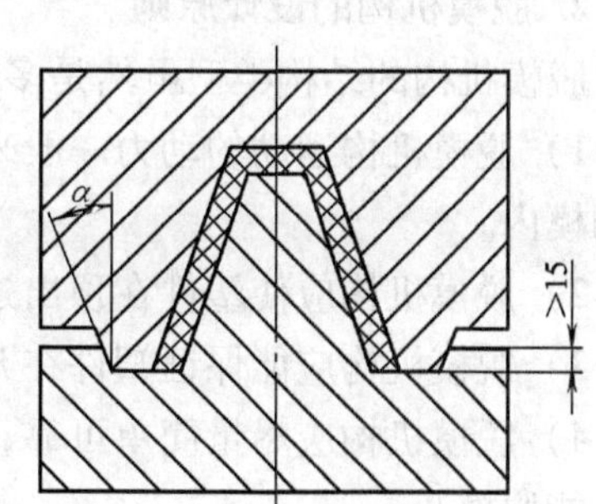

图 4-82　锥面定位的结构形式

第六节　脱模机构设计

一、脱模机构的分类和设计原则

1. 脱模机构的分类

从模具中推出塑件及其浇注系统凝料的机构称为脱模机构或推出机构，其基本结构组成如图4-83所示。

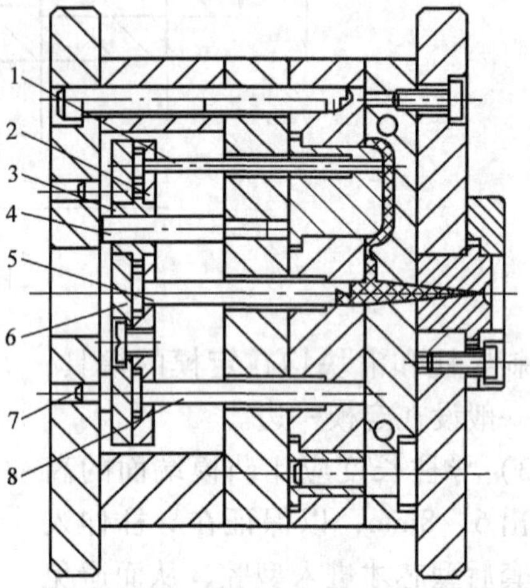

图4-83　脱模机构

1—推杆　2—推杆固定板　3—推板导套　4—推板导柱　5—拉料杆　6—推板　7—支承钉　8—复位杆

图4-83中各构件作用如下：

1—推杆，推出塑件；

2—推杆固定板，固定推杆等；

3—推板导套，为推板运动导向；

4—推板导柱，为推板运动导向；

5—拉料杆，使浇注系统凝料从模具中脱出；

6—推板，承受注射成型机提供的推出力；

7—支承钉，使推板与动模板之间产生间隙，以便清除污垢；若调节其厚度，可控制推杆位置及顶出距离；

8—复位杆，也称回程杆，使推板在顶出塑件后复位。

事实上，脱模机构的分类因成型塑件的形状、复杂程度以及注射机推出机构结构形式的不同而异，如按推出零件的类别对机构分类，可以分为推杆推出、推管推出、推件板（脱模板）推出、推块推出和多元件联合推出等；如按机构的推出动作特点分类，可以分为简单脱模推出（一次推出）、二次推出、顺序推出、双脱模推出、定模推出以及带螺纹制品的脱模机构等不同类型；另外，还可以按推出动作的动力源，可分为手动脱模、机动脱模、液压和气压推出等不同类型。

2. 脱模机构的设计原则

脱模机构的结构类型虽然是多样化的，但其设计原则还是一样的，具体如下：

1）脱模机构运动的动力一般来自于注射机的推出机构，故脱模机构一般设置在注射模的动模内。

2）脱模机构应使塑件在顶出过程中不会变形损坏。

3）脱模机构应能保证塑件在开模过程中留在设置有顶出机构的动模内。

4）脱模机构应尽量简单可靠，有合适的推出距离（过大会加剧模具的磨损、过小则制品不能脱模）。

5）若塑件需留在定模内，脱模机构应设置在定模内。

二、脱模力计算

脱模力是指将塑件从包紧的型芯上脱出时需要克服的阻力。它主要包括由塑件的收缩引起的塑件与型芯的摩擦阻力和大气压力。脱模力的大小与塑件的厚薄及其形状有关。厚壁和薄壁的圆形塑件和矩形塑件的脱模力计算公式如下：

1. 对于厚壁塑件($\delta/d>0.05$)

（1）圆环形塑件断面的脱模力

$$F=\frac{2\pi rESl(f-\tan\varphi)}{(1+\mu+k_1)k_2}+0.1A \tag{4-58}$$

（2）矩环形塑件断面的脱模力

$$F=\frac{2(a+b)ESl(f-\tan\varphi)}{(1+\mu+k_1)k_2}+0.1A \tag{4-59}$$

2. 对于薄壁塑件($\delta/d\leqslant 0.05$)

（1）圆环形塑件断面的脱模力

$$F=\frac{2\pi\delta_1 ESl\cos\varphi(f-\tan\varphi)}{(1-\mu)k_2}+0.1A \tag{4-60}$$

（2）矩环形塑件断面的脱模力

$$F=\frac{8\delta_2 ESl\cos\varphi(f-\tan\varphi)}{(1-\mu)k_2}+0.1A \tag{4-61}$$

以上各式中，是圆环形断面时 $\delta=\delta_1$，是矩环形断面时 $\delta=\delta_2$；$k_1=2\lambda^2/(\cos^2\varphi+2\lambda\cos\varphi)$，$\lambda=r/\delta$，$r$ 是型芯的平均半径，$r=d/2$（mm）；$k_2=1+f\sin\varphi\cos\varphi\approx 1$ 是无因次系数；S 是塑料平均成型收缩率（%）；E 是塑料的弹性模量（MPa）；l 是塑件对型芯的包容长度（mm）；f 是塑件与型芯之间的静摩擦因数，常取为 0.1～0.2；φ 是模具型芯的脱模斜度（°）；μ 是塑料的泊松比；δ_1 和 δ_2 分别是圆环形和矩环形塑件的平均壁厚；a、b 是矩形型芯（指厚壁塑件）的断面尺寸（mm）；A 是盲孔塑件型芯在脱模方向上的投影面积，通孔塑件的 $A=0$。

三、简单脱模机构

1. 简单脱模机构的形式

简单脱模机构又称一次推出机构，是开模后用一次动作把塑件推出的机构，如图 4-84 所示。其常见形式有六种。

（1）推杆推出机构　如图 4-84a 所示，该脱模机构是应用最广、推出位置所受的限制最少的一种顶出方式，如用于箱类异形塑件的脱模推出机构。

（2）推管推出机构　如图 4-84b 所示，用于推出中心带孔的圆形塑件或有环形凸台的塑件。

（3）推件板推出机构　如图 4-84c 所示，主要用于支承面很小的壳类塑件。另外，在不允许留推杆残痕的情况下，也常用这种推板推出机构。

（4）推块推出机构　如图 4-84d 所示，对于齿轮类或一些带有凸缘的制品，如采用推杆推出容易变形，而结构上又不允许采用推板推出时，可采用推块作为推出零件。

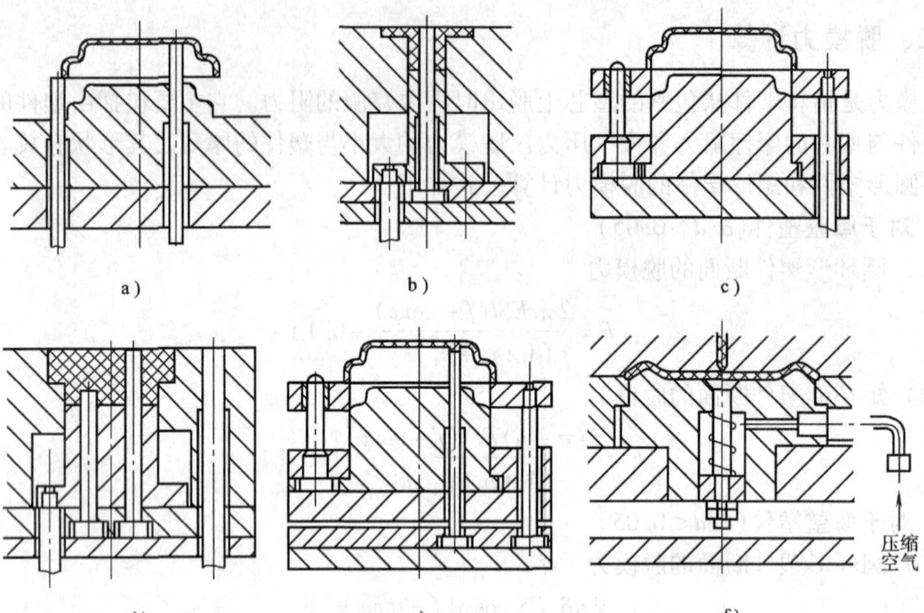

图 4-84　简单脱模机构

（5）联合推出机构　如图 4-84e 所示，采用以推件板为主、推杆或推管为辅的顶出方式，用于型芯内部阻力大、仅用推件板或推杆易使塑件变形或损坏的情况。

（6）压缩空气推出机构　如图 4-84f 所示，适用于深腔、薄壁塑件的脱模。它在型芯中设置压缩空气顶出阀门，在型芯与塑件间吹入压力为 0.5 ~0.6MPa 的压缩空气使塑件脱模。

2. 主要推出零件的设计

（1）推杆的设计　推杆又称顶杆，在注射模中应用最为广泛。推杆材料多为 45 钢、T8A 或 T10A 碳素工具钢，其装配固定形式如图 4-85 所示。推杆仅与型腔或镶件配合，配合长度 $L_1=(1.5\sim2)d\geqslant15$mm，配合间隙最大不能超过塑料的溢边值，否则将出现溢料飞边（多采用 H7/f6 配合）。由于注射模工作时推杆与型腔或镶件反复摩擦，为降低摩擦磨损，延长推杆使用寿命，推杆头部（有的是全部）需淬火处理，硬度为 45 ~50HRC，局部淬火处理时，其长度 L_2 不小于推出距离。另外，为避免影响塑件的使用，装配推杆时，应使推杆端面与型腔或镶件的平面平齐或高出 0.05 ~0.1mm。

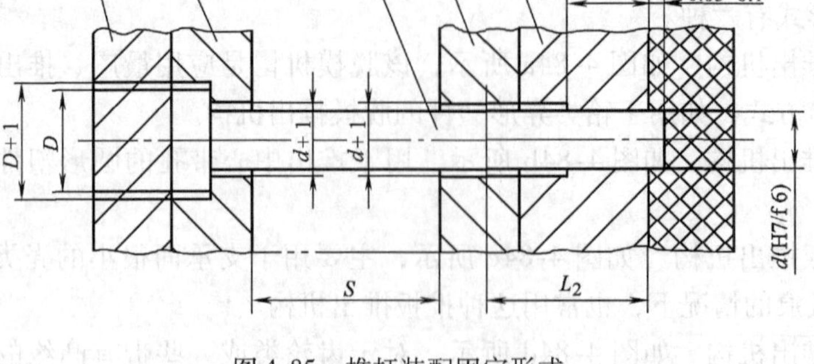

图 4-85　推杆装配固定形式

1—推出板　2—推杆固定板　3—推杆　4—支承板　5—凹模

1）推杆的形式。推杆的形式很多，较常见的有图4-86所示的四种形式。

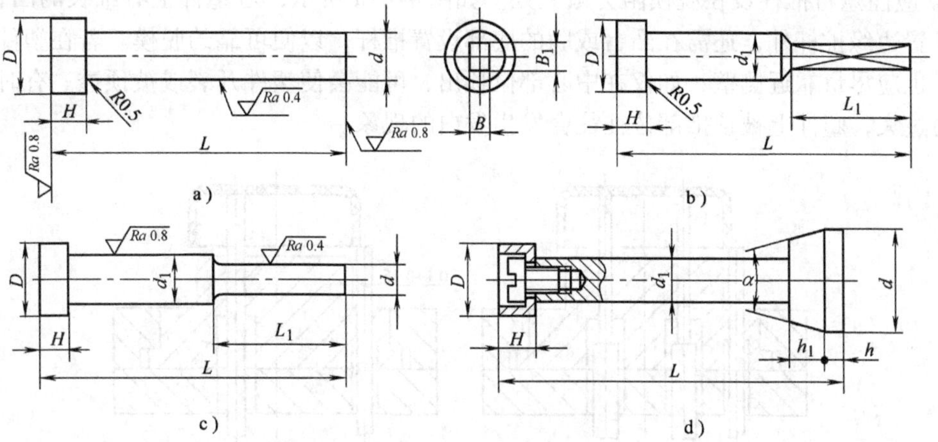

图4-86 推杆形式

图4-86a为圆推杆。该种推杆结构较简单，应用最广泛，对中小型模具，其直径 d 一般为 $\phi2.5\sim12$mm。

图4-86b为矩形推杆。该种推杆用来顶推薄壁塑件的边缘、窄凸台或肋的底部等，以增大其顶推面积，模板上的推杆孔常用线切割方法加工。

图4-86c为阶梯形推杆。当推出部位受限制、尺寸较小，而又需要增加推杆刚度时，将直通形圆推杆改为阶梯形，其顶出部分长一般为非顶出部分的1/2。

图4-86d为盘形推杆。当无法采用边缘推杆或推件板时（如塑料脸盆的推出），可采用这种大直径的推杆，以增加顶推面积，使塑件变形的可能性减小。

2）推杆的尺寸。推杆长度由模板厚度、推出距离确定。推杆直径不宜太细，应有足够的刚度和强度来承担推力，一般推杆直径为 $\phi2.5\sim\phi12$mm，尽量避免 $\phi2$mm 以下的推杆。推杆直径 d 的确定可根据压杆稳定公式求得

$$d=\Psi\left(\frac{L^2F}{nE}\right)^{1/4} \tag{4-62}$$

式中，Ψ 是安全系数，取 $\Psi=1.5$；L 是推杆长度（mm）；F 是脱模力（N）；n 是推杆数目；E 是推杆材料的弹性模量（MPa）。

推杆直径确定后，还应进行强度校核，即

$$\sigma_c=\frac{4F}{n\pi d^2}\leqslant[\sigma] \tag{4-63}$$

式中，$[\sigma]$ 是推杆材料的许用应力（MPa）；σ_c 是推杆所受的应力（MPa）。

GB/T 4169.1—2006、GB/T 4169.15—2006和GB/T 4169.16—2006分别对圆推杆、扁推杆和带肩推杆作了具体规定。

3）推杆的布置。在保证塑件成型质量和顺利脱模的情况下，推杆数量应尽量少，并尽可能地设置在塑件的内侧，以免因顶出痕迹而影响塑件外观。如因塑件某些特殊要求，推出位置必须设置在其外观时，可在推杆工作表面加工一些装饰性标志。合理布置推杆的原则是：

① 尽可能使推杆位置均匀对称，以便使塑件所受的顶出力均衡，并避免推杆弯曲变形。

② 应注意将推杆设在脱模阻力最大处。如图 4-87a 所示，若塑件上有细长的凸台或肋，则除设置边缘推杆外，还需在凸台或肋的底部设置推杆，以便可靠的脱模。若在塑件里面设置推杆也应尽量靠近侧壁；如仅在中心部位顶出，可能会使塑件开裂或被顶透。有时因单位脱模力过大，塑件上被顶推部位往往会发生发白的现象。

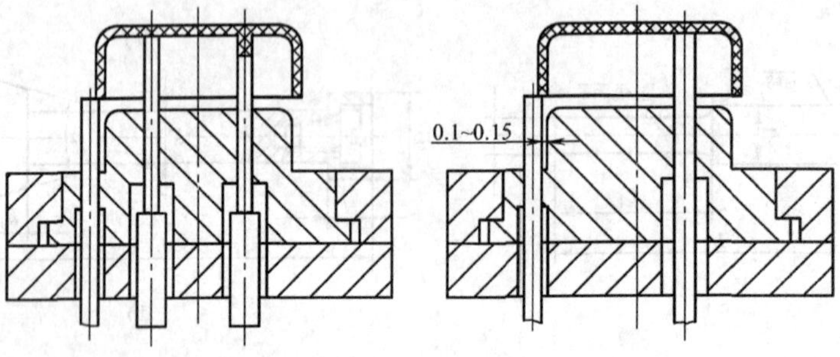

图 4-87　推杆的布置

③ 在顶推塑件的边缘时，为了增加推杆与塑件的接触面积，应尽量采用直径较大的推杆。如图 4-87b 所示，推杆的边缘应至少与凸模侧壁相隔 0.1 ~0.15mm，以避免因推杆孔的磨损而把凸模侧壁擦伤。

④ 当塑件结构需要在其薄壁位置设置推杆时，可根据塑件结构适当增大推杆工作端面的截面积或采用图 4-86d 所示的盘形推杆。

（2）推管的设计　推管是一种空心推杆，用以顶出圆筒形塑件或顶推塑件上的环形凸台。推管的脱模运动与推杆相同。如图 4-88 所示，推管的组合形式与推杆相似，不同之处在于推管内部有一个用于成型制品中心孔的型芯，推管内径与型芯、外径与型腔或镶件均为间隙配合。对推管的材料、热处理及表面粗糙度要求同推杆。

图 4-88a 中，推管固定在顶出板上，型芯用螺塞固定在模具底板上，型芯较长，多用于顶出距离不大的场合。

图 4-88b 中，型芯固定在动模的支承板上，推管设在动模板内，缩短了推管和型芯的长度，但增加了动模板的厚度。

推管的形状如图 4-89 所示，其具体尺寸系列参见 GB/T 4169.17—2006。

（3）推件板的设计　推件板顶出的特点是顶出力均匀、力量大、运动平稳。推件板顶出结构主要用于薄壁容器、壳体以及不允许在塑件表面留有顶出痕迹的情况，其装配固定形式如图 4-90 所示。

1）设计推件板时遵循的原则如下：

① 为防止推件板在顶出过程中脱落，推件板与推板之间采用固定连接（图 4-90a）。

② 推件板在顶出过程中必须处于被导向状态，通常靠导柱导向，导柱长度应大于推件板的顶出距离。

③ 为减小推件板与型芯的摩擦，在推件板与型芯间留 0.25mm 间隙，或者在二者之间采用锥面配合，这样可防止推件板偏心溢料，锥面的单边斜度约取 10°，且配合间隙值应小

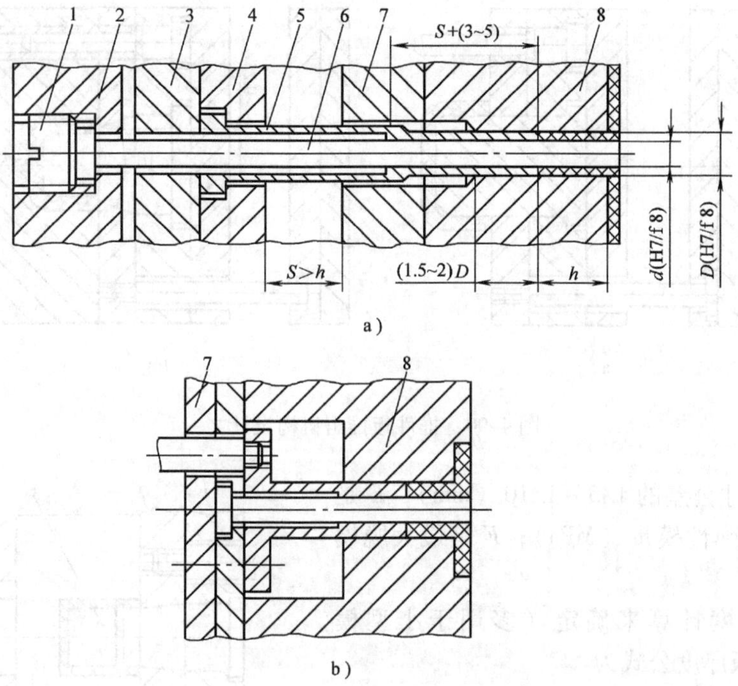

图 4-88　推管装配固定形式

1—螺塞　2—动模座板　3—推板　4—推管固定板　5—推管　6—型芯　7—支承板　8—凹模

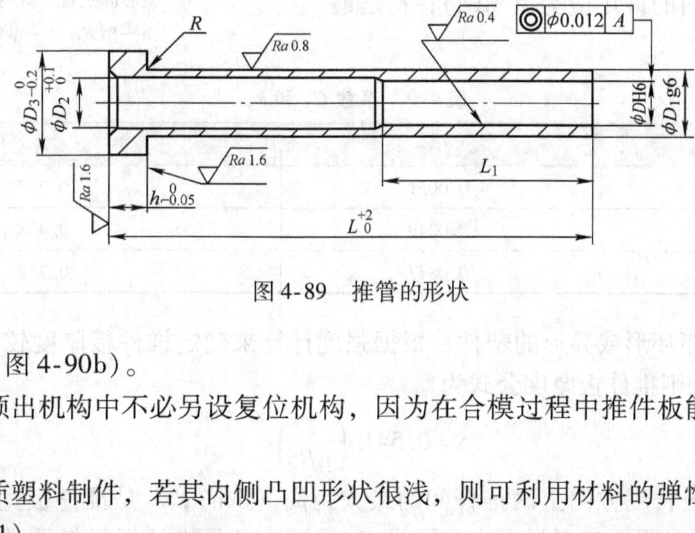

图 4-89　推管的形状

于塑料溢边值（图 4-90b）。

④ 推件板顶出机构中不必另设复位机构，因为在合模过程中推件板能在锁模力作用下复位。

⑤ 对于软质塑料制件，若其内侧凸凹形状很浅，则可利用材料的弹性用推件板进行强制脱模（图 4-91）。

2）推件板厚度可按以下方法确定：

① 筒形或圆形塑件。若根据刚度计算来确定，则推件板厚度公式为

$$S=\left(\frac{C_3FR^2}{E\delta}\right)^{1/3} \tag{4-64}$$

式中，R 是作用在推件板上的推杆半径（mm）；C_3 随 R/r 的值而异，由表 4-9 选取；r 是推件板环形内孔（或型芯）半径（mm）；δ 是推件板中心所允许的最大变形量，一般取塑件在

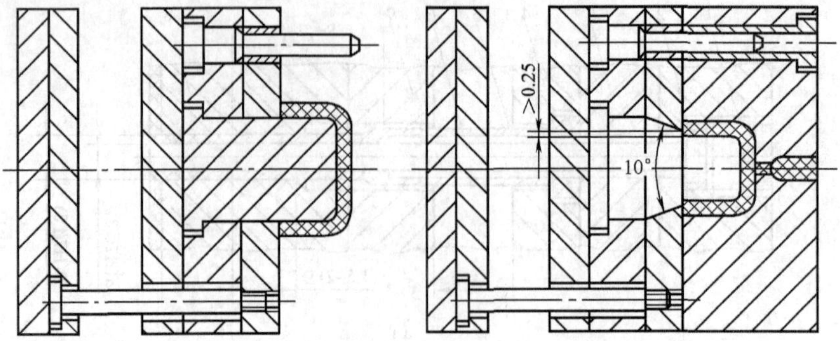

a)　　b)

图 4-90　推件板推出机构设计之一

顶出方向上尺寸公差的 1/5 ~ 1/10（mm）；E 是推件板材料的弹性模量（MPa）；F 是最大脱模力（N）。

若根据强度计算来确定（多用于小型模具），则推件板厚度公式为

$$S=\left(k_3\frac{F}{[\sigma]}\right)^{1/3} \tag{4-65}$$

式中，系数 k_3 随 R/r 的值而异，由表 4-9 选取；$[\sigma]$ 是推件板材料的许用应力（MPa）；F 是最大脱模力（N）。

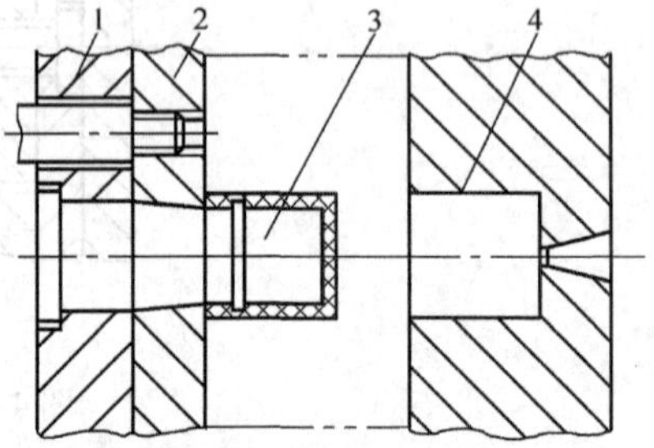

图 4-91　推件板推出机构设计之二

1—型芯固定板　2—推件板
3—型芯　4—型腔

表 4-9　系数 C_3 和 k_3

R/r	C_3	k_3
1.25	0.0051	0.227
1.50	0.0249	0.428
2.00	0.0877	0.753

② 横断面为矩环形或异形的塑件。根据强度计算来确定推件板厚度较为复杂，若根据刚度计算来确定，则推件板厚度公式为

$$S=0.54L_0\left(\frac{F}{EB\delta}\right)^{1/3} \tag{4-66}$$

式中，L_0 是推件板长度方向上两推杆间的最大距离（mm）；B 是推件板宽度（mm）；δ 是推件板中心所允许的最大变形量，大小同式（4-64）；E 是推件板材料的弹性模量（MPa）；F 是最大脱模力（N）。

3. 复位机构的设计

为了进行下一循环的成型，脱模推出机构在完成塑件的顶出动作后必须回到初始位置。除推件板顶出外，其他顶出形式（推杆顶出、推管顶出等）一般均需要设置复位机构。常用的复位机构有弹簧复位（在推板与动模支承板之间安装压缩弹簧）和复位杆复位两种。弹簧复位不可靠，不及复位杆复位应用广泛。复位杆复位机构的组合形式如图 4-92a 所示，

复位杆与动模镶块或动模固定板的配合长度 $L_1 = (1.5 \sim 2)d \geqslant 15\text{mm}$；复位杆一般为 4 根，对称布置在推出板的四周。对中、大型模具可设置 6 根或 8 根复位杆。为避免在工作过程中复位杆将定模固定板顶出凹坑，影响脱模推出机构准确复位，可在定模固定板上镶入淬火的垫块，如图 4-92b 所示。另外，在塑件几何形状和模具结构允许的情况下，斜滑块、螺纹型环等活动镶块可兼作复位杆。

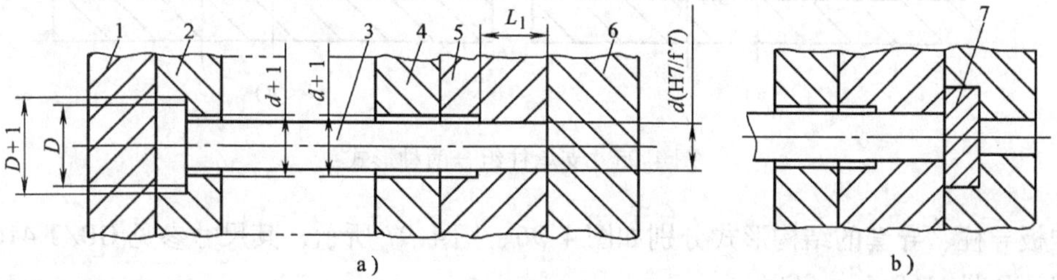

图 4-92　复位杆装配固定形式

1—推出板　2—复位杆固定板　3—复位杆

4—支承板　5—动模固定板　6—定模固定板　7—淬火镶块

复位杆的材料、热处理及表面粗糙度要求与推杆相同，其形式如图 4-93 所示，其尺寸参见 GB/T 4169.14—2006。

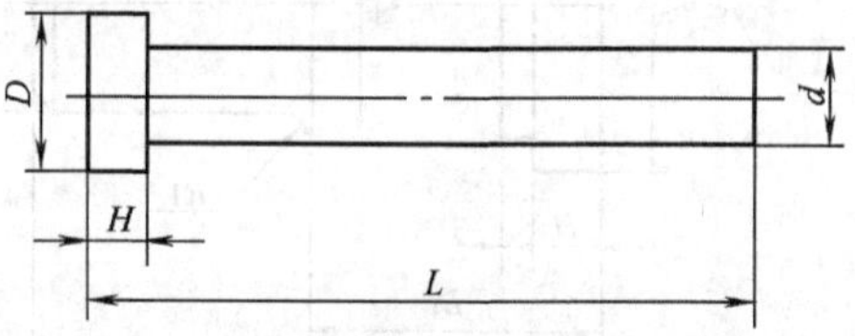

图 4-93　复位杆

4. 脱模机构导向设计

推杆、推管一般装配在推板与推杆固定板之间。脱模机构工作时，由推板将注射机的顶出力传递给推杆（推管），为保证传力平稳、防止推杆（推管）变形或折断，推板应处于被导向状态。推板的导向通常利用推板导柱、导套实现，其组合形式如图 4-94a 所示。图 4-94b 中导柱还可兼起支承作用，以减少中间垫板的弯曲变形。对大型塑料模具，可在动模垫板和动模座板之间另外设置支承柱，以增加动模部分强度，防止动模型板变形，减少型板厚度，如图 4-95 所示。

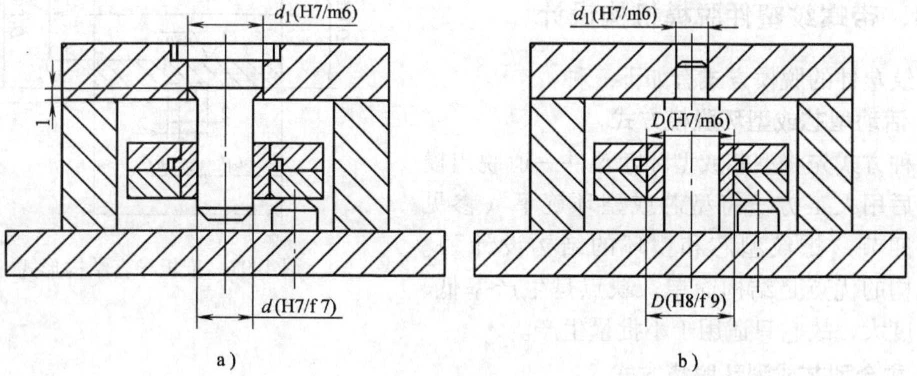

图 4-94　脱模导向机构

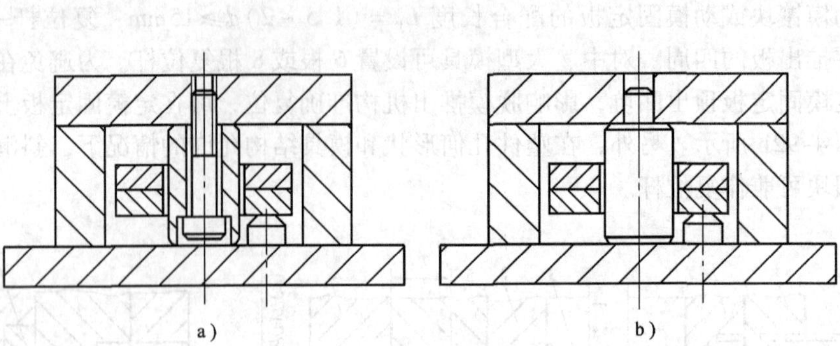

图 4-95　支承柱组合两种形式

推板导柱、导套的结构形式分别如图 4-96、图 4-97 所示，其尺寸参见 GB/T 4169.14—2006 和 GB/T 4169.12—2006。

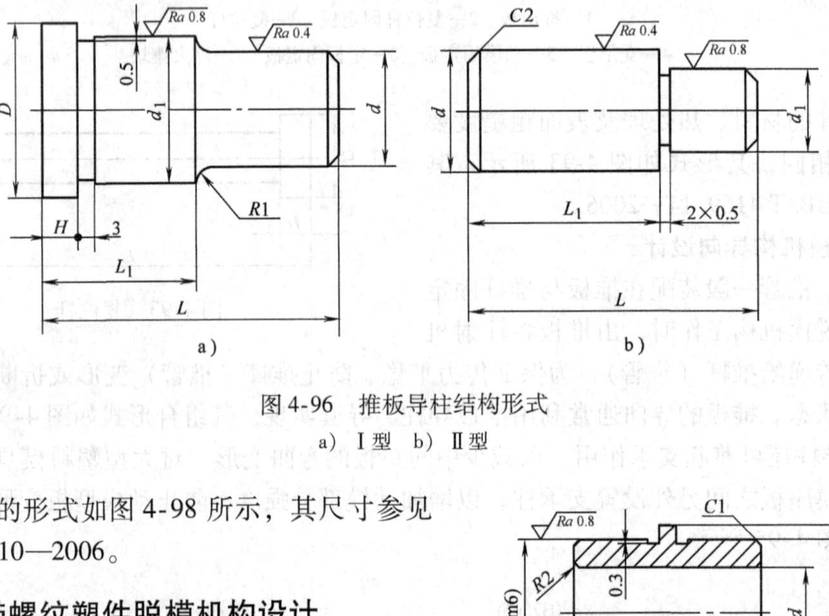

图 4-96　推板导柱结构形式

a）Ⅰ型　b）Ⅱ型

支承柱的形式如图 4-98 所示，其尺寸参见 GB/T 4169.10—2006。

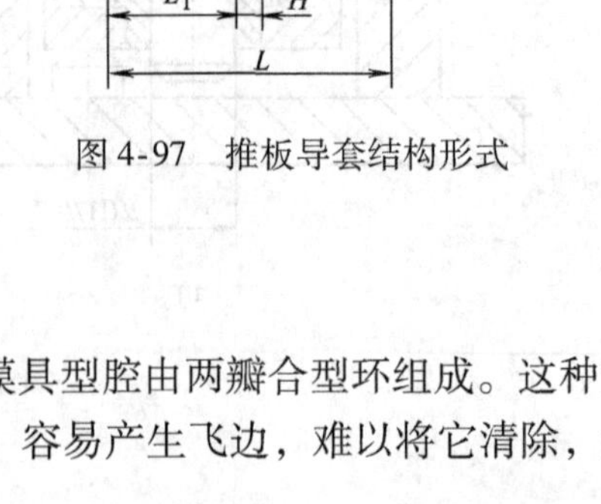

图 4-97　推板导套结构形式

四、带螺纹塑件脱模机构设计

螺纹塑件的脱模方式有如下三种：

1. 活动型芯或型环脱模方式

这种方式先将型芯或型环随塑件一道脱出模外，然后用人工方法将型芯或型环旋下（参见本章第四节“螺纹型芯和型环的结构设计”）。这种机构的优点是结构简单；缺点是生产率低、劳动强度大，故它只适用于小批量生产。

2. 拼合型芯或型环脱模方式

图 4-99a 所示为利用拼合型环脱外螺纹的模具，模具型腔由两瓣合型环组成。这种方式脱模可靠，且结构比较简单，但在螺纹部分有分型线，容易产生飞边，难以将它清除，影响

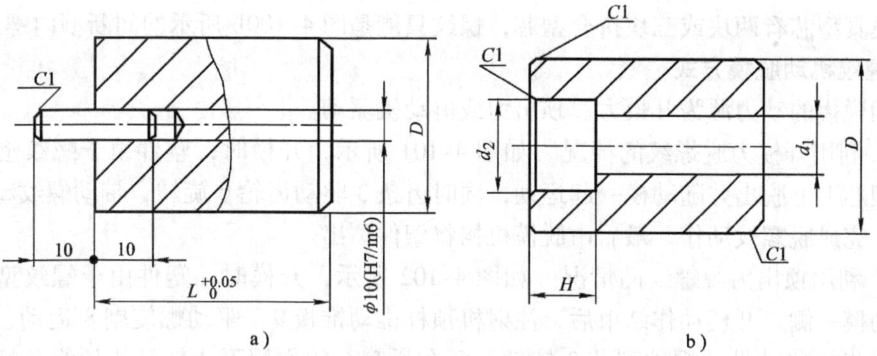

a） b）

图 4-98 支承柱的形式

a）Ⅰ型 b）Ⅱ型

螺纹使用。为解决这一问题，可将螺纹设计成图 4-100a 所示的间断型外螺纹，设计模具时，

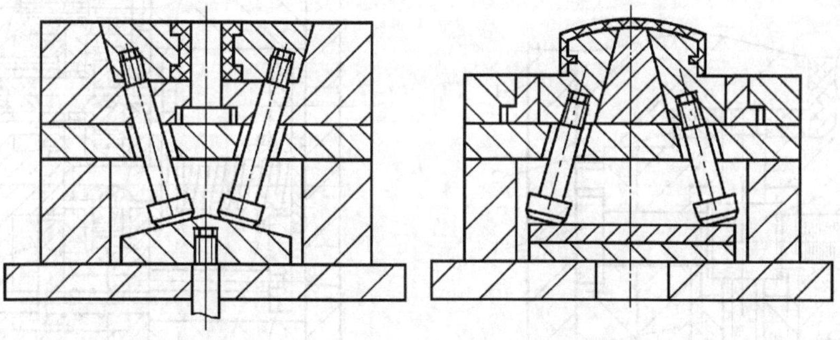

a） b）

图 4-99 拼合型芯或型环脱模方式

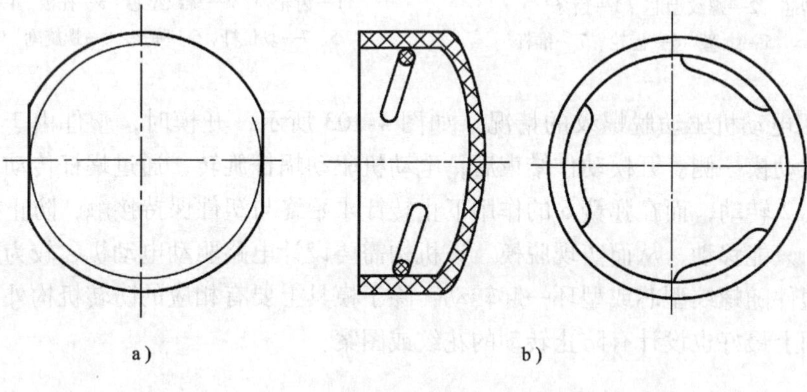

a） b）

图 4-100 间断型螺纹设计

a）间断型外螺纹 b）间断型内螺纹

将拼合型芯或型环的结合面设置在无螺纹的地方。图 4-99b 所示为利用拼合型芯脱内螺纹的模具，模具型芯有两块或三块拼合型芯，螺纹只能是图 4-100b 所示的间断型内螺纹。

3. 螺纹机动脱模方式

机动脱模的动力源为开模力、顶出力或电动机驱动。

（1）利用开模力脱螺纹的情况　如图 4-101 所示，开模时，塑件由于螺纹型芯 2 的作用，从型芯 1 上脱出并随动模一起运动，同时齿条 3 驱动齿轮 6 旋转，带动螺纹型芯 2 转动和移动，完成脱螺纹动作，最后由脱模机构将塑件顶出。

（2）利用顶出力脱螺纹的情况　如图 4-102 所示，开模时，塑件由于螺纹型芯 2 的作用留在动模一侧。开模动作结束后，注射机顶杆推动推板 9，驱动螺旋副 8 运动，旋转的螺旋杆通过齿轮传动带动螺纹型芯 2 转动，而在弹簧 6 的作用下止转针 4 始终与塑件保持接触；塑件不能随螺纹型芯转动，而只能移动，从而实现脱模。

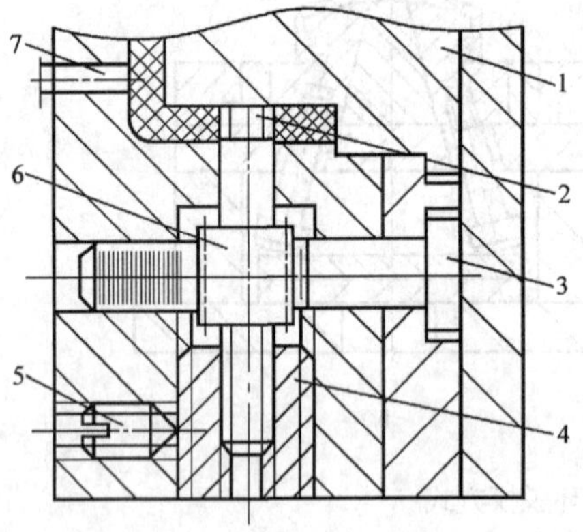

图 4-101　开模力脱螺纹

1—型芯　2—螺纹型芯　3—齿条
4—螺纹套　5—螺塞　6—齿轮　7—推杆

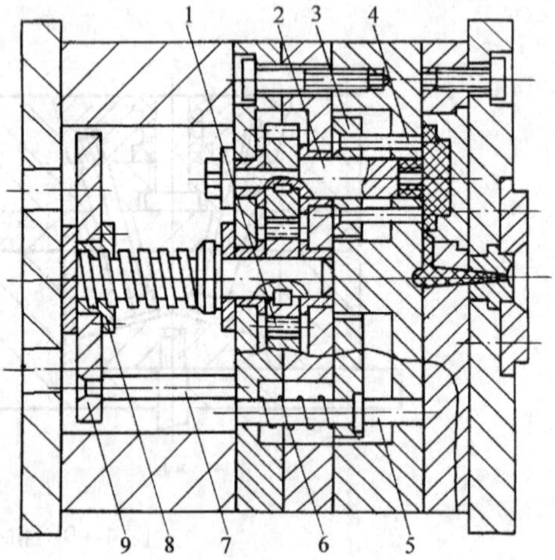

图 4-102　顶出力脱螺纹

1—齿轮副　2—螺纹型芯　3—托板　4—止转针
5、7—复位杆　6—弹簧　8—螺旋副　9—推板

（3）利用电动机驱动脱螺纹的情况　如图 4-103 所示，开模时，塑件由于螺纹型芯 2 的作用而留在动模一侧。开模动作结束后，电动机驱动蜗杆旋转，通过蜗杆传动和齿轮传动带动螺纹型芯 2 转动，而在弹簧 6 的作用下止转针 4 始终与塑件保持接触，防止塑件随螺纹型芯转动，而只能移动，从而实现脱模。该机构需要设计电路驱动电动机，较为麻烦。

为防止塑件随螺纹型芯或型环一起转动，除了模具上要有相应的防转机构外，在塑件的外表面或端面上最好也设计有防止转动的花纹或图案。

五、其他脱模推出机构设计

1. 二次推出脱模机构

经过两次推出动作才能把塑件可靠顶出的机构，称为二次推出脱模机构。采用这种机构的原因是：①为了适应自动化生产（要求塑件自行坠落）；②对有些特殊形状塑件，一次顶出动作难以将其顶出；③为了避免一次推出时塑件受力过大而变形或破裂等。二次推出脱模机构有五种常见形式：

（1）气动和液动二次推出机构　图 4-104a 所示为气动二次推出机构，开模后，先利用推杆带动动模侧的型腔板进行第一次顶出，将塑件从凸模上推出，而后再利用压缩空气将塑件吹出型腔板，实现二次推出。图 4-104b 所示为液动二次推出机构，开模后，第一次推出利用液压缸带动推板实现，第二次推出依靠机械顶出装置完成。

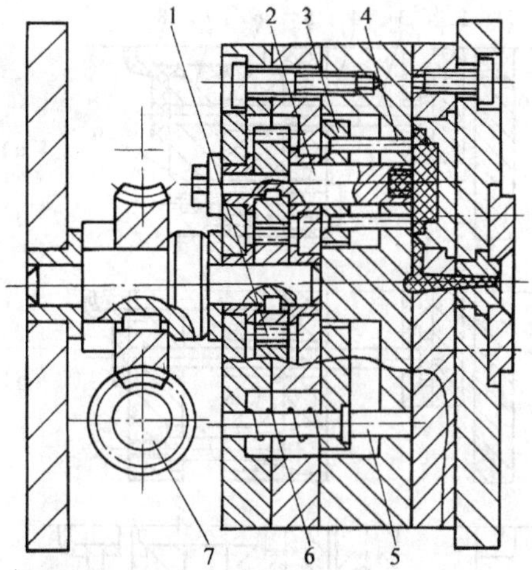

图 4-103　电动机驱动脱螺纹
1—齿轮副　2—螺纹型芯　3—托板
4—止转针　5—复位杆　6—弹簧　7—蜗杆

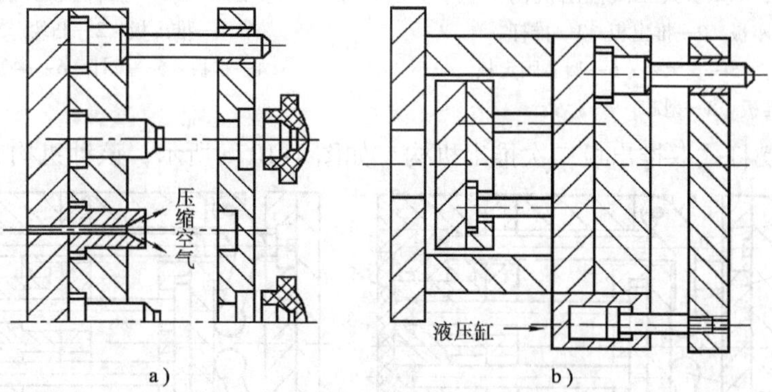

图 4-104　气动和液动二次推出机构

（2）弹簧式二次推出机构　如图 4-105a 所示，开模后，弹簧 9 弹性回复，推动推板 7 使制品与型芯 8 分离，完成第一次顶出动作，此时，推出板 2 和推杆 3 可能停止不动（图 4-105b）；然后注射机顶杆推动推出板 2 和推杆 3 推出塑件完成第二次顶出动作（图 4-105c）。其优点是结构简单；缺点是动作不可靠，弹簧易失效，需时常更换，故它只限用于小型塑件的注射模。

（3）拉杆式二次推出机构　如图 4-106 所示，开模时，首先从 I 处分型，推板 4 与动模固定板随注射成型机动模板一同运动，塑件从定模中脱出；当模具分型一段距离后，固定在动模固定板上的凸块 2 接触到拉杆 5 上的长销 3，拉杆 5 向外侧转动并拉住推板 4，使之与动模固定板分离，进行第二次分型；动模继续运动，拉杆 5 也继续向外侧转动，并最终脱离推板 4，完成第一次顶出动作；推板 4 和动模一起继续运动，完全开模后，由顶杆完成第二次顶出动作。回程时，弹簧 6 使拉杆 5 复位，推板使顶出系统复位。这种机构动作可靠，但因在定模上安装了拉杆，增大了模具的尺寸。

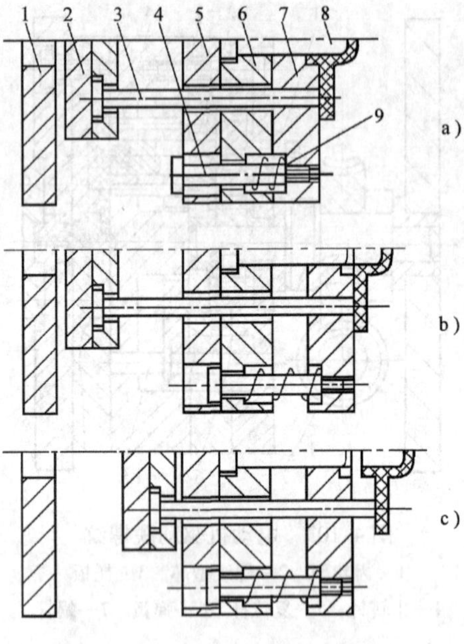

图 4-105　弹簧式二次推出机构

1—动模座板　2—推出板　3—推杆　4—限位螺钉　5—支承板　6—型芯固定板　7—推板　8—型芯　9—弹簧

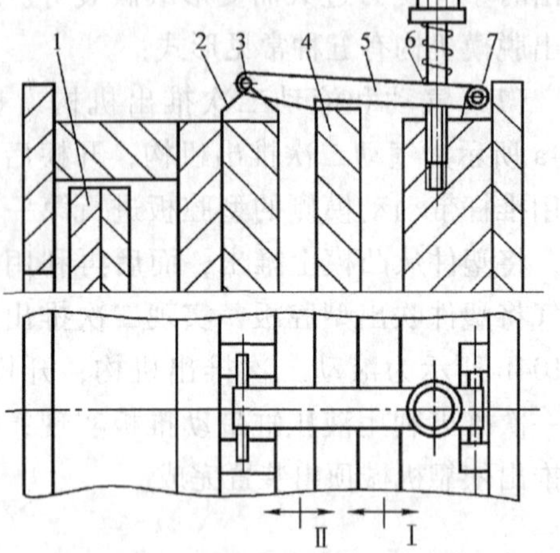

图 4-106　拉杆式二次推出机构

1—推出板　2—凸块　3—长销　4—推板　5—拉杆　6—弹簧　7—销轴

（4）八字摆杆式双推出板二次推出机构　如图 4-107a 所示，该种机构有两块推板。开

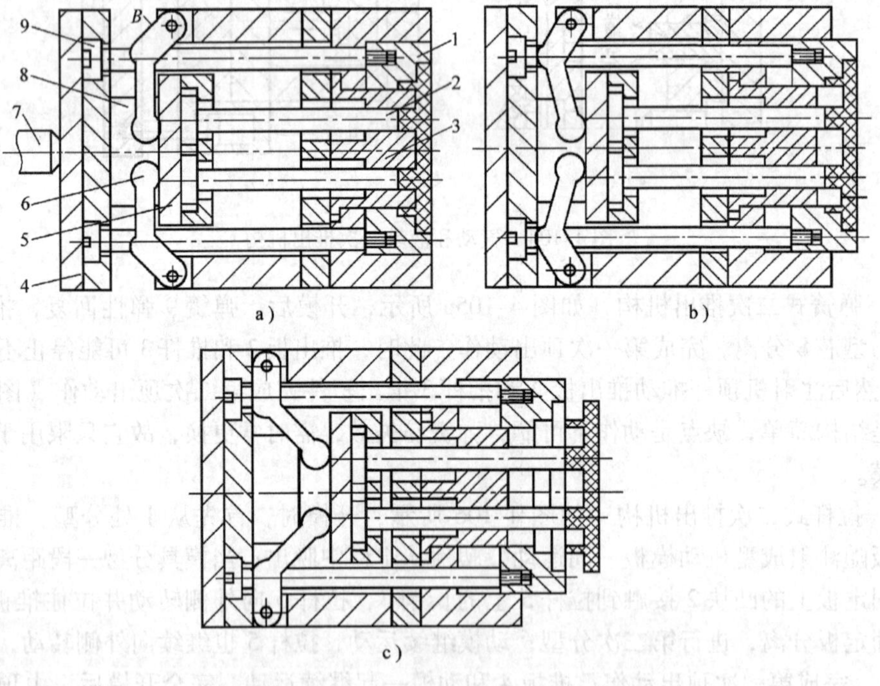

图 4-107　八字摆杆式双推出板二次推出机构

1—型腔　2—推杆　3—型芯　4—一次推板　5—二次推板　6—八字摆杆　7—注射机顶杆　8—定距块　9—螺杆

模后，注射机顶杆 7 推动一次推板 4，通过定距块 8 使二次推板 5 以同样的速度推动塑件，这时型腔 1、推杆 2 与塑件一起运动，塑件与型芯 3 脱离，完成第一次顶出。此时八字形摆杆 6 已同时与件 4、件 5 接触，如图 4-107b 所示。注射机驱使件 4、件 5 继续运动，由于件 6 与件 4 的接触点距支点 B 的距离比件 6 与件 5 的接触点距支点 B 的距离小，因此二次推板向前运动的距离大于一次推板向前运动的距离，这样，推杆 2 就能将塑件从型腔 1 中顶出，完成第二次顶出，如图 4-107c 所示。

（5）U 形限制架二次顶出机构　图 4-108a 所示为合模状态，U 形限制架 10 固定在动模座板 12 上，摆杆 9 的一端铰接在推出板上，且夹在限制架 10 内，圆柱销 7 固定在型腔 6 上。开模后，注射机顶杆顶动推出板。推出板开始运动时，由于限制架的限制，摆杆只能和推出板一起向前移动顶动圆柱销 7，使型腔 6 和推杆 1 同时起推出塑件的作用，使塑件脱离型芯 2，完成第一次顶出动作。当顶出至图 4-108b 所示的位置时，摆杆脱离了 U 形限制架的限制，而限位钉 4 又阻止型腔继续向前移动。当注射机顶杆继续顶出时，圆柱销驱使两个摆杆 9 向外侧摆动，件 1 从型腔中顶出塑件，如图 4-108c 所示，完成第二次顶出动作。弹簧 8 起到使摆杆 9 复位的作用。

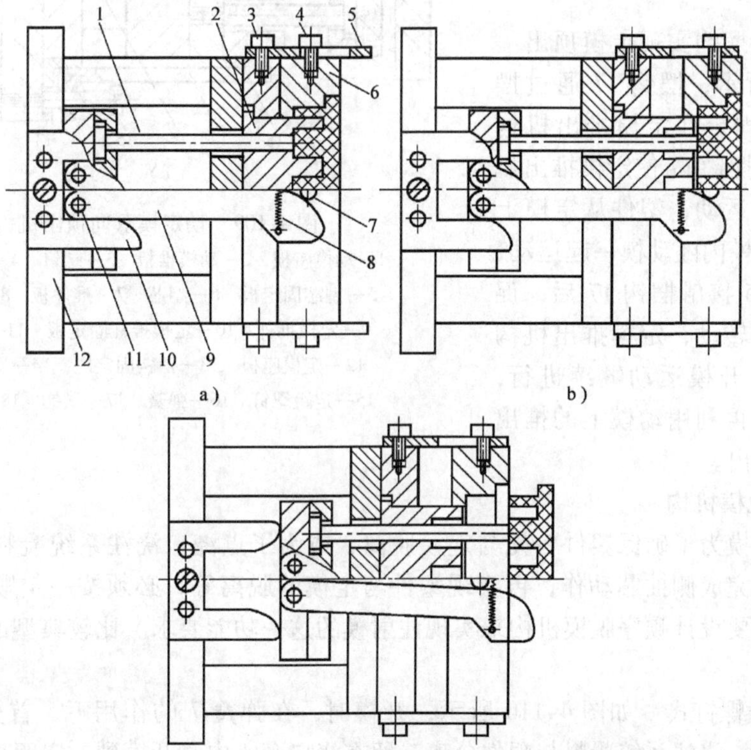

图 4-108　U 形限制架二次顶出机构

1—推杆　2—型芯　3—固定螺钉　4—限位钉　5—定距拉板
6—型腔　7—圆柱销　8—弹簧　9—摆杆　10—U 形限制架　11—转销　12—动模座板

2. 动定模双向顶出机构

在设计顶出机构时，原则上应使塑件留在动模一边。但有时由于塑件形状特殊，塑件既可能留在定模一边，又可能留在动模一边，这时应在定模上也设置辅助顶出机构，比如弹簧、摆杆等。图4-109所示的是两种常见的动定模双向顶出机构结构形式。

（1）弹簧定模顶出机构　图4-109a所示为合模状态，图4-109b所示为开模状态。开模时，在弹簧力的作用下定模推出系统与动模同步运动，塑件从定模上脱出并留在动模内随动模一起运动；完全开模后（图4-109b），再利用动模上的推出机构将塑件顶出。这种形式适用于塑件对定模粘附力不大、顶出距离不大的情况。

（2）利用摆钩实现定模顶出　如图4-109c所示，摆钩17通过摆钩固定座13固定在定模推出机构上。开模时，摆钩17使定模推出机构与动模同步运动，塑件从定模上脱出并留在动模内随动模一起运动，当定距螺钉15接触摆钩17后，促使摆钩向外侧转动，定模推出机构与动模脱开；开模运动继续进行，完全开模后，再利用动模上的推出机构将塑件顶出。

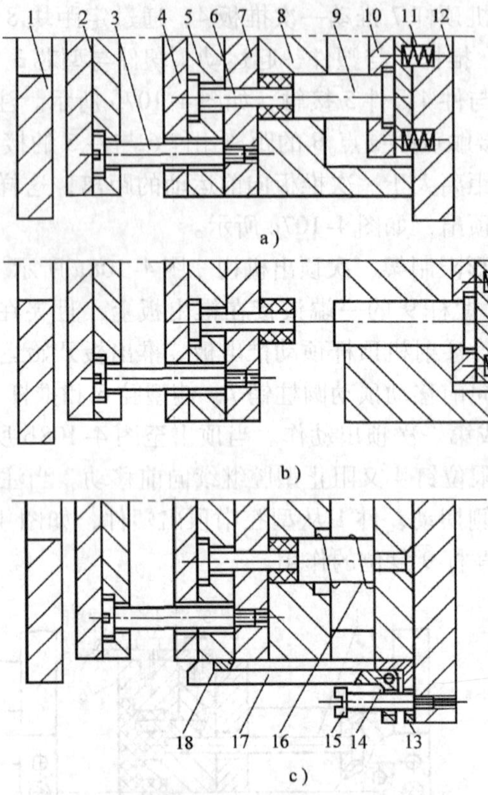

图4-109　动定模双向顶出机构

1—动模座板　2—动模推板　3—螺钉　4—支承板　5—型芯固定板　6—型芯　7—推件板　8—型腔　9—定模推杆　10—定模推杆固定板　11—弹簧　12—定模座板　13—摆钩固定座　14—圆柱销　15—定距螺钉　16—弹簧　17—摆钩　18—挂台

3. 顺序脱模机构

有些注射模为了确保塑件首先与定模脱离，或为了点浇口浇注系统凝料与塑件自动分离，或为了先完成侧抽芯动作，再实现塑件与定模的脱离等，必须按一定顺序进行多次分型，这就有必要设计顺序脱模机构来实现注射模的这一功能要求。比较典型的顺序脱模机构有以下几种：

（1）弹簧螺钉式　如图4-110所示，开模时，在弹簧7的作用下，首先从Ⅰ处分型，点浇口被拉断，浇注系统凝料与塑件分离，留在浇口套4内；开模到一定距离后，定距螺钉6阻碍定模型板5继续运动，从Ⅱ处分型，塑件留于型芯3上；开模结束后，推件板8顶出塑件，用夹钳将浇注系统凝料从浇口套4内取出。但是，当弹簧失效或导柱1与定模型板5之间的摩擦力比导柱2与定模型板5之间的摩擦力与弹簧弹力之差较小时，开模时首先从Ⅱ处分型而不是从Ⅰ处分型，模具不能按既定的顺序脱模，故工作不可靠。

（2）聚氨酯橡胶柱螺钉式　如图4-111所示，聚氨酯橡胶柱7将定模型板4和动模固定板1利用弹性接触摩擦力连成一体，开模时，首先从Ⅰ处分型；继续开模一定距离后，定距螺钉5阻碍定模型板4继续运动，定模型板4与动模被强行分开，从Ⅱ处分型；开模结束后，推杆9顶出塑件。

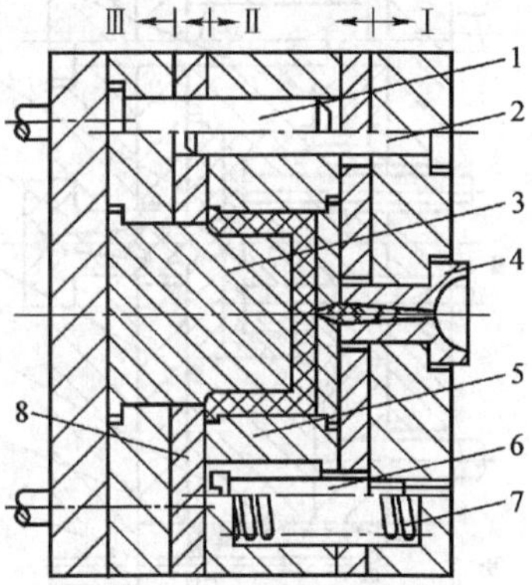

图4-110 弹簧螺钉式

1、2—导柱 3—型芯 4—浇口套 5—定模型板 6—定距螺钉 7—弹簧 8—推件板

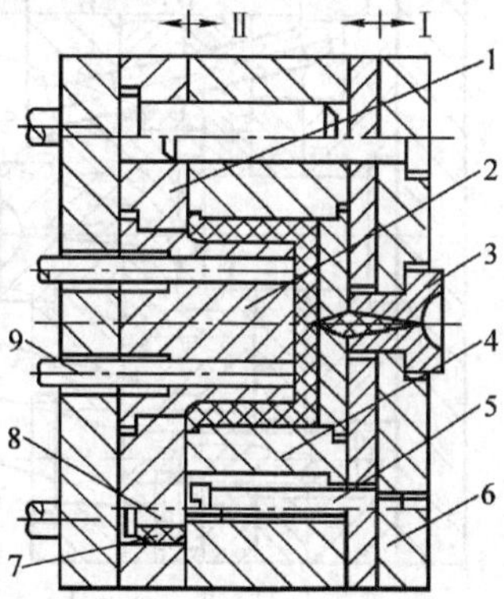

图4-111 聚氨酯橡胶柱螺钉式

1—动模固定板 2—型芯 3—浇口套 4—定模型板 5—定距螺钉 6—定模座板 7—聚氨酯橡胶柱 8—螺钉 9—推杆

（3）搭扣螺钉式 如图4-112所示，搭扣5通过销轴9与型芯固定板10铰接，凸销4固定在定模垫板7上。开模时搭扣5拉住定模1，首先从Ⅰ处分型；继续开模一定距离后，拉杆6拉住定模1，开模力克服弹簧的拉力，搭扣5与凸销4被强行分开，从Ⅱ处分型；开模结束后，脱模机构顶出塑件。定位销8可限制搭扣5的摆动位置，保证合模时凸销能准确地进入搭扣上的圆形凹槽。

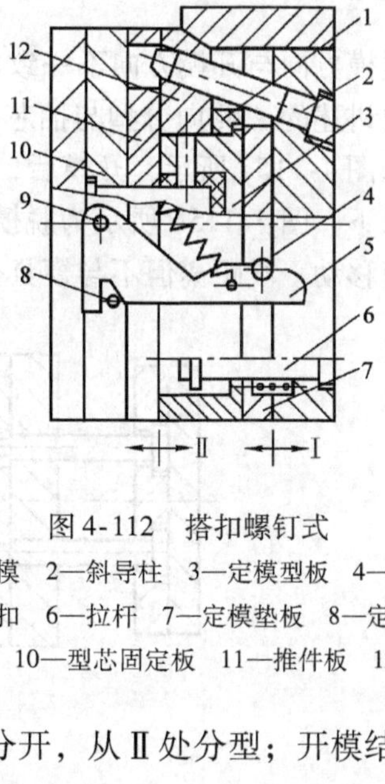

图4-112 搭扣螺钉式

1—定模 2—斜导柱 3—定模型板 4—凸销 5—搭扣 6—拉杆 7—定模垫板 8—定位销 9—销轴 10—型芯固定板 11—推件板 12—滑块

（4）弹压导柱式 如图4-113所示，球头定位钉4在弹簧3的作用下紧压动模导柱5的半圆槽，将定模固定板10和动模固定板2连成一体。开模时，定模固定板10和定模型板8随动模移动，从Ⅰ处分型，定距螺钉12在定模导柱11的滑槽内移动；继续开模一定距离后，定距螺钉12接触定模导柱滑槽端部，阻碍定模型板继续运动，定模型板与动模被强行分开，从Ⅱ处分型；开模结束后，脱模机构顶出塑件。

（5）摆钩螺杆式 如图4-114所示，摆钩5将定模型板4和动模固定板1连成一体，开模时，首先从Ⅰ处分型；继续开模一定距离后，定距螺钉7接触摆钩5，促使摆钩向外侧转动而脱钩，定模型板停止不动，从Ⅱ处分型；开模结束后，脱模机构顶出塑件。

从以上几种典型顺序脱模机构的结构和工作原理来看，都有定距元件，使一次脱模动作完成，开模一定距离后，才进行二次脱模，所以顺序脱模机构又可称为定距拉紧装置。

4. 侧凸凹脱模机构

塑件的脱模方向一般与注射机开、闭方向相同。但是，有些塑件在成型侧面有凸台或凹

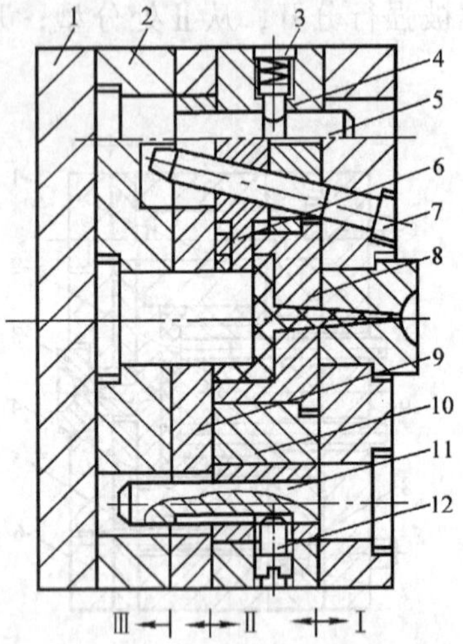

图 4-113 弹压导柱式

1—动模垫板 2—动模固定板 3—弹簧 4—球头定位钉 5—动模导柱 6—滑块 7—斜导柱 8—定模型板 9—推件板 10—定模固定板 11—定模导柱 12—定距螺钉

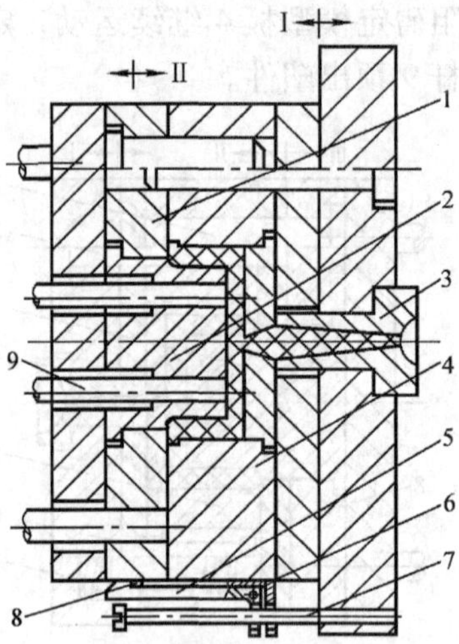

图 4-114 摆钩螺杆式

1—动模固定板 2—型芯 3—浇口套 4—定模型板 5—摆钩 6—摆钩固定座 7—定距螺钉 8—凸台 9—推杆

槽，脱模方向与开模方向不一致，阻碍了塑件从型腔或型芯上直接顶出。这除了用本章第七节将要讲述的“侧向分型与抽芯机构”外，还可采用活动镶件的方式。

如图 4-115a 所示，开模后，先将活动镶件 1 与塑件一起顶出模外，然后再将塑件从镶件上取下。图 4-115b 所示为脱模机构，将活动镶件固定在模具上，塑件脱模时镶件 2 和塑件一起移动一段距离但不与模具分离，然后用人工方法将镶件从塑件上取下。

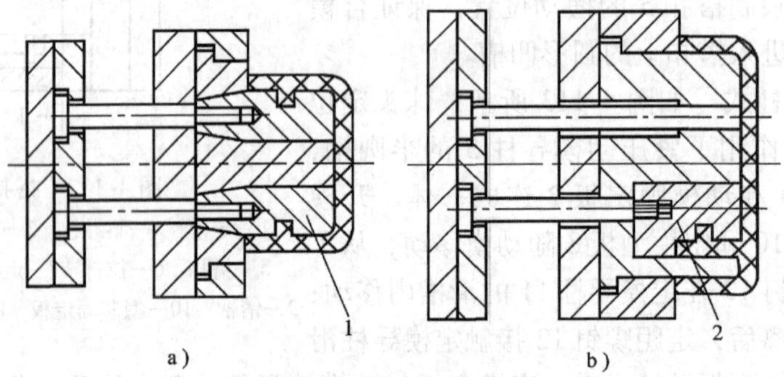

图 4-115 侧凸凹脱模机构

1—可抽出式活动镶件 2—镶件

对于软质塑件，若其内侧凸凹形状很浅，也可考虑利用材料的弹性，进行强制脱模，如前面图 4-91 所示。

5. 浇注系统凝料的自动切断及顶出

普通浇注系统凝料（如采用侧浇口和直接浇口等情况）一般是与塑件连接在一起被顶出模外，再进行二次加工，使塑件与浇注系统凝料脱离。而潜伏式浇口凝料和点浇口凝料可在注射机上实现塑件与浇注系统凝料的自动分离。

（1）潜伏式浇口凝料的自动切断及顶出　如图 4-116 所示，开模顶出时，浇注系统凝料与塑件同步运动，并被动模型板切断。

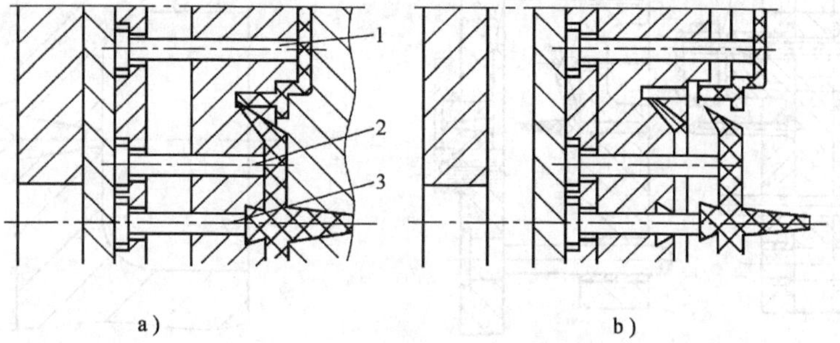

图 4-116　潜伏式浇口凝料的自动切断及顶出

a）顶出前　b）顶出后

1—制品推杆　2—分流道推杆　3—冷料穴推杆

（2）点浇口凝料的自动切断及顶出　主要有以下三种方式：

1）利用分流道推板脱卸点浇口浇注系统凝料。如图 4-117 所示，开模进行第Ⅰ次分型时，浇注系统凝料在分流道拉料杆 3 的作用下留在浇口套内，浇口被拉断与塑件分离；进行第Ⅱ次分型时，中间板 1 通过拉杆 2 拉动分流道推板 4，使凝料从分流道拉料杆和浇口套中脱出，靠自重落下；第Ⅲ次分型完成后，顶出机构将塑件从型腔中脱出。

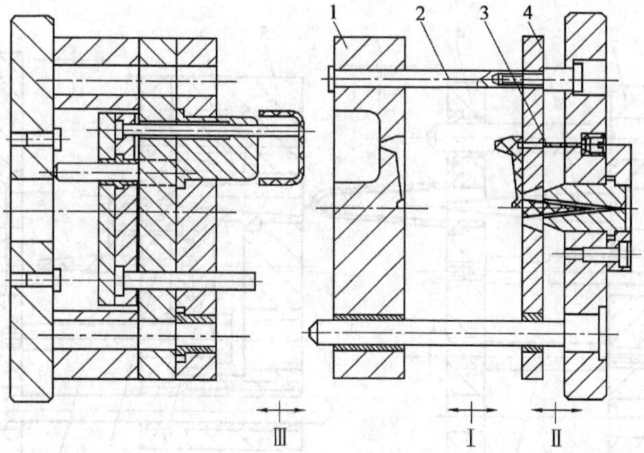

图 4-117　利用分流道推板脱卸点浇口浇注系统凝料

1—中间板　2—拉杆　3—分流道拉料杆　4—分流道推板

2）利用斜孔拉断点浇口凝料。如图 4-118 所示，该模具采用球头拉料杆，定模板上设有斜孔。开模第Ⅰ次分型时，球头拉料杆 1 使浇注系统凝料从浇口套中脱出，同时定模板 5 上的斜孔 4 拉住凝料，使浇口被拉断与塑件分离，但最终全部浇注系统凝料随中间板 2 一起移动；第Ⅱ次分型时，中间板使浇注系统凝料从球头拉料杆上脱离，靠自重落下。定模板上的斜孔尺寸如图 4-119 所示。

该模具要求注射机的定模固定板上有中心顶出孔，否则模具无法安装。

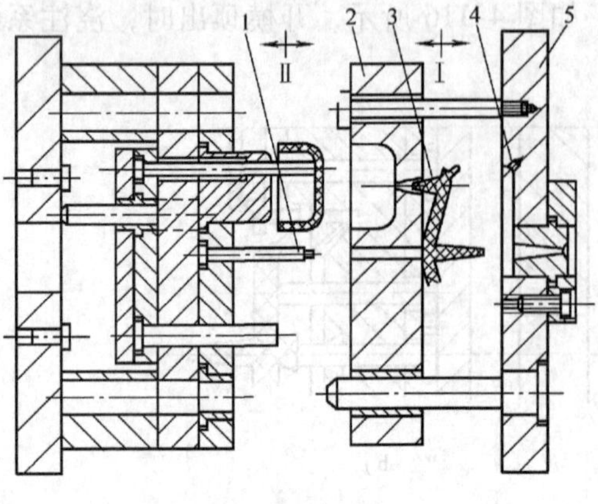

图 4-118　利用斜孔拉断点浇口凝料

1—球头拉料杆　2—中间板

3—浇注系统凝料　4—斜孔　5—定模板

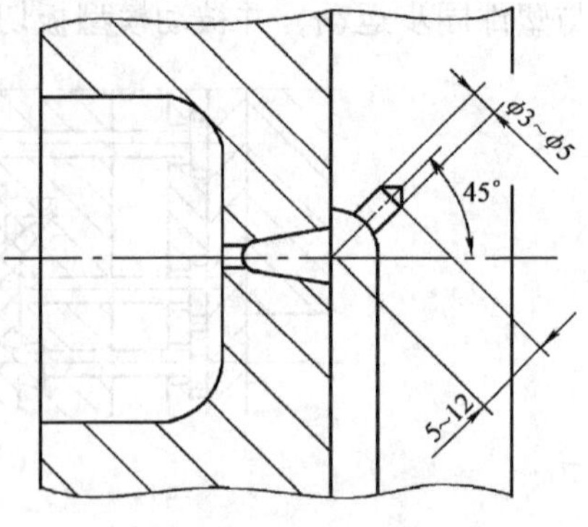

图 4-119　定模板上的斜孔尺寸

3）在凹模固定板内设置点浇口浇注系统凝料的顶出机构。如图 4-120 所示，对于像笔杆类的细长塑件，因所需的凹模深度很大，可以充分利用凹模固定板 5 内的空间来设置浇注系统凝料的顶出机构。开模时，首先从Ⅰ处分型，浇注系统凝料从浇口套中脱出，开模一定距离后，拉杆 9 拉动凹模固定板内的顶出机构将浇注系统凝料顶出，浇注系统凝料靠自重落下。此时拉杆 9 阻止凹模继续运动，于是从Ⅱ处分型。开模结束后，脱模机构顶出塑件。这种机构与开模行程有关，通常只用于特殊场合。

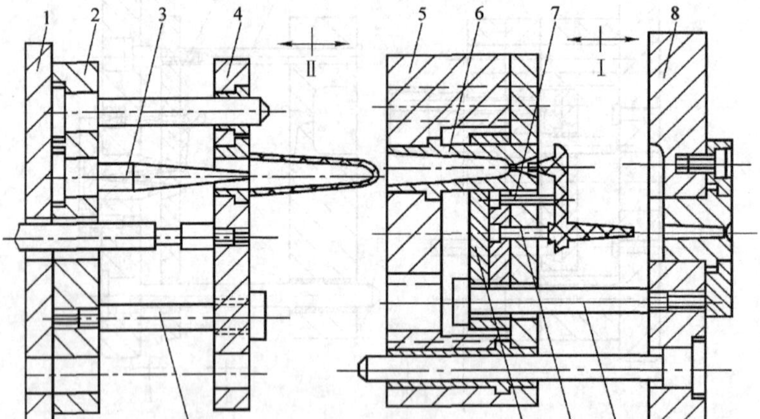

图 4-120　在凹模固定板内设置点浇口浇注系统凝料的顶出机构

1—动模座板　2—型芯固定板　3—型芯　4—推件板

5—凹模固定板　6—凹模镶块　7—浇注系统凝料推杆　8—定模座板

9—拉杆　10—冷料穴推杆　11—定模推出板　12—限位杆

第七节　侧向分型与抽芯机构设计

在成型有侧孔、侧凹或侧凸台的塑件时，通常采用侧向分型方法将成型侧孔、侧凹或侧凸台的部位做成侧型芯或侧型腔，在塑件脱模前先将侧型芯或侧型腔抽出，然后再从模具中顶出塑件。能将侧型芯或侧型腔抽出和复位的机构叫侧向分型与抽芯机构。

一、侧向分型与抽芯机构的分类和特点

侧向分型与抽芯机构按动力来源可分为以下三大类型。

1. 手动抽芯机构

它是用手工方法或手工工具将侧型芯或侧型腔抽出的方法，可分为模内手动抽芯和模外手动抽芯。

(1) 模内手动抽芯　模内手动抽芯是在制品脱模前用手动工具将侧型芯或侧型腔从制品中抽出，图4-121a所示为侧型芯截面为圆形的模内手动抽芯机构，图4-121b所示为侧型芯截面为非圆形的模内手动抽芯机构。

(2) 模外手动抽芯　模外手动抽芯是侧型芯或侧型腔随制品一同脱出模外后，再用手动工具将侧型芯或侧型腔从制品中抽出（图4-115a）。手动抽芯机构虽然结构简单，但劳动强度大、生产效率低，故仅适用于塑件的小批量生产。

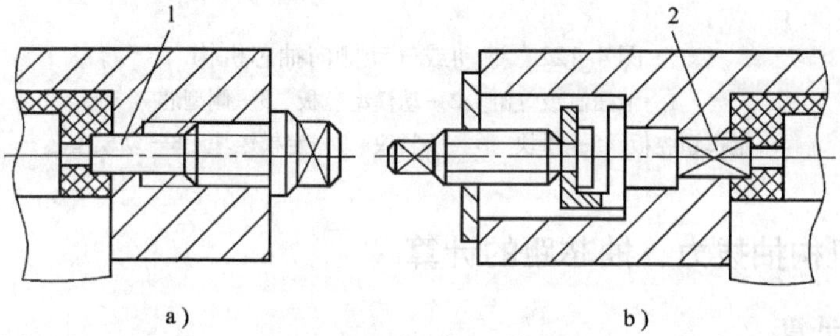

图4-121　模内手动抽芯机构

1—圆形截面侧型芯　2—非圆形截面侧型芯

2. 液动或气动抽芯机构

侧向分型的侧型芯或侧型腔也可以依靠液压传动或气压传动的机构抽出。其优点是侧向活动型芯的移动不受开模时间和顶出时间的影响，传动平稳，且可得到较大的抽拔力和较长的抽芯距离，多用于大型管件制品（如弯头、三通接头等）或需要很大侧抽芯距离的场合；缺点是由于受模具结构和体积的限制，液压缸的尺寸往往不能太大，而且一般注射机没有抽芯液压缸或气缸，需要另行设计液压或气压抽芯系统。

图4-122所示为液动或气动侧向抽芯机构结构示意图，图4-122a为利用液动或气动抽芯机构使侧向型芯作前后移动的情况。在侧孔为通孔或者型芯仅承受很小的侧压力时，气缸压力尚能使侧向型芯锁紧不动，否则，应按图4-122b所示设置锁紧装置。成型时，侧向型芯由定模上的压紧块锁紧。开模时，首先由液压抽芯系统抽出侧向型芯，然后再顶出制品。顶出机构复位后，侧向型芯再复位。

3. 机动抽芯机构

利用注射机的开模运动和动力，通过传动零件将侧型芯或侧型腔抽出。这种机构结构比较复杂，但抽芯不需人工操作，生产效率高，与液压或气动抽芯机构相比较无需另行设计液压或气压抽芯系统，成本较低。根据传动零件的不同，机动抽芯又可分为斜导柱抽芯、斜滑块抽芯、弯销抽芯、斜导槽抽芯、弹簧抽芯、齿轮齿条抽芯等多种抽芯形式。

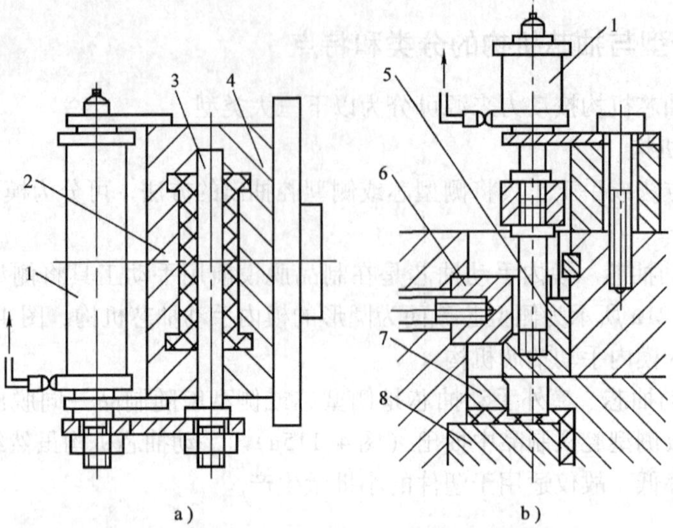

图4-122　液动或气动侧向抽芯机构

1—液压缸或气缸　2—动模型腔板　3—侧型芯

4—定模型腔板　5—滑块　6—压紧块　7—定模镶块　8—动模型芯

二、抽芯机构抽拔力、抽芯距的计算

1. 抽拔力的计算

将侧向活动型芯从塑件中抽出所需的力叫抽拔力，其计算同脱模力的计算，也可按如下简要公式计算：

$$Q = lhp_2(f_2\cos\theta - \sin\theta) \tag{4-67}$$

式中，l 是活动型芯被塑件包紧的断面形状周长（mm）；h 是成型部分的深度（mm）；θ 是侧孔或侧凹的脱模斜度（°）；p_2 是塑件对型芯单位面积的挤压力，一般取 8 ~ 12MPa；f_2 是塑料与钢的摩擦因数，一般取 0.1 ~ 0.2。

2. 抽芯距的计算

抽芯距 S 是指将活动型芯（侧向型芯或瓣合模块）从成型位置抽至不妨碍塑件脱模位置所移动的距离。为安全起见，抽芯距通常比侧孔或侧凹的深度大（图4-123中的 S_2）2 ~ 3mm，但在活动型芯脱出侧孔或侧凹后，其几何位置有碍于塑件脱模的情况下，抽芯距不能简单地按这种方法确定。图4-123所示为一个成型线圈骨架的侧向分型注射模，其抽芯距 S 应为

$$S = S_1 + (2 \sim 3)\,\text{mm} = \sqrt{R^2 - r^2} + (2 \sim 3)\,\text{mm} \tag{4-68}$$

三、机动侧向分型与抽芯机构

1. 斜导柱抽芯机构的设计

（1）斜导柱抽芯机构的结构　如图4-124所示，斜导柱抽芯机构的主要工作零件是轴线方向与模具开模方向成一定角度的斜导柱9和滑块7，斜导柱伸入滑块的斜孔之中，为了

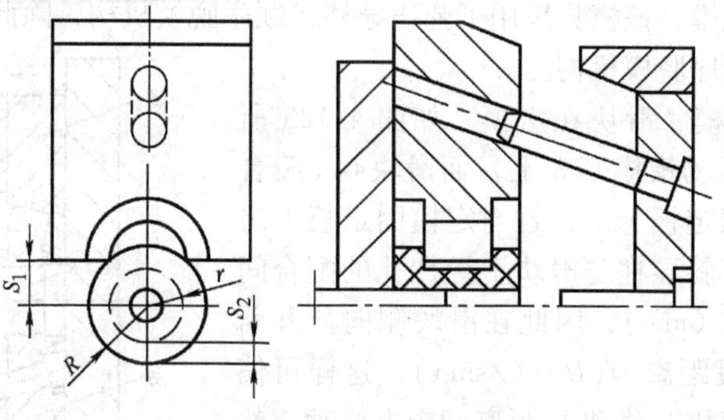

图 4-123 抽芯距的计算

保证抽芯和合模动作准确可靠，还设有限位挡块 4 和压紧块 8。其工作原理为：开模时，开模力通过斜导柱作用于滑块，迫使滑块带动侧向型芯 2 在动模板 3 的导滑槽内向外侧移动（图 4-124b），当斜导柱全部脱离滑块上的斜孔后，侧向型芯便完全从塑件中抽出，完成侧抽芯动作；然后，塑件由顶出机构顶出。限位挡块 4、螺钉 5、弹簧 6 构成滑块的定位装置，使滑块保持在抽芯完成后的最终位置（图 4-124c），以便合模时斜导柱能准确地进入滑块的斜孔，将侧向型芯复位。压紧块 8 用以防止成型时滑块因受到侧向注射压力而发生位移。

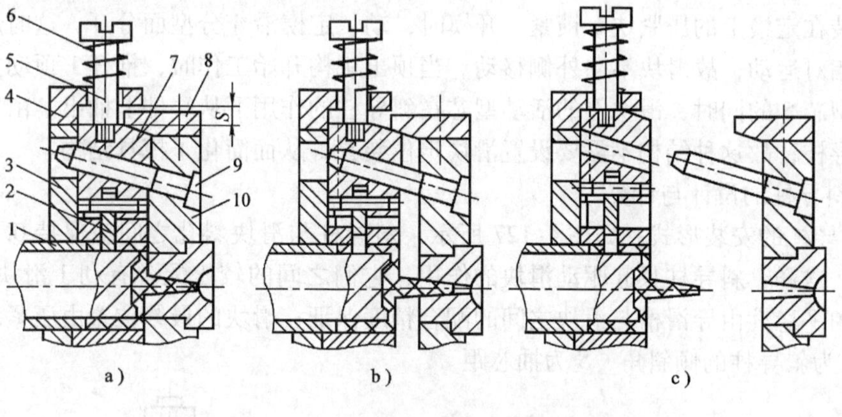

图 4-124 斜导柱抽芯机构的工作原理

a）合模状态 b）开模状态 c）完全开模状态

1—推管 2—侧向型芯 3—动模板 4—限位挡块 5—螺钉 6—弹簧 7—滑块 8—压紧块 9—斜导柱 10—定模座板

根据斜导柱和滑块在模具上的装配位置的不同，可将斜导柱抽芯机构分为以下四种结构形式：

1）斜导柱在定模、滑块在动模。图 4-124 所示为最常用的一种结构形式。斜导柱固定在定模座板上，而滑块安装在动模上，且与动模板之间形成移动副。

2）斜导柱和滑块同在定模。当斜导柱和滑块同在定模上时，必须利用顺序脱模机构抽出侧向活动型芯。如前述图 4-113 所示，斜导柱 7 固定在定模座板上，而滑块也安装在定模上，且与定模固定板 10 之间形成移动副。由于滑块始终不脱离斜导柱，故这种结构不需要设置滑块的定位装置，从而简化了模具结构。

为了实现顺序脱模，该模具采用了弹压导柱式顺序脱模机构，除此之外，还可选用本章第六节所讲的其他顺序脱模机构。

3）斜导柱在动模、滑块在定模。如图 4-125 所示，斜导柱 3 固定在动模模套 8 上，而滑块 6（瓣合凹模）安装在定模固定板 1 上，且与定模固定板 1 之间形成移动副。由于斜导柱与滑块上导柱孔的配合间隙较大（$C=1.6\sim3.6\text{mm}$），因此在滑块侧向分开前能与动模先分开一段距离 $D(D=C/\sin\alpha)$，这样可使塑件和动模型芯 7 间相对移动 D 距离，产生松动，然后依靠导柱孔的外侧将滑块侧向分开，使塑件脱出定模，最后人工将制品从型芯上取出。此结构简单，无需脱模机构，但效率低，劳动强度较大，而且当塑件对型芯的包紧力过大时，可能会损坏制品。

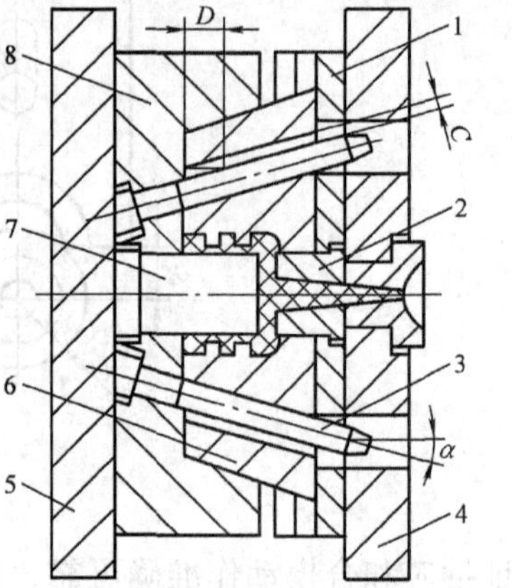

图 4-125　斜导柱在动模、滑块在定模的结构

1—定模固定板（导滑槽）　2—定模型芯　3—斜导柱　4—定模座板　5—动模座板　6—瓣合凹模　7—动模型芯　8—动模模套

4）斜导柱和滑块同在动模上。当斜导柱和滑块同在动模上时，可利用顶出机构抽出侧向活动型芯。图 4-126 所示为斜导柱和滑块同在定模的结构，此结构利用顶出机构抽出活动型芯。图 4-126 中，滑块 7 装在推件板 4 的导滑槽内，合模时，滑块依靠安装在定模上的压紧块 6 锁紧。开模时，动、定模沿 A 分型面分开，这时压紧块与斜导柱 8 无相对运动，故滑块不向外侧移动。当顶出机构开始工作时，推杆 1 顶动推件板 4 使塑件脱离型芯 5 的同时，滑块上的活动型芯在斜导柱的作用下从塑件上抽出。由于滑块始终不脱离斜导柱，故这种结构不需要设置滑块定位装置，从而简化了模具结构。

（2）斜导柱的设计与计算

1）斜导柱的安装形式。如图 4-127 所示，斜导柱与滑块斜孔之间应保持 0.5～1mm 的双边间隙，这样，斜导柱只起驱动滑块的作用，它们之间的较松配合有利于滑块灵活运动。滑块运动的平稳性由导滑槽与滑块之间的配合精度保证；滑块的最终位置由压紧块保证。图 4-127 中 α 为斜导柱的倾斜角，S 为抽芯距。

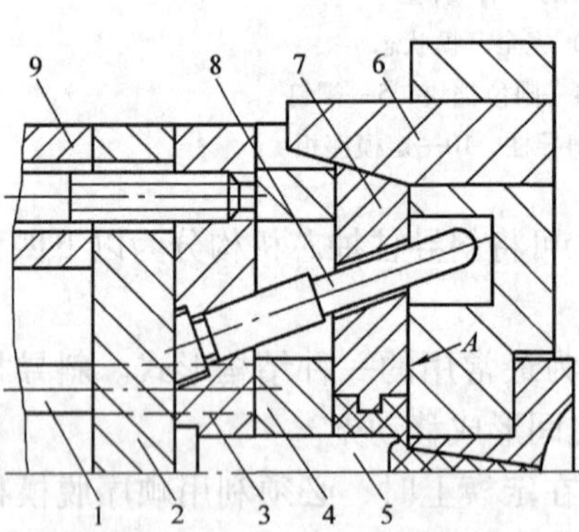

图 4-126　斜导柱和滑块同在动模的结构

1—推杆　2—支承板　3—动模固定板　4—推件板　5—型芯　6—压紧块　7—滑块　8—斜导柱　9—垫块

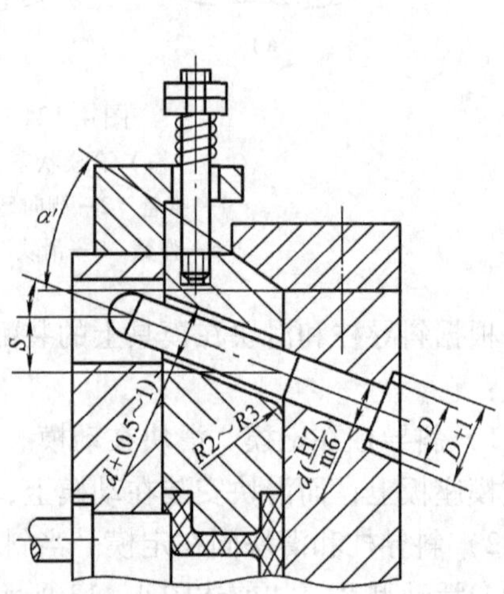

图 4-127　斜导柱安装形式

2）斜导柱的结构形式及尺寸。

① 斜导柱的结构形式如图 4-128 所示。

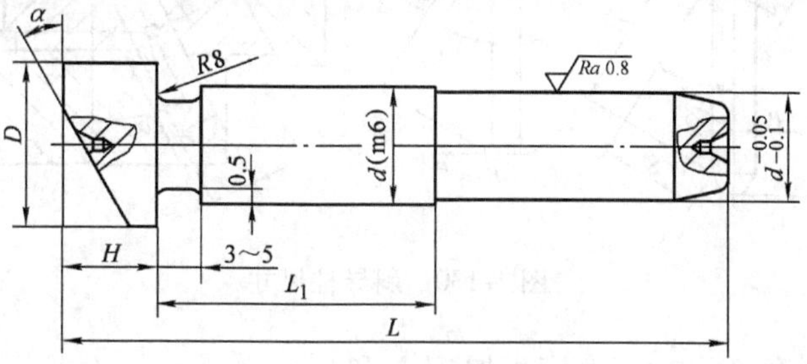

图 4-128　斜导柱结构形式

② 斜导柱的工作参数。斜导柱的工作参数包括抽芯距 S、倾斜角 α、弯曲力、直径 d、长度、最小开模行程等，抽芯距 S 前面已经介绍过，下面讨论其他参数的确定。

a. 斜导柱所受弯曲力的计算：如图 4-129 所示，斜导柱所受的弯曲力 P 主要取决于抽拔力 Q 和倾斜角 α，其简化计算公式为

$$P=\frac{Q}{\cos\alpha} \tag{4-69}$$

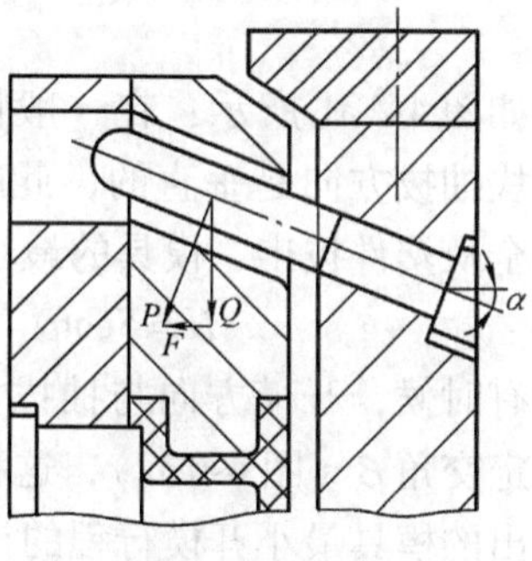

图 4-129　斜导柱受力分析

b. 斜导柱的倾斜角。从式（4-69）可以看出：抽拔力 Q 一定时，倾斜角 α 越小，斜导柱所受的弯曲力 P 也越小；但当斜导柱的有效工作长度一定时，若倾斜角 α 减小，抽芯距 S 也将减小，这对侧抽芯不利。故确定斜导柱的倾斜角 α 时，要兼顾抽芯距以及斜导柱所受的弯曲力，通常采用 15°～20°，一般不大于 25°。

c. 斜导柱直径的计算：斜导柱的直径取决于它所受到的最大弯曲力，按斜导柱所受的最大弯曲应力小于其许用弯曲应力的原则，直径的计算公式为

$$d=\sqrt[3]{\frac{PH}{0.1\cos\alpha[\sigma]_{弯}}} \tag{4-70}$$

或者

$$d=\sqrt[3]{\frac{Pl}{0.1[\sigma]_{弯}}} \tag{4-70a}$$

式中，H 是抽芯孔中心与 A 点的垂直距离（mm）；l 是 A 点到弯曲力作用点 B 之间的距离（mm），如图 4-130 所示；$[\sigma]_{弯}$ 是斜导柱材料的许用弯曲应力（MPa），可取 $[\sigma]_{弯}=300\text{MPa}$。

d. 斜导柱长度和最小开模行程的计算：如图 4-131 所示，斜导柱的长度由有效工作长度 L_2 和结构长度 L_1、L_3、L_4 四部分组成。其中有效工作长度 L_2 由侧向型芯的抽芯距 S 和斜导柱的倾斜角 α 确定，其计算公式为

$$L_2=\frac{S}{\sin\alpha} \tag{4-71}$$

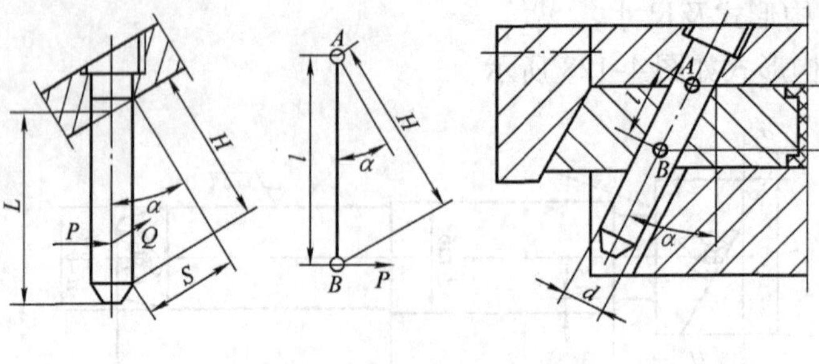

图 4-130　斜导柱尺寸

斜导柱的结构长度 L_1 和 L_3 由模板厚度 h 和斜导柱凸肩直径确定，L_4 为 5 ~ 10mm，斜导柱的总长度计算公式为

$$L = L_1 + L_2 + L_3 + L_4 = \frac{h}{\cos\alpha} + \frac{S}{\sin\alpha} + \frac{1}{2}D\tan\alpha + (5 \sim 10)\text{mm} \tag{4-72}$$

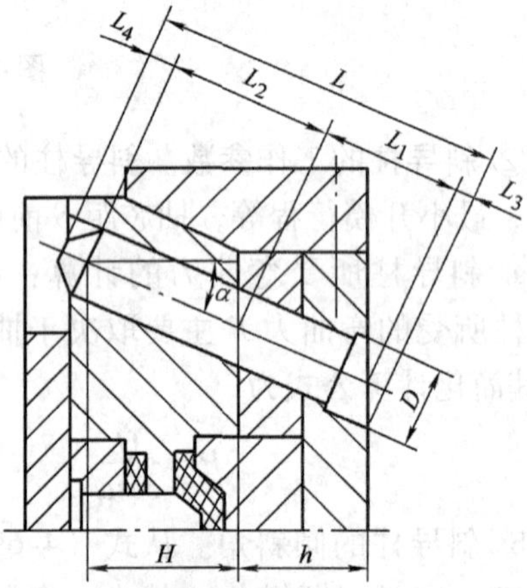

图 4-131　斜导柱长度

如图 4-131 所示：在一般情况下，开模方向与滑块抽拔方向是垂直的，此时，为保证侧向型芯完全从塑件拔出，模具的最小开模行程为

$$H = S\cot\alpha \tag{4-73}$$

有时候，开模方向与抽拔方向并不垂直，而成一定交角 β（图 4-132），这种情况仍可采用斜导柱抽芯机构，但保证侧向型芯完全从塑件拔出的模具最小开模行程的计算方法有所不同。

如图 4-132a 所示：抽模方向倾向动模一边，$\alpha = \alpha_1 - \beta$，$\alpha_1$ 为斜导柱的有效倾角，通常采用 15° ~ 20°，一般不大于 25°。为保证侧向型芯完全从塑件中拔出，模具的最小开模行程为

$$H = S(\cos\beta\cot\alpha - \sin\beta) \tag{4-74}$$

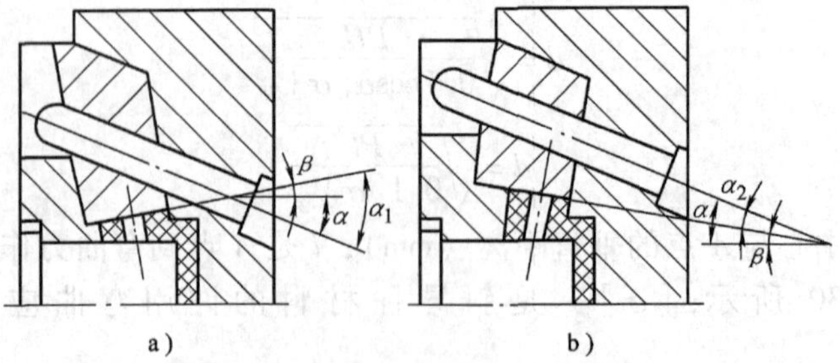

图 4-132　滑块倾斜的斜导柱抽芯机构

如图 4-132b 所示：抽模方向倾向定模一边，$\alpha = \alpha_2 + \beta$，$\alpha_2$ 是斜导柱的有效倾角，取值同 α_1。为保证侧向型芯完全从塑件中拔出，模具的最小开模行程为

$$H = S(\cos\beta\cot\alpha + \sin\beta) \tag{4-75}$$

③ 斜导柱的尺寸系列，见表4-10。

表4-10　斜导柱尺寸系列　　（单位：mm）

公称直径 d 尺寸	公称直径 d 公差	D	H	斜导柱固定孔公差
12	m6	17	10	H7
15		20	12	
20		25	15	
25		30	15	
30		35	20	
35		40	20	
40		45	25	

注：材料为T8A钢，淬硬50～55HRC；L、L_1、α 按使用情况决定。

3）斜导柱设计的一般步骤。进行斜导柱设计时，一般是先初选倾斜角，再根据抽芯距和相关模板厚度确定斜导柱长度；而斜导柱直径则根据抽拔力的大小和斜导柱的安装空间由表4-10选取；最后进行斜导柱弯曲强度校核。

（3）滑块设计　如图4-133a所示，进行斜导柱抽芯机构设计时，如果成型的是侧凸台，滑块的端面必须参与形成封闭型腔，在塑件的相应部位会不可避免地产生拼缝痕迹。如图4-133b所示，如果成型的是侧孔或侧凹，滑块的端面尽量不要参与形成封闭的型腔，以免在塑件的相应部位产生拼缝痕迹。

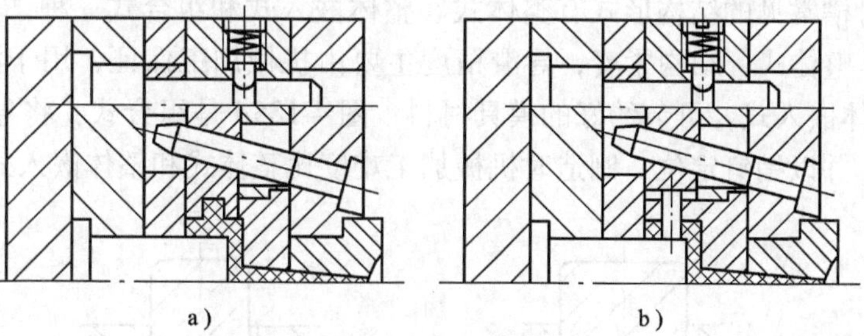

a)　　b)

图4-133　滑块与型腔之间的关系

a）滑块端面参与形成封闭型腔　b）滑块端面不参与形成封闭型腔

1）滑块与侧向型芯（或成型镶块）的连接。斜导柱抽芯机构的滑块分为整体式和组合式两种。整体式就是侧向型芯（或成型镶块）和滑块为一个整体；而组合式则是侧向型芯（或成型镶块）单独制造后，再装配到滑块上，如图4-134所示。实际中广泛使用的是组合式结构，这有利于节约优质钢材而且机械加工容易。

如图4-134a～c所示，侧向型芯与滑块采用销钉联接；当型芯较小时，将嵌入滑块部分的型芯尺寸放大，再通过销钉与滑块联接，如图4-137a和b所示。

对于圆形截面小型芯，采用螺塞固定，如图4-134d所示。型芯较大时，采用图4-134e所示的燕尾槽式连接，或用图4-134f所示的螺钉固定。

对于多头型芯，可用图4-134g、h所示的压板固定形式。

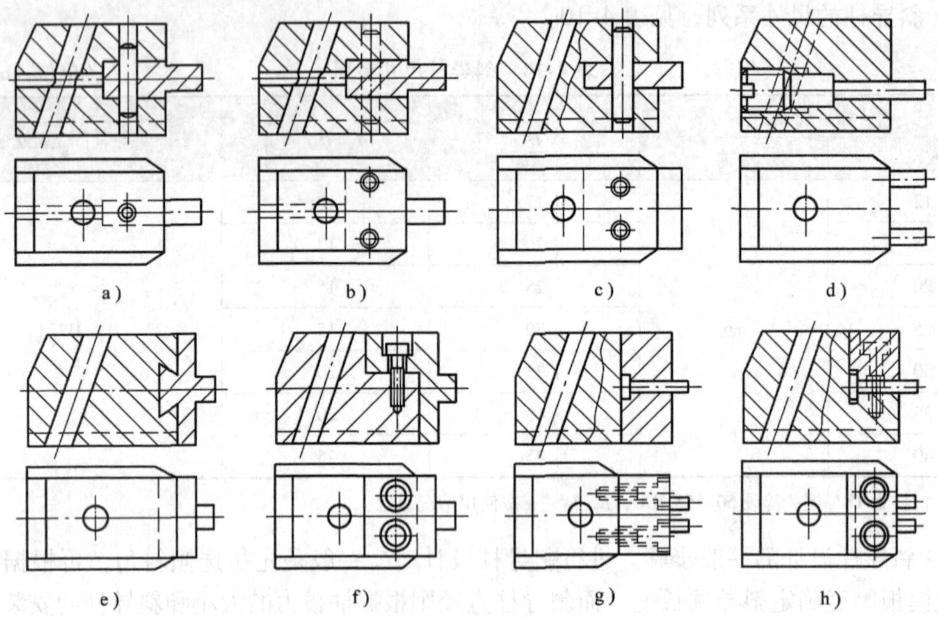

图 4-134　侧向型芯固定形式

2）滑块的导滑形式。侧抽芯过程中，滑块在导滑槽中的滑动要平稳，不应发生上下窜动和卡紧现象。导滑槽有“T”形和“燕尾槽”形两种。燕尾槽形式导滑精度高，但难于加工，故常用的是“T”形导滑槽。滑块与导滑槽之间的导滑部位通常采用 H7/f7 或 H7/h8 的间隙配合。导滑槽常见的结构形式有整体式、整体嵌入式和组合式三种，如图 4-135 所示。图 4-135a、b 是整体式，结构紧凑，导滑精度主要由机械加工保证，用于滑块宽度较小时；图 4-135c 是整体嵌入式，可节约好的模具材料；图 4-135d 是组合式，将导滑槽盖板用螺钉固定在模板上，并以销钉定位，制造时机械加工难度比整体式和整体嵌入式容易，但装配时较麻烦。

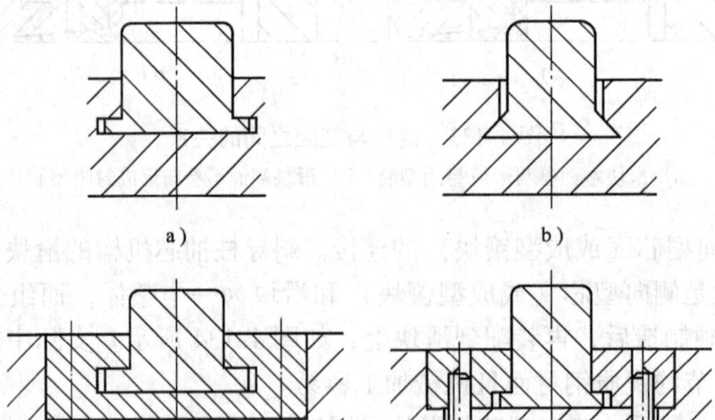

图 4-135　常见导滑槽结构

a)、b) 整体式　c) 整体嵌入式　d) 组合式

3）滑块的导滑长度。如图 4-136 所示，滑块的滑动配合长度通常大于滑块宽度的 1.5 倍。滑块完成抽拔动作后，其滑动部分留在导滑槽中的长度不应小于滑块配合长度的 2/3，否则，滑块复位时容易倾斜，甚至损坏模具。为不增大模具体积又要保证导滑槽长度，可在模具上采用局部加长导滑槽的方法。

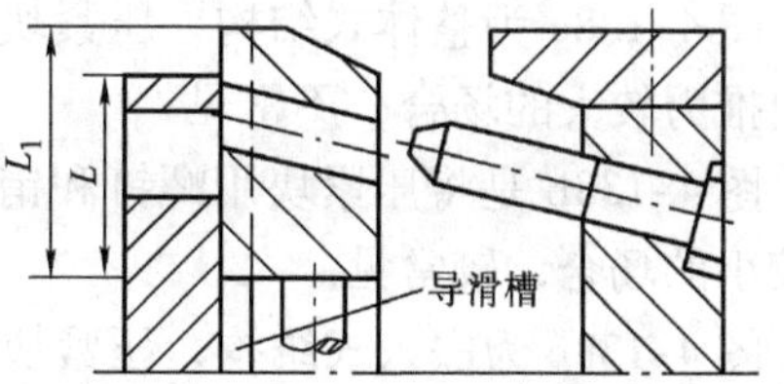

图 4-136　导滑长度

4）滑块的定位装置设计。侧抽芯动作完成后，滑块应留在所要求的位置上，不可任意滑动，以便合模时斜导柱能准确地进入滑块的斜孔之中。滑块定位装置因模具结构而异，常见的几种定位结构形式如图 4-137 所示。

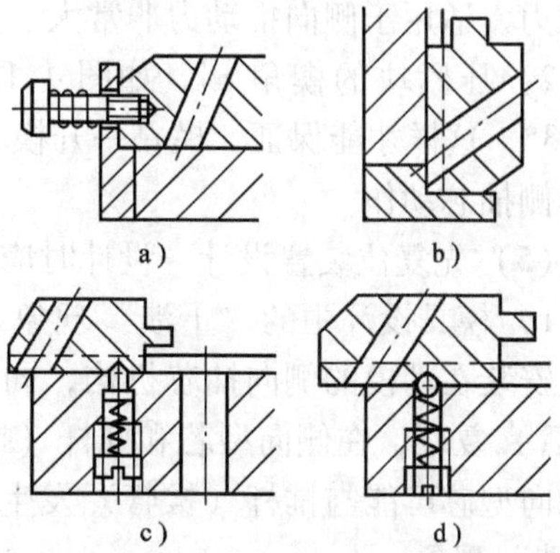

图 4-137　定位结构形式

图 4-137a 为挡块定位形式，依靠弹簧的弹力使滑块紧靠在限位挡块上，弹簧的弹力应是滑块自重力的 1.5～2 倍，适用于任何方向的侧抽芯动作。

图 4-137b 为利用滑块自身重力的挡块定位形式，靠滑块自重复位而无需借助于弹簧力，适用于向下侧抽芯的情况。

图 4-137c、d 为球或球头销联合弹簧顶住滑块定位的形式，因弹簧弹力一般较小（弹簧丝直径可选 1～1.5mm，钢球或球头销直径可选 5～10mm），故只适用于侧面方向的侧抽芯动作。

5）滑块、型芯（或成型镶块）、导滑槽材料及热处理。滑块上的型芯（或成型镶块）为成型零件，材料可选用铬钨锰合金钢（Cr12MoV、Cr12）、碳素合金钢（T8A、T10A）或 45 钢，淬火硬度在 50HRC 以上；由于模具工作时，滑块在导滑槽内要往复移动，为降低磨损，滑块的材料可用 T8A、T10A 或 45 钢，导滑部分淬火硬度在 40HRC 以上，导滑槽的材料可用耐磨材料或铜滑块，淬火硬度为 50～55HRC。

（4）压紧块的设计　压紧块的作用是完全合模后压紧滑块，代替斜导柱承受来自侧型芯的推力。

1）压紧块的固定方式。压紧块与模具的固定方式如图 4-138 所示，可根据推力的大小来选用。

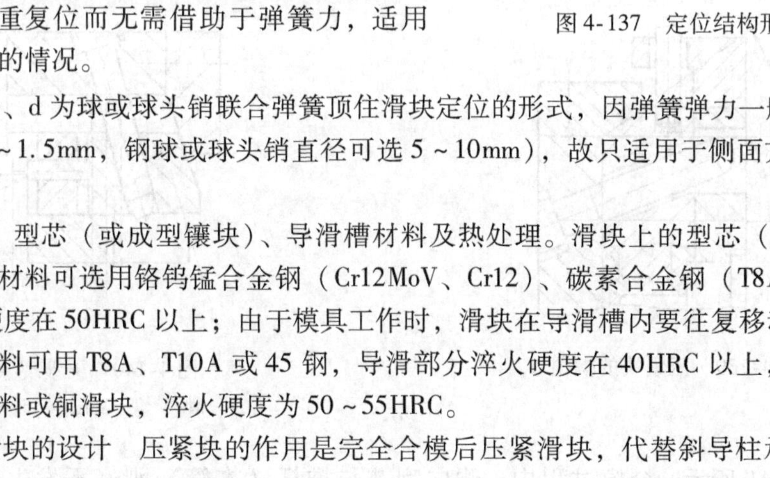

图 4-138　压紧块与模具的固定方式

图 4-138a 为整体式结构，压紧块与定模座板为一整体，牢固，加工时浪费材料，用于侧向推力较大的场合，不常见。

图 4-138b 是将压紧块用螺钉和销钉固定在定模板上，这种形式结构简单，用于侧向推力较小的场合，较常见。

图 4-138c 为嵌入式结构，压紧块通过过盈配合固定在定模板上，这种形式应用也较为广泛。

图 4-138d 是将压紧块用螺钉和销钉固定在定模板上，并用楔形块压紧，可承受更大的侧压力，适用于侧向推动力非常大、抽芯距较小的场合。

2）压紧块的楔角 α'。如图 4-139 所示，压紧块的楔角 α' 通常比斜导柱倾斜角 α 大 $2^\circ \sim 3^\circ$，这样才能保证，模具一开模时压紧块就能和滑块脱开，否则，斜导柱将无法带动滑块作侧抽芯动作。

（5）先复位装置设计　设计时应注意以下情况：

1）模具设计中的“干涉”现象。如图 4-140 所示，如果模具采用斜导柱安装在定模、滑块安装在动模的侧向抽芯机构，同时还采用推杆（推管）脱模机构并依靠复位杆使推杆（推管）复位，在侧向型芯和推杆（推管）垂直于开模方向的投影发生重合的情况下，合模时侧向型芯可能与推杆（推管）发生碰撞（图 4-140 中 A 处），这种现象称为模具设计中的“干涉”现象。

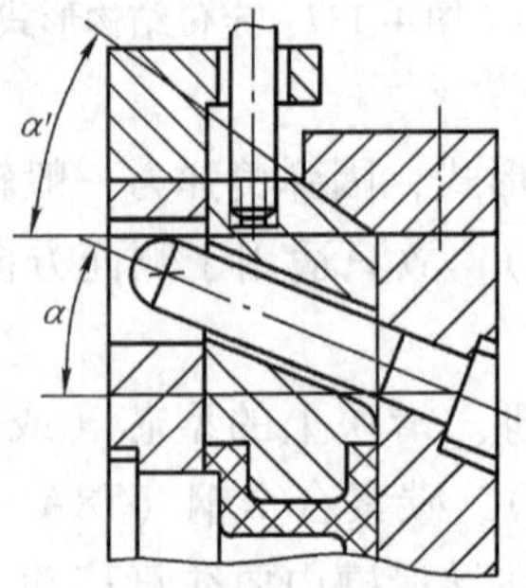

图 4-139　压紧块的楔角 α'

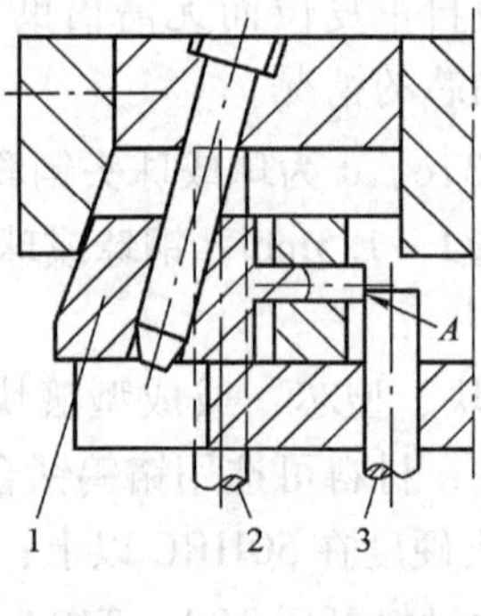

图 4-140　干涉现象

1—滑块　2—复位杆　3—推杆

如图 4-141 所示，合模过程中，侧向型芯与推杆（推管）刚好不发生碰撞时，推杆（推管）端面沿开模方向到侧向型芯的最短距离 h、侧向型芯与推杆（推管）在垂直于开模方向平面上的投影的重合长度 s 和斜导柱倾斜角 α 三者之间应满足以下条件，即

$$h = s\cot\alpha$$

2）避免侧向型芯与推杆（推管）干涉的措施。通过以上分析，可以采取以下措施来避免合模时侧向型芯与推杆（推管）发生碰撞。

① 在结构允许的条件下，尽量避免把推杆（推管）布置在侧向型芯在垂直于开模方向平面上的投影范围内。

② 如果结构不允许，应保证 $h - s\cot\alpha > 0.5\text{mm}$（0.5 为安全裕度）。当 h 只是略小于 $s\cot\alpha$ 时，可通过适当增大 α 角来避免干涉。

③ 当以上两点都不能实施时，可采用推杆（推管）先复位机构，优先使推杆（推管）

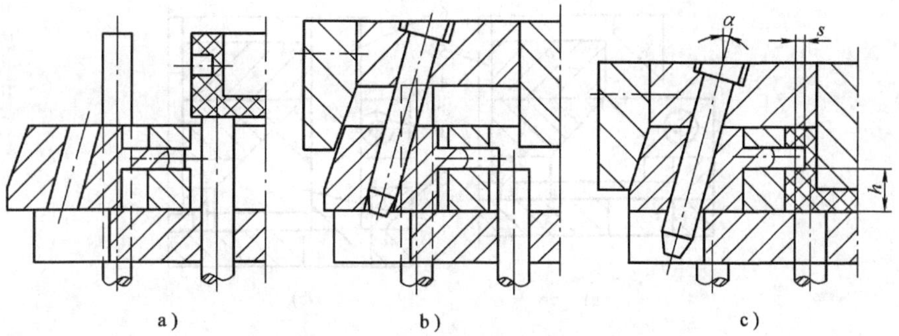

图 4-141 不出现干涉现象的极限条件

a）开模状态 b）合模（不干涉的临界状态） c）闭模状态

复位，然后滑块才复位。

3）推杆（推管）先复位机构设计。比较常见的推杆（推管）先复位机构有：弹簧先复位机构、三角形滑块先复位机构、杠杆先复位机构和摆杆先复位机构。下面对这些先复位机构的工作原理作一些介绍。

① 弹簧先复位机构。如图 4-142 所示，开模顶出制品后，注射机顶杆回退的同时弹簧 3 弹性回复，驱使复位杆 2 和推杆 1 先行复位。合模时，滑块 4 和侧型芯在斜导柱的作用下向内侧移动，滑块斜面 A 起到使复位杆 2 和推杆 1 完全复位的作用。这种机构结构简单，但弹簧容易失效，可靠性差，一般用于复位力不大的场合。

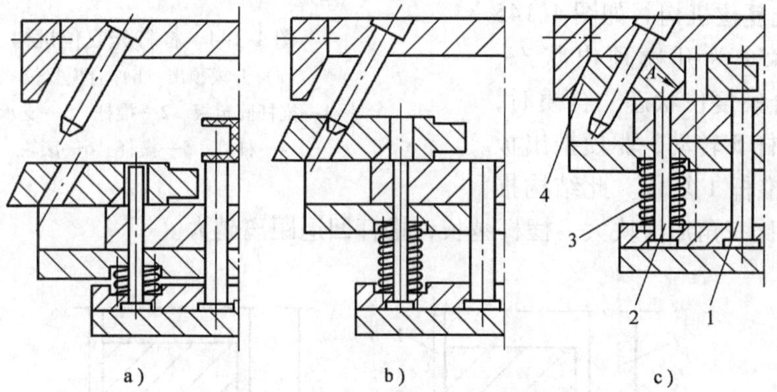

图 4-142 弹簧先复位机构

a）顶出制品 b）先复位 c）完全复位

1—推杆 2—复位杆 3—弹簧 4—滑块

② 三角形滑块先复位机构。其结构如图 4-143 所示，图 4-143a 为开模顶出状态，图 4-143b 为合模复位状态。三角形滑块 1 可在推出板固定板 2 内移动。

合模时，楔杆 6 推动件 1 向内侧移动，带动件 2 后退，使推杆 5（推管）先复位一段距离，避免干涉现象的发生，脱模机构的完全复位由复位杆完成。件 6 的长度决定着推杆（推管）的先复位时间，滚轮 3 起增加件 6 刚度的作用。另外，由于三角形滑块不宜太大，所以推杆（推管）先复位距离小。

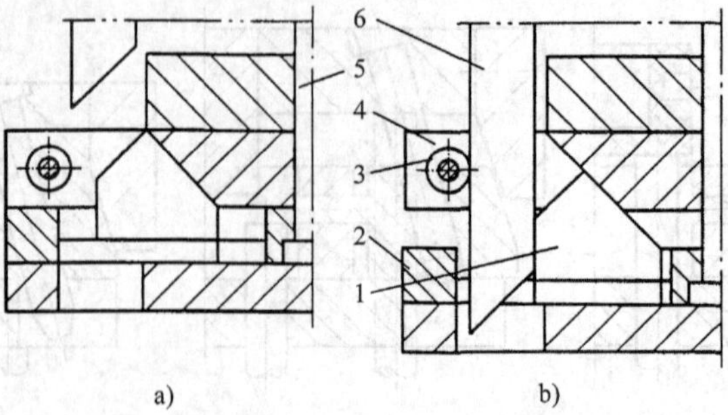

图 4-143　三角形滑块先复位机构

a）开模顶出　b）合模复位

1—三角形滑块　2—推出板固定板　3—滚轮　4—支承板　5—推杆　6—楔杆

③ 杠杆先复位机构。其结构如图 4-144 所示，图 4-144a 为开模顶出状态，图 4-144b 为合模复位状态。杠杆 4 铰接在推杆固定板 1 上。合模时，楔杆 5 端部的 45°斜面推动杠杆 4 的外端，杠杆 4 顺时针转动，其内部顶在支承板 3 上，推动件 1，使推杆 2 复位。

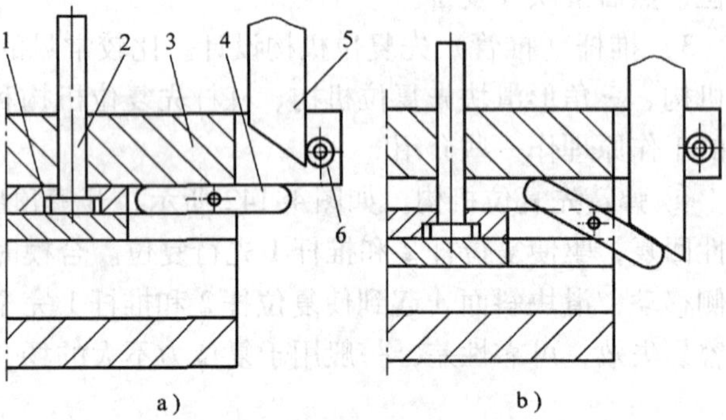

图 4-144　杠杆先复位机构

a）开模顶出　b）合模复位

1—推杆固定板　2—推杆　3—支承板

4—杠杆　5—楔杆　6—滚轮

④ 摆杆先复位机构。如图 4-145 所示，图 4-145a 为开模顶出状态，图 4-145b 为合模复位状态。合模时，楔杆 7 推动摆杆 5 转动，驱使推出板 4 后退，带动推杆 1 复位。此结构推杆的回退距离比三角形滑块大，摆杆越长，推杆回退距离越大。

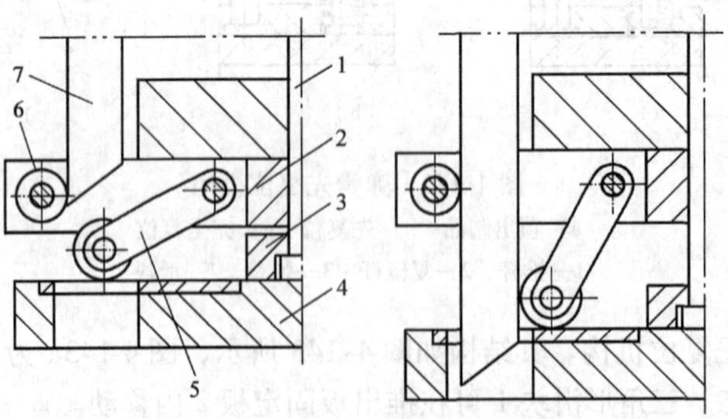

图 4-145　摆杆先复位机构

a）开模顶出　b）合模复位

1—推杆　2—支承板　3—推杆固定板　4—推出板　5—摆杆　6—滚轮　7—楔杆

2. 斜滑块抽芯机构的设计

（1）斜滑块抽芯机构的工作原理及其类型　当塑件的侧孔、侧凹或侧凸较浅，所需的抽芯距不大，但侧孔、侧凹或侧凸的成型面积较大，需要较大的抽拔力时，可以采用斜滑块抽芯机构进行侧向分型与抽芯。

斜滑块抽芯机构的特点是：模具型腔全部或部分由斜滑块拼合而成，顶出时利用脱模推出机构的推力，驱动滑块斜向运动，在塑件被顶出脱模的同时由滑块完成侧向分型与抽芯动作。通常，斜滑块抽芯机构要比斜导柱抽芯机构简单得多，一般可分为斜滑块外侧分型机构和斜滑块内侧抽芯机构。

1）斜滑块外侧分型机构。其结构如图 4-146 所示，图 4-146a 为合模状态，图 4-146b 为开模顶出状态。完全开模后，注射机推顶装置通过推出板使推杆 5 和斜滑块 4 向前运动；斜滑块 4 在动模套板 3 的导槽内向右侧移动的同时向外侧移动，同时完成塑件的侧抽芯和顶出。该模具无需设置复位杆，复位时，定模推动斜滑块，使斜滑块和顶出机构复位。

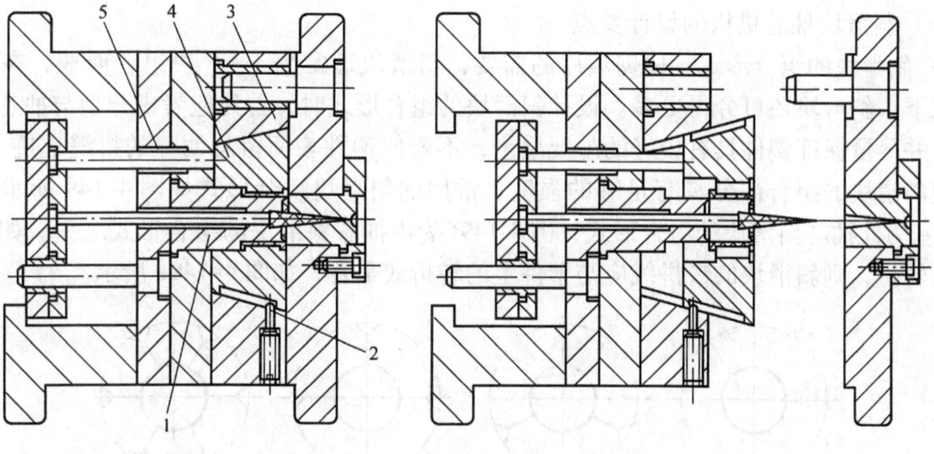

图 4-146　斜滑块外侧分型机构

a）合模状态　b）开模顶出状态

1—型芯　2—定位销　3—动模套板　4—斜滑块（瓣合模块）　5—推杆

2）斜滑块内侧抽芯机构。图 4-147 所示是斜滑块内侧抽芯机构的一个示例。斜滑块 6 兼起内侧型芯和顶出的作用，其下端与滑块座 2 上的销 3 联接，并能和销一起在滑块座 2 的滑槽中平移，滑块座 2 固定在推杆固定板 10 上，型芯 5 上开一导滑斜孔，斜滑块穿过这个斜孔并与斜孔保持间隙配合。开模后，注射机推顶装置通过推出板 1 使推杆 7 和斜滑块 6 向前运动，由于斜孔的作用，斜滑块同时还会向模具内侧移动，从而在推杆顶出塑件的同时完成内侧抽芯动作。斜滑块靠模具脱模推出机构的复位杆复位。

图 4-148 所示的是斜滑块内侧抽芯机构的另一种形式。其工作原理与图 4-147 所示的机构基本相同，不同的是脱模推出机构可不设置复位杆，合模时，定模压迫斜滑块 1 使其复位。该结构形式的缺点是塑件的端面会产生拼接缝。

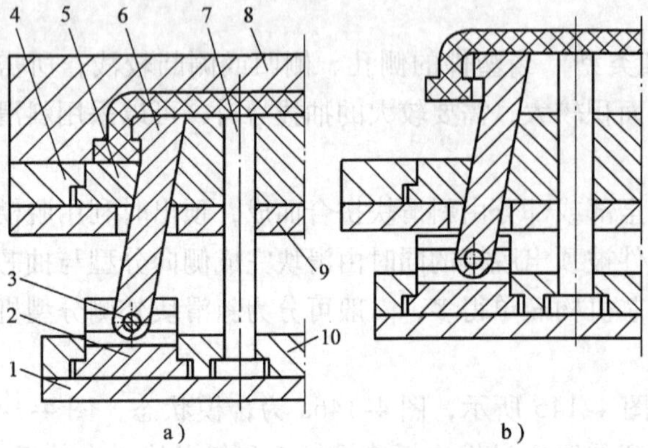

图 4-147 斜滑块内侧抽芯机构之一
a) 合模 b) 开模
1—推出板 2—滑块座 3—销 4—动模固定板 5—型芯
6—斜滑块 7—推杆 8—凹模 9—支承板 10—推杆固定板

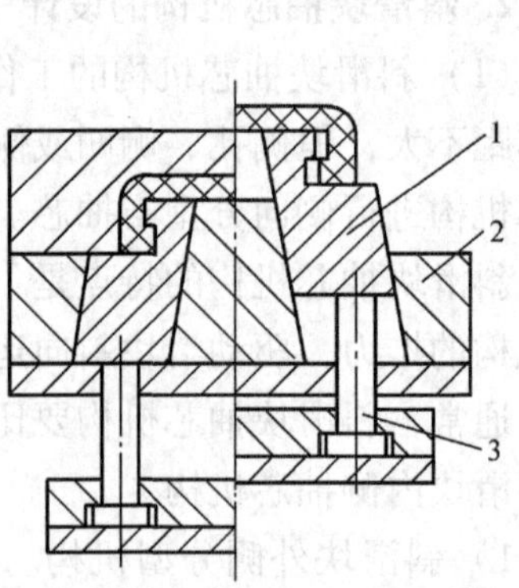

图 4-148 斜滑块内侧抽芯机构之二
1—斜滑块 2—动模型板 3—推杆

（2）斜滑块抽芯机构的设计要点

1）斜滑块的组合形式。根据塑件的需要，斜滑块通常由 1 ~ 6 块组合而成，在某些特殊情况下，斜滑块还可分得更多。设计斜滑块的组合形式时，首先应考虑分型与抽芯方向的要求，并尽量保证塑件具有较好的外观质量，不要使塑件表面留有明显的拼缝痕迹。另外，还应使斜滑块的组合部分具有足够的强度。常用的斜滑块组合形式如图 4-149 所示，图 4-149a ~ e 为外抽芯斜滑块的组合形式，图 4-149f 为内抽芯斜滑块的组合形式之一。如果塑件外形有转折，则斜滑块的镶拼线应与塑件上的转折线重合，如图 4-149e 所示。

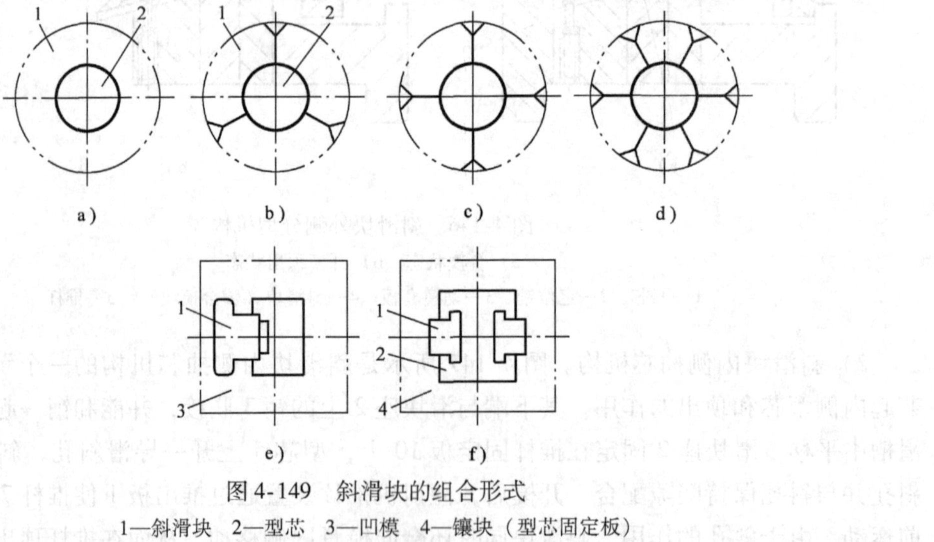

图 4-149 斜滑块的组合形式
1—斜滑块 2—型芯 3—凹模 4—镶块（型芯固定板）

2）斜滑块的导滑。图 4-150 所示是几种常见的外抽芯斜滑块导滑形式，图 4-150a ~ d 分别称为 T 形槽导滑、镶块导滑、圆销导滑和燕尾槽导滑。其中，前三种加工比较简单，T 形导滑槽随着线切割加工方法的普遍采用而应用最为广泛；燕尾式加工比较复杂，但因占用面积小，在斜滑块的镶拼块较多时选用较合适。斜滑块导滑部位均应采用 H7/f7 或 H7/h8 的间隙配合，这与斜导柱抽芯机构中滑块与滑槽的配合性质一样。

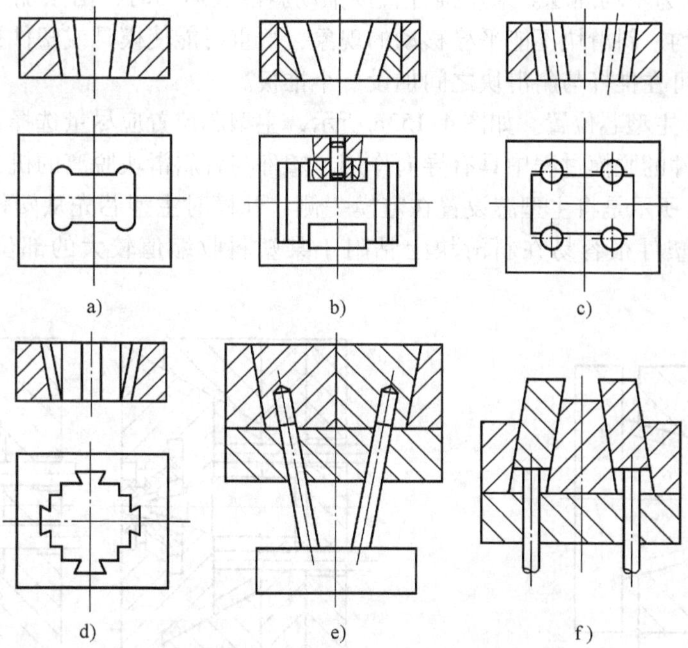

图 4-150　外抽芯斜滑块导滑形式

图 4-151 所示的是几种常见的内抽芯斜滑块导滑形式，图 4-151a 为矩形槽导滑，图 4-151b为 T 形槽导滑。设计时，尺寸 L 应保证斜滑块有足够的侧向移动距离，以保证内侧抽芯动作的顺利完成。

3）斜滑块的推出行程与倾斜角。斜滑块抽芯机构推出行程的计算方法同斜导柱抽芯机构最小开模行程的计算方法相似。为保证导滑精度，避免滑块复位时倾斜而运动不流畅，导滑长度应是斜滑块顶出高度的 1.5 倍。

斜滑块的强度较高，可承受较大的弯矩，其倾斜角可比斜导柱倾角设计得大一些，不过最好不要超过 26°。另外，在设计同一副模具时，如果塑件各处的侧凹深浅不同，可将各处的斜滑块设计成不同的倾斜角，以便在相同的推出行程下得到不同的侧向抽芯距。

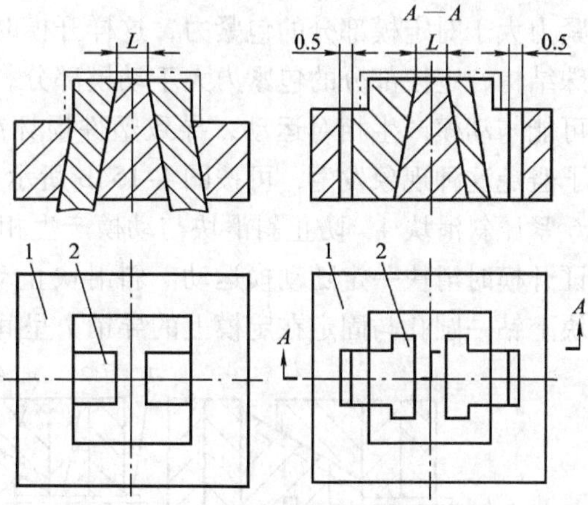

图 4-151　内抽芯斜滑块导滑形式

a）矩形槽导滑　b）T 形槽导滑

1—型芯　2—斜滑块

4）斜滑块的装配要求。为保证斜滑块合模时拼合紧密，避免注射成型时产生溢料飞边，斜滑块装配时与模套底部及端面之间均要留 0.2～0.5mm 的间隙（图 4-152）。这样斜滑块与动模（或导滑槽）之间有了磨损之后，通过修磨斜滑块的端面，还可继续保持拼合的紧密性。

5）斜滑块推力不均问题。采用推杆直接推动斜滑块运动时，由于加工制造的误差，往往会出现推力不均，斜滑块不能平稳移动的现象，严重时能使模具或塑件被损坏。如果需要解决这一问题，可在推杆与斜滑块之间加设一个推板。

6）正确选择主型芯位置。如图4-153a所示，主型芯位置应尽量选择设置在动模上，这样，主型芯在塑件的脱模过程中具有导向作用，塑件与各斜滑块脱离的机会均等，所以脱模顺利。图4-153b所示是将主型芯设置在定模一侧，开模时主型芯先从塑件中抽出，然后斜滑块才能分型，塑件很容易在斜滑块上粘附于某塑料收缩值较大的部位，因而不能顺利脱模。

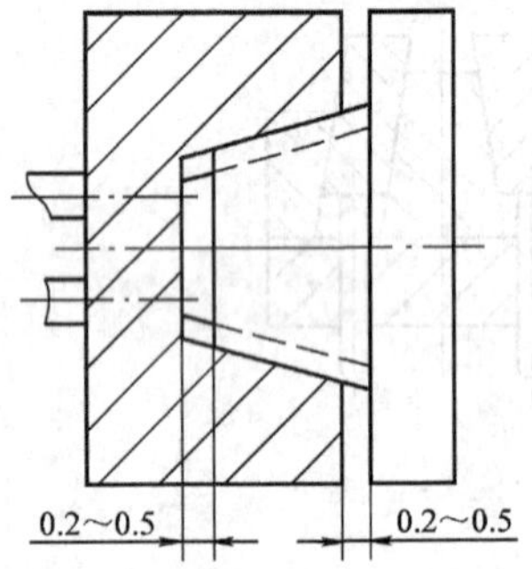

图4-152　斜滑块装配

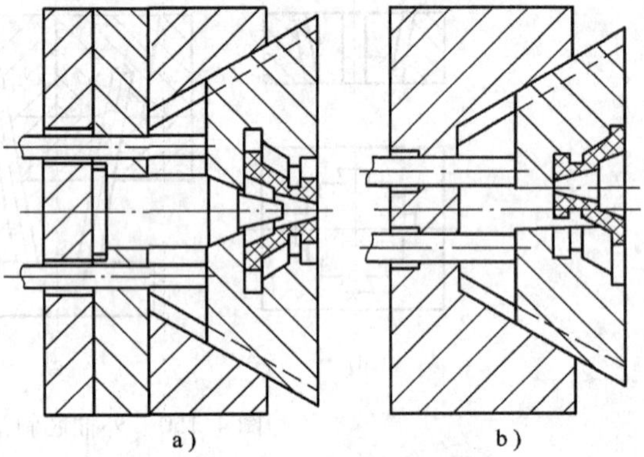

图4-153　主型芯位置的选择

a）有利脱模　b）不利脱模

7）开模时斜滑块的止动方法。斜滑块通常设置在动模部分，并要求塑件对动模部分的包紧力大于对定模部分的包紧力，这样开模时，塑件才能留在动模一侧。但有时因为塑件的特殊结构，定模部分的包紧力大于动模部分，此时如果没有止动装置，斜滑块在刚开模时便有可能与动模产生相对运动，导致塑件损坏或滞留在定模而无法取出，如图4-154a所示。为了避免这种现象发生，可按图4-154b所示设置斜滑块弹簧止动装置，刚开模时，弹簧顶销6紧压斜滑块4，防止斜滑块与动模产生相对移动，但当弹簧弹力不够或失效时，就不能保证开模时滑块一定随动模运动。斜滑块止动还可采用图4-154c所示的导销机构，即在斜滑块上钻一圆孔与固定在定模上的导销7呈间隙配合，开模时，在导销的约束下斜滑块不能

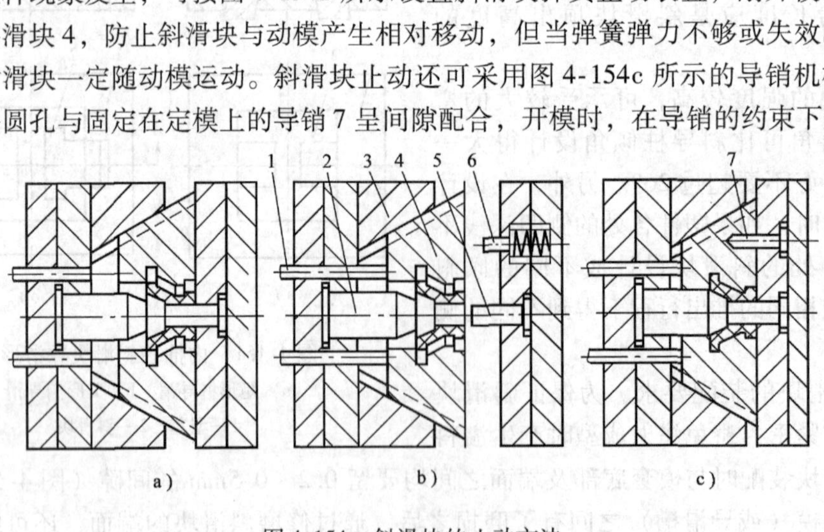

图4-154　斜滑块的止动方法

1—推杆　2—动模型芯　3—套板　4—斜滑块　5—定模型芯　6—弹簧顶销　7—导销

进行侧向运动，塑件随斜滑块与动模一起运动。这种结构比图 4-154b 所示的结构要安全、可靠。

3. 弯销抽芯机构

弯销抽芯机构的工作原理与斜导柱抽芯机构相同，前者只是在结构上用矩形断面的弯销代替了斜导柱。其优点是倾斜角较大，在开模距相同的条件下其侧抽芯距大于斜导柱的侧抽芯距，但模具零件的加工比斜导柱抽芯机构困难。

图 4-155 所示为用弯销抽芯机构进行外侧抽芯时的典型结构。图 4-155 中，弯销 1 的一头固定在定模上，另一头由锁紧块 4 支承。锁紧块 4 能承受较大的侧向锁模力，阻止滑块 2 在注射时可能产生的位移。弯销装在模板外侧，这样可以减小模板面积，减轻模具质量。

设计时，应将弯销与滑块孔之间的间隙设计得大一些，通常在 0.5mm 左右，否则合模时可能发生碰撞或卡死现象，同时弯销与锁紧块的尺寸也应根据抽拔力的大小确定。

图 4-156 所示为具有延迟分型作用的弯销抽芯机构。开模时，弯销 1 的平直段阻碍滑块 4 向外侧移动，延迟分型，斜滑块 4 带动制品从型芯 3 上脱开，然后弯销 1 的倾斜段驱使滑块向外侧移动，进行侧抽芯，同时使塑件完全脱离型芯；完全开模后，制品从模具中脱落。该模具无需脱模推出机构。

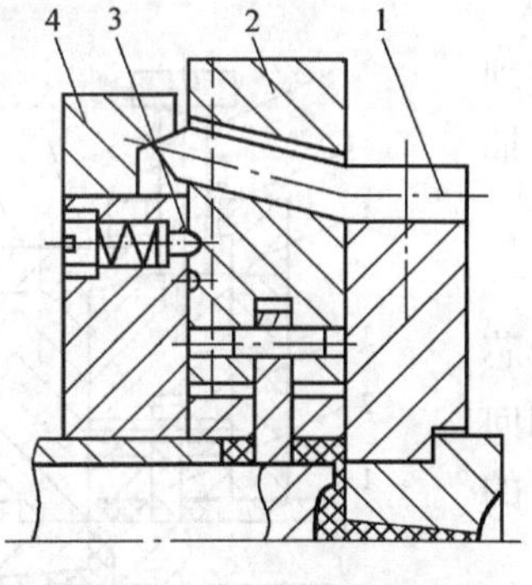

图 4-155　弯销外侧抽芯机构

1—弯销　2—滑块
3—球头销　4—锁紧块

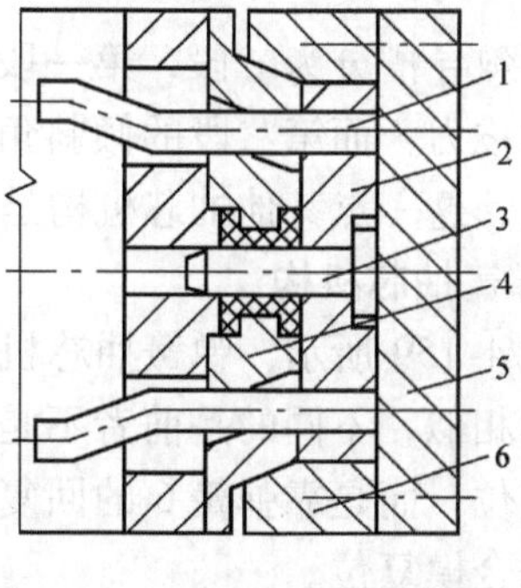

图 4-156　弯销延迟抽芯机构

1—弯销　2—固定板　3—型芯
4—滑块　5—定模板　6—锁紧块

弯销抽芯机构除用于滑块的外抽芯外，还可用于滑块的内抽芯。图 4-157 所示为采用摆钩式定距拉紧机构来实现顺序分型动作的示例。摆钩 7 将凹模 2、型芯 4 和推件板 6 连在一起。开模时先从 *A* 面分型，弯销 1 带动滑块 5 向中心移动，使活动型芯从塑件内侧的凹模内抽出；当动模底板的定距螺钉 8 与摆钩弯头接触时，摆钩向外侧摆动，凹模 2 与型芯脱开，模具在 *B* 面分型，型芯 4 带着塑件从型腔中脱出，最后由推件板 6 将塑件从型芯上顶出。弹簧 3 的作用是使滑块 5 在侧抽芯动作完成后保持终止位置，以避免推板推出塑件时与侧型芯碰撞。

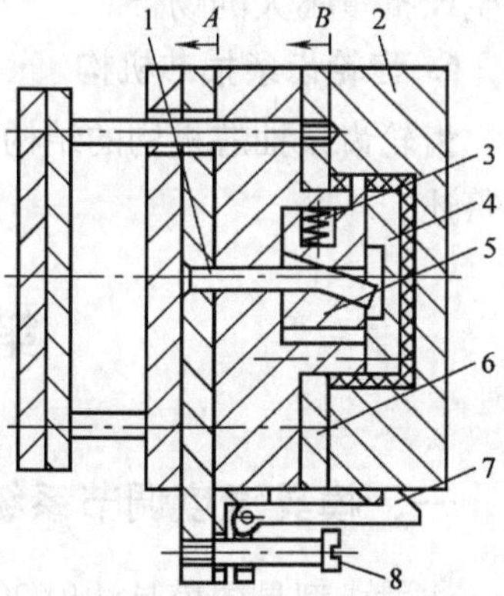

图 4-157　弯销内抽芯机构

1—弯销　2—凹模　3—弹簧
4—型芯　5—滑块　6—推件板
7—摆钩　8—定距螺钉

4. 斜导槽抽芯机构

如图 4-158a 所示，当侧向活动型芯的抽芯距较大时，在侧向活动型芯的外侧可用斜导槽代替斜导柱，通过改变斜导槽的形状，可以调整侧向型芯的抽拔时间。定模上的止动销 2 在合模后锁紧滑块 1，阻止滑块可能产生的位移。开模时，滑块 1 随动模同时移动，待止动销 2 离开滑块一段距离后，滑块在斜导槽 3 的作用下侧向移动抽出侧向型芯，并由定位销 4 定位（图 4-158b），然后在推管 6 的作用下将塑件顶出。

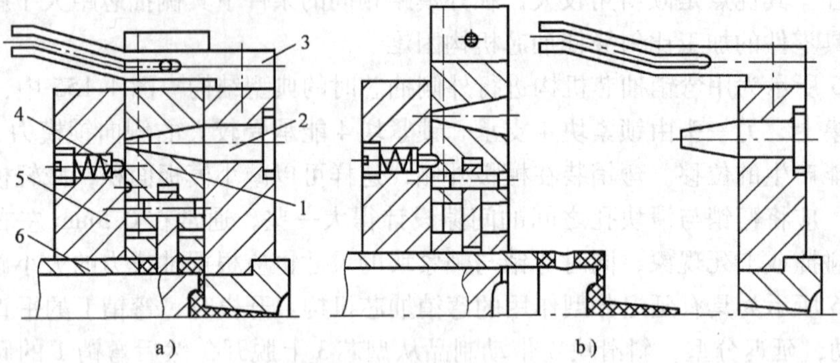

图 4-158　斜导槽抽芯机构

1—滑块　2—止动销　3—斜导槽　4—定位销　5—支承板　6—推管

如将斜导槽分为二段，第一段的倾斜角小，可以得到很大的抽拔力，而第二段的倾斜角大，可以得到很大的抽拔位移量，这一点其他抽芯机构是无法实现的。

5. 弹簧抽芯机构

如图 4-159 所示，弹簧抽芯机构的结构与斜导柱抽芯机构极为相似，不同的是前者不是靠斜导柱驱动滑块侧向抽芯和复位，而是靠弹簧 6 的回复力侧抽芯和压紧块 8 的侧压力来合模复位。

由于受弹簧弹力的限制和弹簧失效会造成制品或模具的损坏，故弹簧抽芯机构仅用于抽拔力和抽芯距均较小以及生产批量不大的场合。

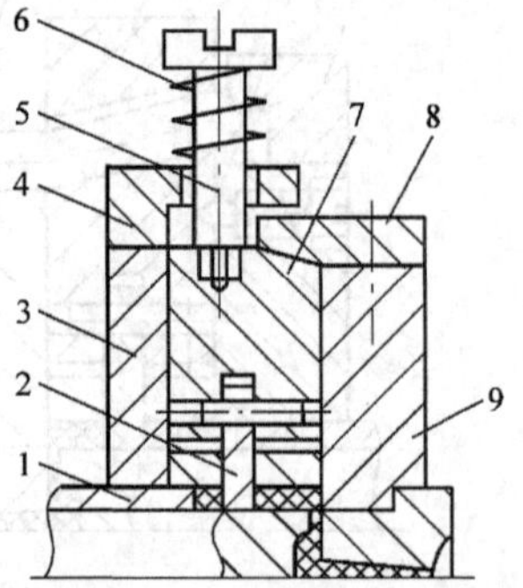

图 4-159　弹簧抽芯机构

1—推管　2—侧向型芯　3—动模板　4—限位挡块　5—螺钉　6—弹簧　7—滑块　8—压紧块　9—定模座板

6. 齿轮齿条抽芯机构

齿轮齿条抽芯机构的结构和工作原理与齿轮齿条脱螺纹机构（图 4-101）相同，这里不再赘述。

第八节　温度调节系统设计

一、模具温度调节系统的重要性

注射成型是向模具注射 200℃左右的塑料熔体，使熔体在模具内冷却定型，所以模具在成型过程中还起着热交换器的作用。模具温度调节系统直接影响着塑件的质量和生产效率。成型的塑料品种不同，塑件的质量要求不同，对模具的温度要求也不同。对于多数的塑料来说，要求的模具温度不高，则模具仅设置冷却系统即可。当模具温度要求超过 80℃时或大型模具，则需设置加热系统。

1. 模具温度调节对塑件质量的影响

一般塑件受成型条件影响的质量因素有：尺寸精度、形状精度、力学性能和表面质量。

（1）尺寸精度　要提高塑件的尺寸精度，对于不同的塑料必须采取不同的措施。对一般塑料，必须使模具温度较低，并保持恒定温度，以减少塑件成型收缩率的波动，提高塑件尺寸稳定性。而对于结晶型塑料引起尺寸收缩的原因有两个：一是注射成型后进一步结晶形成的附加收缩；二是塑件的内部应力缓和造成的收缩。解决的方法是降低模具温度，延长冷却时间，加速结晶使后期结晶引起的附加收缩减少。解决内部应力的影响，必须提高塑料熔体温度，提高填充速度，缩短保压时间，不过量填充，则可减少应力引起的变形。

（2）形状精度　模具型芯和型腔各部分温差太大，会使塑件收缩不均匀导致翘曲变形，特别是对于壁厚不一致和形状复杂的塑件，常常会出现因收缩不均匀而变形的情况。因此，必须设计合适的冷却回路，使模具型腔、型芯各个部分的温度基本一致，从而使塑件各部分的冷却速度相同。

（3）力学性能　对于结晶型塑料冷却速度影响其结晶度，而结晶度又影响其力学性能。通过实验了解到，应力开裂受结晶度、内部应力及分子取向的影响。冷却速度快，结晶度低，应力开裂的倾向小。一般可采用较高的熔体温度、较低的模具温度、较短的保压时间和快速填充等成型条件，来减少塑件应力开裂的倾向。

（4）表面质量　当模具的温度过低时，会使塑料熔体粘度提高，流动阻力增大，从而出现填充不满，塑件轮廓不清，或者产生熔接痕或振动痕；提高模具温度即可改善塑件表面状态，使塑件表面粗糙度降低。

2. 模具温度调节对生产率的影响

模具温度调节系统对生产效率的影响主要由冷却时间来体现。通常注射到型腔内的塑料熔体的温度为200℃左右，塑件从型腔中取出的温度在60℃以下。熔体在成型时释放的热量约有5%以辐射、对流的形式散发到大气中，其余95%需由冷却介质带走，否则，由于反复注入的高温熔体带来的热量将使模具的温度升高。为保持模温恒定，在每一循环中，必须由冷却系统把熔体的热量带走。因此，模具的冷却时间主要取决于冷却系统的冷却效果。据统计，模具的冷却时间约占整个注射周期的2/3，因此缩短成型周期中的冷却时间是提高生产效率的关键。

根据牛顿冷却定律，冷却系统从模具中带走的热量为

$$Q = kA\Delta\theta t/3600 \tag{4-76}$$

式中，Q 是模具与冷却系统所传递的热量（J）；k 是冷却管道孔壁与冷却介质间的传热系数 $[J/(m^2 \cdot h \cdot ℃)]$；$A$ 是冷却介质的传热面积（m^2）；$\Delta\theta$ 是模具与冷却介质之间的温度差（℃）；t 是冷却时间（s）。

从式（4-76）可知，当所传递的热量一定时，提高传热系数，提高模具与冷却介质的温度差，增大冷却介质的传热面积，都能缩短冷却时间，提高生产效率。同时，降低熔体温度，减少传递热量，也是缩短冷却时间的途径之一。

应该指出的是，对于大型模具，为提高塑件合格率，在换模或停机后重新开机时，必须将模具预热到合适的温度。例如，将1t重的模具从室温20℃预热到50℃时，取模具的比热

容为0.1kJ/(kg·℃)，所需的热量为

$$Q_m = 0.1 \times 1000 \times (50-20)\,\text{kJ} = 3000\text{kJ}$$

如果所需的热量不是由预热获得，而由注入型腔内的熔体传递，则每小时成型20kg、比热容0.4kJ/(kg·℃)的塑料，塑料熔体温度从200℃冷却至70℃时所放出的热量为（不考虑熔解潜热）

$$Q_p = 0.4 \times 20 \times (200-70)\,\text{kJ} = 1040\text{kJ}$$

$$\text{即}\quad Q_m \approx 3Q_p$$

因此，需要约3h的成型热量，在此期间由于模具温度太低而无法生产出合格产品。由此可见对于大型模具设置加热系统的重要性。

二、模具冷却系统的设计与计算

1. 冷却系统的计算

塑料熔体具有的热量通过辐射、对流约有5%扩散到空气中，而95%由模具传导，假设熔体带入的热量全部由模具传导，则有

$$q_V = \frac{WQ_1}{\rho c_1(\theta_1 - \theta_2)} \tag{4-77}$$

式中，q_V 是冷却水体积流量（m^3/min）；W 是单位时间（每分钟）内注入模具中的塑料熔体质量（kg/min）；Q_1 是单位质量的塑料熔体在凝固时所放出的热量（kJ/kg）；ρ 是冷却水的密度（kg/m^3）；c_1 是冷却水的比热容［kJ/(kg·℃)］；θ_1 是冷却水出口温度（℃）；θ_2 是冷却水入口温度（℃）。

Q_1 可表示为

$$Q_1 = c_2(\theta_3 - \theta_4) + h \tag{4-78}$$

式中，c_2 是塑料的比热容［kJ/(kg·℃)］；θ_3 是塑料熔体的初始温度（℃）；θ_4 是塑件在推出时的温度（℃）；h 是结晶型塑料的熔化质量焓（kJ/kg）。

常用塑料的比热容和质量焓见表4-11。

表4-11　常用塑料的热扩散率、热导率、比热容和质量焓

塑料品种	热扩散率/(m^2/h)	热导率/[kJ/(m·h·℃)]	比热容/[kJ/(kg·℃)]	质量焓/(kJ/kg)
聚苯乙烯	3.2×10^{-4}	0.452	1.340	—
ABS	9.6×10^{-4}	1.055	1.047	—
低密度聚乙烯	6.2×10^{-4}	1.206	2.094	1.30×10^2
高密度聚乙烯	7.2×10^{-4}	1.733	2.554	2.43×10^2
聚丙烯	2.4×10^{-4}	0.423	1.926	1.80×10^2
尼龙	3.9×10^{-4}	0.837	1.884	1.30×10^2

当求出冷却水的体积流量 q_V 后，可根据冷却水处于湍流状态下的流速 v 与管道直径 d 的关系，参见表4-12，确定冷却管道的直径 d。

冷却管道总传热面积 A(m^2) 可用下式计算：

$$A = \frac{60WQ_1}{k\Delta\theta} \tag{4-79}$$

表 4-12 冷却水的稳定湍流速度与流量

冷却通道直径 d/mm	最低流速 v/(m/s)	流量 q_V/(m^3/min)	冷却通道直径 d/mm	最低流速 v/(m/s)	流量 q_V/(m^3/min)
8	1.66	5.0×10^{-3}	20	0.66	12.4×10^{-3}
10	1.32	6.2×10^{-3}	25	0.53	15.5×10^{-3}
12	1.10	7.4×10^{-3}	30	0.44	18.7×10^{-3}
15	0.87	9.2×10^{-3}			

式中，W 是单位时间（每分钟）内注入模具中的塑料熔体的质量（kg/min）；Q_1 是单位质量的塑料熔体在凝固时所放出的热量（kJ/kg）；k 是冷却管道孔壁与冷却水之间的传热系数[$W/(m^2 \cdot K)$]；$\Delta\theta$ 是模具温度与冷却水温度之间的平均温差（℃）。

对于长径比 $L/d>50$ 的细长冷却管道，其孔壁与冷却水之间的传热系数 k 计算公式为

$$k=3.6f\frac{(\rho v)^{0.8}}{d^{0.2}} \tag{4-80}$$

式中，ρ 是冷却水在一定温度下的密度（kg/m^3）；v 是冷却水在圆管中的平均流速（m/s）；d 是冷却管道的直径（m）；f 是与冷却介质有关的系数。

f 的计算公式为

$$f=0.027\lambda^{0.6}\left(\frac{c_1}{\mu}\right)^{0.4} \tag{4-81}$$

式中，λ 是冷却水的热导率[kJ/(m·h·℃)]；c_1 是冷却水的比热容[kJ/(kg·℃)]；μ 是冷却水的粘度（Pa·s）。

若冷却介质为水时，f 值可由表 4-13 查得。

表 4-13 不同水温下的 f 值

平均水温/℃	0	5	10	15	20	25	30	35
f	4.91	5.30	5.68	6.07	6.45	6.48	7.22	7.60
平均水温/℃	40	45	50	55	60	65	70	75
f	7.98	8.31	8.64	8.97	9.30	9.60	9.90	10.20

冷却水在圆管中的平均流速为

$$v=\frac{4q_V}{\pi d^2} \tag{4-82}$$

式中，q_V 是冷却水的体积流量（m^3/s）；d 是冷却管道的直径（m）；v 是冷却水在圆管中的平均流速（m/s）。

模具应开设的冷却管道的孔数为

$$n=\frac{A}{\pi dL} \tag{4-83}$$

式中，L 是冷却管道开设方向上模具长度或宽度（m）；A 是冷却管道总传热面积（m^2）；d 是冷却管道的直径（m）。

2. 冷却系统的设计原则

为提高冷却系统的效率和使型腔表面温度分布均匀，在冷却系统的设计中应遵循如下

原则：

（1）冷却系统的布置应先于脱模机构　这是为了保证有足够的空间来布置冷却回路。在前面的讨论中已经知道冷却系统直接影响着产品的质量和生产效率，在传统的设计中，冷却系统的重要性未能引起设计人员的足够重视，往往是先设计脱模机构，然后再设计冷却系统，从而没有足够的空间考虑冷却系统的设计，使冷却系统未能取得良好的冷却效果。冷却回路的设计应与脱模机构相互协调，以获得良好的冷却效果。

（2）合理地确定冷却管道的直径中心距以及与型腔壁的距离　冷却管道的直径与间距直接影响模温的分布，如图 4-160 所示。图 4-160a 所布置的冷却管道间距合理，保证型腔表面温度分布均匀；而图 4-160b 开设的冷却管道直径太小，间距太大，所以型腔表面温度变化很大。冷却管道与型腔壁的距离太大，会使冷却效果下降；而距离太小，又会造成冷却不均。根据经验，一般冷却管道中心线与型腔壁的距离应为冷却管道直径的 1～2 倍，冷却管道的中心距约为管道直径的 3～5 倍，并尽可能使冷却管道孔分别到各处型腔表面的距离相等，如图 4-161a 所示。当塑件的壁厚不均匀时，应在厚壁处开设间距较小的冷却管道，如图 4-161b 所示。

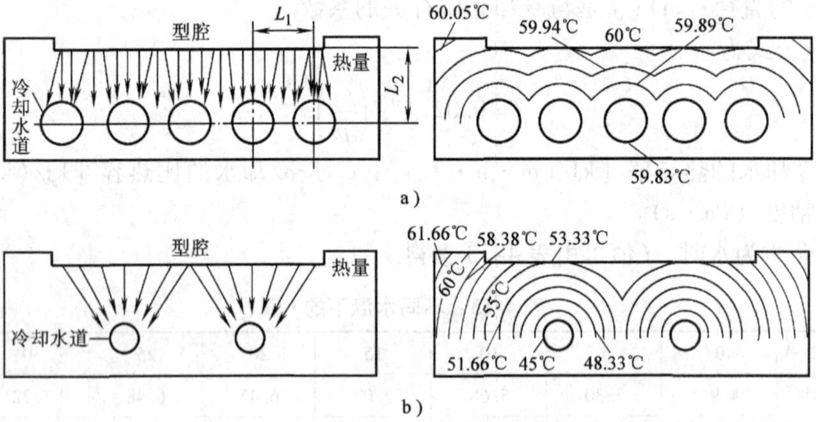

图 4-160　型腔表面的温度变化

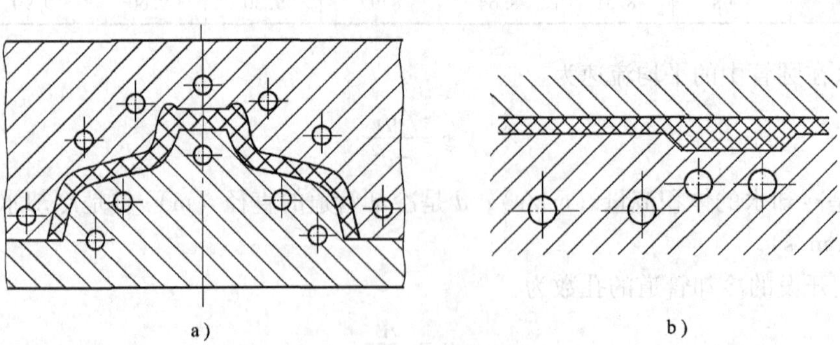

图 4-161　冷却管道的布置

a）型腔壁厚均匀时冷却管道布置　b）型腔壁厚不均匀时冷却管道布置

（3）降低进出水的温度差　冷却系统两端进、出水温度差小，则有利于型腔表面温度分布。通常可通过改变冷却管道的排列形式来降低进、出水的温度差，同时可以减少冷却回路的长度。如图 4-162 所示的大型模具，采用图 4-162a 的排列形式比采用图 4-162b 所示的排列形式好。一般精密模具的进出水温度差应在 2℃内，普通模具不应超过 5℃。

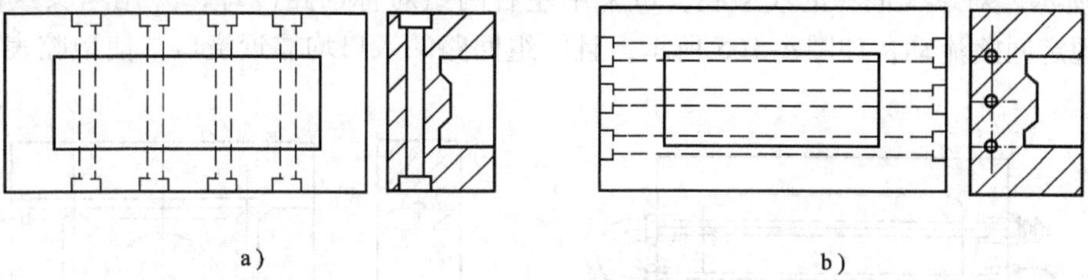

图 4-162　冷却管道的排列
a) 较好　b) 较差

（4）浇口处应加强冷却　塑料熔体充模时，经过浇口的剪切、摩擦使熔体的温度升高，同时也使浇口附近的温度升高。一般来说，离浇口越远温度越低，因此在浇口附近应加强冷却，通常是将冷却水回路的入口设在浇口附近，使浇口在较低的水温下冷却，如图 4-163 所示。

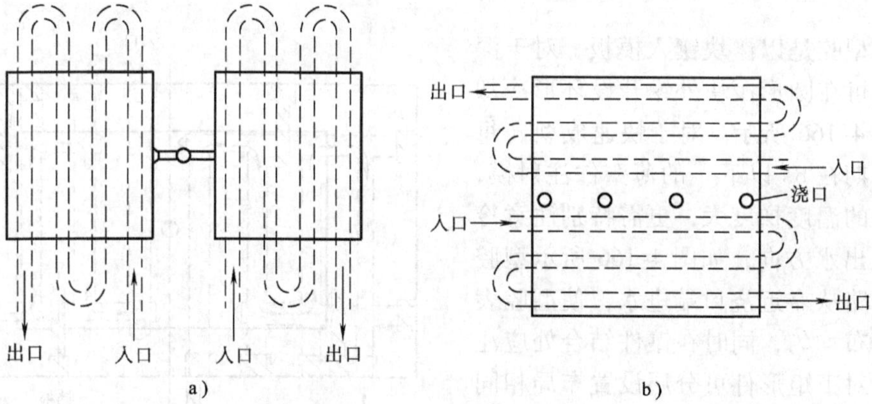

图 4-163　循环冷却回路的布置
a) 侧浇口循环冷却水回路　b) 多个点浇口循环冷却水回路

（5）应避免将冷却水道开设在塑件熔接痕处，并注意干涉及密封等问题　当采用多点进料或型腔形状较复杂时，多股料流汇合处将产生熔接痕。该处的温度通常较其他位置的温度要低，为不使熔体温度进一步降低，保证融合处的质量，应尽量不在这些部位开设冷却管道。

冷却管道不应穿过镶件，以免在接缝处漏水；如需通过镶件时，应加设管套密封或加密封圈，如图 4-166 所示。

（6）冷却水道应便于加工和清理　为便于加工和操作，进出水管接头应尽量设在模具同一侧，并设在注射机背面，同时水管接头处应密封，以免漏水。

3. 冷却回路布置

模具冷却回路的形式应根据塑件的形状、型腔内温度分布及浇口位置等情况设计成不同的形式。通常有型腔冷却和型芯冷却两种回路的结构形式。

（1）型腔冷却回路　图4-164a为简单冷却回路，这种单层冷却回路只用于较浅的型腔，为避免外部设置接头，冷却管道之间可采用内部钻孔沟通，非进出口用螺塞堵住，如图4-164b所示。对于大面积的浅型腔，可采用左右两组对称回路冷却，并用堵头或隔板使冷却水沿规定回路流动，如图4-165所示，且两组回路的入口均靠近浇口，使型腔表面温度分布均匀。

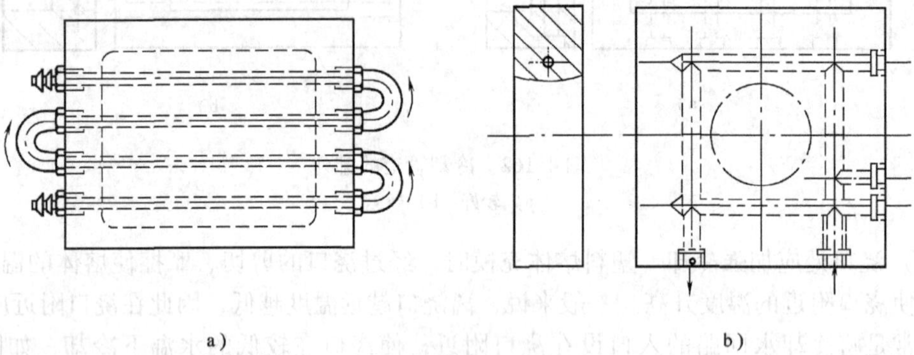

图4-164　直流循环式冷却回路

通常型腔是以镶块镶入模板，对于深腔塑件，可在圆形镶块外缘开设环形冷却槽，如图4-166所示。对于快速成型（每模生产周期在8s以下）的薄壁件注射模，由于模具的温度梯度大，更需特别注意冷却回路进出水方向，如图4-166所示型腔的冷却回路从靠近浇口端进水，使型腔表面温度分布均匀，同时在镶件结合处应注意密封。对于矩形件可分层设置布局相同的矩形冷却回路，对型腔壁进行冷却，如图4-167所示。

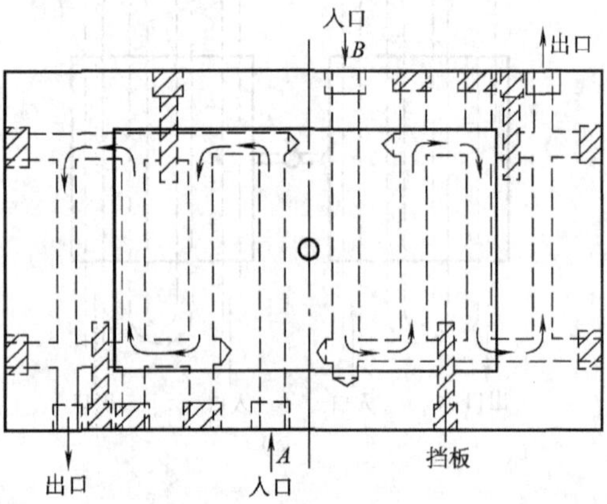

图4-165　采用左右对称回路的形式

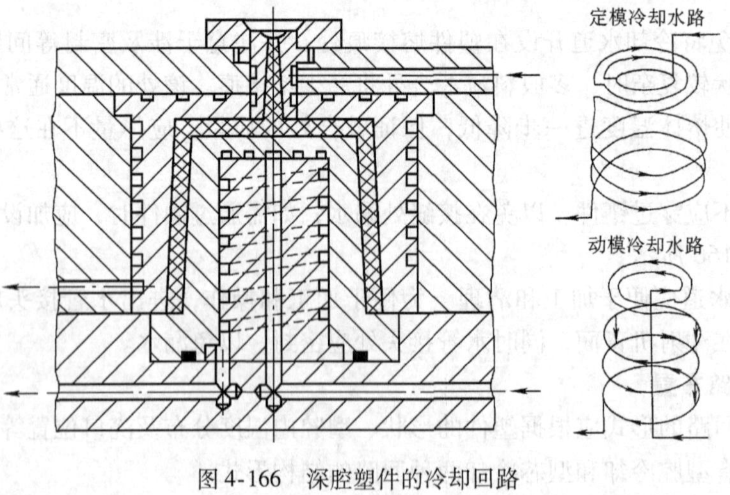

图4-166　深腔塑件的冷却回路

（2）型芯冷却回路　当型芯较浅时，可将单层冷却回路开设在型芯下部，如图 4-168 所示。而对于较深的型芯，为使型芯表面迅速冷却，应设法使冷却水在型芯内循环流动，常见的形式有以下几种：

1）斜交叉式管道冷却回路。图 4-169 所示的冷却回路形式主要适用于小型芯的冷却。

2）多型芯冷却回路。如图 4-170a 所示，在每个型芯的冷却孔中均设置有平行于型芯轴线的导流板，导流板与底部横向管道形成串联的冷却回路。图 4-170b 所示的回路，在各个型芯的冷却孔中设置平行于型芯轴线的冷却管，型芯冷却孔与横向出水孔相通，冷却管与底部横向进水管道相通，形成并联冷却回路，这种回路使各型芯的温度较均衡。

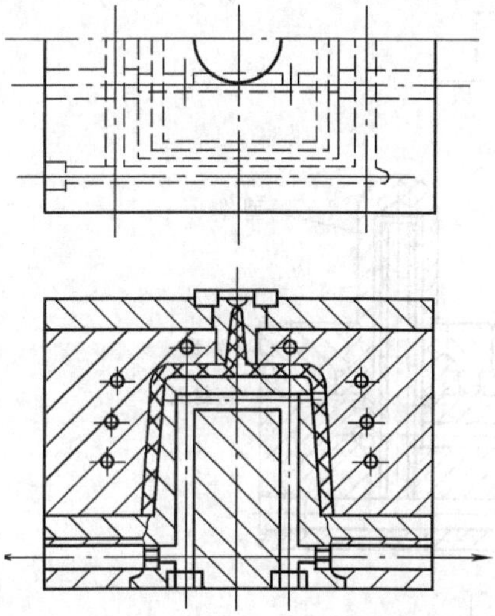

图 4-167　多层冷却回路

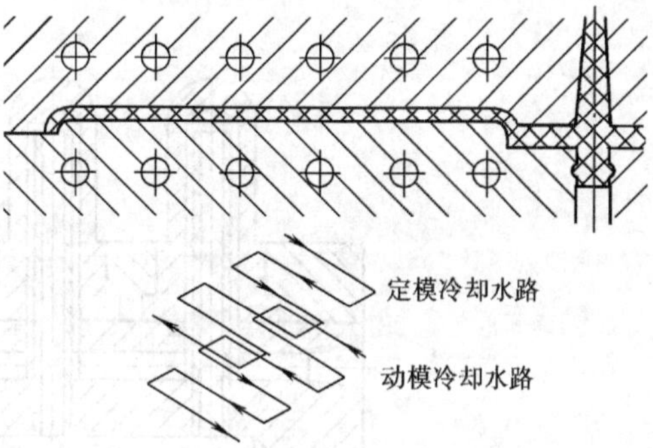

图 4-168　较浅型芯的冷却回路

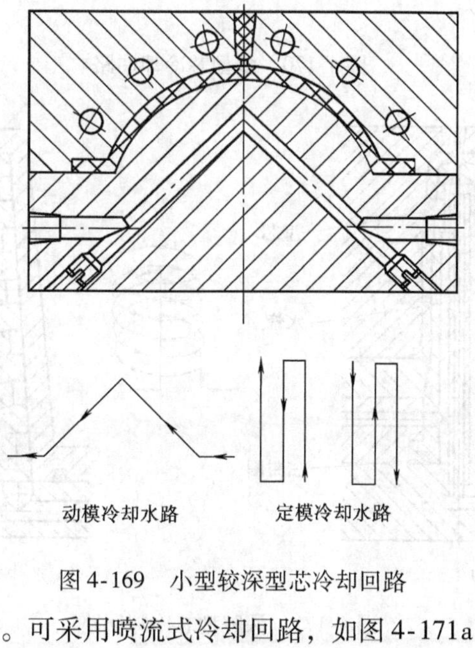

图 4-169　小型较深型芯冷却回路

3）深腔型芯冷却回路。可采用喷流式冷却回路，如图 4-171a 所示，或螺旋槽嵌件冷却回路，如图 4-171b 所示。

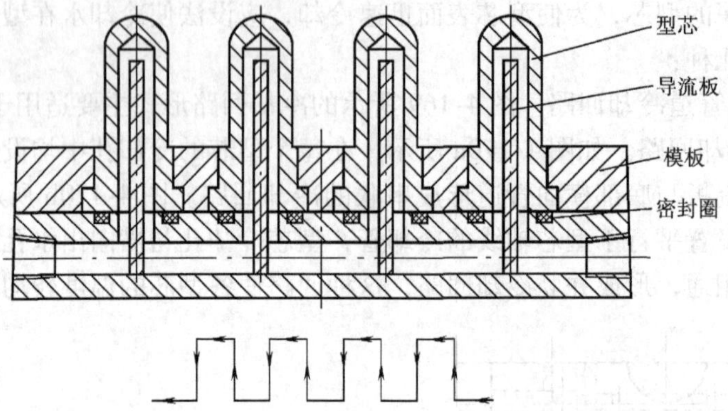

a）

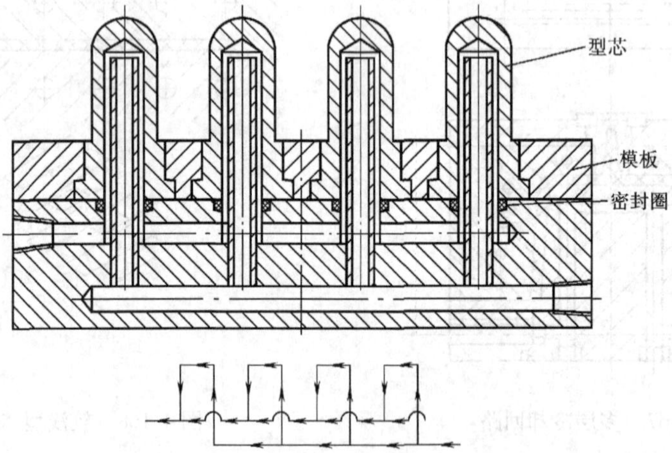

b）

图 4-170　多型芯冷却回路

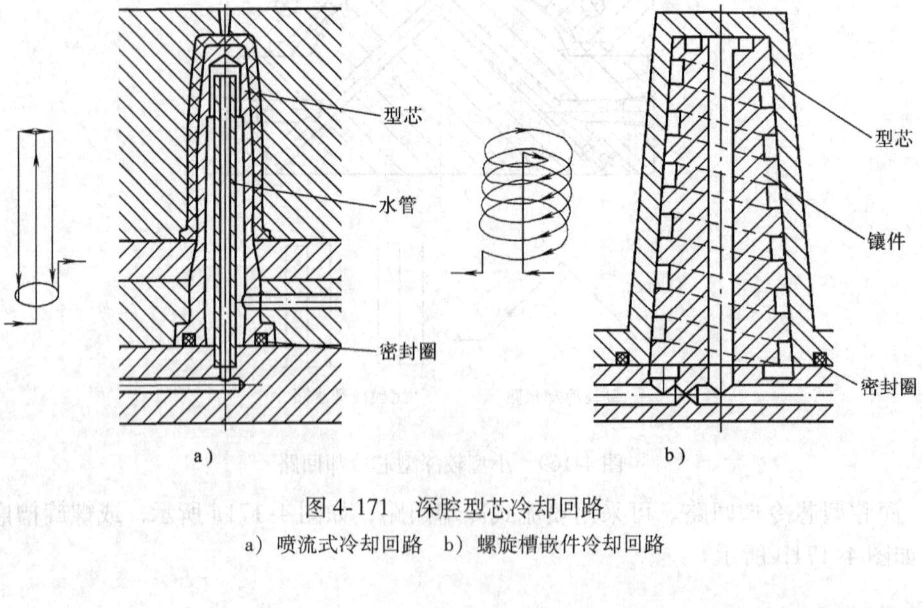

a）　　　　b）

图 4-171　深腔型芯冷却回路

a）喷流式冷却回路　b）螺旋槽嵌件冷却回路

三、模具加热系统的设计与计算

1. 加热装置设计

塑料注射模的加热装置通常采用下面两种方式：

（1）热水或过热水加热　热水管道结构和设计原则与冷却水管道设计完全类似，所不同的只是把冷却水改为热水或过热水。这对于注射成型之前需要加热，正常生产一段时间后又需要冷却的大型模具特别合适。一般模温要求80℃以下的用热水，要求80℃以上的用过热水。使用热水（过热水）加热模温分布较均匀，有利于提高塑件质量，但模温调节的滞后周期较长。

（2）电热棒加热　在模具上适当的位置钻孔，将电热棒插入，并装上热电偶，即可方便的与温度调节器连接，对模温进行自动控制。也可与变压器相连，对模温进行人工调节。这类加热系统结构简单、使用方便、热损失少，常为要求模温较高的大型注射模所用。但加热棒加热易产生局部过热现象，在加热装置设计中应充分注意。

2. 加热功率计算

1）电加热模具所需总功率可按下式计算

$$P=\frac{mc_p(t_\mathrm{m}-t_0)}{3600\eta\tau} \tag{4-84}$$

式中，P 是电加热模具所需总功率（kW）；m 是模具的质量（kg）；c_p 是模具材料的比热容[kJ/(kg·℃)]，碳钢为0.46[kJ/(kg·℃)]；t_m 是所需模具温度（℃）；t_0 是室温（℃）；η 是加热器效率，$\eta=0.3\sim0.5$；τ 是加热升温时间（h）。

2）电加热模具所需总功率的检验式。取 c_p 为0.46[kJ/(kg·℃)]（碳钢），$\eta=0.5$，预热时间在1h内，则所需总功率的检验式为

$$P\geqslant 0.24\times10^{-3}m(t_\mathrm{m}-t_0) \tag{4-85}$$

3）电加热模具所需总功率的经验式为

$$P=mq\times10^{-3} \tag{4-86}$$

式中，q 是加热单位质量模具至规定温度所需的电功率（$\mathrm{W\cdot kg^{-1}}$），其值可由表4-14选取。

表4-14　不同类型模具的 q 值

模具类型	$q/\mathrm{W\cdot kg^{-1}}$	
	采用加热棒	采用电热圈
小型	25	40
中型	30	50
大型	35	60

4）所需电热棒根数

$$n=\frac{1000P}{P_\mathrm{e}} \tag{4-87}$$

式中，P_e 是电热棒额定功率（W）。

电热棒的额定功率及名义尺寸，可根据模具结构及其所允许的钻孔位置由有关手册选择。

第九节　热固性塑料注射模设计

一、热固性塑料注射模具设计要点

由于热固性塑料注射成型工艺与热塑性塑料注射成型工艺有所不同，其成型时有如下特点在模具设计时必须加以考虑：

1）塑件未固化前，熔体的粘度比热塑性塑料低，对于0.01～0.02mm的缝隙就会产生溢料现象。

2）熔体固化后硬而脆，其分型面上的飞边和流入缝隙的溢料很难清理，硬而脆的碎片易磨损模具表面。

3）热固性塑料的摩擦因数和收缩率小，塑件对型芯的包紧力较小，开模时易滞留在定模型腔。

4）热固性塑料熔体对模具成型表面的腐蚀和磨损严重。

5）由于模具的工作温度远高于室温，使室温下的模具工作部分的装配间隙很难控制。室温下的较小间隙易使运动部件工作时产生拉毛，甚至咬死的现象。

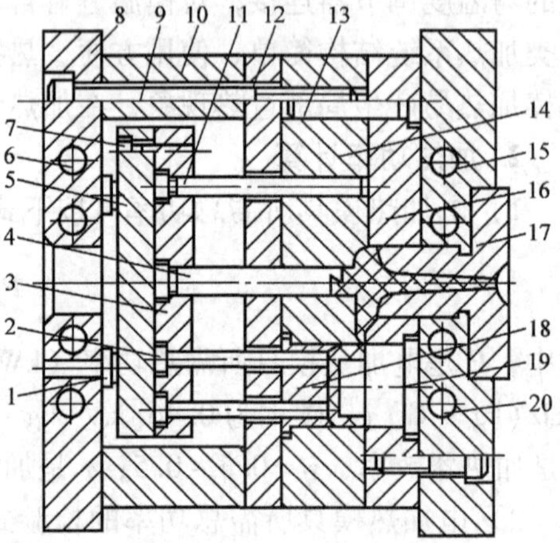

图4-172　热固性塑料注射模

1—挡销　2—推杆　3—推杆固定板　4—拉料杆　5—推件板　6—加热器安装固定板　7、9—螺栓　8—定模底板　10、12—支承板　11—复位杆　13—导柱　14—动模板　15—定模底板　16—定模板　17—浇口套　18—型腔镶块　19—型芯　20—加热棒

图4-172所示是热固性塑料注射模，其结构和工作原理与热塑性塑料注射模相似，但由于热固性塑料成型时有上述特点，使得热固性塑料注射模与热塑性塑料注射模的设计之间存在一定差异。下面对有关问题加以论述。

1. 浇注系统设计

热固性塑料成型时，熔体要通过浇注系统，除了要求流动阻力较小外，还希望在流动过程中适当地升高温度，以加速熔体在型腔内的固化速度，缩短成型周期。因此，浇注系统设计时应注意以下一些问题。

（1）主流道和冷料穴　由于热固性塑料注射成型时，物料在注射机机筒内未加热到成型温度，因此希望主流道截面积小，可增大单位体积的传热面积及摩擦热，加快物料升温速度；同时，由于热固性塑料的浇口废料不能回收，为减少原料损耗，主流道直径应尽量小，通常卧式注射机用的模具主流道直径为圆锥形，锥度为1°～2°，小端孔径应大于喷嘴孔径0.8～1mm。直角式注射机用模具的主流道为圆柱形。

在注射成型过程中，注射机喷嘴头部在保压和固化阶段与高温模具长时间接触，因此存在一段老化料（固化料），这段料在下次注射时如果进入型腔，将会使塑件产生缺陷，甚至堵塞浇口。为去除这一段固化料，在主流道对面设有冷料穴和拉料杆。这些前锋料硬而脆，设计拉料杆结构时应防止塑料被拉断。图4-173为三种常用拉料杆的形式。图4-173a为球形拉料杆，$d = d_1 + 2mm$。d 与 d_1 之差过小则无拉料杆作用；若过大则不能脱模或破裂。图 4-173b 为 Z 形拉料杆，最薄处不得小于 4mm，尖角处应设有 $r = 1mm$ 的圆角。图 4-173c 为薄片形拉料杆，在圆柱杆头铣四条斜边，最薄处不得小于 0.8mm，斜片长约 10mm，使薄片具有弹性。

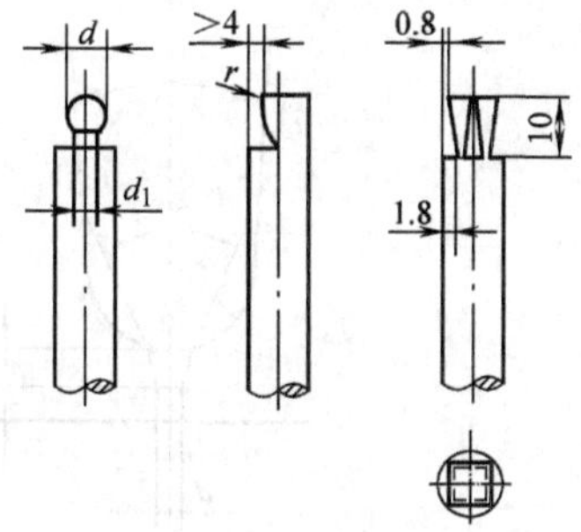

图 4-173 常用拉料杆形式
a）球形 b）Z 形 c）薄片形

（2）分流道 与热塑性塑料注射模的分流道截面一样，热固性塑料注射模的分流道截面也有圆形、梯形、U 形、半圆形和矩形等形式，但两者的选用有所区别。对于热固性塑料，除了要求分流道对塑料熔体的流动阻力不应太大以外，还要求分流道的比表面积适当取较大值，使模具的热量能比较容易向分流道内传递。分流道的截面形状还应结合其长度综合考虑。分流道较长时，流动阻力大，宜选用圆形、梯形或 U 形截面；分流道较短时，则应采用比表面积大的矩形截面以利于传热。为满足使用要求及加工方便，目前使用较多的是矩形和半圆形。半圆形的半径一般取 2 ~ 4mm；梯形底边宽度取 4 ~ 6mm，侧边斜度取 20°，高度可取宽度的 2/3。

为减少物料流动阻力，主流道与分流道、各分流道转向处，都应取较大的转角半径。转角半径应不小于分流道直径或宽度。分流道的表面粗糙度在 $Ra0.4\mu m$ 以下，并镀铬。

（3）浇口 凡在热塑性塑料注射模中使用的浇口形式，在热固性塑料注射模中均可使用，如图 4-174 所示的各种浇口。由于热固性塑料粘度高，摩擦大，流道凝料的脆性大，故浇口深度可取大一些，一般深度为 0.8 ~ 1.5mm，宽为 2.5 ~ 5mm，长为 1 ~ 3mm。其点浇口形状与热塑性塑料注射模的点浇口有所区别，如图 4-175 所示，浇口与分流道相接处设置有锥形引导部分，以减少塑料对浇口的磨损。点浇口的直径一般取 1.2 ~ 2.5mm，不宜过小，以免物料中的填充物堵塞浇口。浇口是模具中磨损最严重的部位，为提高耐用度，可在浇口部位镶嵌硬质合金镶块，如图 4-176 所示。

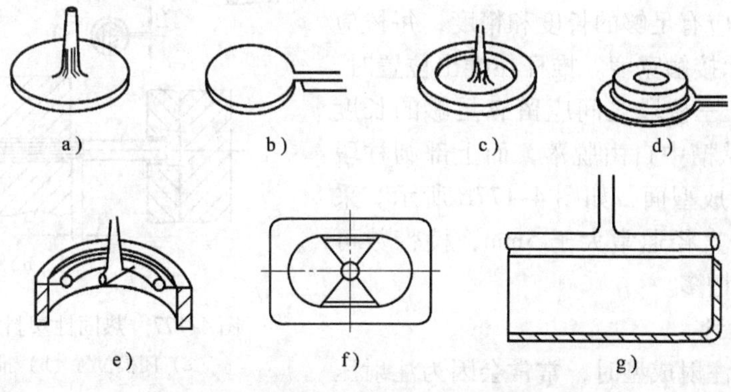

图 4-174 热固性塑料注射模的浇口形式
a）直浇口 b）侧浇口 c）盘形浇口 d）外环形浇口
e）内环形浇口 f）扇形浇口 g）平缝形浇口

（4）排气槽 热固性塑料固化时多半为聚缩反应，将生成大量低分子气体，必须及时排出，否则会降低充模速度，甚至充不满，使塑件形成气泡、表面凹痕、麻点及表面粗糙等缺陷，所以在模具上必须开设足够的排气槽。一般排气槽设在浇口对面的分型面上。为了不

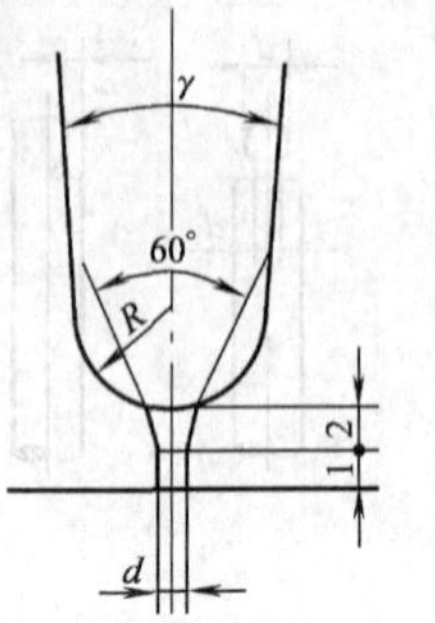

图 4-175 热固性塑料注射模点浇口

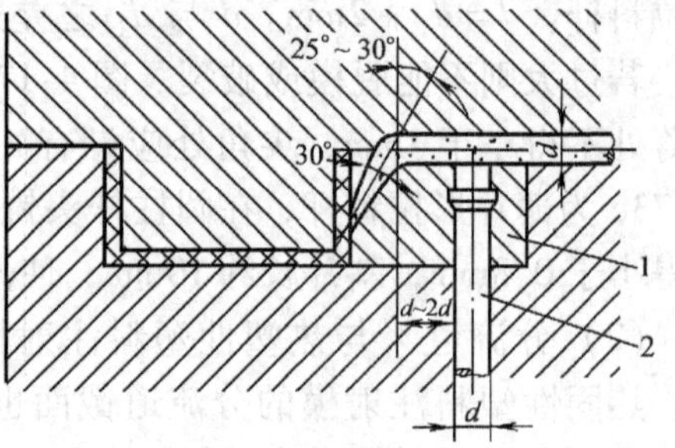

图 4-176 热固性塑料注射模潜伏浇口
1—镶件 2—推杆

至于溢料，槽深必须严格控制，常取槽深为 0.03～0.05mm，必要时可取 0.1～0.3mm；为防止塑料堵塞排气槽，当上述深度的排气槽向外延伸6mm后，深度可加大到0.8mm，排气槽宽度取5～10mm。

2. 脱模机构设计

当模具工作部位有0.02mm以上的单边间隙时，热固性塑料熔体就会进入而形成飞边，给脱模机构设计带来很大难度。因为推管的内外圆柱均有间隙配合，推板与型芯的配合间隙也难以做到均匀一致，在高温下的实际间隙很难控制，所以应尽量避免采用推管和推件板脱模元件。倘若必须使用推件板，除了应采用比较紧密的间隙配合（0.01～0.03mm）外，脱模行程要增大到足以使推件板脱出型芯，以便于清理毛边及碎片。

采用推杆比较容易使单边间隙达到0.01～0.02mm的要求。0.03mm以下的间隙会产生一层半透明的飞边，且不妨碍其相对滑动。但小于0.005mm的间隙，在约160℃模温下容易产生配合面的胀咬现象。如图4-177a所示，在推杆的中间滑动段制成三棱带，可减少其与高温孔壁的摩擦面。棱带应有足够的长度和精度，每棱应有1.5mm的支承接触宽度。推杆在推出位置时，动模底面与推杆三棱段之间应留有足够的长度*A*，以允许碎片从槽中自由脱落，而上部圆柱段应全部推出塑件成型面，如图4-177b所示。采用三棱带的推杆直径通常大于5mm，棱带数可视直径的增大而增多。

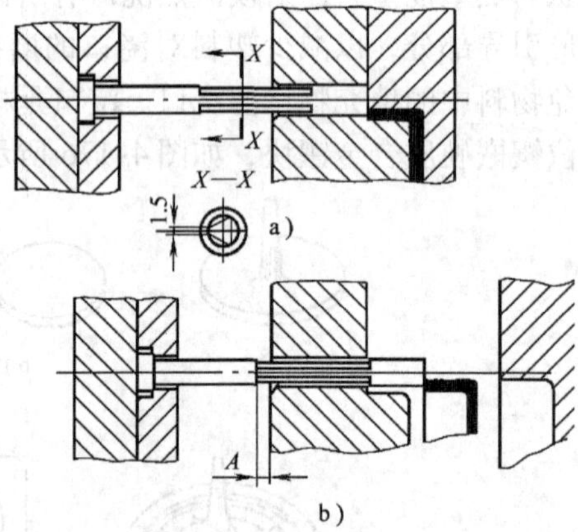

图 4-177 热固性塑料注射模推杆
a）闭模位置 b）推出位置

3. 分型面设计

热固性塑料注射成型时，常常会因为注射压力较大而出现溢料和飞边。为防止这种现象发生，应减小分型面的实际接触面积，以利于模具加工和装配时提高分型面的平行度，保证分型面的紧密贴合，同时要增加分型面的锁模压力，一般是在型腔周围10～20mm之外部分沿厚度方向削去0.5～1mm。分型面上的锁模压力一般为40～70MPa，太大可能会使型腔压塌。

分型面硬度应在40HRC以上，避免飞边碎片损伤分型面；同时对分型面镀铬，可减少飞边的粘附力。分型面上不应有任何孔洞和凹坑，否则会造成飞边清理困难。模板上的螺钉孔应设计成盲孔，若有通孔，也应将其镶填磨平。

4. 成型零部件和滑动零件的设计

为了避免热固性塑料在型腔内向成型零件的配合间隙或镶件的拼缝中溢料，所有与塑料熔体接触的成型零部件应尽量采用整体结构，而不要采用或尽量少用镶块组合结构。

由于热固性塑料注射模需要在高温下工作，所以对模具内的滑动零件除要求一定的配合精度外，还要求在高温下不产生咬合或拉毛现象。生产经验表明，渗氮处理对防止滑动时的咬合比较有效，所以可将滑动零件的配合部分进行渗氮处理，以防止拉伤。此外，滑动零件配合部分的表面粗糙度要求在 $Ra0.8 \sim 1.6\mu m$ 之间。

5. 加热与绝热

热固性塑料注射模加热系统使用最多的是电热棒，也可采用电热板。其加热功率计算见本章第八节，只是模具质量应取两绝热板之间的模具零件的总质量代入式（4-84）中进行计算。也可采用如下经验公式

$$P = 0.2V \tag{4-88}$$

式中，P 是加热器功率（W）；V 是被加热模具的体积（cm^3）。

二、温流道注射模设计

热固性塑料交联固化后不能再塑化，所以一般热固性塑料注射模所产生的浇注系统冷凝料不能回收利用。为降低生产成本，人们开始研制温流道热固性塑料注射模，温流道注射模用于热固性塑料无流道凝料的注射成型，因其流道温度低而得其名。

1. 成型原理

温流道注射成型时要使流道内的塑料和机筒内的塑料一样始终保持熔融状态，以保持其流动性。为此，必须在模具的流道处独立设置一个低温区，温度大致在 105 ~ 110℃范围内。温流道板采用热水或热油循环保温，经测温和调温系统带走或补充热量。模具型腔是高温区，温度为 145 ~ 180℃。物料注入型腔后在受热与承压条件下交联固化，生成具有网状结构、既不熔化也不溶解的物质。低温区与高温区之间的绝热是温度精确控制的关键，它们之间通常用石棉水泥板或环氧玻璃纤维板绝热。同时，还必须对模具定模底板和动模底板绝热。空气隙绝热也是常用的隔热手段。在流道板和喷嘴的四周均有空气间隙。温流道板处于高、低温界面，应该用导热性差的合金钢制造，也可用聚酰亚胺等高强度塑料镶于喷嘴口。喷嘴的上端需通过调温介质维持低温。

温流道注射成型要求物料在流道中保持良好的流动性，并且应对注射压力敏感，进入高温型腔后又能快速固化。国内外有各种专门为温流道注射成型而配制的热固性注射料。温流道注射成型可节省 15% ~35% 的原料，且能一模多腔，是一种很有前途的注射工艺。但是它要求严格的温度控制，技术难度大，模具成本高。

2. 模具设计

（1）模具设计要点　设计温流道注射模时应考虑如下问题：

1）流道板与模板之间必须有良好的绝热措施，防止流道板温度升高，引起生产故障。

2）模具温度必须准确控制，允许在 5℃范围内波动。流道板和各个喷嘴温度应分别控制。

3）流道板应采用圆截面，有利于熔体保温和流动，一般直径为 6 ~ 8mm，在有玻璃纤

维填料时应取较大值。流道不能有死角和凹槽，不能有料滞留。

4）流道应有与型腔相同的表面粗糙度，最好作镀铬处理以保证耐磨性。

5）喷嘴直径一般不小于4mm，带有30′~1°的倒锥，便于拖出浇口柄。

6）在温流道板上应设分型面，并配有挂钩式的开闭锁板，以备从流道板内取出固化物的需要。

7）流道容积应比一次注射塑料的总体积小，防止塑料熔体在流道内停留的时间过长，失去流动性。塑料熔体在流道内停留时间应小于塑料自身具有的最长塑化时间。热固性塑料在低温条件下的停留时间由下式计算

$$t_0 = \frac{t(S + m_0)}{m} \tag{4-89}$$

式中，t_0 是塑料必须在低温条件下的停留时间（s）；t 是成型周期（s）；m_0 是注射机机筒储存的塑料量（g）；S 是流道内储存的塑料量（g）；m 是一次注射的塑料量（g）。

（2）模具结构　温流道注射模可分为完全无流道凝料模具和无主流道凝料模具两种。图4-178所示为完全无流道凝料模具。图4-179所示为无主流道凝料模具，其主流道凝料可以更换，常通以温水，并以空气间隙与模板隔热。塑件仍带有分流道凝料。

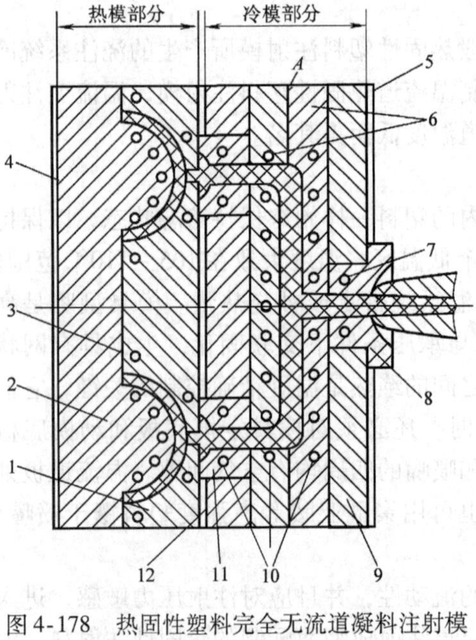

图4-178　热固性塑料完全无流道凝料注射模

1—型腔板　2—型芯板　3—加热器安装板　4—动模绝热板　5—定模绝热板　6—温流道板　7—主流道温水孔　8—浇口套　9—定模底板　10—分流道温水孔　11—温流道喷嘴　12—温热模绝热板

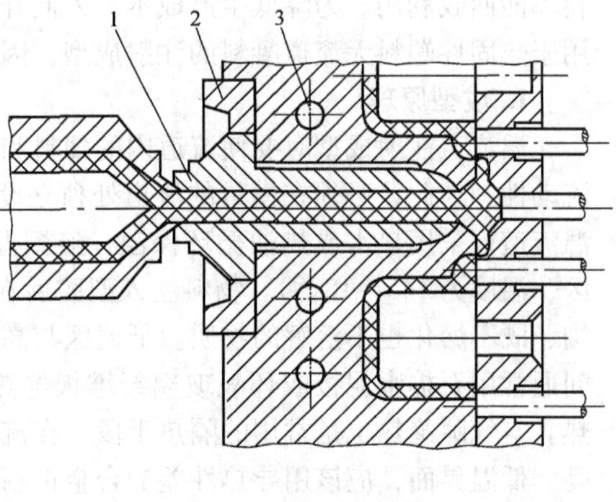

图4-179　热固性塑料无主流道凝料注射模

1—可换式浇口套　2—定位环　3—温水管道

第十节　注射模的标准化

各种注射模的结构类型虽然有很大差别，但它们的基本组成结构还是一样的，即都有动

（定）模座板、动（定）模板、导柱、导套、垫块、推板、推板固定板，一部分还有支承板或推件板，它们共同构成一个注射模架。制造注射模时，我们只要对注射模架进行必要的加工，并增加一些诸如浇口套、定位环、推杆（推管）、镶件（镶块）、斜导柱、滑块的功能零件，便可得到一副完整的注射模，而且像推杆、限位钉等有些功能零件的结构尺寸也有较固定的模式。如果每副注射模，包括注射模架都要从头到尾进行设计制造，则需要很长的周期。因此，有必要建立有关模具零件和注射模架的技术标准，使设计规范化。一方面，设计人员能摆脱大量重复的一般性设计，能专心于创新设计，解决模具中关键的技术问题；另一方面，这些标准模具零件和标准注射模架由专业生产厂家大批量生产和供应，各模具厂只完成型腔部分的加工和装配，在此基础上可更大范围地使用模具 CAD/CAM 等先进技术。这对提高模具设计和制造水平，提高模具质量，缩短制模周期，降低成本，节约金属等都有重要意义。

我国模具标准化工作开始于 20 世纪 70 年代，经过 40 年的努力，目前，我国已建立了许多生产模具标准件和标准模架的专业厂，并制定了有关塑料模具的国家标准，见表 4-15。

表 4-15 有关塑料模具的国家标准

序 号	标准名称	标 准 号
1	塑料注射模零件	GB/T 4169—2006
2	塑料注射模零件技术条件	GB/T 4170—2006
3	塑料成型模术语	GB/T 8846—2005
4	塑料注射模技术条件	GB/T 12554—2006
5	塑料注射模模架	GB/T 12555—2006
6	塑料注射模模架技术条件	GB/T 12556—2006

一、注射模零件标准化介绍

GB/T 4169—2006《塑料注射模零件》中共给出了 23 个零件的标准，具体零件和标准号见表 4-16。

表 4-16 塑料注射模零件标准

序号	标 准 号	零 件	序号	标 准 号	零 件
1	GB/T 4169. 1—2006	推杆	13	GB/T 4169. 13—2006	复位杆
2	GB/T 4169. 2—2006	直导套	14	GB/T 4169. 14—2006	推板导柱
3	GB/T 4169. 3—2006	带头导套	15	GB/T 4169. 15—2006	扁推杆
4	GB/T 4169. 4—2006	带头导柱	16	GB/T 4169. 16—2006	带肩推杆
5	GB/T 4169. 5—2006	带肩导柱	17	GB/T 4169. 17—2006	推管
6	GB/T 4169. 6—2006	垫块	18	GB/T 4169. 18—2006	定位圈
7	GB/T 4169. 7—2006	推板	19	GB/T 4169. 19—2006	浇口套
8	GB/T 4169. 8—2006	模板	20	GB/T 4169. 20—2006	拉杆导柱
9	GB/T 4169. 9—2006	限位钉	21	GB/T 4169. 21—2006	矩形定位元件
10	GB/T 4169. 10—2006	支承柱	22	GB/T 4169. 22—2006	圆形拉模扣
11	GB/T 4169. 11—2006	圆形定位元件	23	GB/T 4169. 23—2006	矩形拉模扣
12	GB/T 4169. 12—2006	推板导套			

以上有些零件的结构形式和主要尺寸在前面的有关章节中已有介绍，更详尽的信息可查阅标准 GB/T 4169—2006。

二、注射模架标准化介绍

1. 结构形式

注射模模架以其在模具中的应用方式，分为直浇口与点浇口两种形式。按结构特征分为 36 种主要结构（参见 GB/T 12555—2006），其中直浇口模具基本形式为：

1）A 型：定模二模板，动模二模板，如图 4-180a 所示。

2）B 型：定模二模板，动模二模板，加装推件板，如图 4-180b 所示。

3）C 型：定模二模板，动模一模板，如图 4-180c 所示。

4）B 型：定模二模板，动模一模板，加装推件板，如图 4-180d 所示。

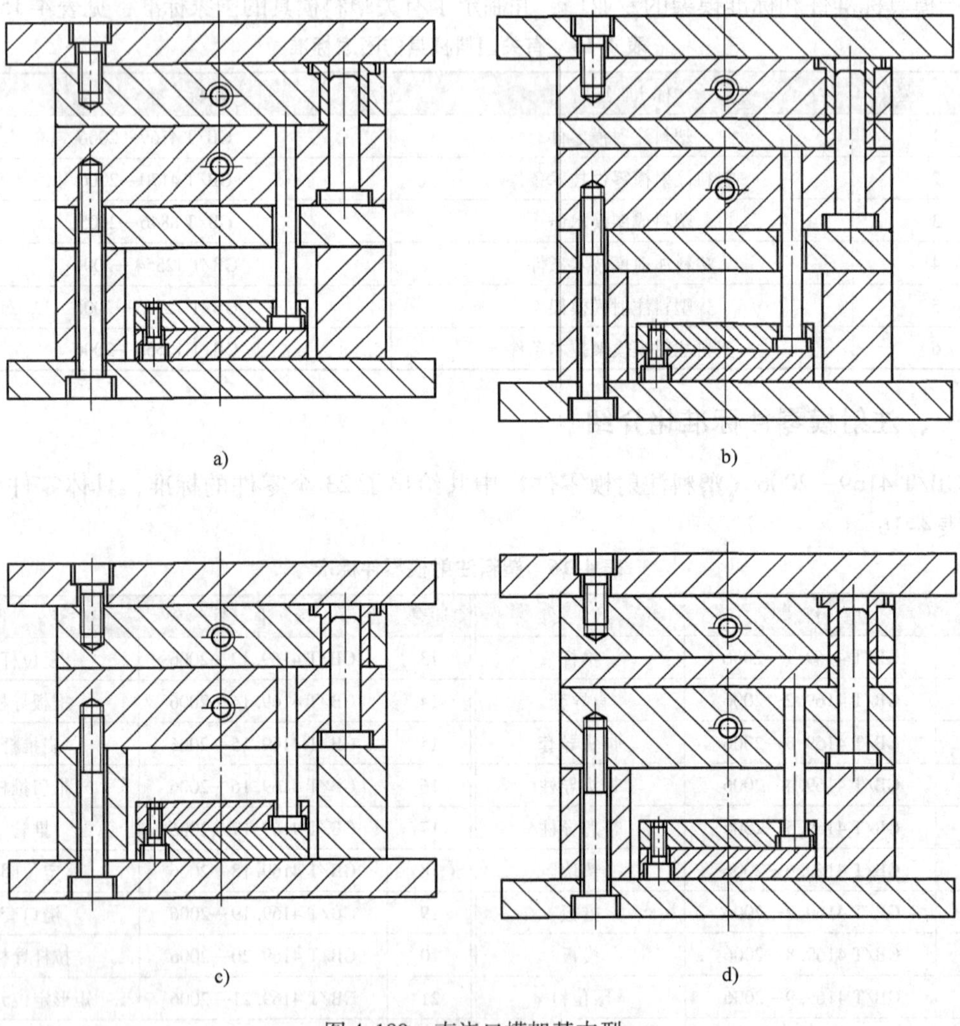

图 4-180　直浇口模架基本型

a）直浇口 A 型模架　b）直浇口 B 型模架　c）直浇口 C 型模架　d）直浇口 D 型模架

点浇口模架（在直浇口模架上加装推料板和拉杆导柱）基本型分为 DA 型、DB 型、DC

型、DD 型，如图 4-181 所示。

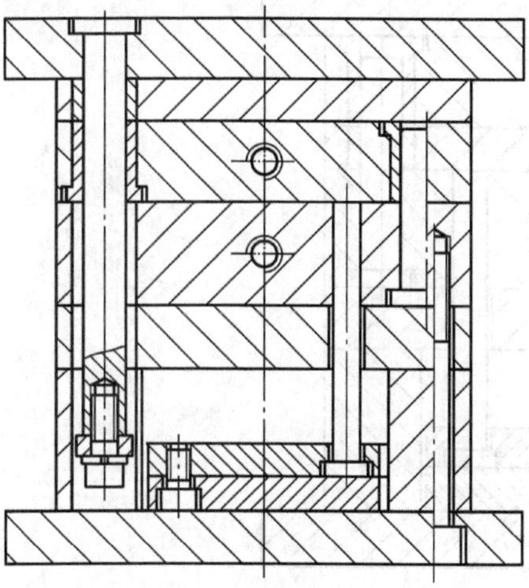

a)

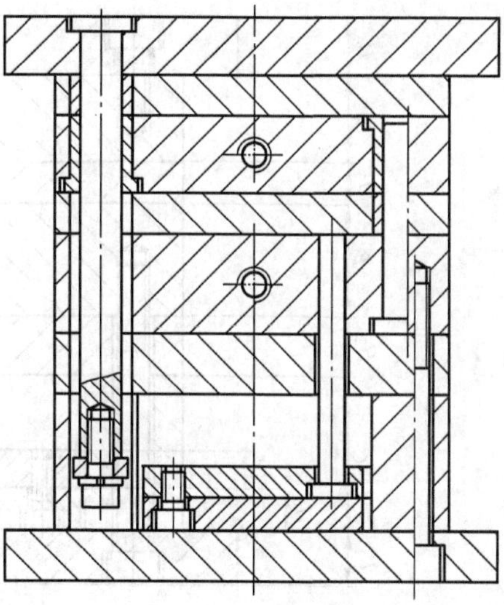

b)

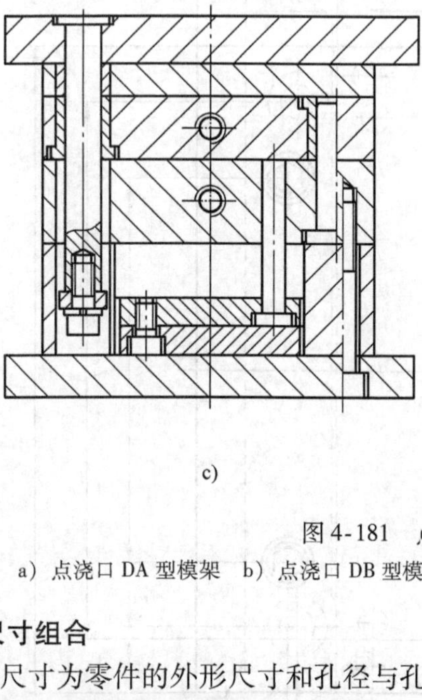

c)

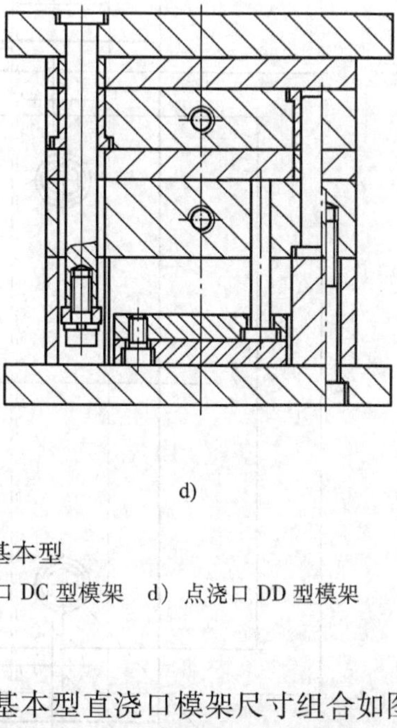

d)

图 4-181 点浇口模架基本型

a) 点浇口 DA 型模架 b) 点浇口 DB 型模架 c) 点浇口 DC 型模架 d) 点浇口 DD 型模架

2. 尺寸组合

组合尺寸为零件的外形尺寸和孔径与孔位尺寸。基本型直浇口模架尺寸组合如图 4-182 所示，基本型点浇口模架尺寸组合如图 4-183 所示，表 4-17 是 150 和 180 系列模架尺寸组合，具体尺寸系列参见 GB/T 12555—2006。

3. 型号、系列、规格

型号：每一组合形式代表一个型号。

系列：同一型号中，根据定、动模板的周界尺寸（宽 × 长）划分系列。

规格：同一系列中，根据定、动模板和垫块的厚度划分规格。

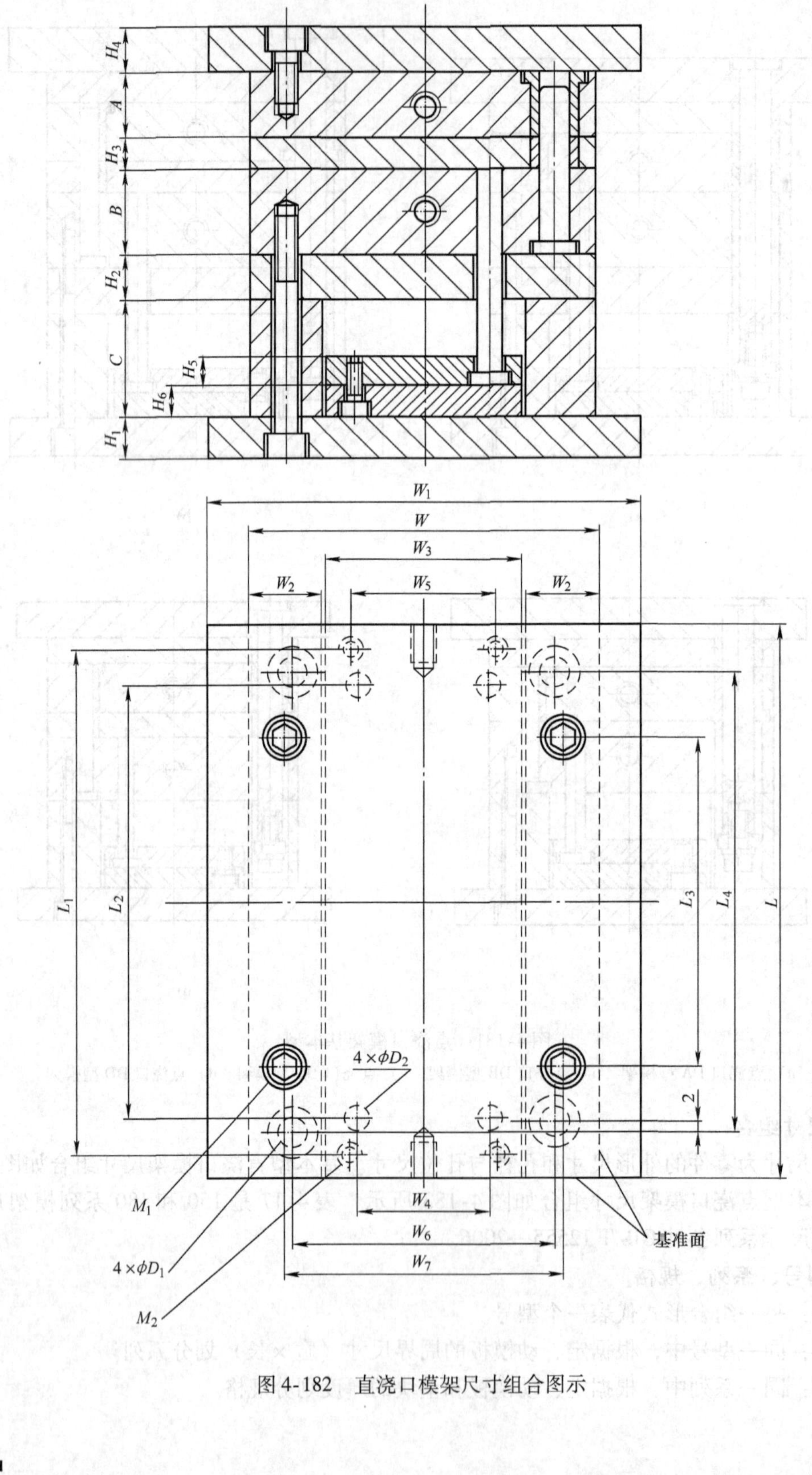

图 4-182　直浇口模架尺寸组合图示

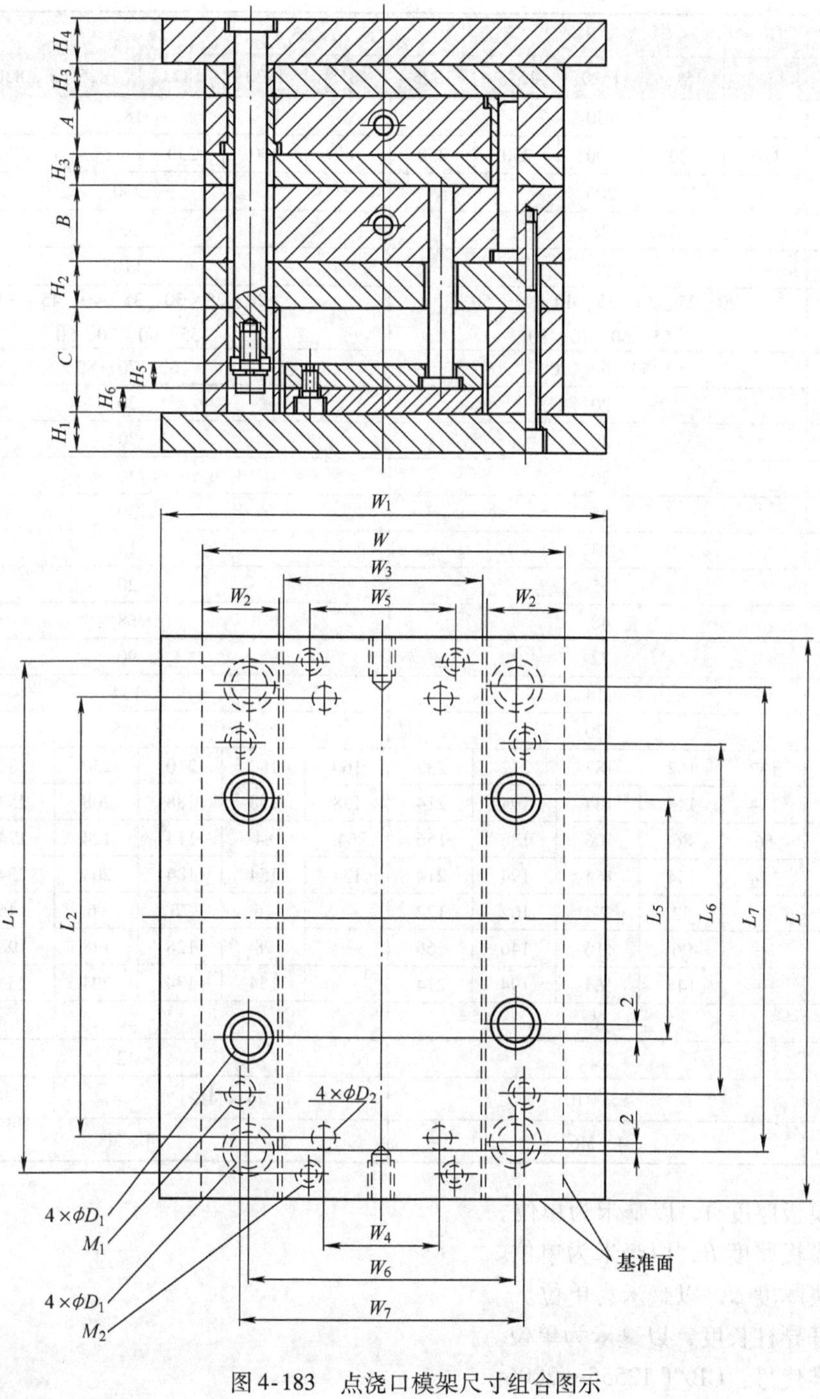

图 4-183　点浇口模架尺寸组合图示

4. 标记

标准规定模架应有下列标记：

1）模架。

2）基本型号。

3）系列代号。

表 4-17　150、180 系列模架尺寸组合

代号	系列										
	1515	1518	1520	1523	1525	1818	1820	1823	1825	1830	1835
W	150					180					
L	150	180	200	230	250	180	200	230	250	300	350
W_1	200					230					
W_2	28					33					
W_3	90					110					
A、B	20、25、30、35、40、45、50、55、60、70、80					20、25、30、35、40、45、50、55、60、70、80					
C	50、60、70					60、70、80					
H_1	20					20					
H_2	30					30					
H_3	20					20					
H_4	25					30					
H_5	13					15					
H_6	15					20					
W_4	48					68					
W_5	72					90					
W_6	114					134					
W_7	120					145					
L_1	132	162	182	212	232	160	180	210	230	280	330
L_2	114	144	164	194	214	138	158	188	208	258	308
L_3	56	86	106	136	156	64	84	114	124	174	224
L_4	114	144	164	194	214	134	154	184	204	254	304
L_5	—	52	72	102	122	—	46	76	96	146	196
L_6	—	96	116	146	166	—	98	128	148	198	248
L_7	—	144	164	194	214	—	154	184	204	254	304
D_1	16					20					
D_2	12					12					
M_1	4×M10					4×M12				6×M12	
M_2	4×M6					4×M8					

4）定模板厚度 A，以毫米为单位。

5）动模板厚度 B，以毫米为单位。

6）垫块厚度 C，以毫米为单位。

7）拉杆导柱长度，以毫米为单位。

8）标准代号：GB/T 12555—2006。

示例 1：

模板宽 200mm、长 250mm，$A=50$mm，$B=40$mm，$C=70$mm 的直浇口 A 型模架标记为：

模架　A 2025－50×40×70　GB/T 12555—2006。

示例 2：

模板宽 300mm、长 300mm，$A=50$mm，$B=60$mm，$C=90$mm，拉杆导柱长度 200mm 的点浇口 B 型模架标记为：

模架　DB 3030－50×60×9－200　GB/T 12555—2006。

三、注射模标准零部件的选用方法

1. 注射模标准化零件的选用

设计者一般应先根据强度、刚度计算或经验设计方法，并考虑零件安装空间，参照标准确定注射模标准化零件的公称直径，再从标准的长度系列中选用零件长度。像推杆类顶出零件，如标准中无合适的长度供选用，可选择更长的标准件后，再根据需要进行截断等简单的二次加工。

2. 标准注射模架的选用

选用标准注射模架时要遵循最小原则，即在满足各种要求的情况下选用最小的模架，其选用步骤是：

1）首先应根据模具型腔的配置设计来确定模架模板的宽和长（$W \times L$）。

2）根据型腔、型芯的结构设计确定 A、B 板的厚度；根据顶出行程的要求确定垫块厚度 C，即可确定模架的编号。

3）根据对型芯的保护要求、脱模方便与否等情况，确定导柱的安装方式（正装或反装）。

4）验算选定的模架闭合厚度是否小于所选注射成型机的最大装模厚度。如果模架闭合厚度小于所选注射成型机的最大装模厚度，则选择是成功的；否则，应重新选择看是否有减小模板厚度的可能，如无可能，就只有更换注射机了。

第十一节　注射模设计程序及设计实例

一、注射模设计须考虑的问题

在进行注射模设计之前，必须考虑好以下问题：

1）仔细阅读“模具设计任务书”，明确塑件所用塑料的牌号与要求、塑件的技术要求、成型方法、生产批量以及塑件的使用功能。

2）针对“任务书”中的塑件零件图或提供的塑件进行产品结构工艺分析，确定成型方法的可行性，必要时还要与塑件工艺员或塑件结构设计人员进行技术交流。

3）了解模具制造单位的生产条件和生产习惯，并掌握模具使用单位的成型设备资料和注射工艺水平，准备着手进行注射模设计。

二、设计程序

模具设计的程序不是一成不变的，其基本步骤如下：

1）初步估算塑件（包括浇注系统凝料在内）的体积及质量。塑件的体积及质量越大，浇注系统凝料所占的比例越小；反之，越大。

2）初选注射成型机的型号和规格。

3）确定模具基本结构（应对多种方案进行分析比较）。

4）进行模具结构方案设计。

① 确定型腔数目及配置。

② 选择分型面。

③ 确定浇注系统。

④ 确定型腔、型芯的结构及固定方式。

⑤ 确定脱模推出机构的结构类型，需要侧向抽芯的，要确定侧向抽芯机构的结构类型。

⑥ 确定导向机构的具体结构。

⑦ 确定排气机构。

⑧ 确定模具加热、冷却方式。

⑨ 绘制模具装配草图。

5）相关模具零件的强度、刚度校核，以及模具与注射成型机的相关参数的校核。

6）根据模具零件的强度、刚度校核，修改完善模具装配图。

7）拆画非标准模具零件图。

8）复核设计图样。

三、设计举例与分析

图4-184所示为电脑编织机的专用调节旋钮，材料为ABS塑料，精度等级为一般精度（4级精度），制品要求外观表面光泽、无杂色，无收缩痕迹，生产批量中等。试设计注射成型模具。

1. 产品工艺性分析

（1）材料性能　ABS为热塑性材料，密度为1.03～1.07g/cm³，拉伸强度30～50MPa，弯曲强度41～76MPa，拉伸弹性模量1587～2277MPa，弯曲弹性模量1380～2690MPa，收缩率0.3%～0.8%，常取0.5%。该材料综合性能好，即冲击强度高，尺寸稳定，易于成型，耐热和耐蚀性能也较好，并有良好的耐寒性。

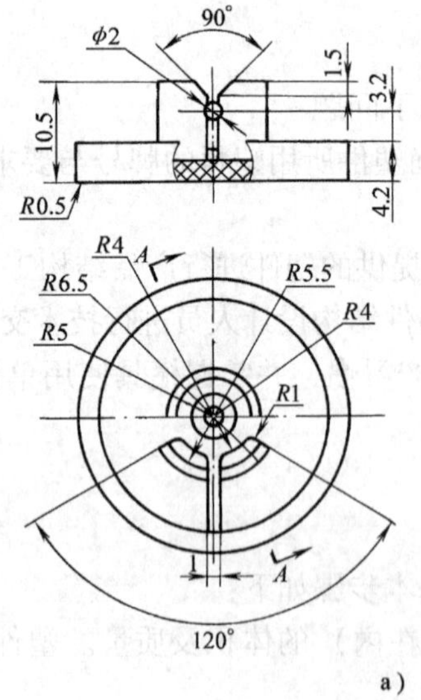

a）

图4-184　塑料旋钮零件图

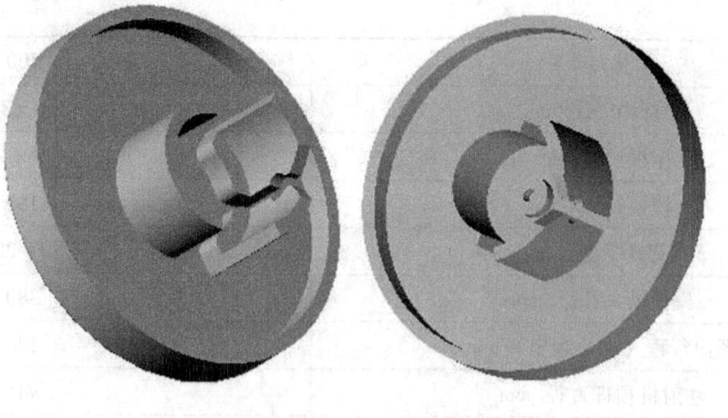

b)

图 4-184 塑料旋钮零件图（续）

（2）成型特性及条件

① 其吸湿性强，塑料在成型前必须充分预热干燥，其含水量应小于0.3%。对于要求表面光泽的零件，塑料在成型前更应进行长时间预热干燥。

② 流动性中等，溢边值0.04mm。

③ 塑料的加热温度对塑件的质量影响较大，温度过高易于分解（分解温度为250℃）。成型时宜采用较高的加热温度（模温50~80℃）和较高的注射压力（柱塞式注射机：料温180~230℃，注射压力100~140MPa；螺杆式注射机：温度160~220℃，注射压力70~100MPa）。

（3）结构工艺性 零件壁厚基本均匀，所有壁厚均大于塑件的最小壁厚0.8mm，注射成型时应不会发生填充不足现象。（可借助 Pro/E 和 Moldflow 等注射流动模拟软件分析）

该塑料制件在垂直的两个方向上都有孔，注射模应具有侧抽芯机构。

（4）零件体积及质量估算 可用 Pro/E 等软件的模型分析功能进行零件体积及质量的估算。

1）单个塑件。体积 $V = 1649.46\text{mm}^3 = 1.65\text{cm}^3$，质量 $m = 1.65 \times 1.05 = 1.73\text{g}$。

2）两个塑件和浇注系统凝料。总体积 $V_{总} = 4.95\text{cm}^3$，总质量 $m_{总} = 5.2\text{g}$。

2. 初选注射成型机的型号和规格

从实际注射量应在额定注射量的20%~80%之间考虑，初选额定注射量在60cm³以上的卧式注射成型机 XS-ZY-60。该设备的技术规范见表4-18。

表 4-18 XS-ZY-60 注射成型机的技术规范

注射装置	一次注射量/cm³	60
	柱塞直径/mm	38
	注射压力/MPa	122
	最大注射面积/cm²	130
	喷嘴孔直径/mm	$\phi 4$
	喷嘴球半径 R/mm	$R12$
	喷嘴移动距离/mm	120

（续）

合模装置	锁模力/kN	500
	拉杆内间距/mm	190×300
	压板尺寸/mm	330×440
	模板行程/mm	180
	模具厚度/mm	70～200
	模板最大开距/mm	380
其他	顶出行程（中心顶出）/mm	140
	注射机顶杆直径/mm	ϕ16
	定位圈尺寸/mm	ϕ55

3. 确定模具基本结构

经分析，该零件成型时必须采用侧向外抽芯，可能适合的模具结构有两种，即单分型面注射模和双分型面注射模。

（1）单分型面注射模　型腔（凹模）在定模上；主流道设在定模一侧，分流道设在分型面上，开模后塑件连同流道内的凝料一起留在动模一侧；动模上设有顶出机构，用以顶出塑件和流道内的凝料。可能的浇口形式有：直接浇口、侧浇口、扇形浇口、重叠式浇口和潜伏式浇口等。该类模具采用的侧向抽芯机构，一般是斜导柱抽芯机构（斜导柱在定模、滑块在动模）、斜滑块抽芯机构、弯销抽芯机构和斜导槽抽芯机构。

（2）双分型面注射模　它从不同的分型面分别取出流道内的凝料和塑件，又称为三板式注射模具。与单分型面注射模相比，三板式注射模具增加了一个可移动的中间板（又名浇口板）。中间板适用于采用点浇口进料的单型腔和多型腔模具。在开模时由于定距拉板的限制，中间板与定模板作定距离的分开，以便取出这两块板之间流道内的凝料，而利用推件板或推杆将型芯上的塑件脱出。适合的浇口形式有：点浇口、直接浇口、侧浇口、扇形浇口、重叠式浇口等。该类模具采用的侧向抽芯机构，一般是斜导柱在动模，滑块在定模，或斜导柱、滑块均在定模的斜导柱抽芯机构。脱模时还必须有顺序脱模机构，模具结构复杂。

该零件为旋钮，要求外表面光滑，无痕迹，可选用的浇口形式有重叠式浇口、点浇口和潜伏式浇口。其中潜伏式浇口去除浇口留下的痕迹可选在制品内侧，对制品的外观无任何影响，但浇口的制造较为复杂；点浇口去除浇口留下的痕迹在制品的外表面，对制品的外观有一定影响，而且必须采用结构复杂的三板模；重叠式浇口制造最为简单，去除浇口留下的痕迹在制品的端面，不影响制品的外观。该零件中等产量，每一件产品分摊的模具成本也较多，要求模具结构简单，费用低廉。

综上所述，选择单分型面注射模，重叠式浇口进料，采用斜导柱在定模、滑块在动模的斜导柱抽芯机构，推杆一次顶出，其原理结构图见有关资料。

4. 模具结构设计

（1）确定型腔数目及配置　确定模具型腔的方法有：根据锁模力确定；根据最大注射量确定；根据塑件精度或经济性确定等。

本零件主要从经济性确定。试制小批量时，宜取单型腔或少型腔，大批量时采用多型腔。而该零件中等产量，因此采用一模两腔，即一次注射成型两个塑件。

当所有的型腔不能在同一个时间充满时，是得不到尺寸正确和物理性能良好的塑件的。为此，必须对浇注系统进行平衡，采用图 4-185 所示的型腔分布，使所有的型腔在同一时刻充满。该平衡浇注系统的特点是：从分流道到浇口及型腔，其形状、长度尺寸、圆角、模壁的冷却条件都完全相同。

（2）选择分型面　模具闭合时型腔与型芯相接触的表面称之为分型面。为了便于脱模，分型面的位置应设在塑件断面尺寸最大的地方，还要不影响制品的外观。根据该塑件的结构特征，选定水平分型面，其位置如图 4-186 所示。

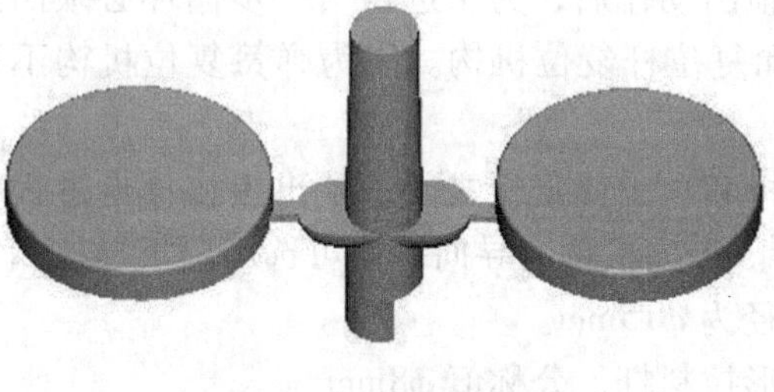

图 4-185　型腔配置

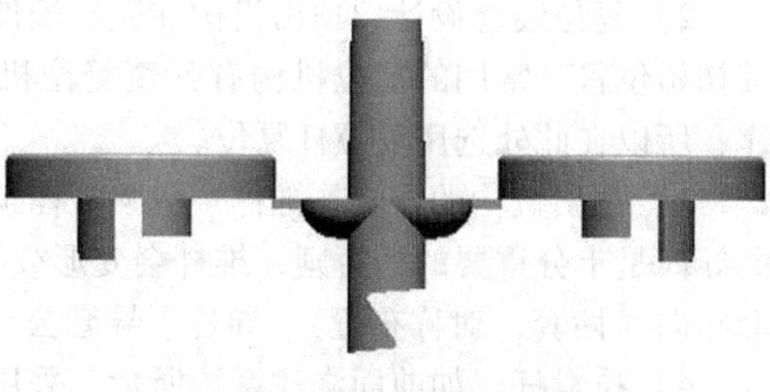

图 4-186　分型面位置

（3）确定浇注系统尺寸　如图 4-187 所示，浇注系统一般由主流道、分流道、浇口、冷料穴四部分组成。其作用是使来自注射机喷嘴的塑料熔体，稳定而顺利地流入并充满全部型腔，同时，在充模的过程中将注射压力传递到型腔的各个部位，以保证塑件的完整成型。

1）主流道。上端直径 d = 注射机喷嘴直径 + 0.5mm = ϕ4.5mm，R = 喷嘴球半径 + 1mm = 13mm，下端直径 $D=\phi$8mm。

2）冷料穴。本模具采用 Z 形冷料穴，$C=D=8$mm。

3）分流道。分流道是主流道与浇口之间的通道。在多型腔模中，一般均设置分流道。为了便于制造，本模具分流道为半圆形，只设在动模一侧。分流道宽度同主流道直径，高度 $h=4$mm，长度 $l\approx(1\sim2.5)D=10$mm。

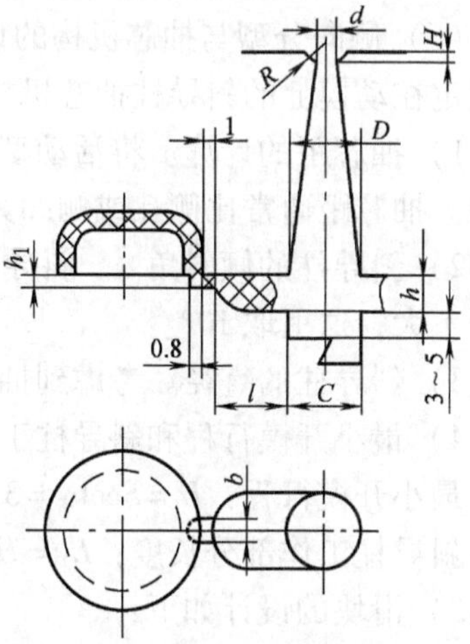

图 4-187　浇注系统尺寸确定

4）浇口。考虑该零件的使用场合及外观要求，采用重叠式浇口，浇口宽度 $b=2$mm，长度 $h_1=0.8$mm。

5）定位环及浇口套。根据注射机定模板中心孔尺寸，选取定位环直径为 ϕ55mm，浇口套公称直径为 ϕ20mm。其他尺寸根据相关情况选定。

（4）确定型腔、型芯的结构及固定方式

1）型腔、型芯的结构设计。为了便于热处理和节约优质模具钢，型腔采用整体镶块式结构。另外，为便于制造，型芯除整体采用镶块式外，局部还采用镶拼结构。

2）固定方式。型腔和型芯均通过套板用台阶方式固定，型芯中的小镶件用台阶或铆接固定。

（5）确定顶出机构类型　顶出机构的结构因塑件的脱模要求的不同而有所变化，但对顶出机构所应达到的基本要求是一致的：使塑件在顶出过程中不会损坏变形；保证塑件在开模的过程中留在设置有顶出机构的动模内；若塑件需留在定模内，则要在定模上设置顶出机构。其中，一次顶出机构是最常用的顶出机构，此机构只需一次动作就能使塑件脱模。本模具选用推杆一次顶出机构。

1）推杆数量及结构形式。根据推杆布置许可空间，每个制品设 3 根推杆，共 6 根；推杆头部直径为 $\phi2.5$mm，为增加其刚度，采用阶梯推杆，尾部直径为 $\phi4.5$mm。

2）复位装置设计。顶出机构在完成塑件的顶出动作后，为了进行下一步循环必须回到其初始位置。常用的复位机构有弹簧复位机构和复位杆复位机构。因为弹簧复位机构不可靠，所以在此处选用复位杆复位。

3）顶出机构的导向。推杆一般装配在顶出板和顶出固定板之间。顶出板在顶出过程中的导向是十分重要的，否则，推杆会变形或折断。顶出机构的导向装置可选用顶板导柱和导套导向（两套，对称布置），导柱、导套公称直径为 $\phi15$mm。

4）拉料杆。如前面浇注系统所示，采用 Z 形拉料杆，公称值 $\phi8$mm。

5）顶出距离。为确保顶出时塑件能完全脱离动模，顶出距离不小于 15mm。

（6）侧向分型与抽芯机构的设计　前面已确定侧抽芯机构为斜导柱固定在定模上、滑块固定在动模上的斜导柱抽芯机构。

1）抽芯距的计算。将活动型芯从成型位置抽至不妨碍塑件脱模位置所移动的距离叫抽芯距。抽芯距通常比侧孔或侧凹大 2～3mm。这里，$S=1+(2\sim3)\approx3.5$mm。

2）斜导柱的倾斜角 α。斜导柱的倾斜角通常取 $15°\sim20°$，一般不大于 $25°$。考虑到抽芯距不大，这里取 $10°$。

3）斜导柱的直径。考虑到抽拔力和倾斜角不大，这里工作部分直径初步定为 $\phi12$mm。

4）最小开模行程和斜导柱工作部分长度。

最小开模行程：$H=S\cot\alpha=3.5\cot10°=19.85$mm。

斜导柱工作部分长度：$L_2=H/\cos\alpha=18.7$mm。

5）滑块的设计如下：

① 滑块与型芯采用镶拼结构，采用图 4-188 所示的连接形式。

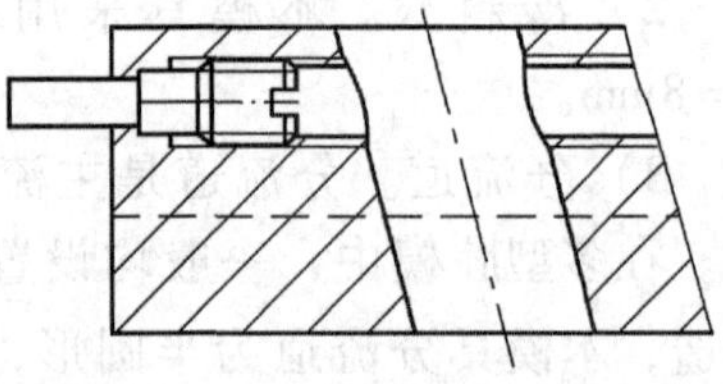

图 4-188　滑块与型芯的连接

② 滑块的导滑形式：该模具采用整体导滑槽形式，导滑槽为“T”形，开设在动模固定板上，滑块与导滑槽之间的导滑部位采用 H7/f7 或 H7/h8 的间隙配合。

③ 为保证再次合模时斜导柱能准确地插入斜滑块中，抽芯动作完成后斜滑块必须有准确的位置。该模具拟采用挡块定位形式。

6）模具的推杆布置。可避免推杆和活动型芯的水平投影重合，所以不必考虑其会发生干涉现象。

（7）确定导向机构　本模具采用导柱导向机构。

1）导柱结构形式　为便于加工导柱导套安装孔，获得较好的技术经济效益，使用有肩导柱。

2）导柱的布置　为确保动模和定模只按一个方向合模，采用等直径导柱的不对称布置。为保护型芯不受损坏，导柱设在动模一侧，即正装。

（8）排气机构　因为该零件为小型零件，一模两腔，所以利用分型面及推杆之间的缝隙排气即可，不必单独考虑排气方式。

（9）温度控制方式　因塑料的加热温度对塑件的质量影响较大，温度过高易于分解（分解温度为250℃），成型时要控制模温在50～80℃之间，具体措施是布置冷却水管。

1）冷却水管直径为ϕ8mm。

2）冷却回路的形式：型腔和型芯一样均采用单一矩形回路。

（10）模具材料　型腔、型芯、镶块等非标准模具零件的材料为T8A、T10A、Cr12、Cr12MoV，淬火加低温回火硬度≥55HRC，或45钢，热处理硬度≤240HBW，或P20、优质P20（预硬塑胶模具钢）、S136、S316H（镜面塑胶模具钢）、718（超级预硬塑胶模具钢）。

各种模板、垫板、固定板、支承块、推板、压紧块、挡块等材料为：45钢，热处理后硬度≥200HBW；材料Q235、Q275钢，正火。

5. 绘制模具装配草图

（1）绘制动模镶块平面图　在保证镶块强度和刚度的前提下，应尽量减小镶块的外形，以减小模具的整体尺寸，其设计过程如图4-189所示。

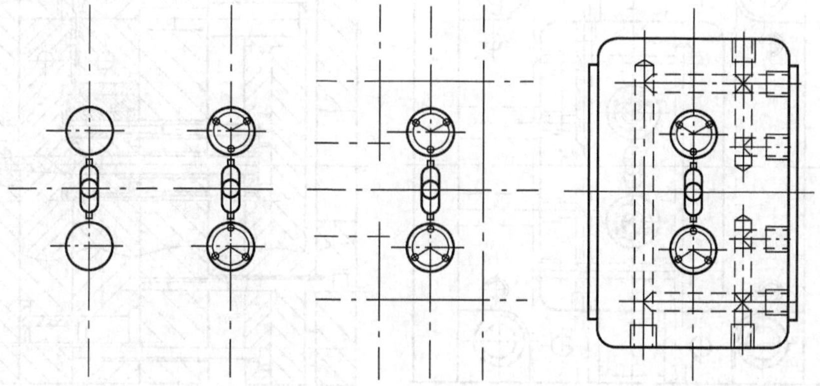

a)　　b)　　c)　　d)

图4-189　镶块平面尺寸设计过程

a）绘制型芯的配置图（含浇注系统在分型面上的投影）

b）绘制推杆位置　c）绘制冷却水管回路位置　d）绘制镶块外形（135mm×85mm）

（2）初选标准模架　根据镶块平面外形尺寸、各成型板的厚度要求，并考虑斜导柱的安装空间和滑块的导滑长度和注射机的最大装模厚度，初选标准模架：A 1820—25×30×60 GB/T 12555—2006（参见图4-182和表4-17）。

（3）绘制模具装配草图略图　如图4-190所示，绘制出各模板的外形。

（4）绘制模具装配草图　如图4-191所示：在模具草图略图中绘出推杆、复位杆、镶块、镶件、浇口套、定位环、拉料杆、推板、导柱、导套、滑块、斜导柱、压紧块、滑块限位块等全部模具零件。

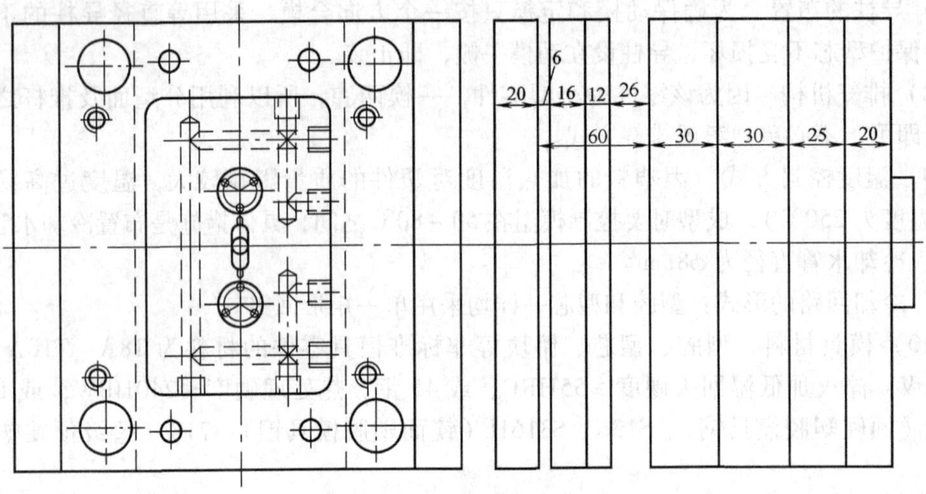

图 4-190　模具装配草图略图

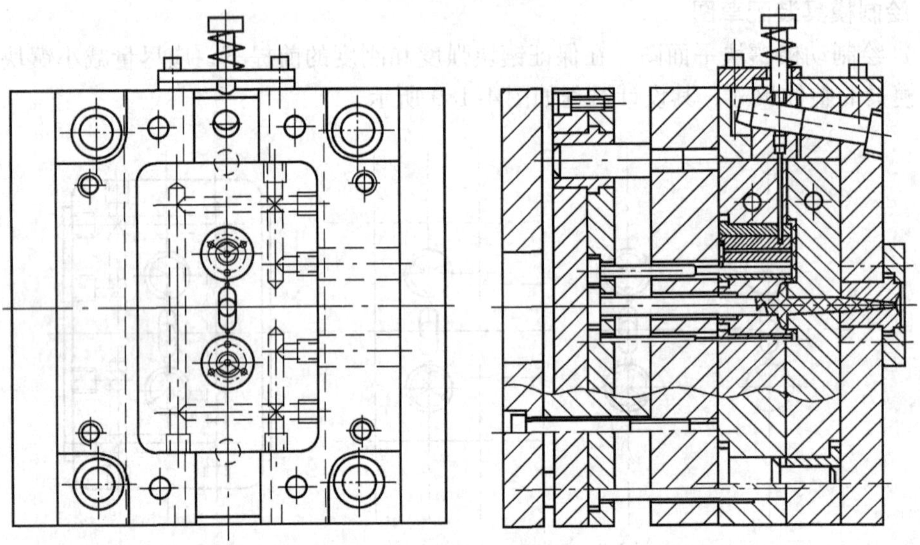

图 4-191　模具装配草图

6. 校核计算

1）推杆的强度、刚度校核（略）。

2）斜导柱的强度校核（斜导柱的长度可从模具装配图草图中量取）（略）。

3）成型零件的强度、刚度校核（略）。

4）模具与注射机的部分相关尺寸校核（略）。

① 最大注射量的校核。

② 注射压力的校核。

③ 安装尺寸的校核。

④ 开模行程和顶出行程的校核。

5）锁模力的校核（略）。

7. 根据校核计算结构修改完善模具装配图

模具装配图如图 4-192 所示。

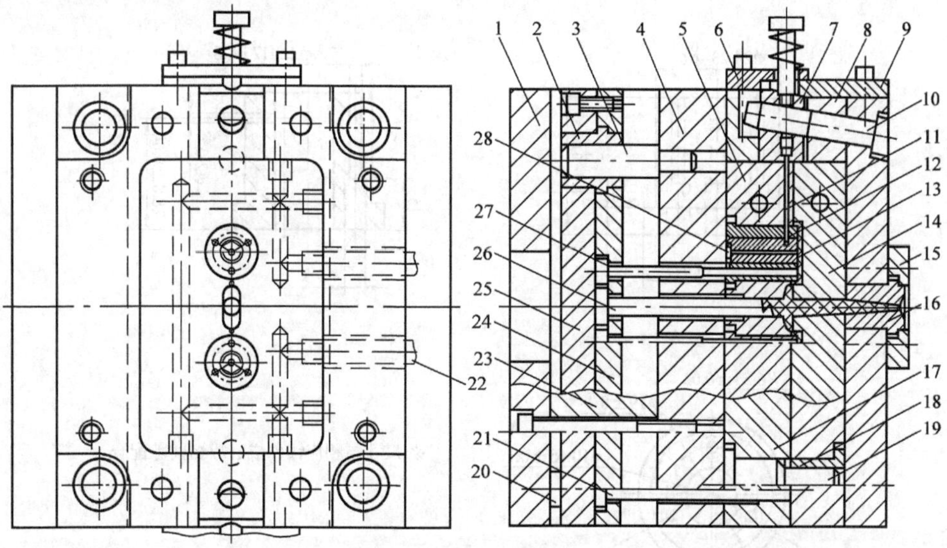

图 4-192　模具装配图

1—动模座板　2—推板导套　3—推板导柱　4—支承板　5—动模镶块　6—限位块　7—滑块　8—定模固定板　9—压紧块　10—斜导柱　11—侧型芯　12—圆镶件　13—异形镶件　14—定模镶块　15—定位环　16—浇口套　17—动模固定板　18—导套　19—导柱　20—限位钉　21—复位杆　22—冷却水嘴　23—垫块　24—推板固定板　25—推板　26—拉料杆　27—推杆　28—圆型芯

8. 拆画零件图

以下仅示例几个典型的零件图，如图 4-193～图 4-198 所示。

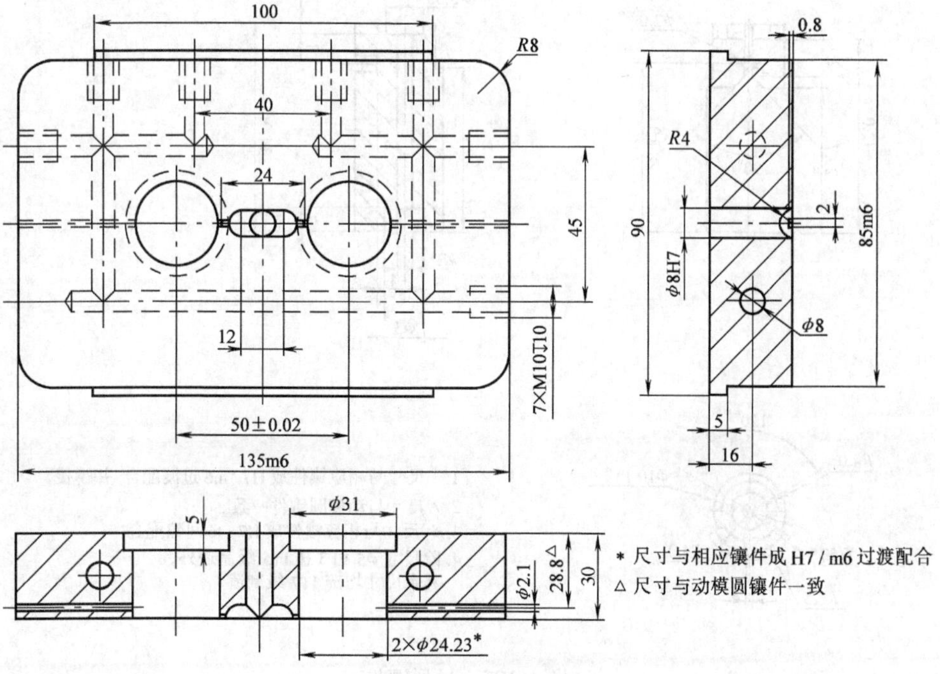

图 4-193　动模镶块

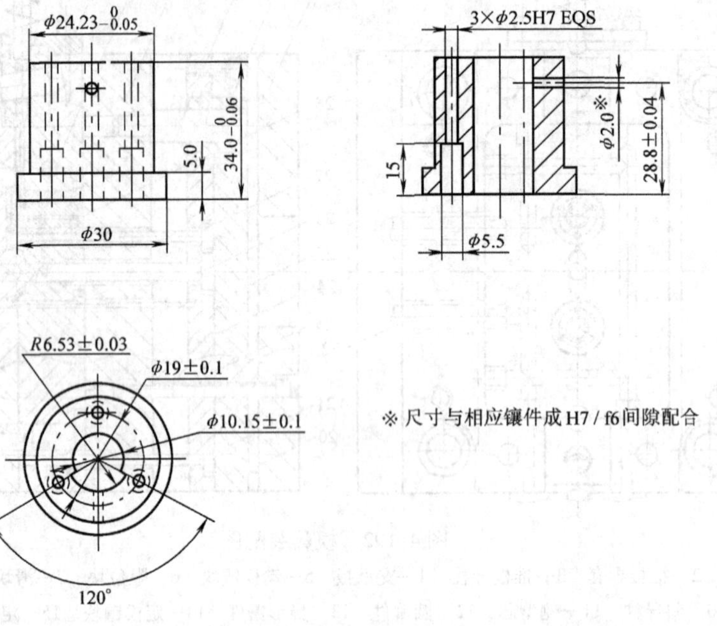

图 4-194　动模圆镶件

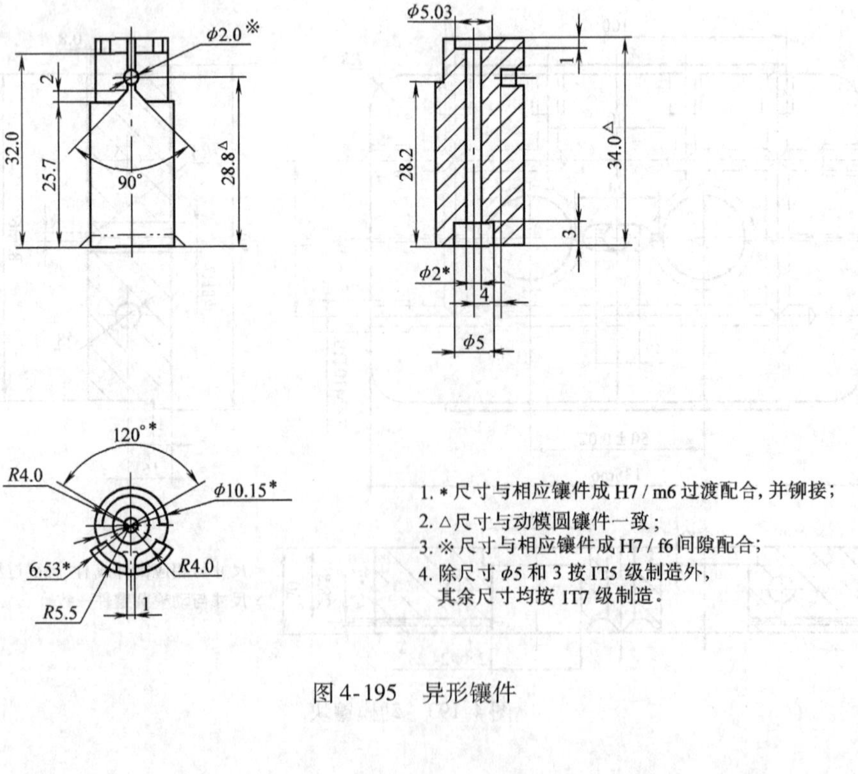

图 4-195　异形镶件

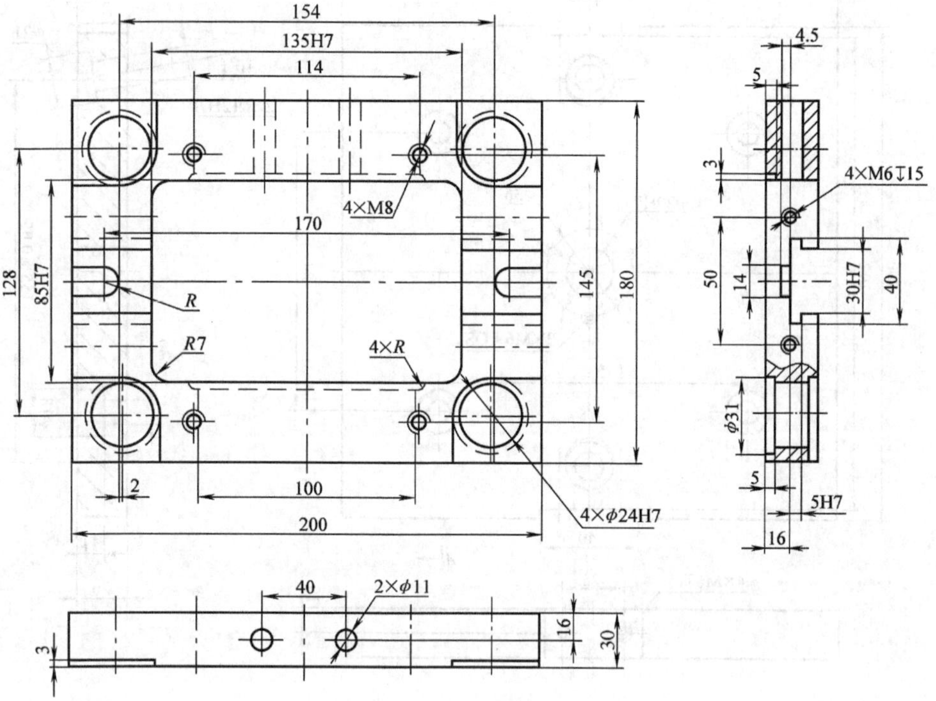

图 4-196　动模固定板

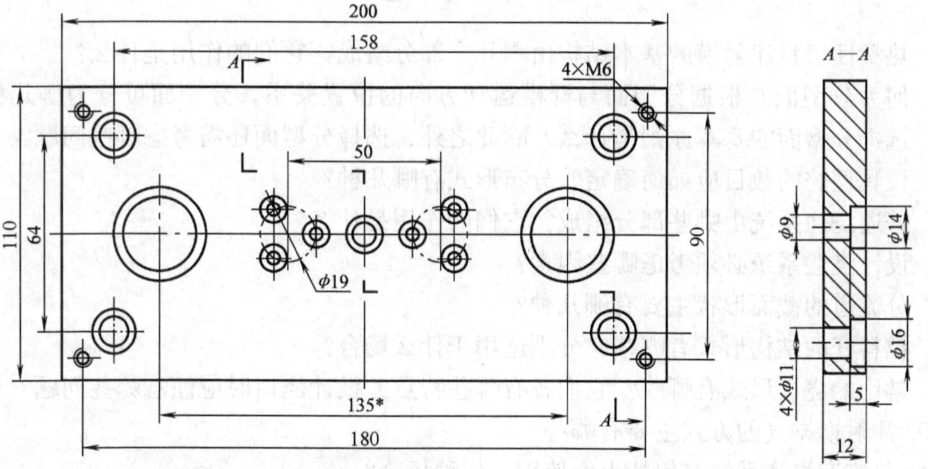

图 4-197　推板固定板

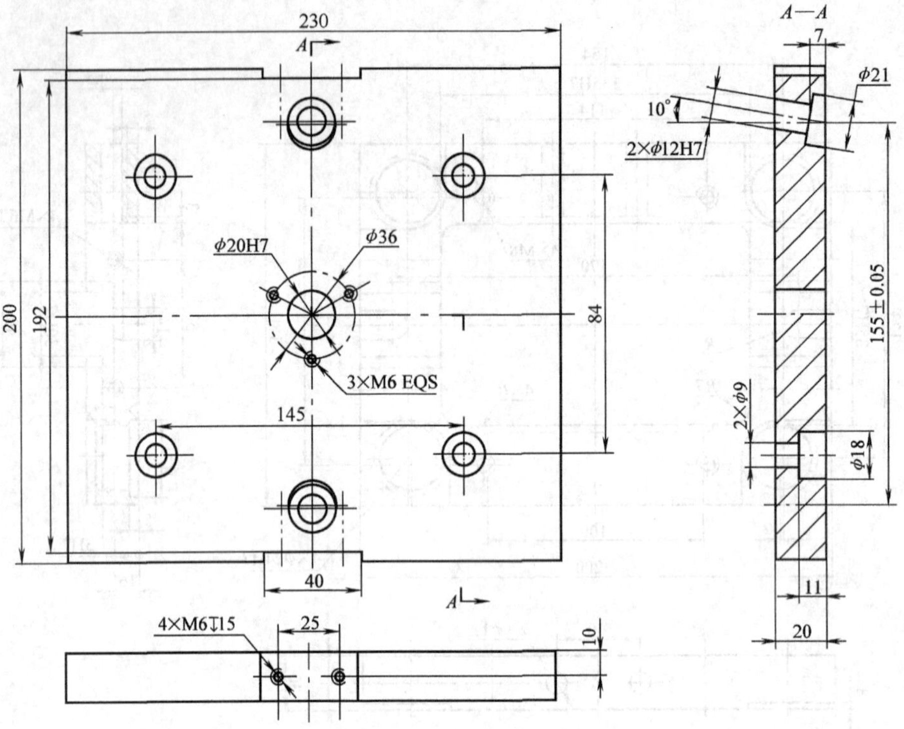

图 4-198　定模座板

思　考　题

1. 热塑性塑料注射模的基本结构由哪几个部分组成？它们的作用是什么？
2. 何为分型面？根据分型面与开模运动方向的位置关系，分型面可分为哪几种类型？
3. 选择分型面的基本原则是什么？除此之外，选择分型面还需考虑哪些问题？
4. 模具型腔的数目应如何确定？分布形式有哪几种？
5. 普通浇注系统由哪些部分组成？它们的作用是什么？
6. 设计浇注系统必须考虑哪些因素？
7. 分流道的截面形状主要有哪几种？
8. 拉料杆的结构形式有哪些？分别适用于什么场合？
9. 常用的浇口形式有哪些？它们各有哪些特点？设计浇口时应注意哪些问题？
10. 注射模排气的方式主要有哪些？
11. 热流道浇注系统有何特点？使用于何种场合？
12. 导柱导套导向结构有何特点，设计时应注意什么问题？
13. 常用的注射模一次顶出机构有哪些？它们各自适用于哪些场合？
14. 推杆推出机构的设计应注意哪些问题？
15. 试叙述图 4-199 所示模具的开模顶出过程。
16. 成型零部件工作部分尺寸设计计算。

图 4-200 所示塑件材料为 ABS。

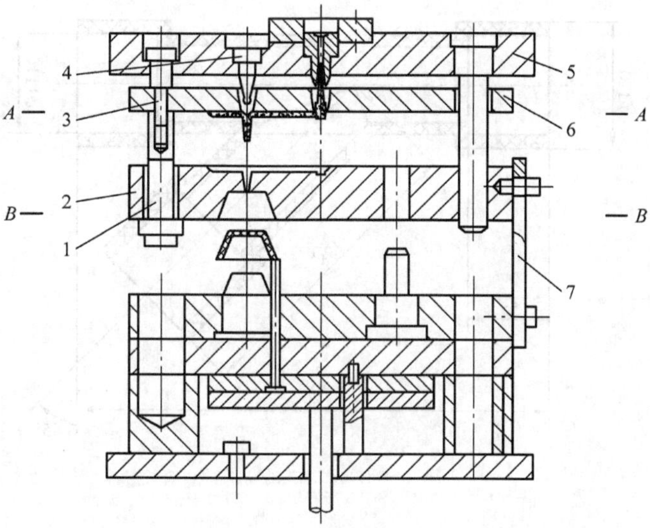

图 4-199 利用分流道推板拉断点浇口

1—拉杆 2—定模型板 3—限位螺钉 4—分流道拉杆

5—定模底板 6—分流道推板 7—拉板

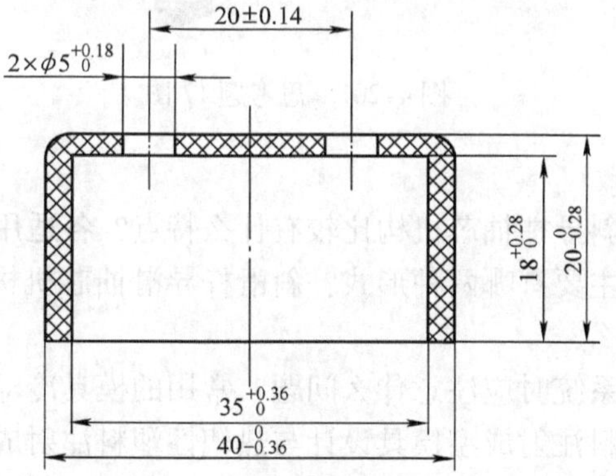

图 4-200 思考题 16 图

已知 ABS 塑料收缩率 $S=0.3\%\sim0.8\%$

IT9 标准公差数值 （单位：mm）

基本尺寸	0~3	3~6	6~10	10~18	18~30	30~50	50~80
公差值	0.025	0.030	0.036	0.043	0.052	0.062	0.074

（1）选择分型面位置并在图 4-200 中标出；

（2）计算成型零件的各部分尺寸（模具制造公差 δ 取 1/3 成型塑件部分公差）；

（3）计算成型零件的各部分尺寸（模具制造公差 δ 按 IT9 级公差选取）；

（4）画出成型部分零件型腔和型芯部分简图，并标明尺寸及脱模斜度（小型芯不用标出）。

17. 已知材料为聚丙烯（PP），计算图 4-201 成型零部件工作部分尺寸。

18. 斜导柱抽芯机构有哪些主要参数，它们是如何确定的？设计斜导柱抽芯机构时应注

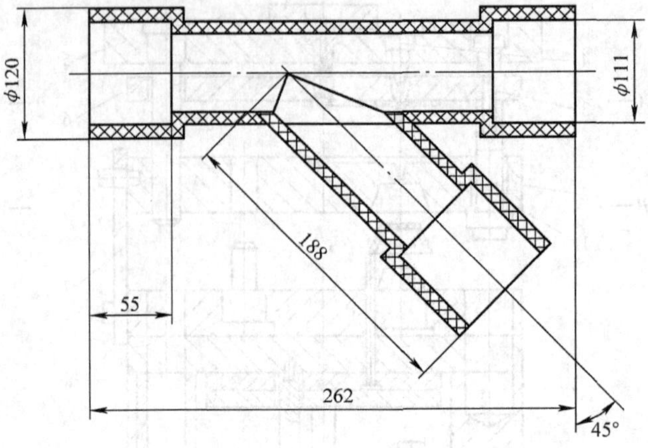

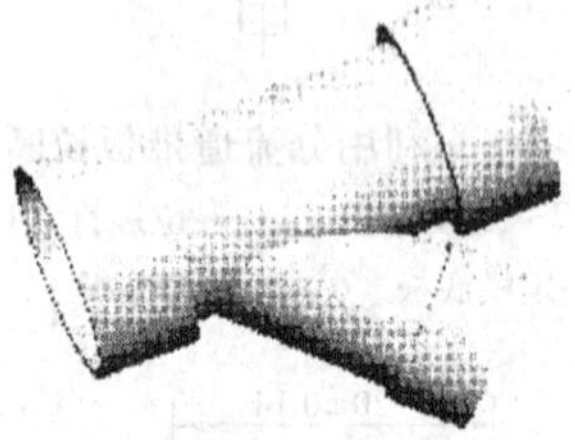

图 4-201　思考题 17 图

意什么问题？

19. 弯销抽芯机构与斜导柱抽芯机构比较有什么特点？各适用于哪些场合？
20. 斜滑块抽芯机构主要有哪两种形式？斜滑杆导滑抽芯机构实现内抽和外抽时其结构有何不同？为什么？
21. 设计模具的冷却系统时应注意什么问题？常用的模具冷却结构有哪些？
22. 试分析热固性塑料注射成型模具设计与热塑性塑料注射成型模具设计有何不同点？
23. 标准模架有哪几种规格型号？

* 第五章　注射模计算机辅助设计

注射模具的传统设计方法，主要是依赖工程技术人员的设计经验，至于模具的设计速度、质量及可靠性的程度，因设计人员的经验而异。计算机技术的发展，为模具设计工作摆脱传统设计方法，采用现代设计方法提供了保证。目前世界工业发达国家和地区都相继在注射模设计中采用了计算机技术，并产生了积极的社会、经济效益。本章就计算机技术在辅助注射模设计中的一些基本概念、应用方法作简要的介绍，从而说明现代设计理念的先进性和优点。

第一节　注射模计算机辅助设计概述

一、注射模计算机辅助设计的意义与内容

数值技术的发展和计算机技术的应用，为提高模具设计与制造质量、缩短模具设计制造周期提供了有效手段。人工绘制模具结构图样的方法被计算机绘图所取代，设计参数数据库、标准零件图形库的建立与使用，使设计速度提高；在模具制造前进行计算机模拟，可获得可行的或优化的模具结构和参数；数控设备的应用提高了模具加工的精度和效率。资料表明，应用计算机技术后，模具的设计时间缩短 50%，制造时间缩短 30%，成本下降 10%，塑料原料节约7%。可见，计算机辅助技术的应用，即 CAD/CAE/CAM 技术在塑料成型加工方面的应用对提高塑料制品质量、缩短生产周期、创造良好的经济效益意义十分重大。

注射模 CAD/CAE/CAM 技术始于 20 世纪 60 年代，20 世纪八九十年代得到迅速发展，功能与性能不断提高，进入 21 世纪后，功能与性能得到进一步完善，并仍在不断发展之中。

（1）注射模 CAD（Computer Aided Design）　其主要功能是辅助完成模具零件设计、模具结构设计。软件系统以几何造型为主，能进行图形绘制；能存储大量模具标准图及标准组合资料，使计算机对模具结构需要能自动选择标准件与标准图组合；能根据塑件的形状及一定的参数可自动、半自动地生成型腔和部分模具结构。

（2）注射模 CAE（Computer Aided Engineering）　注射模 CAE 是指模具在制造之前，对设计给定的模具结构、工艺参数进行注射成型过程的数值模拟，以预测制品的成型质量，检查模具结构、工艺参数是否合理。CAE 的主要特点是在设计阶段完成对设计方案的模拟、修改，避免直接对模具实物进行修改。

（3）注射模 CAM（Computer Aided Manufacture）　其功能是在模具加工制造时尽可能减少对操作工人技能的依赖性，用正确的程序实施长时间的自动化加工。CAM 的功能包括生产监督、物料管理和加工工艺的制订。注射模 CAM 系统在模具加工前，能对加工过程进行检查，观察加工工艺是否合理，以保证数控设备编程的正确性；在模具加工制造时，需与数控设备、加工中心等配合使用。

（4）CAD、CAE、CAM 三者的关系　注射模 CAD、CAE、CAM 三者是相互关联的，如 CAD 的几何形体数据可供 CAM 使用，也是 CAE 的计算对象。CAD、CAM 多采用同样的几何形体数据，因此 CAD、CAM 集成的软件很多。CAE 为 CAD 设计提供科学依据。没有注射模 CAE，CAD 的应用也仅仅是实现了绘图工具的升级、浇口位置的确定、浇道平衡的设计，没有 CAE 的辅助很难有好的设计方案。CAE 是 CAD 最有效的分析手段。广义的 CAD 包括 CAE。CAD、CAE、CAM 三者有机的结合才能充分发挥计算机辅助技术的优势。

CAD/CAE/CAM 集成技术在注射模中的应用，实现了从塑件设计、模具设计、模具制造和塑件成型的一体化，具体体现在：①塑件的造型设计，模具中模架的选择，型腔几何形状、顶出系统的设计，应用 CAD 技术；②塑件结构设计中的应力分析，模具结构设计中的浇注系统设计、冷却系统设计，注射成型中以减少塑件缺陷、改善塑件质量与性能为目的的工艺条件确定、工艺参数优化等内容，应用 CAE 技术；③模具制造中的型腔曲面加工、抛光及装配等内容，应用 CAM 技术。CAE 是 CAD/CAM 向纵深发展的必然结果。

二、几种常用注射模软件介绍

（1）MoldFlow 软件　MoldFlow 原为全球最早专注于塑料计算机辅助工程分析（CAE）的软件公司，曾于 2000 年收购了另一个重要塑料成型模拟软件商 C－MOLD 而成为目前较大的专业模流分析软件公司。现已被 Autodesk 公司收购，MoldFlow 旗下系列软件现为 Autodesk 公司产品。该系列软件至今已有超过 30 年的历史，几十年来以不断地技术改革和创新一直主导着 CAE 软件市场，并且成为塑料 CAE 领域中公司组织规模最大的厂商。最新版本为 Autodesk MoldFlow 2011，它能够在产品设计阶段及开模之初，准确预测模具可能出现的问题，并能够为设计者提供可靠的解决方案等。使用它可以判断出浇口、流道、冷却通道、注射时间、注射机选择、注射速度、温度设置、保压及其他成型工艺设置是否合理；可以准确预测熔合线、气穴的位置，进行冷却效果评估、压力分布预测、收缩翘曲值预测，优化成型参数，自动寻找最佳浇口位置，自动计算最大锁模力/注射压力、产品质量/成型周期/优化保压曲线，自动进行流道平衡计算等，从而提高一次试模成功率，大大缩短生产周期，进而节约成本并提升企业竞争力。

（2）Moldex3D 软件　Moldex 是 Mold Expert（模具专家）的缩写，是我国台湾科盛科技股份有限公司的产品，研发与技术团队源自于中国台湾“清华大学”CAE 研究室（1983 年成立），正式成立于 1995 年。以其突出的真实三维模拟分析技术近些年来得到越来越广泛的使用。它是国人自行开发成功并商业化的塑料注射成型计算机辅助工程分析（CAE）软件。利用此软件，用户可仿真出成型过程中的充填（Filling）、保压（Packing）、冷却（Cooling）以及脱模塑件的翘曲（Warping）过程，并且可在实际开模前准确预测塑料熔体的流动状况、温度、压力、剪切应力、体积收缩量等变量在各程序结束瞬间的分布情形，以及型腔内压力变化及锁模力等变量随时间的变化曲线和可能发生熔合线（Welding line）及气穴（Air Trap）的位置。同时 Moldex 也可用来评估冷却系统的好坏并预估成型件的收缩翘曲行为。

（3）华塑 CAE　华塑塑料注射成型过程仿真集成系统 7.1（HsCAE3D 7.1）是我国华中科技大学模具技术国家重点实验室华塑软件研究中心推出的注射成形 CAE 系列软件的最新版本，用来模拟、分析、优化和验证塑料零件和模具设计。它采用了国际上流行的 OpenGL 图形核心和高效精确的数值模拟技术，支持如 STL、UNV、INP、MFD、DAT、ANS、NAS、

COS、FNF、PAT 等 10 种通用的数据交换格式，支持 IGES 格式的流道和冷却管道的数据交换。目前，国内外流行的造型软件（如 Pro/E、UG、Solid Edge、I－DEAS、ANSYS、Solid Works、InteSolid 等）所生成的制品模型通过其中任一格式均可以输入并转换到 HsCAE3D 系统中，进行方案设计、分析及显示。HsCAE3D 包含了丰富的材料数据参数和上千种型号的注射机参数，保证了分析结果准确可靠。HsCAE3D 还可以为用户提供塑料的流变参数测定，并将数据添加到 HsCAE3D 的材料数据库中，使分析结果更符合实际的生产情况。HsCAE3D 7.1 能预测充模过程中的流前位置、熔合线和气穴位置、温度场、压力场、剪切力场、剪切速率场、表面定向、收缩指数、密度场以及锁模力等物理量；冷却过程模拟支持常见的多种冷却结构，为用户提供型腔表面温度分布数据；应力分析可以预测制品在脱模时的应力分布情况，为最终的翘曲和收缩分析提供依据；翘曲分析可以预测制品脱模后的变形情况，预测最终的制品形状；气辅分析用于模拟气体辅助注射成型过程，可以模拟具有中空零件的成型和预测气体的穿透厚度、穿透时间以及气体体积占制品总体积的百分比等结果。利用这些分析数据和动态模拟，可以优化浇注系统设计和工艺条件，指导用户进行优化布置冷却系统和工艺参数，缩短设计周期、减少试模次数、提高和改善制品质量，从而达到降低生产成本的目的。

三、基于中心数据库技术的注射模 CAD/CAE/CAM 系统工作流程

图 5-1 所示为基于中心数据库技术注射成型加工系统的计算机辅助工程系统框图。图中每个环节均有具体的数据，要使每一个环节都处于最优状态，则既要知道自身的数据，又要知道其他环节的数据，否则将不利于各环节之间的联系和整个系统的优化运行。中心数据库的作用就是集中各环节的数据，成为各个环节之间联系的核心。

中心数据库系统有几个关键点必须注意：

1）中心数据库中的数据要对应系统中各环节进行分块存放。例如：塑料库、塑件库、注射机库、注射模库、成型零部件（结构）库、浇注系统零部件（结构）库、排溢引气零部件（结构）库、脱模零部件（结构）库、温度控制系统零部件（结构）库、模架零部件（结构）库、模具材料库、注射成型工艺库、模具加工设备（工艺）库等。

2）数据格式尽量统一，并具有多种数据格式转换功能。数据有图形数据与非图形数据之分。世界各国目前普遍采用的数据交换规范标准有，IGES、VDAFS. SET、PDES、STEP、GKS 等。

3）要充分利用成组技术的原理和成组分类代码方法，把模具等零件分类编码存入中心数据库，这样可以节约工作量并大大方便中心数据库的管理。

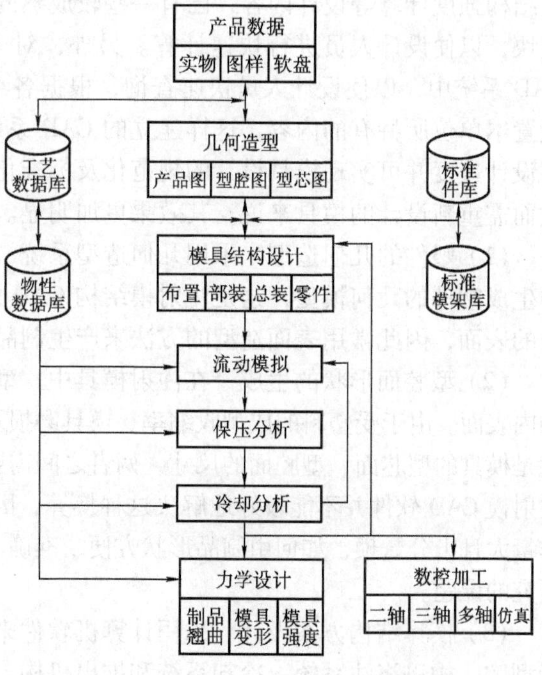

图 5-1　注射成型加工系统的计算机辅助工程系统框图

4）中心数据库中的数据必须是开放可扩充或可增减的，且实时性好。

5）中心数据库要有自身统一管理机制，并能与各系统各环节有机地联系。同时，它具有网络功能，以利于资源共享和资源的分布式扩展。

第二节　注射模 CAD 技术

CAD 曾是企业信息化的第一步，是“甩图板”的代名词，随着技术的发展，CAD 的内容也不断丰富。CAD 功能的发展层次是：完成手册、图表、计算公式的计算机化，减少设计强度；人工智能技术辅助选料、选择工艺参数；完成塑件造型、模具结构图的设计，并为 CAE、CAM 技术提供输入，服务于系统的集成化、网络化。

一、注射模 CAD 的内容

注射模 CAD 的内容是根据注射模设计的主要内容来确定的。注射模具的主要设计内容包括：型腔布置、分型面设计、模架结构设计、浇注系统设计、制品推出机构设计、温控系统设计及模具结构强度计算。其基本的设计过程为：首先是型腔布置及分型面设计；其次是模架结构设计、浇注系统设计、制品推出机构设计、温控系统设计及模具结构强度计算。但其中也有次序交错的部分，如制品顶出机构及温控系统设计。

在这些设计内容中，模架及某些零件，如导柱、导套、推杆、支承块、浇口套、定位圈等已分别形成厂标、行标或国标。对于这些标准的或本单位采用的模架及零件可在通用的二维工程图 CAD 系统中建立模架、零件库，以备设计时调用。对于浇注系统、温控系统、模具结构强度计算等设计内容，已有一些较成熟的或经验的计算方法，可设置这些计算公式的模块，以便设计人员进行快速计算。另外，对于一些设计中常用的数据资料也可以设置在 CAD 系统中，以便设计人员快速查询，根据各个工厂的不同要求与情况，还可以在系统中设置本单位所特有的内容。这样建立的 CAD 系统，可大幅度减轻设计人员的工作强度、提高设计速度并可实现模具设计的规范化及标准化。对于某些在原成型制品的基础上作局部修改而需重新设计的模具来说，其效果更加明显。总体说来，注射模 CAD 的内容有如下几点。

（1）塑件的几何造型　采用几何造型系统，如线框造型、面造型和实体造型，在计算机中生成塑件的几何模型，这是注射模结构 CAD 的第一步。由于塑件大多是薄壁件且又有复杂的表面，因此常用表面造型的方法来产生制品的几何模型。

（2）型腔面形状的生成　在注射模具中，型腔用来生成制品外表面，型芯用来生成制品的内表面。由于受塑料的成型收缩率、模具磨损及加工精度的影响，制品的内外表面尺寸并不就是模具的型芯面、型腔面的尺寸，两者之间需要经过比较繁琐的换算。目前，流行的商品化注射模 CAD 软件并不能较好地解决这种换算，因此制品的形状和型腔的形状要分别输入，工作量大且十分繁琐，如何由制品形状方便、准确、快捷地生成型腔和型芯表面形状，仍是当前研究的课题。

（3）模具结构方案设计　采用计算机软件来辅助计算最佳型腔数目，引导模具设计者布置型腔，构思浇注系统、冷却系统和推出机构，为选择标准模架和设计动模部装图、定模部装图做准备。

（4）标准模架选择　采用计算机软件来设计模具的前提是尽可能多地实现模具标准化，

包括模架标准化、模具零件标准化、结构标准化及工艺参数标准化等。一般而言，用作标准模架选择的设计软件应具有两个功能：一是能引导模具设计者输入本企业的标准模架，以建立专用的标准模架库；二是能方便地从已建好的专用标准模架库中，选出在本次设计中所需的模架类型及全部模具标准件的图形和数据。

（5）部装图及总装图的生成　根据所选定的标准模架及已完成的型腔布置，模具设计软件以交互方式来引导模架设计者生成模具部装图和总装图。模具设计者在完成总装图时，能利用光标在屏幕上拖动模具零件以搭积木的方式装配模具总图。

（6）模具零件图的生成　模具设计软件能引导模具设计者，根据模具部装图、总装图以及相应的图形库完成模具零件的设计、绘图和标注尺寸。

（7）常规计算和校核　模具设计软件可将理论计算与行之有效的设计经验相结合，为模具设计提供对模具零件的全面计算和校核，以验证模具结构等有关参数的正确性。

二、注射模 CAD 的应用

注射模 CAD 的目的是减轻设计人员的劳动强度、提高设计效率。其应用包括设计手册的计算机化、造型的计算机化、部分专家知识的计算机化等方面。

1. 设计手册的计算机化

注射模设计涉及很多因素，如高分子材料性能、模具结构等，有大量的图表、数据、计算公式，将这些数据按设计要求计算机化，设计人员可甩掉图板、手册，避免繁琐的查询，大大提高工作效率。一般，注射模 CAD 软件均应包括如下功能模块。

（1）标准件及标准模架图库　在图库中可调用基于国家标准的注射模的标准零件及标准模架，而且模架具有开放性，用户可根据本单位的实际应用需求，将本单位常用的一些零件图形纳入图库，以便调用。

（2）注射模设计常用的参数，便于设计时的随机查阅　可供查阅的内容应有：流变参数、温控参数、注射机参数、排气槽参数、模具钢材的力学性能、树脂成型的流动比、树脂成型收缩率、树脂的力学性能等。

系统所提供的参数一般是常用参数，但系统最好能具有开放性，提供用户自行扩充功能。

（3）注射模设计常用计算功能　包括的功能应有：型腔尺寸计算、分流道直径计算、斜导柱长度计算、浇口及浇口平衡计算、型腔壁厚及垫板厚度计算等。

2. 几何造型功能

几何造型是利用计算机系统描述物体几何形状，它具有两方面的功能：一是为塑件图形的显示和输出提供信息；二是作为模具设计的基础，为 CAE 分析和 CAM 及 NC 加工编程提供信息。

在注射模具中，注射制品的内、外表面是通过注射模的型芯或型腔面生成的，而型芯及型腔是根据产品零件的形状设计的。因此，注射模 CAD 的第一步就是输入产品零件的形状信息，在计算机内部建立起描述产品零件的几何模型及有关工艺信息；而后构造出生成该产品的模具型腔及型芯几何模型，再通过调用标准零件图库生成各种标准零件图形，把型腔与型芯图形与标准零件如动、定模板相结合，完成注射模具工作部分结构的设计；再进一步完成模具其他结构零部件的几何造型与设计，直至完成整副模具的几何造型。

几何造型研究的是三维实体，在计算机内部表示三维实体的方法有三种：线框模型、曲面模型和实体模型，有关内容详见相关课程。

3. 专家知识的计算机化

这里主要指专家系统在注射模 CAD 系统中的应用，将注射模中有关概念的设计模型化。专家系统是指具有相当人类专家知识和经验水平，以及解决问题能力的计算机系统，主要由知识库、推理机、解释模块等组成，是人工智能技术在 CAD 系统中的应用。在塑料成型方面，人工智能系统的开发和应用有：塑件材料选择专家系统、塑件缺陷分析诊断专家系统、注射模普通浇注系统设计专家系统、注射模冷却系统设计专家系统。

第三节　注射模 CAE 技术

注射模 CAE 是有关产品的设计、制造、工程分析、仿真、实验等信息处理，以及包括相应数据库和数据管理系统在内的计算机辅助综合系统。数学模型、数值算法、程序代码是构成 CAE 技术的基本要素。数学模型完成注射过程各物理现象的描述；数值算法完成对数学模型的简化求解，并通过程序实施其求解过程。模型与客观现实的吻合程度，在算法正确的前提下决定了计算结果的实用性和可靠性；而理论对生产实践的指导作用是通过软件程序来完成的。因此，软件的建模功能、网格划分、计算结果的数据处理及可视化实现，也是 CAE 技术的一个重要内容（图 5-2）。注射模 CAE 与注射模 CAD 相比，需要的专业知识较强，这里主要介绍注射模 CAE 的主要功能模块及应用。CAE 所用的理论模型可见相关教材。

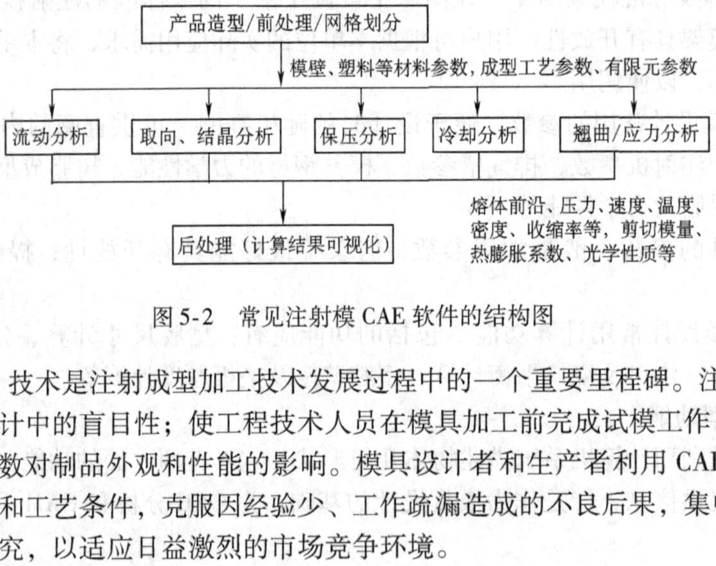

图 5-2　常见注射模 CAE 软件的结构图

注射模 CAE 技术是注射成型加工技术发展过程中的一个重要里程碑。注射模 CAE 使设计人员避免了设计中的盲目性；使工程技术人员在模具加工前完成试模工作；使生产操作人员能预测工艺参数对制品外观和性能的影响。模具设计者和生产者利用 CAE 技术能有目的地修正设计方案和工艺条件，克服因经验少、工作疏漏造成的不良后果，集中精力进行新产品、新工艺的研究，以适应日益激烈的市场竞争环境。

一、注射模 CAE 的内容

以科学分析为依据的注射模 CAE 技术，能更细致、精确地描述注射成型过程中的物理现象，并逐步完成与注射模 CAD（Computer Aided Design）、CAM（Computer Aided Manufacture）技术的集成。CAE 技术与注射模 CAD/CAM 系统在塑料模设计与制造中的应用，解决了塑料加工行业最关心的两个问题：一是高效率、高精度、低成本地制造模具；二是利用所制造的模具来成型高质量、无缺陷的塑件。

注射模 CAE 的目标是通过对塑料材料性能的研究和注射工艺过程的模拟，为制品设计、材料选择、模具设计、注射工艺的制订及注射过程的控制提供科学依据。注射模 CAE 的研究内容很广泛，主要包括：注射成型充填流动过程的模拟，保压模拟，冷却分析，结晶取向分析，翘曲/应力分析等。以下作简要介绍。

1. 流动模拟

流动模拟的目的是预测塑料熔体流经流道、浇口、充填型腔的过程，计算流道、浇口及型腔内的压力场、温度场、速度场、切应变率分布以及切应力分布，并将这些结果以图表、等值线、阴影图等形式显示，供设计人员分析、评价模具设计参数和注射成型工艺条件。通过流动模拟，可帮助设计人员优化注射成型工艺参数，确定合理的浇口、浇道数目和位置，预测所需的注射压力及锁模力，并发现可能出现的注射不足、热降解、不合理的熔接线位置等缺陷。

由于塑料熔体的非流动特性及充填过程的非稳态、非等温特性，模拟流动过程需要从连续介质的一般理论出发，运用质量守恒、动量守恒及能量守恒原理进行描述，并采用粘性、粘弹性本构关系，得到一组微分方程，对于一般的工程问题，通常用数值方法（有限差分法、有限元法、边界元法）来求解。

1960 年，Toor、Ballman 和 Cooper 最先用数值方法计算了熔体的充模过程。随后，许多学者对一维流动进行了大量的研究，主要是计算塑料熔体在等直径圆管、中心浇口圆盘、半圆盘及端部浇口的矩形型腔的充填过程。1975 年，Lord 和 Williams 对一维流动问题作了详尽的研究，并用有限差分法获得熔体的压力、温度分布及所需的注射压力。对二维流动分析的研究始于 20 世纪 70 年代中期。二维流动分析除数值方法本身的难度外，另一个难点是对移动边界的处理，即如何确定新时刻的熔体流动前沿位置。1975 年，Broyer 等人用 Flow Analysis Network（FAN）法对二维等温流动进行了计算，并对保压、固化、分子取向等问题进行了探索。1986 年，日本的两位学者 Takahashi 和 Matsuoka 基于 FAN 法，考虑熔体温度的变化，实现了三维制件的等温流动分析。1980 年，Hieber 和 Shen 提出了至今仍被大多数学者沿用的数学模型和求解方法，他们用有限元/有限差分混合法求解二维非牛顿流体的非等温流动。1984 年，Shen 用边界元法求解了二维非牛顿流体的非等温充填过程。1989 年，Wang 和 Lee 两位学者用 Mesh Expansion Scheme（MES）方法确定了流动前沿位置，并对其算法的稳定性进行了讨论。

流动过程的三维模拟主要采用 Branching Flow Methods（BFM）法和有限元/有限差分混合法。BFM 是进行流动平衡分析的有效手段。用 BFM 法开发的软件有：澳大利亚 MoldFlow 公司的 MF/Flow，美国和意大利 P&C 公司的 MFC-FA，美国 GRAFTEK 公司的 SIMUFLOW 等。利用有限元/有限差分混合法求解的软件有：日本丰田中央研究中心的 IMAP-FF，澳大利亚 MoldFlow 公司的 FEM 版 MF/Flow，美国 AC Tech 公司的 C-Flow，郑州大学橡塑模具国家工程研究中心的 Z-Flow 等。

现阶段流动分析研究的内容有：模拟流动充模时的固化现象，流动应力产生的机理及计算，非线性本构关系；充模过程中各向异性的热传导问题、热耗散问题等。

2. 保压分析

型腔顺利充模是获得合格制品的先决条件，因此流动模拟的重要性是不言而喻的。但是，型腔充满后的保压过程与冷却过程对制品的内部结构性能、变形和尺寸稳定性有很大的影响，因此对流动过程的模拟完成之后，有必要对保压阶段进行深入的研究。

通常认为保压阶段始于塑料熔体充满型腔时，止于浇口处熔体完全固结时。在保压阶段，有一部分熔体被注入型腔以补足熔体因冷却而引起的收缩。根据型腔内熔体压力的变化特征，保压阶段可进一步分为压力迅速上升的增压阶段和压力从峰值降至浇口冻结为止的补料两个阶段。保压阶段对于提供制品的密度、减少收缩和克服制品的缺陷有重要作用，尤其是对于厚壁制件和精密成型的情况。保压模拟的目的是预测保压过程中型腔内熔体的压力场、温度场、密度分布和切应力分布等，帮助设计人员确定合理的保压压力和保压时间，改进浇口设计，以减少型腔内熔体体积收缩的变化。保压模拟是实现注射全过程分析的重要环节。

保压模拟的实质是求解可压缩非牛顿流体的非等温流动问题，其分析原理与充模流动模拟有以下不同：

（1）保压阶段考虑熔体密度的变化　流动阶段熔体密度变化很小，假定熔体是不可压缩的。在保压模拟中，熔体密度变化大，上述不可压缩的假定不再成立。保压过程正是利用熔体的可压缩性来解决其过量收缩问题的。保压分析增加了密度这一新变量，所以，要引入 Pressure -Volume-Temperature（*p-V-T*）状态方程进行求解。

（2）保压过程的物性参数值不能作常量考虑　因为保压过程熔体的温度变化较大，所以要采用适于更宽温度范围的粘度模型，必须考虑熔体的比热容、热导率随温度的变化。

（3）压力场求解的边界条件不同　流动分析要不断更新流动前沿的位置，熔体流动前沿的压力等于大气压，注射压力是待求量；而在保压分析中，计算区域固定，分析过程中设定压力，求出型腔内的压力分布。

保压分析的研究始于20 世纪50 年代。1951 年，Spencer 和 Gilmore 提出了圆管内保压的最大压力计算公式。1972 年，Kamal 和 Keing 对中心浇口半圆盘型腔的保压过程进行计算，认为补料量与充模、保压阶段的压力差成正比。1977 年，Kamal 等人应用 Spencer-Gilmore 状态方程，计算简化后的矩形平板的保压过程，得到压力分布的解析解。20 世纪 80 年代起，数值方法应用于保压模拟。1981 年，Chung 和 Ryan 两位学者在 Kamal 的基础上，用有限差分法求解矩形型腔内牛顿等温流动的保压过程。随后，Chung 又对保压过程的压力上升阶段进行研究。1987 年起，许多学者在流动分析的基础上，从简单到复杂，先后建立了非等温、可压缩、非稳态流动的一维、二维、三维保压分析数学模型；数值方法从有限差分发展到有限元/有限差分混合法。1991 年，Chiang，Hieber 和 Wang 采用七参数粘度模型和 Tait 提出的经典状态方程，用有限元/有限差分法完成三维制件的保压模拟，且数值分析结果得到了实验的验证。

尽管保压分析起步较早，但由于塑料的状态方程（*p-V-T* 关系）难以测定，加上保压过程中温度变化显著、压力梯度大、熔体的可压缩性等特点，使其模拟难度很大。保压分析仍是当今研究的热点之一。近几年关于保压分析的研究内容有：*p-V-T* 关系的研究；对实际生产有指导意义的保压时间、浇口凝固时间、收缩率等内容的研究；流动、保压、冷却注射全过程的研究。

3. 冷却分析

注射成型从生产工艺上可分为充模流动、保压和冷却三个阶段。在注射成型的生产循环中，冷却占整个生产周期的2/3以上，因此冷却系统的设计直接影响到注射生产率；另一方面，注射件的残余应力及变形常常是由于冷却不均匀产生的。所以冷却系统设计不合理，不仅无法充分利用注射机的生产能力，而且还会出现塑件的质量问题。冷却分析的目的是对注射模具的热交换效率和冷却系统的设计方案进行模拟，从而获得制品表面温度分布、热流量分布、冷却回路的热交换率及最早冷却时间等数据，帮助设计人员确定冷却时间、冷却管路布置，以及冷却介质的流速、温度等冷却工艺参数，使型腔表面的温度尽可能均匀。

注射模的实质是一个热交换装置，有效且均匀的冷却，能显著地减少冷却时间，提高生产率，改善塑件质量。注射模的冷却装置涉及许多设计参数，与冷却效果有关的参数有：

1）塑件的几何特性、热物理特性，包括塑料的密度、热导率、塑件的厚度、表面积。

2）模具的几何特性、热物理特性，包括模具材料的密度、热导率、比热容及模具的尺寸。

3）冷却介质的热流变特性，包括冷却介质的密度、热导率、比热容、粘度。

4）冷却回路的设计，包括冷却管道的形状、尺寸、位置及分布。

5）冷却工艺参数，包括熔体初始温度、冷却介质温度、冷却介质流速和脱模温度。

注射模冷却过程是一瞬态不稳定的导热过程，模具内任一点的温度和热流受冷却系统中各几何参数和物理参数的影响，需要用具有周期边界条件的三维热扩散方程来求解，而且完整的分析还应考虑熔体与模具之间具有温度突变的相互作用。由于模具温度场求解的边界条件复杂，影响因素多，在一定假设基础上建立的数学模型常用数值分析方法求解。由于计算效率的要求，注射模温度场数值求解以边界元法应用最广泛。

冷却分析始于20世纪50年代末，早期的研究工作主要集中在冷却系统的定性分析和一维传热计算方面。1959年，Ballman 和 Shusman 给出了注射模冷却分析的一维近似解，表明了塑件温度和冷却时间的近似关系。1975年，Broyer 给出了一维热传导模型，但由于简化太多，与实际情况不符。进入80年代，冷却分析研究内容集中在冷却系统对模具表面温度的影响上，许多学者用数值方法获得型腔表面的温度分布。1989年，美国 Cornell 大学的 K. K. Wang 等人采用周期平均温度研究了模具的温度场。1990年，国内学者申长雨和程耿东率先将敏度分析理论用于注射冷却分析，并研究了冷却管道作为集中冷源处理时的冷源强度敏度，优化了冷却管道位置。1995年，S. Y. Hu 等人考虑了模具内温度的变化及冷却介质的温度波动，用边界元法进行二维模具的全瞬态热传导计算。

现阶段冷却分析的研究内容有：优化冷却管道及回路；用冷却分析的数值结果指导实践，减少残余应力；在现有研究成果基础上，进一步完善数学模型的求解方法，实现三维瞬态分析，并与流动、保压模拟集成。

4. 结晶、取向分析

结晶、取向属于塑料制品的微（形态）结构问题。塑件的性能取决于制品的形态结构，而形态结构又强烈地依赖于成型条件，因此，探讨注射成型条件、形态结构和制品性能之间的关系很必要。

注射成型中熔体的流动特性在很大程度上取决于聚合物分子的取向趋势。聚合物分子取向不仅使流动中的熔体粘度降低，而且会造成塑件的各向异性。因此，取向对制品工艺过程和制品质量有重要的影响。取向分析的目的，是通过模拟塑料熔体在成型加工时所经历的热、力物理过程，确定制品的微结构，以便预测制品的物理性能及成型质量。其微结构包括：结晶度、双折射率各分量、切变模量变化、取向角、取向分布状态以及取向形成的应力等。取向分析对充模流动、成型工艺条件的制订以及制品质量预测有重要意义，尤其是塑料光学制品。

分子取向模拟与充填模拟、流动残余应力等内容关系密切。1974 年，Tadmor 提出了半解析模型来描述分子取向、流动的喷泉效应。1984 年，Shen 研究二维矩形型腔的流动时，考虑了分子取向及凝固层。1986 年，Kamal 等人用修正的 Maxwell 模型建立了扇形浇口矩形型腔成型过程的数学模型，用数学方法计算了结晶度、残余应力等微结构量值，并与实验结果作了比较。1992 年。比利时学者 H. D. Frahan 等人用有限元法完成二维纤维取向的预测，并比较了取向张量、Jeffery 方程的计算结果。同年，美国学者 S. Akbar 等人给出了在均匀流动的情况下短纤维二维取向函数的解析解，进而 V. Verleye 和 F. Dupret 用 FEM/FDM 混合法完成薄壁件中三维取向张量值的预测。关于取向和残余应力实验方面的研究也有报道。实验研究的目的，一方面是探索成型中取向的机理，另一方面是验证数值分析的可靠性，为改进数学模型和算法提供依据。此外，对于纤维增强塑料的取向、力学性能的研究，日本学者 Okubo 等人应用复合材料力学中的层合板叠加理论。T. Y. Chen 和 V. W. Wang 等人对充模与结晶的关系进行了研究。

5. 翘曲分析

翘曲是注射制品常见的一种缺陷。注射过程中产生的应力作用于制件，使其产生变形，其中平行边的变形称为翘曲，对角部分的变形称为扭曲。本文中将塑件的变形统称为翘曲变形，是塑件的重要特征之一。制品和模具的设计，基本上已决定了塑件的翘曲。

注射模 CAE 的目的就是保证生产出合格的产品，因此预测注射制品最终成型的形状尺寸、力学性能是 CAE 极具挑战性和应用价值的一项工作。在设计阶段完成塑件外观的尺寸的预测，必将给设计人员带来更多、更直接的信息。翘曲分析的目的，就是预测在给定加工条件下，塑件脱模后的外观质量、几何尺寸、应力分布及力学性能，能帮助设计人员修正塑件、模具设计方案，进一步预测塑件的使用性能。翘曲作为评定产品的一个重要指标，一直是研究的热点。

塑件翘曲产生的原因很多，除了与塑件自身的形状、材料有关外，还与注射过程的流动、保压、冷却各阶段有关，这也是翘曲研究起步较晚的原因。

1982 年，St. Jacques 研究了非晶型塑料的平板制件因冷却不均匀而产生的翘曲，用有限差分法求解一维瞬态温度场，模具和塑料的热物性质按常数处理，变形大小的计算按简单线性梁理论。1988 年，Tamma 等人应用有限元/有限差分法求解温差应力，用悬臂梁理论求出变形量。1989 年，SDRC 公司的 M. Rezayat 研究了非晶型料 L 形制件的冷却过程、脱模至室温两阶段的温差应力，在弹性本构关系下用有限元法求出变形量。1991 年，郑州大学（原郑州工业大学）模具所，用无量纲的翘曲变形系数表征冷却不均匀对塑件形状的影响，该模具所在 1993 年，用三角形单元研究了弹性本构关系下，塑件因温度不均匀产生的变形。进入 20 世纪 90 年代后，随着流动、保压、冷却过程数值模拟技术的发展、完善，许多学者将更多的注意力集中在用数值方法研究粘弹本构关系、成型前后树脂性能发生变化时的翘曲问题，且塑料原料由非晶型塑料扩大到结晶热塑性塑料、纤维增强塑料。1990 年，日本学者 Matsuoka 应用简单的弹性模型对流动、保压、冷却全过程进行集成分析，预测纤维增强塑料制品的翘曲。1991 年，我国台湾学者 S. C. Chen 等人在流动、保压、冷却模拟集成化的基础上，用有限元/有限差分法研究了在弹性本构关系下箱体制件因温差应力引起的翘曲。澳大利亚 MoldFlow 公司在 1991 年推出商品化的翘曲分析软件 MF/Warp，该软件可计算在弹性本构关系下正交各向异性塑料的翘曲变形，并能进行翘曲分析，考虑到温差、取向、收缩不同等因素的影响。1990 年，N. Santhanam 和 K. K. Wang 在 Lee，Roger，Woo（LRW）粘弹模型的基础上，应用有限差分法研究了中心浇口圆盘厚度方向的温差应力及变形。1992 年，美国 Cornell 大学 CIMP 小组在 N. Santhanam 研究成果的基础上，将应力翘曲程序与以往开发的流动、保压、冷却等程序集成，实现了注射 CAE 的集成化，集成后的软件即商品化的软件 C-MOLD。该软件能预测塑件的残余应力，但翘曲变形量的计算仍用通用的结构分析程序 ABAQUS。1992 年，比利时学者 K. K. Kabanemi 和 M. J. Crochet，用三维壳单元研究了在粘弹本构关系下的温差应力及变形，同时 K. K. Kabanemi 和 F. Dupret 又将流动、保压、冷却进行综合分析，研究了保压阶段对残余应力的影响。与此同时，一些学者比较了在弹性本构关系、粘弹本构关系下的翘曲变形预测值，并与实验结果比较，表明了翘曲分析软件的正确性、可靠性。

从 1992 年至今，数值方法对翘曲问题的研究可归纳为两类：复杂的材料模型，应用于简单的塑件；简单的材料模型，应用于几何形状复杂的塑件。由于复杂的材料模型更能反映客观实际，研究的人员也多于前者。而且从 1992 年起，研究大都在集成环境中进行。1995 年，R. Y. Chang 和 B. D. Tsaur 在集成环境中研究了在粘弹本构关系下，各向异性结晶型聚合物平板制件的收缩、翘曲、凹痕等问题，并将数值解与实验结果、C-MOLD 的预测值作出比较。GE 公司在热流变简单材料的粘弹本构关系下，研究了非晶型料平板制件的残余应力和翘曲，讨论了模壁温度对翘曲的影响，并考虑了保压压力对翘曲的作用。S. J. Liu 在粘弹本构关系下，应用 8 节点等参元研究了二维平板制件的温度应力和变形，考虑了液、固两相的变化。日本学者在粘弹本构关系下，对纤维增强塑料圆盘制件的取向、翘曲等问题进行研究，并提出了表征翘曲变形程度的参数，考虑了屈曲因素。

翘曲问题的研究与残余应力的研究密切相关。不均匀的残余应力是翘曲产生的重要原因。虽然残余应力本身对模具设计者没有任何意义，但是由残余应力求出变形结果，其现实意义是巨大的，而且残余应力的研究有助于塑件成型质量、使用性能的研究。因而，塑件的残余应力也一直是研究的热点。塑件的残余应力，主要有流动引入的应力（流动残余应力）和温差引起的热应力（热残余应力）两类，总的残余应力是流动残余应力和热残余应力共同作用的结果。一些学者的研究表明热残余应力比流动残余应力大 1 ~ 2 个数量级。因此与翘曲相关的残余应力多以温差热应力为研究对象。残余应力的数值模拟多采用热粘弹本构关系。

总体来说，现阶段的残余应力和翘曲变形数值模拟有以下特点：

1）残余应力研究以热残余应力为主，忽略流动残余应力的影响。

2）塑料原料考虑了纤维增强塑料、非晶型塑料和结晶型塑料。纤维增强塑料的理论基础是复合材料力学，非晶型塑料和结晶型塑料的理论基础是粘弹性力学。

3）本构关系以粘弹性为主，取向效应明显时按正交各向异性处理，通常按各向同性处理。

4）翘曲变形的数值计算以有限元法为主，能够计算形状复杂的塑件。

5）逐步与流动、保压、冷却分析等模块集成，综合考虑工艺参数、模具结构、塑件形状等因素对残余应力和翘曲变形的影响。

注射模 CAE 中，流动、保压分析主要利用流体力学的知识；冷却分析主要是热传导的知识；结晶、取向分析主要应用材料科学的知识；而翘曲分析更多地应用计算力学的知识，所以待流动、保压数值模拟日趋完善之后，人们有更多的条件和精力去研究极具工程意义的翘曲变形。

二、注射模 CAE 软件的应用

一般注射模 CAD 系统只是辅助设计人员规范化、标准化、快速地设计注射模具。对设计中所确定的方案及设计的模具是否成功的评价，均取决于实际的试模结果。若试模后发现存在问题，则需根据试模的情况进行修正。这种试错法的设计，往往会增加模具的制造成本，影响模具的交货期，甚至有些问题无法补救，最终模具报废，造成浪费。借助注射模 CAE 系统，可以帮助设计人员在计算机屏幕上对设计方案进行评估，若方案有问题，则可再次将修正后的方案输入系统再次进行评估，直至满意为止。这样，采用了注射模 CAE 系统后，可以较正确地设计注射模具，节约模具制造费用，提高模具质量，缩短模具制造周期。

1. 注射模 CAE 使用过程

注射模 CAE 系统的使用大致可分为如下三个步骤。

（1）前处理

1）设定成型树脂、模具材料、注射机规格及冷却液种类等。

2）建立有限元模型（FEM），将流道、浇口及型腔建成有限元网格。

3）设定成型条件，包括注射压力、注射速度、冷却温度等。

（2）分析

1）填充分析。可以模拟树脂从注入型腔开始至充满型腔的填充过程。

2）保压分析。可以模拟充入型腔的树脂在保压过程中的状态。

3）冷却分析。可以模拟模具在冷却过程中的温度变化状态。

4）翘曲分析。根据保压分析取得的树脂收缩及冷却分析取得的模具温度变化状态，分析塑件脱模后可能产生的翘曲变化状况。

（3）后处理　各种分析结果的数据显示方式有：彩色云纹图、等值线图、*X-Y* 平面图及文字报告、数字显示等，如树脂的压力分布、模具的温度、熔接线位置及气穴位置等。

2. 注射模的 CAE 功能

应用注射模 CAE 系统可以进行如下工作。

（1）CAE 在型腔设计中的应用

1）可以观察树脂在填充过程中各个阶段的流动状态及流动前锋的位置，确定是否能够充满型腔。

2）可以观察树脂在流动过程中产生的熔接线位置，其位置是否影响制品的外观及强度。

3）可以观察树脂在流动过程中是否产生气穴及气穴位置，若有气穴，则可以正确设定排气位置。

（2）CAE 在浇口设计中的应用

1）可以较正确地选择浇口的种类，因为除直接浇口之外，浇口的截面积一般都较小，此处的流动阻力很大，稍微的差异对熔融树脂的填充状态就有很大的影响。

2）可以较正确地选择浇口的位置，避免因浇口位置不当而产生滞流、喷流现象，影响制品外观。尤其是平板状制品的浇口位置选择。

3）可以较正确地确定阀浇口在成型过程中的开启、闭合时间，有效发挥阀浇口的作用。

（3）CAE 在流道设计中的应用

1）可以较正确地确定流道的形状与尺寸，因流道的截面积及长度会直接影响熔融树脂的流动阻力。截面积过小或尺寸过长，则会使熔融树脂在流道中的压力降过大而影响熔融树脂向型腔的填充能力；反之，如果流道截面积过大，则需延长冷却时间，并且浪费树脂。

2）可以观察一模多腔及多浇口制品的各个流道在各个时段内的流量变化。通过改变流道的截面积或浇口的位置，达到浇注平衡。

（4）CAE 在制品变形预测中的应用　注射模的 CAE 系统中的保压分析、翘曲分析功能，可以分析熔体在保压过程中被压缩，密度产生变化的状态及切应力产生的制品内残余应力状态，预测制品的成型尺寸。

（5）CAE 在冷却系统设计中的应用　可以观察预定冷却系统方案在实施冷却时的模具温度梯度状态，由此来进行调整，设计出满意的冷却系统。

思 考 题

1. 简述注射模具 CAD 系统的主要功能。
2. 简述注射模具 CAE 系统的主要功能及使用大体步骤。

第六章　压缩模与传递模设计

第一节　概　述

一、压缩模结构与压缩模分类

压缩模又称为压塑模、压制模，主要用于成型热固性塑件，也可成型热塑性塑件。将塑料直接加入模具型腔和加料腔中，再将模具闭合，塑料在热和压力的作用下呈熔融状态并充满型腔，在型腔中产生化学或物理变化，因而固化定型，冷却后开模取出制品，这种方法就叫做压缩成型法。

1. 压缩模结构

典型的压缩模具结构如图 6-1 所示。它可分为固定于压力机动模板上的上模和固定于工作台上的下模两大部分。这两大部分靠导柱 6 导向开合。开模时，上模部分上移，凹模 3 脱离下模一段距离，手工将侧型芯 20 抽出，推杆 11 将制品推出模外。

压缩模具可以分为以下几大部分：

（1）型腔　型腔是直接成型制品的部位，加料时与加料腔一道起装料作用。

（2）加料腔　指凹模的上半部，图 6-1 中为凹模断面尺寸扩大部分，由于塑料与塑料制品相比具有较大的比体积，成型前单靠型腔往往无法容纳全部原料，因此在型腔之上设有一段加料腔。

（3）导向机构　图 6-1 中由布置在上模座板周边的导柱 6 与下模的导套 9 组成。导向机构用来保证上下模合模的对中性。为了保证推出机构水平运动，在下模座板上还设有两根导柱。

（4）侧向分型抽芯结构　与注射模具一样，当成型带有侧孔和侧凹的塑件时，模具必须设有各种侧向分型抽芯机构，塑件才能脱出。图 6-1 中塑件带有侧孔，在顶出前用手动丝杠抽出侧型芯 20。

（5）脱模机构　脱模机构与注射模具相似，图 6-1 中脱模机构由推杆 11、推杆固定板 19、推板 17、压力机顶杆 18 等零件组成。

（6）加热系统　热固性塑料压缩成型需在较高的温度下进行，因此模具必须加热。常见的加热方式有电加热、蒸汽加热、煤气或天然气加热等。图 6-1 中加热板 5、10 分别对凹模和凸模进行加热，加热板圆孔中插入电加热棒。压缩热塑性塑料时，在型腔周围开设温度控制通道，在塑化和定型阶段，分别通入蒸汽进行加热或通入冷水进行冷却。

2. 压缩模的分类

压缩模分类的方法很多，可以根据分型面的特征、型腔的多少、模具在压力机上固定的

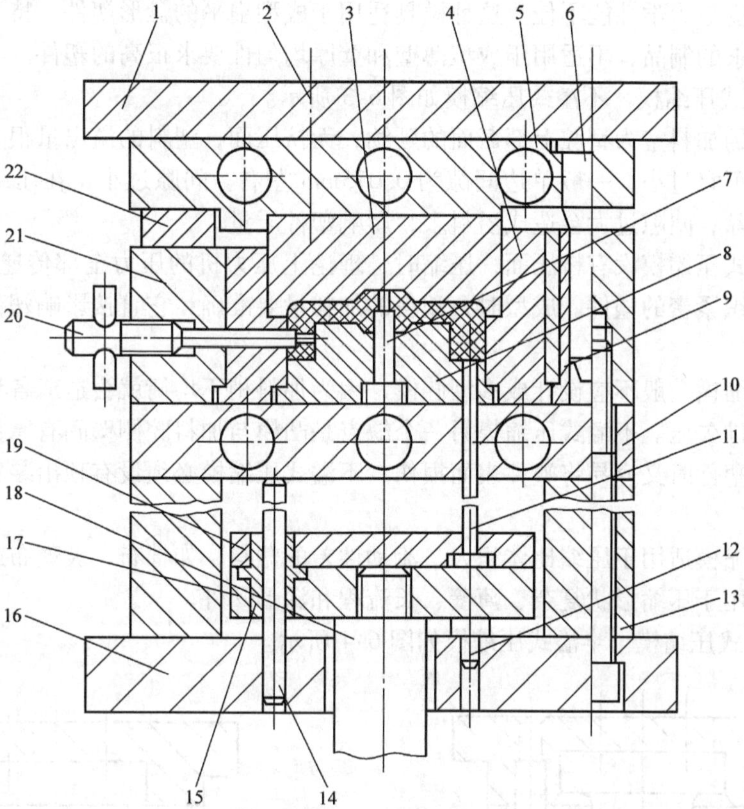

图 6-1　典型压缩模结构

1—上模座板　2—螺钉　3—凹模　4—凹模镶件　5、10—加热板
6—导柱　7—型芯　8—凸模　9—导套　11—推杆　12—挡钉　13—垫块
14—推板导柱　15—推板导套　16—下模座板　17—推板　18—压力机顶杆
19—推杆固定板　20—侧型芯　21—凹模固定板　22—承压板

方式、塑件的顶出方式来分类。如果按上下模闭合的形式可以将压缩模分为以下四类。

(1) 溢式压缩模（敞开式压模）　溢式压缩模如图 6-2 所示。

这种模具无加料腔，型腔总高度 h 基本上就是塑件高度。由于凹模与凸模无配合部分，故压缩成型时过剩的物料极易溢出，环形面 B 是挤压环面，宽度较窄，以减少制件的飞边。凹模与凸模的配合完全靠导柱的定位，因此塑件的径向壁厚尺寸精度不高。此外，对加料量的精度要求不高，加料量一般大于塑件质量的 5% ~ 9%。这种模具的优点是结构简单，造价低，耐用，容易脱模，安装嵌件方便；缺点是由于无加料腔，装料容积有限，不宜成型高压缩比的塑料。另外，制件的密度

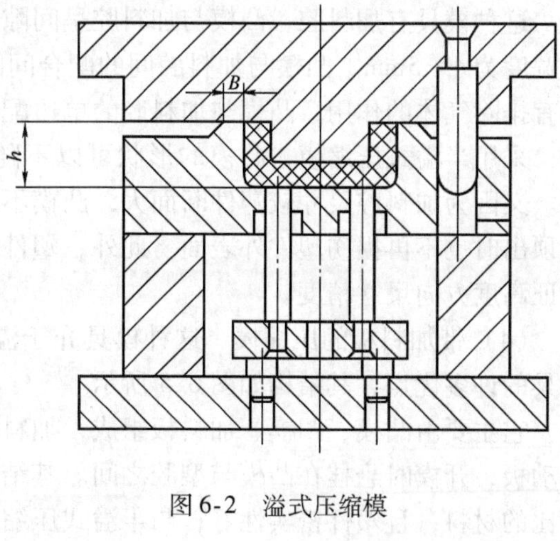

图 6-2　溢式压缩模

往往较低，强度等力学性能不佳。这种模具适用于成型扁平的盘形塑件，特别是对强度和尺寸没有严格要求的制品，不适用于成型薄壁和壁厚均匀性要求很高的塑件。

（2）不溢式压缩模　不溢式压缩模如图 6-3 所示。

这种模具的加料室为型腔上部截面的延续，无挤压面，塑料的溢出量很少。凸模与加料腔的配合间隙不宜过小，一般单边间隙为 0.075mm 左右。间隙过小，在压缩时型腔内的气体无法顺畅排除；间隙过大会造成溢料多，影响塑件质量。

由于不溢式压缩模没有挤压面，压缩时，理论上压力机的压力全部传递到塑件型坯上，因此能获得组织紧密的塑件。成型时，塑料的加料量要准确，它直接影响塑件的厚度以及塑件的高度尺寸。

不溢式压缩模一般不应设计成多型腔模，因为加料稍不均衡就会造成各型腔压力的不等而引起某些塑件欠压。不溢式压缩模另一个缺点是凸模与加料腔侧壁间有摩擦，侧壁很容易损伤，在顶出塑件时又容易将塑件表面损伤。不溢式压缩模必须设有顶出装置，否则塑件很难脱模。

不溢式压缩模适用于压缩比体积大、流动性差的塑料，如棉布、玻璃布或长纤维填充的塑料，它也适用于压缩形状复杂、薄壁、长流程和深形塑件。

（3）半溢式压缩模　半溢式压缩模如图 6-4 所示。

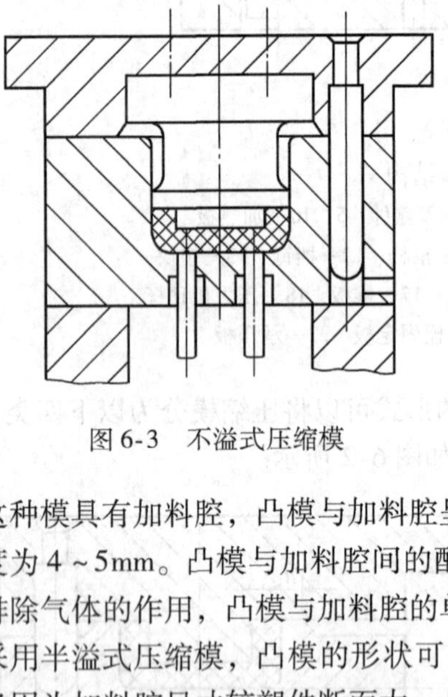

图 6-3　不溢式压缩模

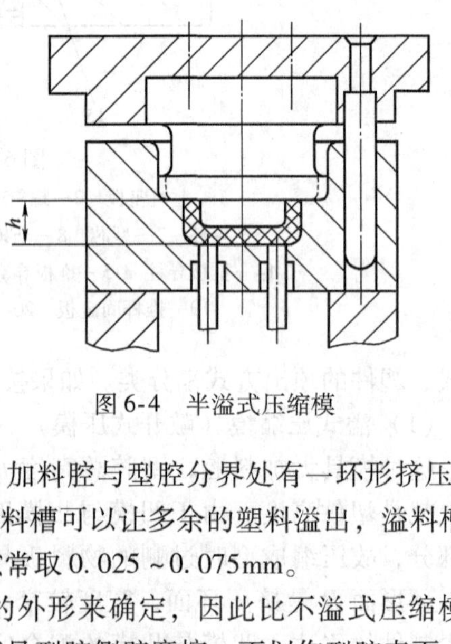

图 6-4　半溢式压缩模

这种模具有加料腔，凸模与加料腔呈间隙配合，加料腔与型腔分界处有一环形挤压面，其宽度为 4～5mm。凸模与加料腔间的配合间隙或溢料槽可以让多余的塑料溢出，溢料槽还兼有排除气体的作用，凸模与加料腔的单边配合间隙常取 0.025～0.075mm。

采用半溢式压缩模，凸模的形状可以不随塑件的外形来确定，因此比不溢式压缩模简单。又因为加料腔尺寸较塑件断面大，凸模不沿着模具型腔侧壁摩擦，不划伤型腔表面，因此顶出时也不再损伤塑件外表面。此外，塑件的密实性比溢式压缩模成型的好，并且较容易保证高度方向尺寸精度。

（4）带加料板的压缩模　这种模具介于溢式压缩模与半溢式压缩模之间，兼有这两种模具的许多优点，其结构如图 6-5 所示。

它主要由凸模、凹模、加料板组成，加料板与凹模合在一起构成加料腔。加料板是一个浮动板，开模时悬挂在凸模与型腔之间。其结构虽然比较复杂，但比溢式压缩模更适于高压缩比的材料，且塑件密实性好；与半溢式压缩模相比，开模后型腔较浅，便于取出塑件和安放嵌件，同时开模后挤压边缘上的废料容易消除干净，可以避免该处过早损坏。

二、压缩模结构选择

为了保证压缩模有良好的成型性能，便于操作，压缩模结构选择是首先重要的一环。

1. 塑料性能与模具结构的关系

塑料的密度、比体积、收缩率、流动性、所需单位压力等因素，都与压缩模结构有直接关系。

（1）密度、比体积　根据塑料的密度、比体积与塑件体积的关系来确定加料腔的结构形式及体积大小，比体积大的塑料不适宜用溢式压缩模。

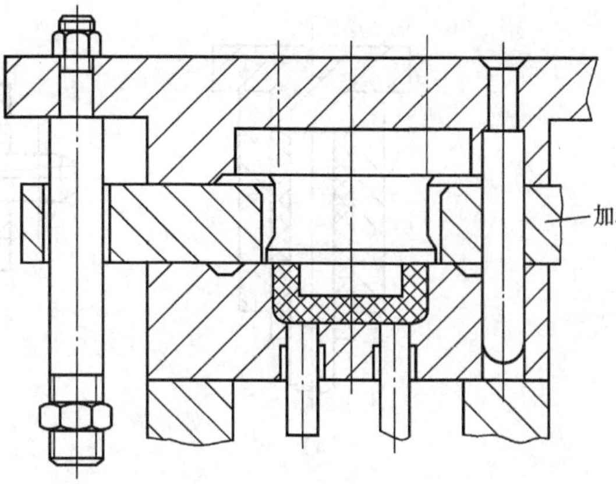

图 6-5　带加料板的压缩模

（2）收缩率　根据收缩率与塑件尺寸的关系来确定成型零件（凸、凹模及型芯）的尺寸。同时，根据收缩程度及收缩特点来考虑脱模结构形式。

（3）流动性　根据塑料的流动性来确定模具型腔的闭合方式。一般流动性好的塑料可以降低单位压力，因此可以选半溢式压缩模；流动性差的塑料单位压力大，可以选不溢式压缩模。

此外，成型零件表面粗糙度值低，塑料容易流动，并可防止塑料粘模，延长模具寿命。因此，对流动性较差的塑料，成型零件表面粗糙度值应低一些。

（4）单位压力　根据单位压力可以核算成型压力、选定压力机、计算压缩模强度、分析塑件或成型零件受力情况、选择加压方向、确定压缩模结构及体积大小等。

2. 塑件形状与模具结构关系

塑件形状与选择分型面、确定加压方向及模具结构有密切关系。

（1）分型面的选择　分型面的选择根据以下几点原则：

1）要便于塑件脱模，分型面的位置应尽量使塑件落在下模。

2）当塑件沿高度方向精度要求高时，宜采用半溢式压缩模。在分型面处形成横向飞边，则易保证高度精度。

3）当塑件径向尺寸精度要求高时，应考虑飞边厚度对塑件精度的影响。如果塑件取垂直分型面，则易保证，取水平分型面，则因飞边厚度不容易控制而影响塑件精度。

（2）塑件在模内的加压方向确定　塑件在模内的加压方向，即凸模作用方向。在决定加压方向时要考虑下面一些因素：

1）要有利于压力传递。确定塑件在模内的加压方向时，应注意使压力机力的传递距离不要太长，避免压力损失，例如，对圆筒形塑件，加压方向一般应与其轴线一致。但当塑件较长时，成型压力不容易均匀地作用在全长范围内，如果从上端施压则塑件底部压力小，容易发生材质疏松或角落处填充不足的现象。此时可以采用不溢式压缩模，增大型腔压力或采用上、下两个凸模双向加压的方式（图 6-6a），以增加制件底部的密实度。但当制件长度过长时，仍会出现制件中段疏松的现象，这时可以将制件横放，采取横向加压的方法（图

6-6b)。但应注意，这种横向加压会使制件在外圆表面产生两条飞边而影响外观。

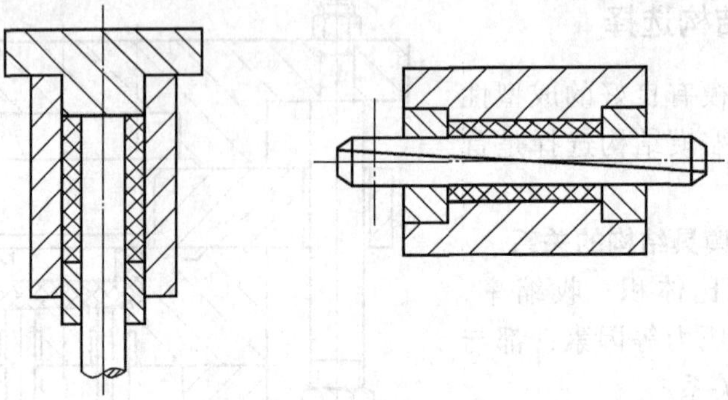

a)　　　　　　　　b)

图 6-6　有利于压力传递的加压方向

a）双向加压　b）横向加压

2）应便于加料。图 6-7 所示为同一制件的两种加压方法。图 6-7a 的加料腔直径大，深度浅，这样设计有利于加料；而图 6-7b 的加料腔直径小，深度大，因此不便于加料。

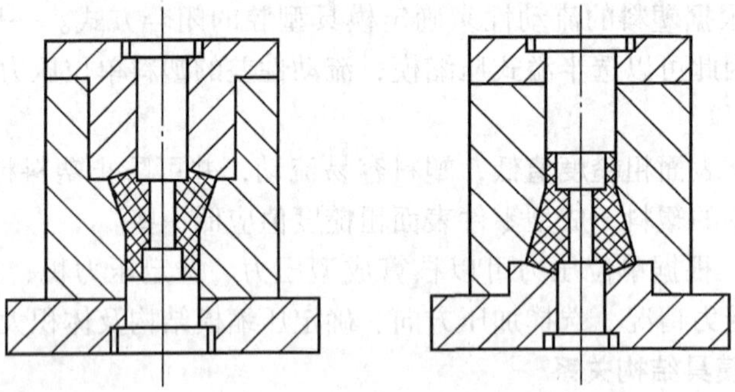

a)　　　　　　　　b)

图 6-7　便于加料的加压方向

a）便于加料　b）不便于加料

3）应便于安装和固定嵌件。当塑件上带有嵌件时，应优先考虑将嵌件嵌在下模塑件中（图 6-8a），这样不仅可使生产操作方便，而且可利用嵌件顶出制件，在制件上不留下任何影响外观的顶出痕迹；反之，如果将嵌件安装在上模（图 6-8b），不但生产操作不方便，而且嵌件也很容易松动，落下来损坏模具。

4）应能保证凸模强度。确定塑件在模内的加压方向时应保证成型零件的强度，防止成型零件变形，尤其是细长的型芯要避免径向受力，复杂成型面一般要置于下模。因为加压的上凸模受力较大，故上凸模形状越简单越好。如图 6-9 所示，图 6-9a 中表示的加压方向比图 6-9b 中的更好。

5）应能保证塑件尺寸精度。沿加压方向的塑件高度尺寸会因溢边厚度不同和加料量不同而变化（特别是不溢式压缩模），因此，精度要求很高的尺寸不宜设计在加压方向上。

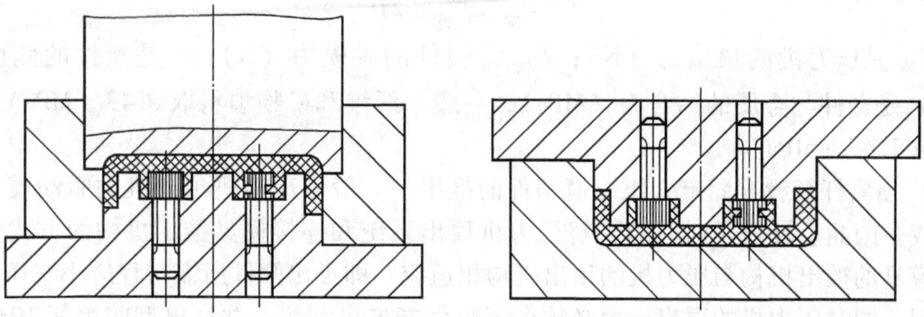

a)　　b)

图6-8　便于安放嵌件的加压方向

a）正确　b）不正确

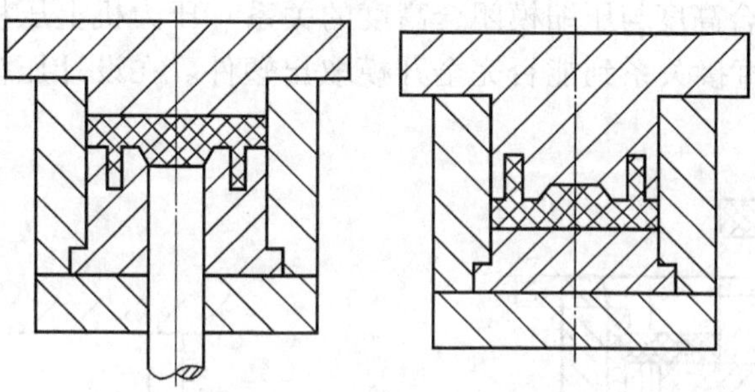

a)　　b)

图6-9　有利于保证凸模强度的加压方向

6）应有利于抽拔长型芯。当利用开模力作侧向机动分型抽芯时，宜把抽拔距长的放在加压方向（即开模方向），而把抽拔距短的放在侧向作侧向分型抽芯。

3. 压力机与模具结构关系

模具的结构一定要适应压力机的结构及性能，因此，选定模具结构时对压力机应有下述了解：

（1）成型压力的计算　成型压力是指压缩塑件时所需的压力。选定压力机时必须保证压力机额定压力大于理论成型压力。成型压力计算公式为

$$F_{成} = AnKp/1000 \tag{6-1}$$

$$F_{压} = F_{成}/K_1 \tag{6-2}$$

式中，$F_{成}$ 是压缩时所需的理论成型压力（N）；$F_{压}$ 是选定压力机的额定压力（N）；p 是根据塑件形状、型腔结构、压缩工艺以及使用的塑料选用的单位压力（MPa）；A 是单个型腔的投影面积（m^2）；n 是型腔的数量（单型腔时 $n=1$；多型腔只用一个总加料室时 $n=1$，而 A 应等于总加料室的投影面积）；K 是压力系数，一般取 1.1 ~ 1.2；K_1 是压力机的机械效率，一般取 0.7 ~ 0.75。

（2）脱模力的计算　脱模力是使塑件从压缩模内脱出所需的力。选用压力机时，压力机的顶出力应大于脱模力。

$$F_{顶} > F_{脱} = AP \tag{6-3}$$

式中，$F_{顶}$ 是压力机的顶出力（N）；$F_{脱}$ 是塑件的脱模力（N）；A 是塑件的侧面积之和（m^2）；P 是塑件与金属的结合力（MPa），一般木纤维和矿物填料取 0.49（MPa），玻璃纤维填料取 1.47（MPa）。

（3）顶出杆行程　固定式压缩模塑件的推出，一般由压力机顶出机构驱动模具推出机构来完成。因此设计模具时，应了解压力机顶出系统和连接模具推出机构的方式及有关尺寸，使模具的推出机构与压力机的顶出机构相适应。即推出塑件所需行程应小于压力机最大顶出行程，同时压力机的顶出行程必须保证塑件能推出型腔，并高出型腔表面 10mm 以上，以便取出塑件，如图 6-10 所示。计算公式如下

$$l = h_1 + h_s + (10 \sim 15)\,\text{mm} \leqslant L \tag{6-4}$$

式中，L 是压力机顶出杆最大行程（mm）；l 是塑件所需的推出高度（mm）；h_s 是塑件最大高度（mm）；h_1 是加料腔高度（mm）。

（4）压力机的闭合高度与压缩模闭合高度的关系　压力机上压板的行程和上、下压板间的最大、最小开距直接关系到能否完全开模取出塑件。在设计压模时，如图 6-11 所示，可按下式进行计算

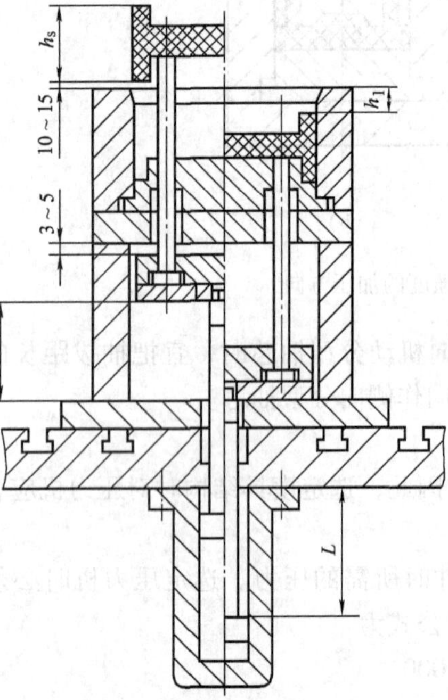

图 6-10　塑件推出行程

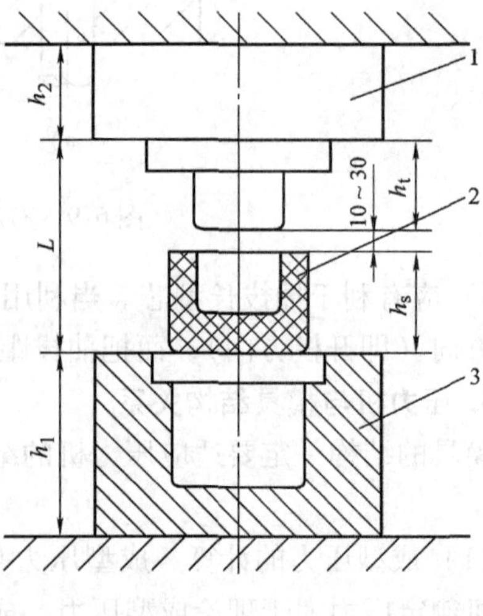

图 6-11　模具闭合高度与开模行程

1—凸模　2—塑件　3—凹模

$$h \geqslant H_{min} + (10 \sim 15)\,\text{mm} \tag{6-5}$$

$$h = h_1 + h_2 \tag{6-6}$$

式中，h 是压缩模闭合高度（mm）；H_{min} 是压力机上、下压板间的最小距离（mm）；h_1 是凹模高度（mm）；h_2 是凸模台肩高度（mm）。

如果 $h < H_{min}$，则上、下模不能闭合，这时应在上、下压板间加垫板，以保证 h + 垫板厚度 $\geqslant H_{min} + (10\sim15)$mm，除满足式（6-5）外，还应满足下式

$$H_{max} \geqslant h + L \tag{6-7}$$

$$L = h_s + h_t + (10\sim30)\text{mm} \tag{6-8}$$

将式（6-8）代入式（6-7）得

$$H_{max} \geqslant h + h_s + h_t + (10\sim30)\text{mm} \tag{6-9}$$

式中，H_{max} 是压力机上、下压板之间的最大距离（mm）；h_s 是塑件高度（mm）；h_t 是凸模高度（mm）；L 是模具最小开距（mm）。

对于利用开模力完成侧向分型与侧向抽芯的模具，以及利用开模力脱出螺纹型芯等场合，模具所要求的开模距离可能还要长一些，需视具体情况而定。对于移动式模具，当卸模架安放在压力机上脱模时，应考虑模具与上、下卸模架组合后的高度，以能够放入上、下压板之间为宜。

（5）压力机工作台结构、规格与模具的关系　模具设计时应根据压机工作台的结构形式及有关模具安装的尺寸来确定模具固定方法及安装尺寸。压缩模的最大外形尺寸不宜超出压力机滑块和工作台面尺寸以及压力机立柱或框架之间的距离。

压力机的滑块底面和工作台面上常开设有 T 形槽，有的 T 形槽沿对角线交叉开设，也有的互相平行开设。压缩模的上、下模座可直接用 T 形槽中的螺栓紧固联接，也可通过 T 形槽中的螺栓和压板压紧固定。在前一种情况下，需要注意模座上的螺栓孔应与 T 形槽位置对应；而在后一种情况下，压缩模的模座尺寸比较自由，只要设有宽度为 15～30mm 的凸缘台阶供压板压紧之用便可。

第二节　压缩模成型零部件及有关机构设计

成型零件是直接成型塑件的几何形状、保证尺寸精度及塑件质量的零件。压缩模的成型零件包括凹模、凸模、瓣合模及模套、型芯、成型杆等。

一、凸、凹模的配合形式和设计与计算

1. 凸、凹模的配合形式

（1）溢式压缩模的配合形式　溢式压缩模的凸模与凹模没有配合段，在分型面水平接触，为了减少溢料量，密合面应光滑平整，为了减薄毛边的厚度，密合面面积不宜太大，多设计成紧绕在制品周边的环形，其宽度为 3～5mm，过剩的塑料可经过环形面积溢出，故此面又称为溢料面或挤压面，如图 6-12a 所示。由于环形面面积比较小，靠它承受压力机的余压会导致环形挤压面的过早变形和磨损，为此可在环形挤压面之外再另外增加承压面，如图 6-12b 所示。

（2）不溢式压缩模的配合形式　如图 6-13 所示，其加料腔断面尺寸与型腔断面尺寸相同，二者之间不存在挤压面，因此配合间隙不宜过小，否则在压缩时型腔内的气体无法顺畅排除，不仅影响塑件质量，而且由于压模在高温下使用配合间隙小，极易咬死、擦伤。配合间隙也不宜过大，过大的间隙会造成严重溢料，不但影响塑件质量，还会由于溢料粘结而使开模发生困难。为了减少摩擦面积使开模容易，凸模和凹模的配合高度不宜太大，如果加料

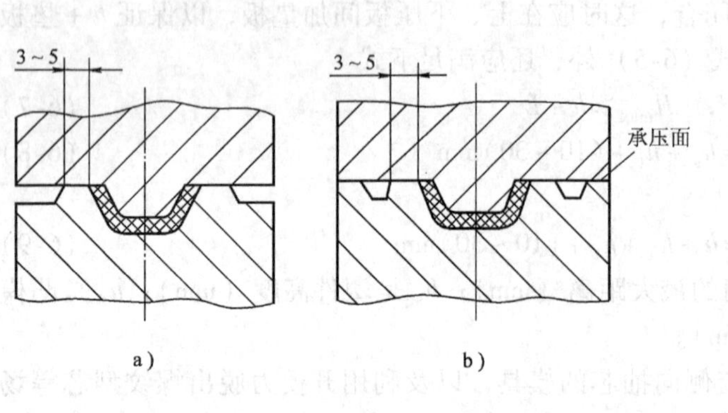

图 6-12　溢式压缩模型腔配合形式

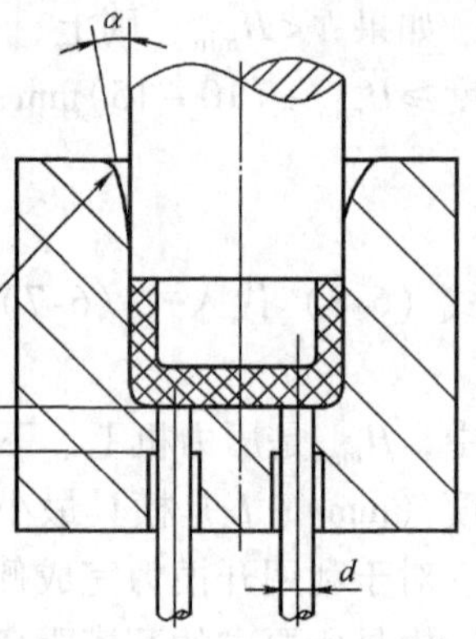

图 6-13　不溢式压缩模型腔配合形式

腔较深，应将凹模入口附近高 10mm 左右的一段做成带锥面的导向段，斜度 α 为 15′~20′，入口处做成 $R1.5$ 的圆角，以引导凸模顺利进入型腔。

固定式模具的推杆或移动式模具的活动下凸模与对应孔之间的配合长度不宜太长，其有效配合高度 h 应根据下凸模或顶杆的直径选取。推杆或下凸模直径与配合高度的关系见表 6-1。孔的下段不配合部分可以加大孔径，或者将该段做成 4°~5°的斜孔。

表 6-1　推杆或下凸模直径与配合高度的关系

推杆或下凸模直径 d/mm	<5	>5~10	>10~50	>50
配合高度 h/mm	4	6	8	10

不溢式压缩模的凸、凹模配合形式的最大缺点是凸模与加料腔侧壁的摩擦，这样不仅使塑件脱模困难，而且塑件的外表面还容易被磨损后的加料腔侧壁刮伤。为了防止出现这些问题，可以考虑采用图 6-14 所示的凸、凹模配合形式。

图 6-14a 是将凹模型腔向上延伸 0.8mm，然后使其径向尺寸向外增大一定数值（单边值：0.3~0.5mm），以减小脱模时制品与加料腔侧壁的摩擦。这时在凸模和加料腔之间形成了一个环形储料槽。设计时凹模上的 0.8mm 和凸模上的 1.8mm 可适当变更，但不宜变动太大，如果将尺寸 0.8mm 部分增大太多，则单边间隙 0.1mm 部分太高，在凸模下压时环形储料槽中的塑料就不容易通过间隙进入型腔。

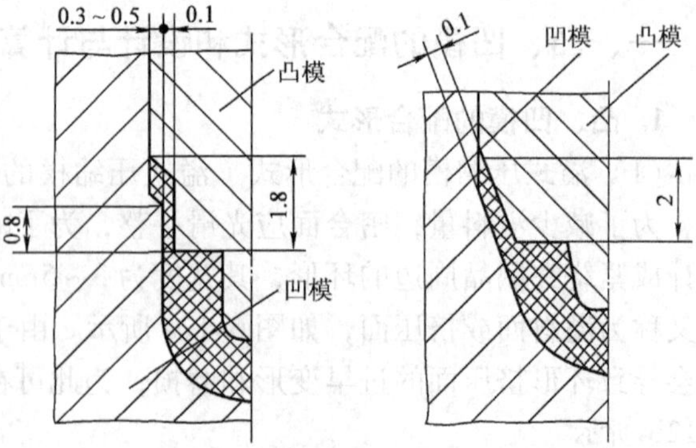

图 6-14　改进后的不溢式压缩模配合形式

图 6-14b 所示的不溢式压缩模配合形式最适于成型带斜边的塑件，将型腔上端（即加料腔）按塑件侧壁相同的斜度适当扩大，高度增加 2mm 左右，横向增加值由塑件侧壁斜度决定，这样塑件在脱模时就不会与加料腔

侧壁摩擦。

（3）半溢式压缩模凸模与凹模的配合形式　其结构如图6-15所示。

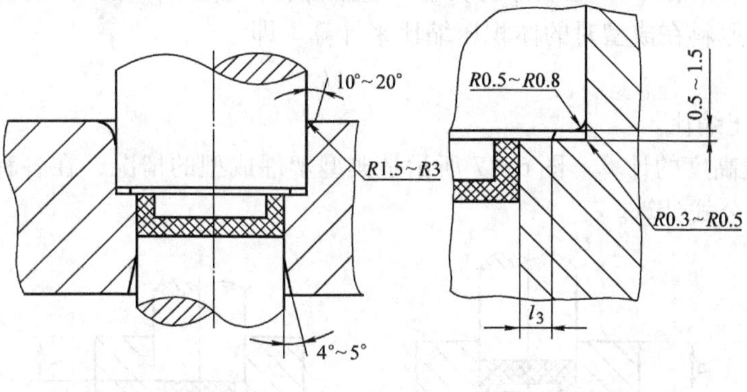

图6-15　半溢式压缩模型腔不同配合形式

半溢式压缩模的最大特点是带有水平的挤压面。挤压面的宽度不宜太小，否则，当其承受压力过大时容易下塌，导致凹模型腔入口处呈倒锥形，不仅会影响塑件的尺寸精度，也使塑件脱模困难。

为了使压力机的余压不至于全部由挤压面承受，凹模上端面必须设计有承压块。

承压块通常采用数块对称布置的方式固定在凹模上端面，其形状可以是圆形、矩形或弓形，如图6-16所示，厚度一般8~10mm。

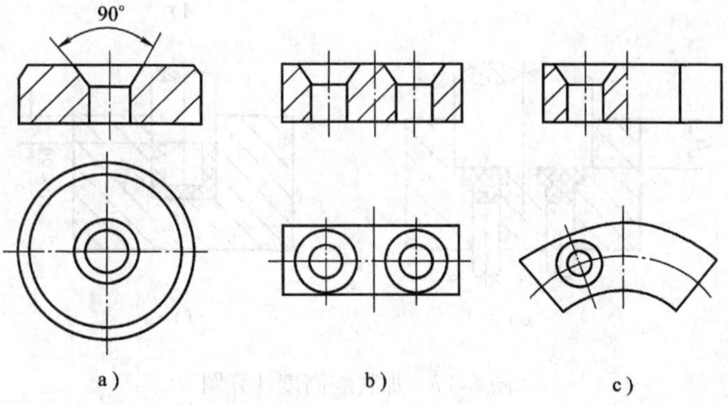

图6-16　承压块

a）圆形　b）矩形　c）弓形

2. 凹模加料腔尺寸计算

加料腔位于凹模型腔上部，作用是装塑料原料。溢式压缩模没有加料腔，不溢式、半溢式压缩模在型腔以上有一段加料腔。设计加料腔时应注意，加料腔高度除必须满足加料体积之外，通常还要留有5~10mm的高度空间，以避免压缩时原料溢出模外。加料腔的尺寸设计计算如下：

（1）塑料体积的计算　计算公式如下：

$$V_{料} = mv = V\rho v \tag{6-10}$$

式中，$V_{料}$ 是每模所需塑料原料的体积（cm^3）；V 是塑件的体积（包括溢料）（cm^3）；v 是塑料的比体积（cm^3/g）；m 是塑件的质量（包括溢料）（g）；ρ 是塑件的密度（g/cm^3）。

也可按塑料原料在成型时的体积压缩比来计算。即

$$V_{料} = Vk \tag{6-11}$$

式中，k 是塑料压缩比。

（2）加料腔高度的计算　图 6-17 所示是典型塑件成型的情况，在各种情况下其加料腔的高度可按对应公式计算。

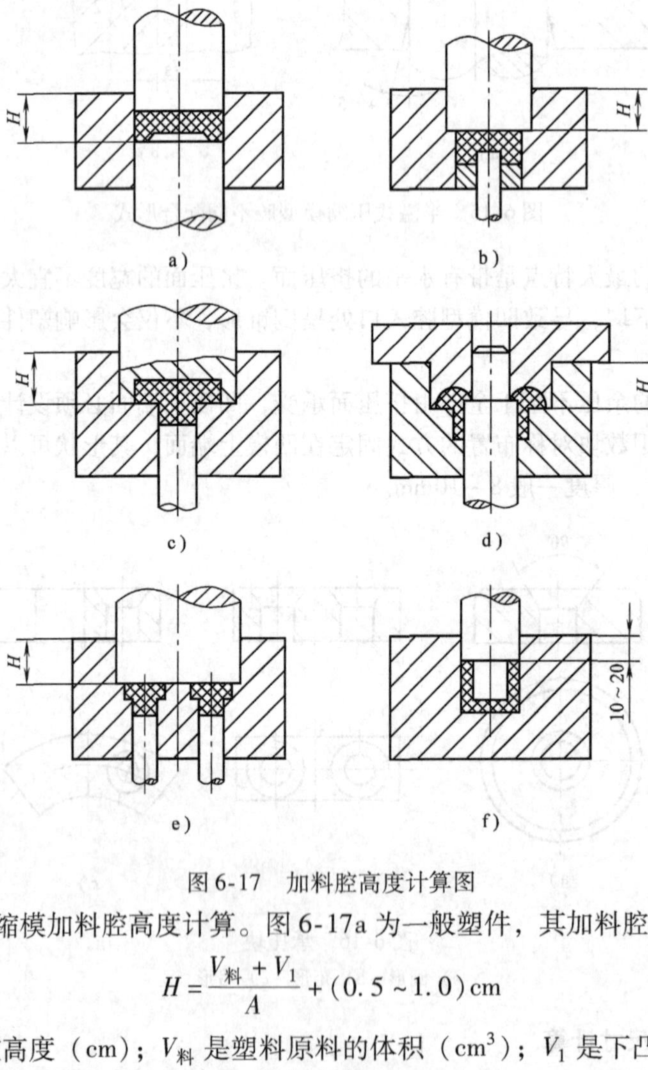

图 6-17　加料腔高度计算图

1）不溢式压缩模加料腔高度计算。图 6-17a 为一般塑件，其加料腔高度 H 按下式计算

$$H = \frac{V_{料} + V_1}{A} + (0.5 \sim 1.0)\,\text{cm} \tag{6-12}$$

式中，H 是加料腔高度（cm）；$V_{料}$ 是塑料原料的体积（cm^3）；V_1 是下凸模凸出部分的体积（cm^3）；A 是加料腔的断面积（cm^2）。

式（6-12）中 0.5 ~ 1cm 为不装塑料的导向部分，在模具闭合时可避免塑料飞溅出来。

图 6-17f 所示为压制壁薄且高的杯形塑件，由于型腔体积大，塑料原料体积小，原料装入后不能达到塑件高度，这时型腔（包括加料腔）总高度为

$$H = h + (1.0 \sim 2.0)\,\text{cm} \tag{6-13}$$

式中，h 是塑件高度（cm）。

2）半溢式压缩模加料腔高度计算。图 6-17b 为塑件在加料腔下边成型，其加料腔高度为

$$H=\frac{V_{料}-V_0}{A}+(0.5\sim1.0)\text{cm} \tag{6-14}$$

式中，V_0 是加料腔以下型腔的容积（cm^3）。

图 6-17c 所示为塑件一部分形状在挤压边以上成型，其加料腔高度为

$$H=\frac{V_{料}-(V_2+V_3)}{A}+(0.5\sim1.0)\text{cm} \tag{6-15}$$

式中，V_2 是塑件在型腔内的体积（cm^3）；V_3 是塑件在凸模凹入部分的体积（cm^3）。

模具闭合时塑料不一定先充满凸模的凹入部分，这样会减小导向部分的高度，因此在计算时常不扣除 V_3，则

$$H=\frac{V_{料}-V_2}{A}+(0.5\sim1.0)\text{cm} \tag{6-16}$$

图 6-17d 所示为带中心导柱的半溢式压缩模，其加料腔高度为

$$H=\frac{V_{料}+V_4-(V_2+V_3)}{A}+(0.5\sim1.0)\text{cm} \tag{6-17}$$

式中，V_4 是加料腔内导柱的体积（cm^3）。

与图 6-17c 一样，也可不扣除凸模的凹入部分的体积 V_3，这时按下式计算较为保险

$$H=\frac{V_{料}+V_4-V_2}{A}+(0.5\sim1.0)\text{cm} \tag{6-18}$$

3）多型腔压缩模加料腔高度计算。图 6-17e 为多型腔压缩模，其加料腔高度为

$$H=\frac{V_{料}-nV_{\mathrm{d}}}{A}+(0.5\sim1.0)\text{cm} \tag{6-19}$$

式中，V_{d} 是单个型腔能容纳的塑料体积（cm^3）；n 是在一个共用加料腔内压制的塑料数量。

对于压缩比特别大的以碎布或纤维为填料的塑件，为降低加料腔的高度，可采取分次加料的方法，即每加一次料后便进行一次压缩，直到将所需的物料全部加完为止，也可以采用预压锭加料，这时加料腔的高度可适当降低。

二、导向机构设计

导向机构由导柱和导套等组成。其作用是在模具的开闭过程中保证凸模的运行与加压方向平行，避免凹、凸模边缘碰伤。在顶出机构中则保证定向运动，并在顶出时可承受一部分侧向力。导柱除了起导向作用外，通过恰当布置导柱的位置还起定位作用。一般至少有两根导柱，以保证导向准确。

与注射模具相同，最常用的导向零件是在上模设导柱，在下模设导柱孔。导柱孔一般分为带导套的和不带导套的两类。对于移动式压缩模，一般不需要导套，导柱直接与模板中导柱孔配合；对于固定式压缩模，精度要求高，需要设计导套，并使导柱在模具中的固定孔与导套外径（即导套固定孔）一样大小，两孔可以同时加工，以保证同轴度。

与注射模相比，压缩模的导向机构具有下述特点：

1）除溢式压缩模的导向单靠导柱完成外，而半溢式和不溢式压缩模的凸模与加料腔的

配合段也能起导向和定位的作用，一般加料腔上段设计有 10mm 的锥形部分叫导向环，因此，后者比溢式压缩模有更好的对中性。

2）压制中央带大穿孔的壳体制件时，为提高压制质量可在孔中安置导柱，导柱四周留出挤压边的宽度（大约 2 ~5mm）。由于导柱部分不需施加成型压力，这时所需要的压制总成型力比不设中心导柱时可降低一些，孔四周的毛边也薄了，如图 6-18 所示。中央导柱装在下模，其头部应高于加料腔 5 ~8mm，设置中央导柱主要是为提高塑件质量。上模四周还应设 2 ~4 根导向柱。中央导柱一般形状比较复杂，操作过程中要与塑料接触，因此导柱本身除要求淬火镀铬外其配合亦需较高的精度，否则，塑料挤入配合间隙会出现咬死挂毛的现象。

中央导柱断面可以与制件孔的形状相似，但为了制造方便且配合精度高，对于带矩形孔的或其他异形孔的壳体可以仍采用中央圆导柱，如图 6-19 塑件的矩形孔内可设计两根圆形中央导柱。

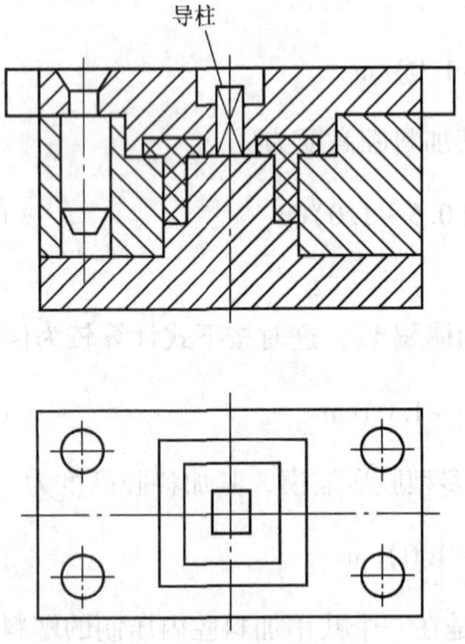

图 6-18　带中央导柱的压缩模

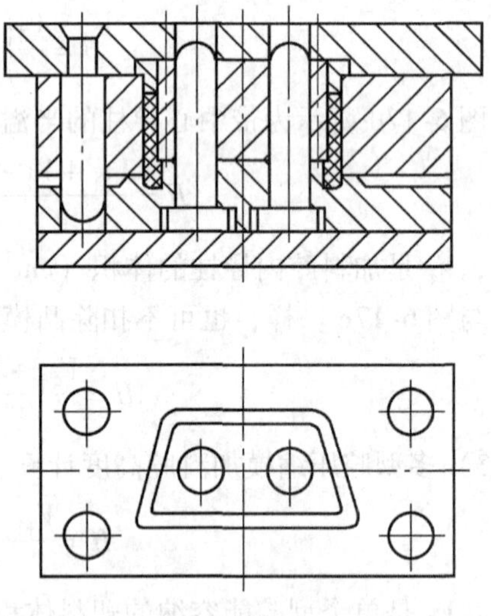

图 6-19　带中央圆导柱的压缩模

3）由于压缩模在高温下操作，因此一般不采用带加油槽的加油导柱。

三、脱模机构设计

脱模机构是将塑件从凹模或凸模中推出的专用机构。设计时应根据制品的形状和所选用的压力机设计出不同的脱模机构。

1. 移动式压缩模的脱模机构

移动式压缩模不与压力机固定连接，将制品压缩成型后被移出压力机工作空间，利用卸模架进行开启并将塑件脱出模外。卸模架分两大类型：一类是将压缩模放置在其上之后，利用人工撞击力量将模具顺序开启，然后用手工或简易工具将制品从模中取出，为了与后面一类卸模架区分，这类卸模架也可称为撞击架；另一类卸模架需要把压缩模移出压力机工作空间，将两者装在一起再移进压力机工作空间，然后利用压力机动力对卸模架的作用将模具上下开启并脱出塑件。使用撞击架在压力机之外开启模具和脱出塑件时，劳动强度大，且撞击力也容易使模具变形和磨损，因此只适用于小型塑件的压缩模；利用卸模架在压力机上开启模具和脱出塑件时，开模动作比较平稳，模具不容易变形和磨损，但生产效率较低。

卸模架的结构形式有以下几种：

（1）单分型面压缩模的卸模架　结构如图 6-20 所示。

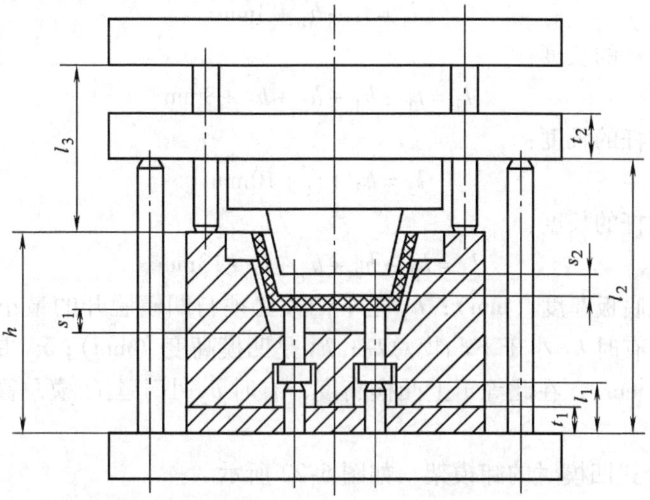

图 6-20　单分型面压缩模的卸模架

下卸模架推出塑件的推杆长度：

$$l_1 = s_1 + t_1 + 3\text{mm} \tag{6-20}$$

下卸模架开模用推杆长度：

$$l_2 = s_1 + s_2 + h + 5\text{mm} \tag{6-21}$$

上卸模架开模用推杆长度：

$$l_3 = s_1 + s_2 + t_2 + 10\text{mm} \tag{6-22}$$

式中，s_1 是塑件与型腔脱开的最小距离（mm）；t_1 是下卸模架推杆进入模具时的导向长度（即从推杆进入模具到推杆与模内推杆开始接触时的行程）（mm）；s_2 是上凸模与塑件脱开所需的距离（mm）；h 是凹模高度；t_2 是上凸模固定板的厚度（mm）。

（2）双分型面压缩模的卸模架　结构如图 6-21 所示。

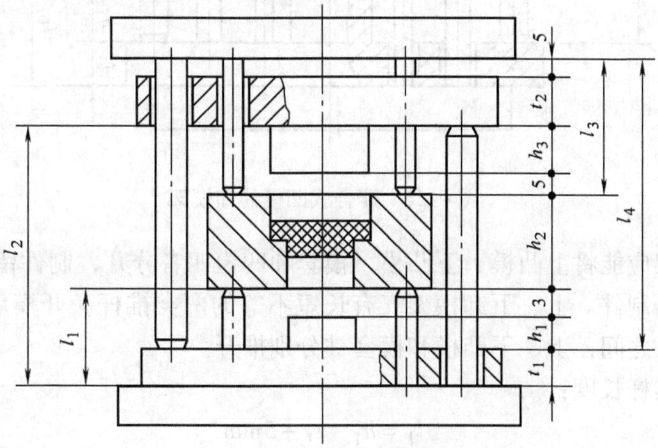

图 6-21　双分型面压缩模的卸模架

卸模时，上、下卸模架应能将上凸模、下凸模和凹模三者分开，然后再从凹模中脱出塑件。

下卸模架短推杆的长度：

$$l_1 = t_1 + h_1 + 3\text{mm} \tag{6-23}$$

下卸模架长推杆的长度：

$$l_2 = t_1 + h_1 + h_2 + h_3 + 8\text{mm} \tag{6-24}$$

上卸模架短推杆的长度：

$$l_3 = h_3 + t_2 + 10\text{mm} \tag{6-25}$$

上卸模架长推杆的长度：

$$l_4 = h_1 + h_2 + h_3 + t_2 + 13\text{mm} \tag{6-26}$$

式中，t_1 是下凸模底板厚度（mm）；h_1 是下凸模必须与凹模脱开的最小距离（mm），在此等于下凸模高度，有时 h_1 小于下凸模总高；h_2 是凹模高度（mm）；h_3 是上凸模必须与凹模脱开的最小距离（mm），在此等于上凸模高度，有时 h_3 小于上凸模总高；t_2 是上凸模固定板厚度（mm）。

（3）采用瓣合式凹模时的卸模架　如图 6-22 所示。

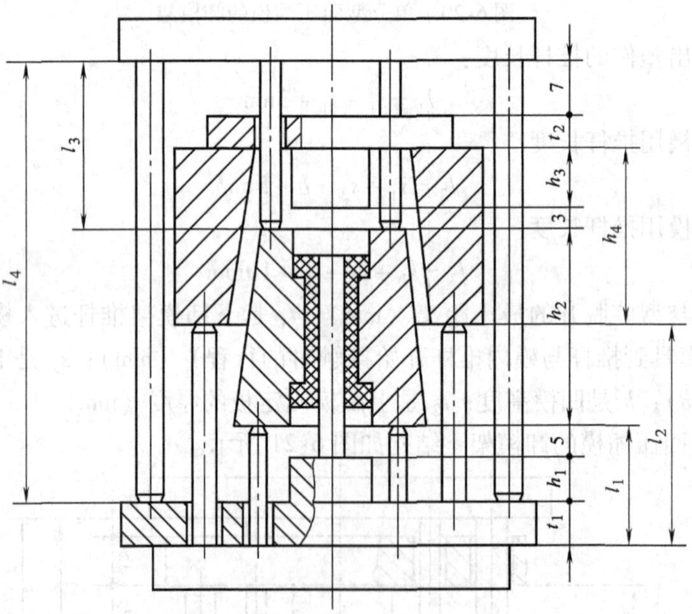

图 6-22　瓣合式凹模的卸模架

采用此卸模架应能将上凸模、下凸模、模套和凹模四者分开，制件留在瓣合凹模内，再打开瓣合凹模取出制件。上、下卸模架安有长短不等的两类推杆。开模后瓣合凹模卡在上、下卸模架的短推杆之间，上、下凸模和模套被分别推开。

下卸模架短推杆长度：

$$l_1 = h_1 + t_1 + 5\text{mm} \tag{6-27}$$

这里假设中间主型芯有锥度，因此只需抽出 $h_1 + 5\text{mm}$ 的距离，制件便可从主型芯上松开。假设锥形瓣合凹模的小端与模套齐平，由下卸模架的推杆推起模套和上凸模，则下卸模架长推杆长度：

$$l_2 = h_1 + h_2 + t_1 + h_3 - h_s + 8\text{mm} \tag{6-28}$$

上卸模架短推杆的长度：

$$l_3 = h_3 + t_2 + 10\text{mm} \tag{6-29}$$

上卸模架的长推杆的长度：

$$l_4 = h_1 + h_2 + h_3 + t_2 + 15\text{mm} \tag{6-30}$$

式中，h_1 是下凸模与瓣合凹模必须脱开的最小距离，在此等于下凸模高度，有时 h_1 小于下凸模总高（mm）；t_1 是下凸模固定板厚度（mm）；h_2 是瓣合凹模高度（mm）；h_3 是上凸模与瓣合凹模必须脱开的最小距离（mm），在此等于上凸模高度，有时 h_3 小于上凸模总高；h_4 是模套高度（mm）；t_2 是上凸模固定板厚度（mm）；h_s 是塑件高度（mm）。

由以上各例可以看出，卸模架推杆长度需要根据模具的开模要求进行计算，同一分型面或同一推顶面需用的推杆高度必须相等，以免因推出偏斜而损坏模具或制品。采用卸模架的移动式压缩模上必须安装手柄，以便操作者在卸模的过程中搬动和翻转高温的模具。

2. 固定式压缩模的脱模机构

设计固定式压缩模的脱模机构时，应按塑件结构、尺寸、开模力大小，采用适当的推出结构形式，以保证塑件在推出时不产生变形；推杆要靠近型芯，推出面应尽可能大；推出力应均匀分布在塑件能受力较大的部位；选择推出装置应注意塑件外观及安装基面，如推杆设置在塑件安装基面时，则一般推杆长度不低于基面，而应伸入塑件 0.1mm 左右。

（1）下推出机构　下推出机构包括推杆推出机构、推管推出机构、推件板推出机构等形式。下推出机构设置在下模部分，适用于开模后塑件滞留在下模的情况。固定式压缩模常采用这几种结构形式，如图 6-23 所示。

1）推杆推出机构。图 6-23a 所示为一般推杆推出机构，它制造简单，更换方便，推出效果好。但推杆不宜太细，位置应尽量避免与活动型芯发生干扰，与压模配合部分要灵活，配合部分长度宜大于或等于两倍推杆直径。由于常用的热固性塑料制品具有良好的刚性，因此，推杆推出是压制热固性塑料制品最常用的推出机构。

2）推管推出机构。图 6-23b 所示为推管推出机构。它主要用于圆筒形塑件，较推杆推出机构复杂，型芯固定方式要选择恰当。该机构优点是塑件受力均匀，推出平稳，可靠。

3）推件板推出机构。图 6-23c 所示为推件板推出机构。它适用于脱模时容易变形的薄壁零件和管型、壳体塑件。其优点是推出平稳，推出力均匀，推出面积较大，稳定可靠。

（2）上推出机构　有些塑料制品开模后有可能留在上模，这时为了脱模可靠起见，除设置下推出机构外，还需设计上推出机构。

四、侧向抽芯机构设计

压缩模与注射模在侧向分型或抽芯机构方面具有相似之处，设计时可以互相参考，但是注射模是先合模后注入塑料，而压缩模是先加料后合模。因此，注射模采用的斜导柱侧向分型不适用于压缩模，但可用于侧抽芯。目前，国内广泛使用手动分型抽芯机构，机动分型抽芯仅用于大批量制品的生产。

这里仅介绍压缩模常用的斜滑块、铰链连接瓣合模、斜导柱弯销抽芯结构和手动模外抽

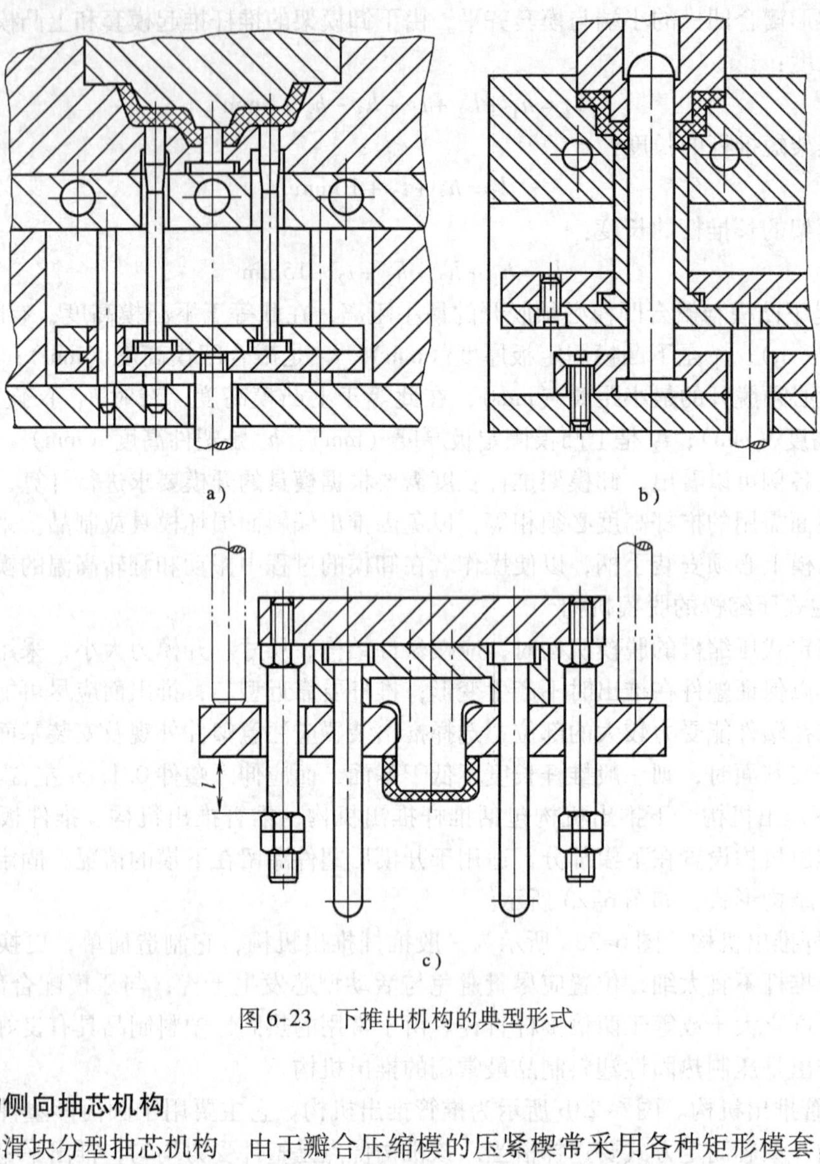

图 6-23　下推出机构的典型形式

芯机构。

1. 机动侧向抽芯机构

（1）斜滑块分型抽芯机构　由于瓣合压缩模的压紧楔常采用各种矩形模套，因此多适于采用斜滑块分型机构。如图 6-24 所示的瓣合模块系带有矩形凸耳的滑块，在矩形模套内壁的导滑槽内滑动。为了制造方便，凹模采用镶嵌式结构，导滑槽也采用组合制造，滑块用端部带铰链的推杆推动，随着滑块向两侧移动，推杆上端向两侧分开而达到侧向分型与抽芯。回程时推杆将瓣合模拖回矩形模套，型芯固定板可避免瓣合模过度下沉。

（2）铰链连接瓣合模分型机构　如图 6-25 所示的压缩模，其瓣合模 2 与下模块 4 之间用铰链连接，下模块中间拧有推出装置的尾杆，铰链孔做成椭圆形，使其与铰链轴间存有间隙，以免该轴在压缩成型时承受压力。成型后开模先抽出凸模，然后推出瓣合模，由于模套内分模楔的作用使瓣合模绕轴左右张开，即可取出压好的塑件。

（3）斜导柱、弯销抽芯机构　斜导柱与弯销抽芯机构工作原理相似，图 6-26 所示为弯销抽芯机构。图中矩形滑块上有两个侧型芯，在凸模下压到最终位置时，侧型芯滑块 4 向前运动才停止。矩形截面的弯销 2 有足够的刚度，而侧型芯截面积又不大，因此不再采用别的楔紧块锁紧，滑块的抽出位置由弹簧和挡板 3 定位。

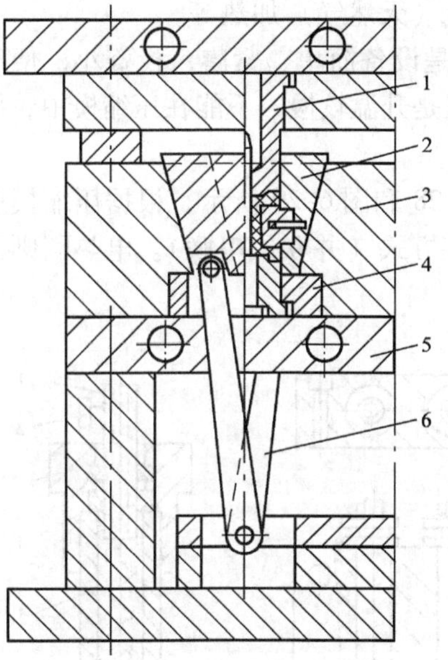

图 6-24　斜滑块侧向分型机构

1—凸模　2—瓣合模　3—模套

4—型芯固定板　5—下加热板　6—铰链推杆

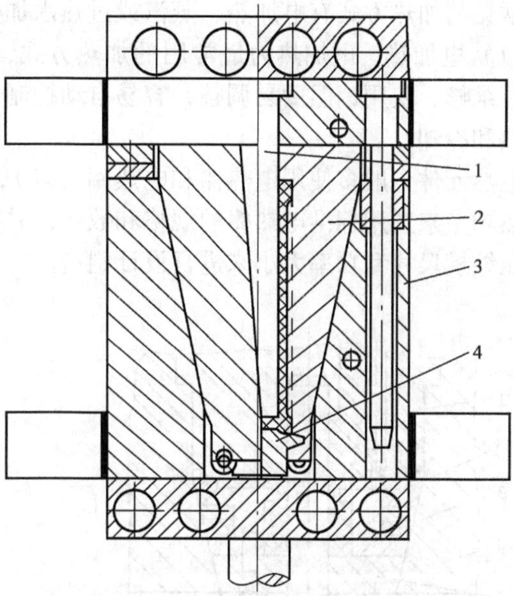

图 6-25　铰链连接瓣合模分型机构

1—凸模　2—瓣合模　3—模套　4—下模块

2. 手动模外分型抽芯机构

目前压缩模大量使用手动模外分型抽芯，其优点是模具结构简单、可靠；缺点是劳动强度大、效率低。模外分型瓣合模可做成两瓣或多瓣，其外形呈台锥形，装在圆锥形或矩形模套中，成型后利用顶出机构顶出瓣合模，然后在模外分开凹模取出塑件。

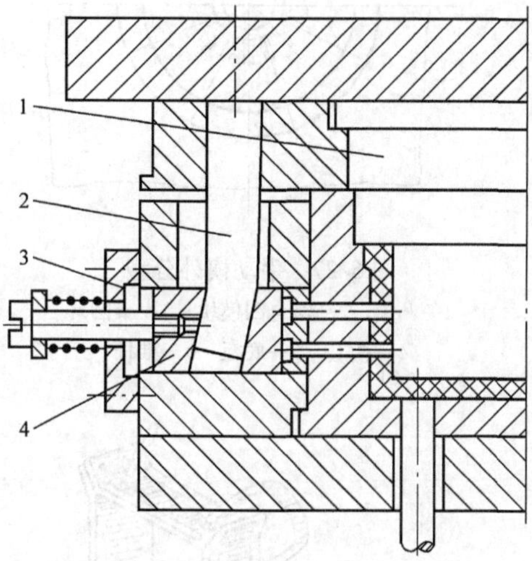

图 6-26　弯销侧向抽芯

1—凸模　2—弯销　3—挡板　4—侧型芯滑块

图 6-27 所示的塑件由于有八条垂直的凸肋，瓣合凹模型腔也分为八块，为了镶件拼成型腔时相互不错位，在圆锥形瓣合凹模外围加工一条矩形截面的环形槽，并用两个矩形截面的半圆环 3 嵌入环形槽内，为了装拆凹模方便，又把半圆环分别固定在两块瓣合模上，其余模块顺序嵌入，再一起装于锥形模套 4 内，上、下模之间利用型芯作为中心导柱。卸模时，瓣合凹模块 2 用推杆 6 推出模外，手动分型。

五、加热和冷却系统设计

压缩成型一般在较高温度下进行，并且不同的压缩原料需要不同的模压温度。因此，压缩模必须备有可调温度的加热装置。

1. 加热方式

常见的加热方式有电加热、蒸汽或过热水加热、煤气（天然气）加热等。

（1）电加热　电加热为最常用的加热方式，其优点是设备简单、紧凑，投资小，便于安装、维修、使用，温度易调整，容易自动控制。其缺点是升温较慢，不能在压缩模中轮换地加热和冷却。

电热元件一般多使用电热棒和电热圈（环），如图6-28和图6-29所示。根据压缩模所需加热功率来选用标准电热棒的规格和数量，并确定连接方式（并联或串联）。电热圈则需根据压缩模尺寸和功率大小来进行设计制造。

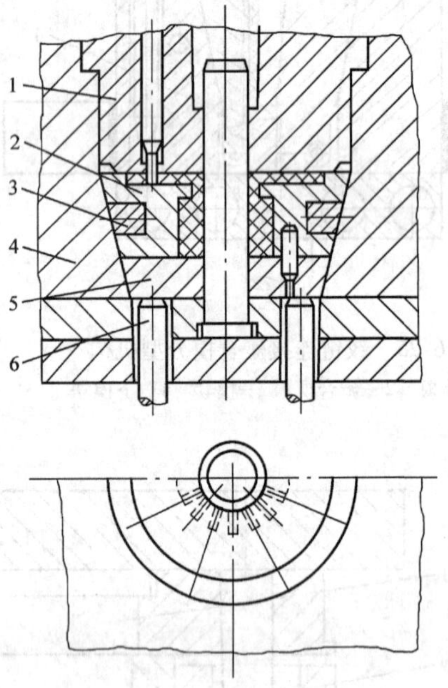

图6-27　手动模外分型

1—凸模　2—瓣合凹模块　3—半圆环
4—模套　5—底板　6—推杆

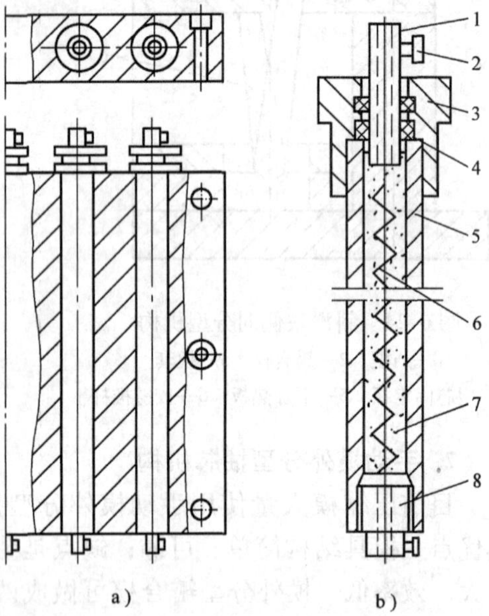

图6-28　电热棒及其在加热板内安装

a）安装图　b）电热棒结构

1—接线柱　2—螺钉　3—螺母　4—垫圈
5—外壳　6—电阻丝　7—硅砂　8—塞子

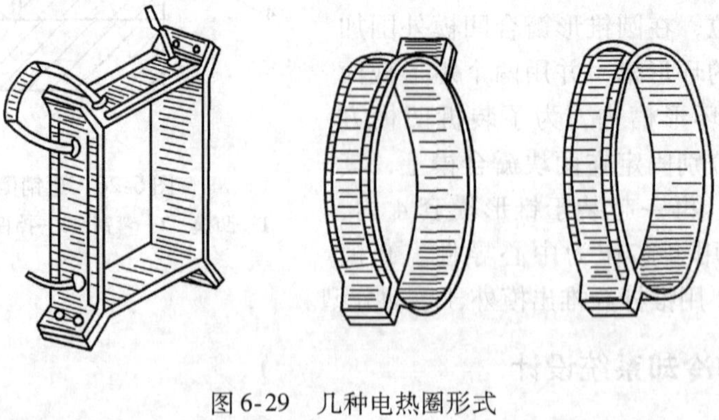

图6-29　几种电热圈形式

（2）蒸汽或过热水加热　蒸汽加热的速度快，特别适用于既要加热又要冷却的压缩模，当需要冷却时只需关闭蒸汽，在管路中改通冷却水即可。热塑性塑料的压缩成型通常采用这种方式。另外，蒸汽加热使压缩模温度恒定，不会过热，应根据需要的压缩温度选择不同压力的饱和蒸汽。

图 6-30 所示为采用蒸汽加热时加热板内蒸汽通道开设情况，图 6-30a 为平行排列，图 6-30b 为混合排列，图 6-30c 为顺序排列。模板不需要冷却时可采用平行排列，加热板制造比较简单；模板需要进行冷却的可采用顺序排列或混合排列，这样可提高冷却水的速度，改善冷却效率。

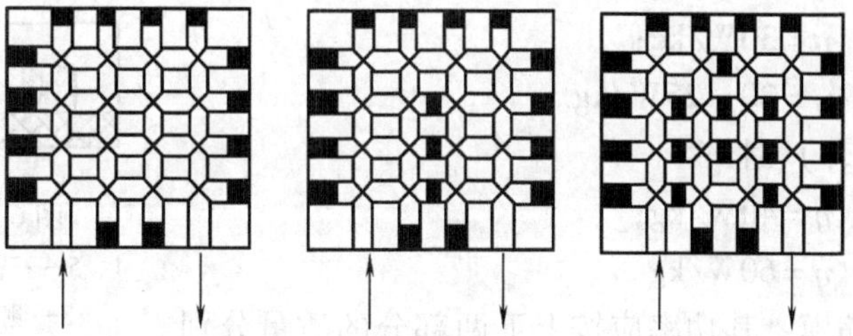

a）　　b）　　c）

图 6-30　加热板内蒸汽通道开设

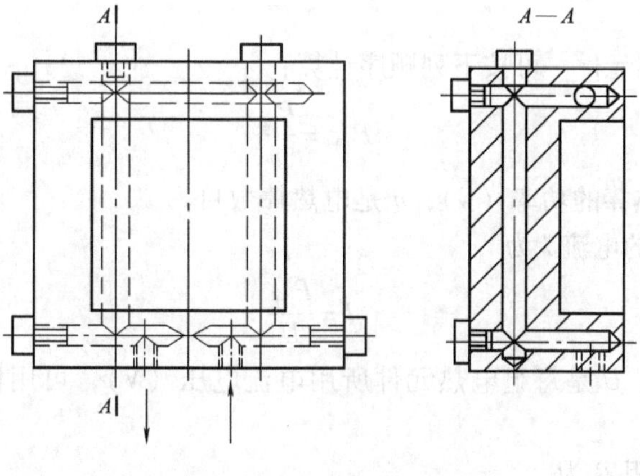

图 6-31　凹模蒸汽加热

为了提高压缩模加热效率，蒸汽通道可根据塑件形状开在型腔周围，像注射模中冷却水通道一样，如图 6-31 所示。由于蒸汽压力较大，因此通道和接头必须牢固可靠，以免漏汽。

（3）煤气或天然气加热　采用这种加热方式可大大降低加热成本。但是，温度不容易准确控制，劳动条件较差，煤气、天然气燃烧的产物又会污染车间里的空气。

图 6-32 所示为煤气加热用的加热板。加热板内开有沟槽，槽内布置有许多小孔的煤气管，用测点式温度计进行测温，并通过电磁阀门来调节煤气流量以达到控制温度。

高温的压缩模与压力机之间必须采取有效的绝热措施，因为这不单能节约能量，而且可保护压力机，高温会导致压力机上密封圈及轴承等传动部件的损坏。

2. 电热计算

（1）压缩模加热所需总功率 $P_{总}$　按下列经验公式计算：

$$P_{总} = 0.24m\ (T_2 - T_1) \quad (6\text{-}31)$$
$$= m\eta$$

式中，m 是压缩模质量（kg）；T_2 是压缩模所需温度（℃）；T_1 是压缩模未加热前的温度（℃）；η 是每一千克压缩模加热至工作温度时所需的电功率（W/kg）。η 的经验数据如下：

1）用电热棒时

小型压模　$\eta = 35\text{W/kg}$；

中型压模　$\eta = 30\text{W/kg}$；

大型压模　$\eta = 20 \sim 25\text{W/kg}$。

2）用电热圈（环）时

小型压模　$\eta = 40\text{W/kg}$；

大型压模　$\eta = 60\text{W/kg}$。

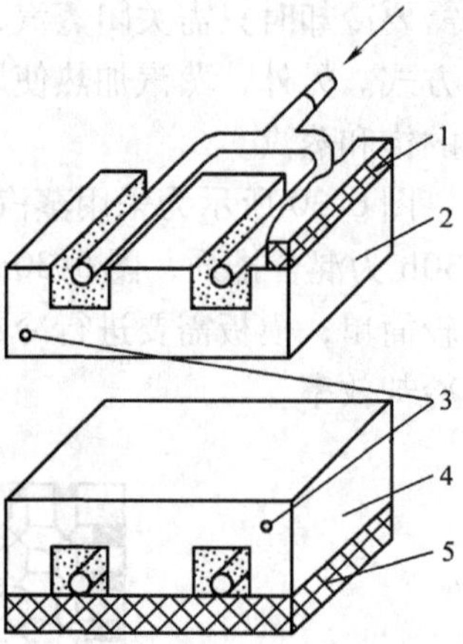

图 6-32　煤气加热板

1、5—石棉水泥板　2—上加热板　3—测温点　4—下加热板

对于固定式压缩模，其功率应按上下两部分的质量分别计算。

（2）选定电热棒

1）选定标准电热棒。按压缩模结构尺寸及其加热所需总功率，选用适当尺寸与电功率的电热棒。

2）如要自制加热元件。可按下列顺序计算：

$$P_{分} = \frac{P_{总}}{n} \quad (6\text{-}32)$$

式中，$P_{分}$ 是每个电热棒的功率（w）；n 是电热棒数目。

通过每根电热棒的电流 I 为

$$I = \frac{P_{分}}{U} \quad (6\text{-}33)$$

式中，I 是电流（A）；U 是每组电热元件所用电流电压（V），可用低压 30 ~ 60V，也可直接用 220V。

每根电热棒的电阻 R 为

$$R = \frac{U}{I} = \frac{U^2}{P_{分}} \quad (6\text{-}34)$$

式中，R 是电阻（Ω）。所需电阻丝长度为

$$L = R \cdot S/\rho$$

式中，L 是电阻丝长度（m）；S 是选定的电阻丝横截面面积（mm^2）；ρ 是单位面积上电阻丝的电阻值（$\Omega \cdot \text{mm}^2/\text{m}$），镍铬合金 $\rho = 1.1$（$\Omega \cdot \text{mm}^2/\text{m}$），高阻合金 $\rho = 1.2$（$\Omega \cdot \text{mm}^2/\text{m}$）。

第三节　传递模设计

一、概述

传递模又称为压注模、挤塑模，是成型热固性塑料等用的一种模具。这种模具设有单独的

加料腔。成形及加料前先合模，然后将塑料放入加料腔内预热，使其成为熔融状态，并在活塞压力作用下经过浇注系统进入闭合型腔。塑料在型腔内继续受热受压而固化成型，然后打开模具取出塑件，清理型腔、浇注系统和加料腔。

传递成型对于热塑性塑料和热固性塑料制品均适应，但由于热塑性塑料固化需要冷却，所以必须对模具进行周期性的升温和降温，生产周期长，模具容易热疲劳，导致使用寿命降低，故当前传递成型主要用于生产热固性塑料制品。

1. 传递成型与压缩成型比较有以下优点

1）传递成型时塑料以高速挤入型腔，经分流道和浇口时，由于摩擦作用塑料能很快均匀地热透和硬化，因此塑件质量好，硬化时间较短，生产效率高。

2）塑件高度方向的尺寸精度较高，分型面处飞边很薄，便于去除。

3）适于成形带嵌件、精度要求较高、形状复杂的塑件。

2. 传递成型的缺点

1）由于浇注系统的存在而浪费了原料，小型塑件更突出。

2）模具结构较压缩模复杂，成形压力高，操作较麻烦。

二、传递模的分类及结构组成

1. 传递模的分类

根据使用压力机与操作方法可分为下列几种。

（1）普通压力机用传递模　分为移动式传递模和固定式传递模两种。

1）移动式传递模。移动式传递模的上下模两部分均不与压力机滑块和工作台面固定连接，它可在任何形式的普通压力机上使用，加料、合模、开模、脱取制品等操作均可在压力机工作空间之外用手动操作。这种模具适于制造批量不大的传递成型生产。在图 6-33 中，模具上面设有可与模具分离的加料腔。模具闭合后放上加料腔 4，将定量的塑料加入加料腔内，利用压力机的压力，通过压料柱塞 3 将塑化的物料高速挤入型腔，待硬化定型后，先将加料腔从模具上取下，然后利用卸模架开启模具取出制品。

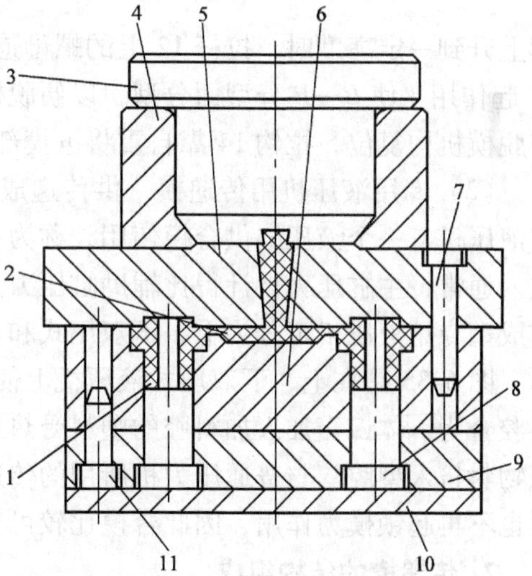

图 6-33　移动式传递模

1—制件　2—浇注系统　3—压料柱塞　4—加料腔　5—上模座　6—凹模　7—导柱　8—凸模　9—凸模固定板　10—下模座　11—导柱

2）固定式传递模。固定式传递模的上下模两部分分别与压力机的滑块和工作台面固定连接，压料柱塞固定在上模部分，生产操作均在压力机工作空间进行。制品脱模由模内的推出机构保证，劳动强度较低，生产效率较高，主要适用于生产批量较大的塑件。在图 6-34 中模具上设有加热装置，压料柱塞 2 随上模座 1 固定于压力机的上工作台，下模固定于压力机的下工作台。开模时，压力机上工作台带动上模座板上升，柱塞 2 离开加料腔 3，*A—A* 分型面分型，以便在该处取出主流道凝料。当上

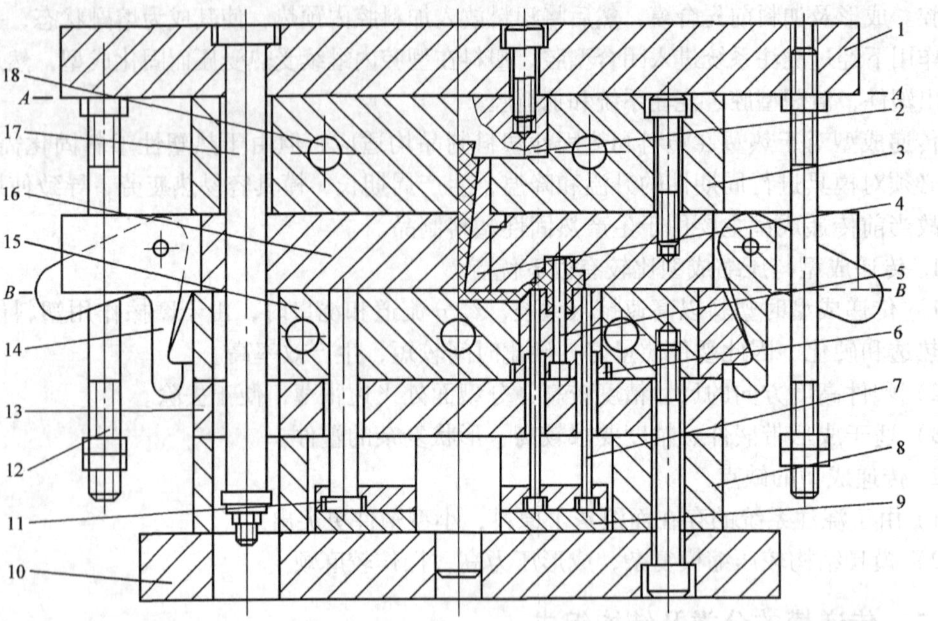

图 6-34 固定式传递模

1—上模座 2—压料柱塞 3—加料腔 4—浇口套 5—型芯 6—型腔
7—推杆 8—垫块 9—推板 10—下模座 11—复位杆 12—拉杆 13—垫板
14—拉钩 15—型腔固定板 16—上凹模板 17—定距杆 18—加热器安装孔

模上升到一定高度时，拉杆 12 上的螺母迫使拉钩 14 转动使之与下模部分脱开，接着定距杆 17 起作用，使 *B*—*B* 分型面分型，以便脱模机构将塑件从该分型面处脱出。合模时，复位杆使脱模机构复位，拉钩 14 靠自重将下模部分锁住。

（2）专用液压机用传递模　供传递成型专用的液压机实际上是具有两个液压缸的双压式液压机，一个液压缸供合模使用，称为主缸，另一个液压缸供传递成型时使用，称为辅助缸。通常，主缸压力设计得比辅助缸压力大，这样可以防止合模力不足而引起溢料现象。传递成型专用液压机可分为上、下双压式和上、侧双压式。

图 6-35 是在上、下双压式液压机上使用的柱塞式传递模。在这类模具中，主流道与加料腔合为一体，当加入加料腔的塑料受热呈熔融状态时，液压机辅助液压缸工作，柱塞将熔融物料挤入型腔。与普通压力机所用的传递模相比，这种传递模少了一个分型面，且成型压力也不再起锁模力作用，因此合模比较可靠，能减少溢料飞边。

2. 传递模的结构组成

传递模可分为以下几大组成部分：

（1）成型零部件　成型塑件的部分，由凹模、凸模、型芯等组成，分型面的形式及选择与注射模、压缩模类似。

（2）加料装置　加料装置由加料腔和压料柱塞构成。

（3）浇注系统　多型腔传递模的浇注系统与注射模相似，同样可分为主流道、分流道和浇口，单型腔传递模一般只有主流道。与注射模不同的是，加料腔底部可开设几个流道同时进入型腔。

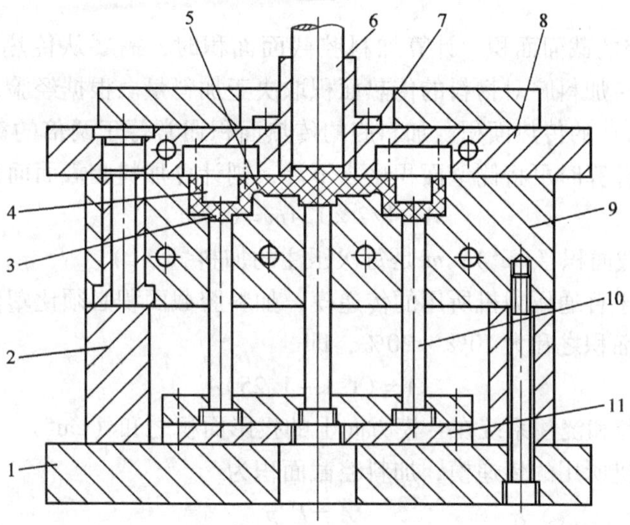

图 6-35　柱塞式传递模

1—下模座　2—支承块　3—制品　4—凸模　5—浇注系统　6—压料柱塞
7—加料腔　8—上模座　9—凹模型腔板　10—推杆　11—推杆底板

（4）加热系统　由于固定式传递模可分为柱塞、加料腔和上模、下模三部分，应分别对这三部分加热。移动式传递模是利用压力机上的上、下加热板加热。加热方式与压缩模相同。

此外，传递模也有与注射模、压缩模相类似的导向机构、侧向分型抽芯机构、脱模机构等。

三、传递模零部件设计

传递模的结构很多与注射模和压缩模相似，所以设计时可以参考这两类模具的设计。下面仅就传递模的特殊结构加以讨论。

1. 加料腔设计

（1）普通压力机用传递模加料腔　图 6-36 所示为移动式传递模加料腔结构，它与模具本体之间可以分离脱开。加料腔底部为一带 40°～50°角的台阶，当压料柱塞向加料腔内的塑料加压时，压力也作用在台阶上，从而将加料腔紧紧地压在模具的模板上，避免了塑料从加料腔底部溢出。

固定式传递模的加料腔与上模连成一体，当加料腔和上模分别加工在两块板上时，应加设浇口套。

（2）专用液压机用传递模的加料腔　这类加料腔的特点是浇注系统与加料腔合为一体。由于加料腔截面尺寸与锁模无关，故其直径较小，截面为圆形，高度较大。

（3）加料腔尺寸计算　主要指确定加料腔的截面面积、加料腔中塑料所占的容积

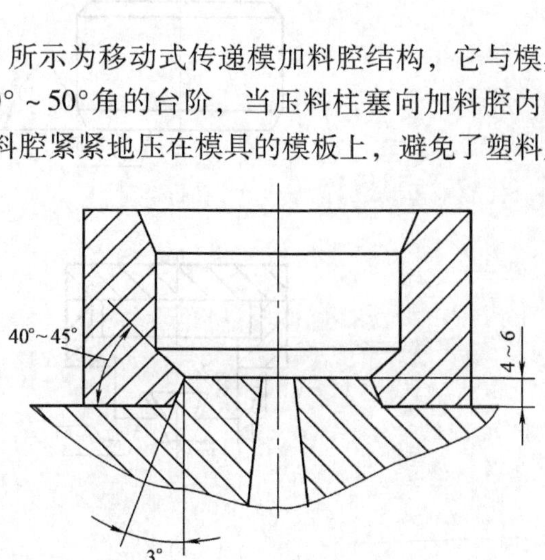

图 6-36　移动式传递模加料腔

和加料腔的高度。

1）确定加料腔的截面面积。计算加料腔截面面积时，需要从传热和锁模两方面考虑。从传热方面考虑时，加料腔对物料的传热面积取决于加料量。根据经验，每克未经预热的热固性塑料约需1.4cm^2 的传热面积。加料腔的传热面积通常等于两倍的截面面积再加上装料部分的侧壁面积。计算时可将侧壁面积略去不计，则计算加料腔截面面积的经验公式为

$$A=1/2\times 1.4m=0.7m \tag{6-35}$$

式中，A 是加料腔截面积（cm^2）；m 是每次压注的加料量（g）。

根据经验，对于普通压力机所用的传递模，加料腔截面积必须比塑件型腔与浇注系统在合膜方向上的投影面积之和大10%～20%，即

$$A=(1.1\sim 1.25)A' \tag{6-36}$$

式中，A'是塑件型腔和浇注系统在合模方向上的投影面积之和（cm^2）。

对于专用液压机所用的传递模，加料腔截面积为

$$A=F/p \tag{6-37}$$

式中，A 是加料腔截面积（mm^2）；F 是辅助液压缸总压力（N）；p 是传递成型需用的成型压力（MPa）。

2）确定加料腔中塑料所占有的容积。可按下式计算：

$$V=kV_s \tag{6-38}$$

式中，V 是粉状塑料的体积（cm^3）；k 是压缩比；V_s 是塑料体积（cm^3）。

3）确定加料腔高度。可按下式计算：

$$h=V/A+(0.8\sim 1.5)\text{cm} \tag{6-39}$$

式中，h 是加料腔的高度（cm）；A 是加料腔的截面面积（cm^2）；V 是粉状塑料的体积（cm^3）。

2. 压料柱塞设计

图6-37是典型的压料柱塞结构。

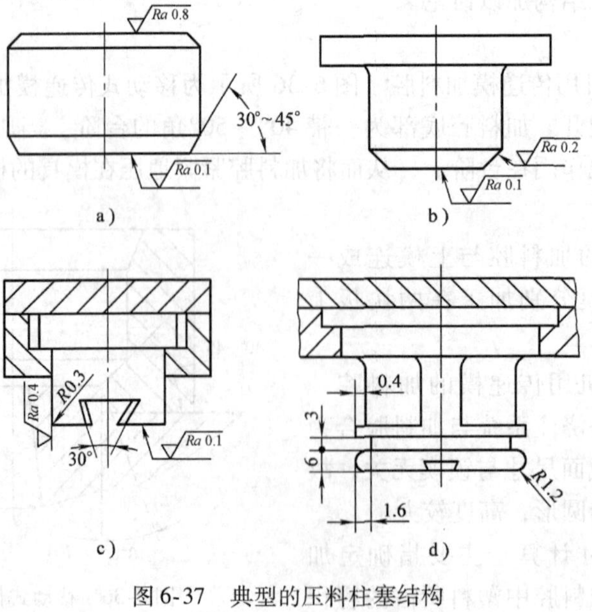

图6-37　典型的压料柱塞结构

图 6-37a 为简单的圆柱形，不带凸缘，加工容易，一般用于移动式传递模。图 6-37b 既可用于移动式，也可用于固定式传递模，其特点是顶端增加凸缘以后承压面积大，工作较平稳。图 6-37c 为组合式结构，适用于固定式传递模。图 6-37d 是在压料柱塞上开了环形槽，在压注时环形槽被溢出的塑料充满并且固化在其中，可起活塞环的作用，从而能阻止物料从间隙中溢出。

图 6-38a 是辅助柱塞式传递模中的压料柱塞结构，柱塞顶端带有螺纹，以便与辅助缸活塞杆连接。图 6-38b 是在柱塞上加工出环形凹面，可以起使料流集中，减少向侧面溢料的作用。

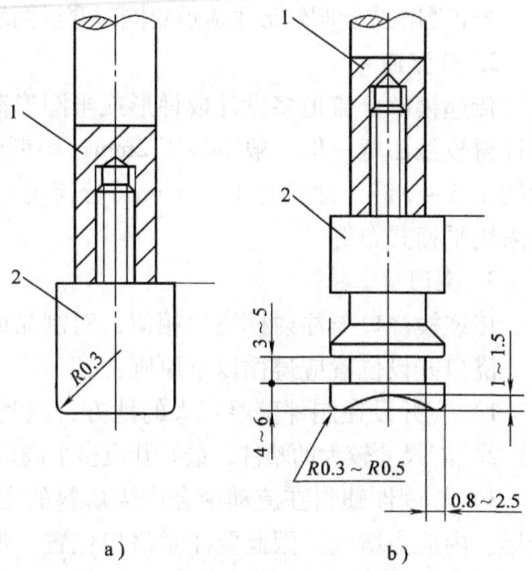

图 6-38　辅助压料柱塞
1—辅助缸活塞杆　2—辅助柱塞（供传递成型用）

四、浇注系统与排气槽设计

传递模的浇注系统在结构上类似于注射模的浇注系统，由主流道、分流道、浇口几部分组成。

1. 主流道

传递模常用的主流道有正圆锥形、倒圆锥形和分流锥形三类，如图 6-39 所示。图6-39a 为正圆锥形主流道，应用比较广泛，主要用于多型腔模具。当塑件较大且型腔分布距模具中心较远或分流道过长时，可采用带有分流锥形的主流道形式，如图 6-39b 所示。通过分流锥的塑化作用保证物料的流动性能。分流锥的形状和尺寸要按塑件尺寸和型腔分布而定。型腔沿圆周分布时，分流锥可采用圆锥形；当型腔按两排并列时，分流锥可做成矩形截面锥形。图 6-39c 为倒圆锥形主流道，这种结构多数用于普通压力机上的固定式传递模，它既可用于单腔模，也可用于多腔模，或用于一个型腔而设有多个主流道的传递模。开模时，主流道凝料可被压料柱塞底面的拉料沟槽带出。

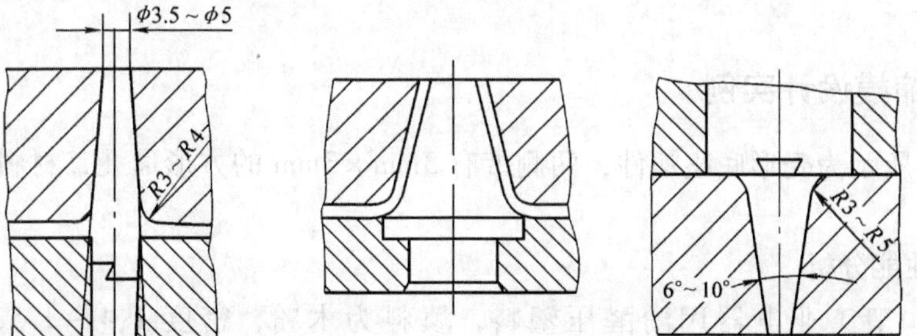

图 6-39　传递模常用主流道形式

当正圆锥或倒圆锥形主流道要同时穿过两块以上的模板时，要使用主流道衬套，以便脱模。

2. 分流道

传递模的分流道多设计成梯形或半圆形截面。由于热固性塑料流动性差，分流道一般都设计得较浅而宽，但一般不浅于2mm，小型塑件取2~4mm，大型塑件取4~6mm，宽为深度的1.5~2倍，常见为4~10mm。分流道长度一般不短于10mm。分流道应尽量避免转弯，宜采用平衡式布置。

3. 浇口

传递模浇口与注射模浇口相似，对制品成型具有重要影响。

浇口开设位置应遵循以下原则：

1）应开设在制件壁厚最大的地方，以利于流动和补料。

2）对尺寸较大的塑件，最好开设多个浇口来减少流动距离比，浇口间距应为120~140mm。

3）热固性塑料在流动中会产生填料的定向作用，当浇口位置开设不当时会使制件翘曲变形、内应力增大，因此要注意浇口位置。例如对长条形的制品，特别是大平面制品，当浇口开设在长条形制品中点时会引起长条弯曲或平面翘曲，如改在端部进料则效果更好；又如圆筒形制品单边进料易引起制件变形，改为环形浇口效果更好。

4. 排气槽设计

和注射成型、压缩成型一样，传递模设计时应开设排气槽。

热固性塑料成型时由于缩聚作用会产生大量的低分子物，如水蒸气等，同时型腔内原有气体也需要排除模外。因此，传递模的排气比热塑性塑料注射模要求高，排气量也大。

对中、小型塑件，分型面上的排气槽深度可取0.04~0.13mm，宽度可取3.2~6.4 mm，其截面积可按下面经验公式计算。

$$A = 0.05V_s/n \tag{6-40}$$

式中，A是排气槽截面积；V_s是塑件的体积；n是排气槽个数。

传递模除了使用排气槽排气外，也可利用活动型芯或推杆的配合间隙排气。排气槽应尽量开设在分型面上，以便加工和清理。

第四节　压缩模与传递模设计实例

一、压缩模设计实例

图6-40a所示为壳形底座塑件，两侧带有3mm×3mm的方形通孔，材料为D141，大批量生产。

1. 工艺性能分析

D141为一般工业电器用酚醛压塑料，填料为木粉，密度1.4~1.5g/cm³，收缩率0.6%~1.0%，密度和收缩率可由生产厂家提供，也可试验确定，本实例取密度为1.4g/cm³，收缩率为0.8%。该材料机电性能和物理、化学性能良好，尺寸稳定，耐热和耐蚀性能良好，成型快，工艺性良好；但脆性大，成型时需排气。

成型时应预热，以排除树脂中水分和挥发物，预热温度可取100~140℃；成型时成型压力不小于25MPa，成型温度取160±5℃，保压时间查表知0.8~1.2min/mm，该塑件壁厚为4mm，

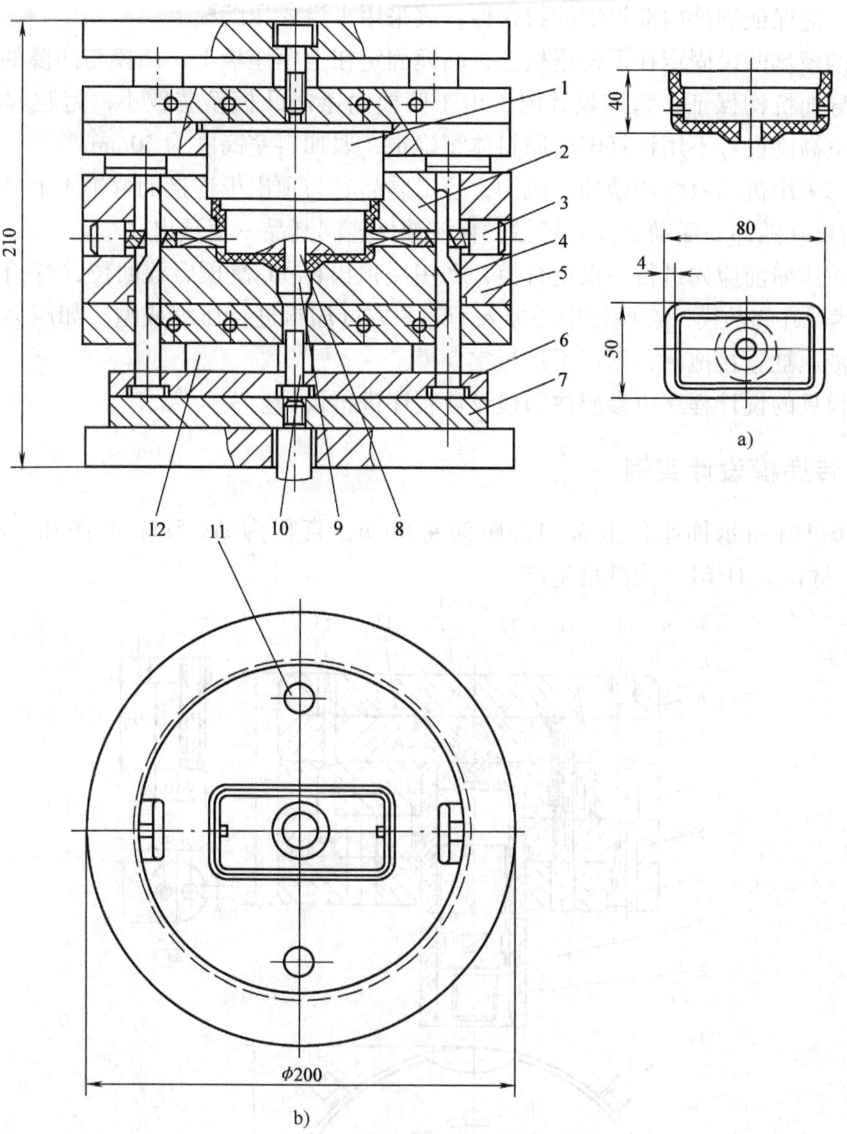

图 6-40　塑件和设计压缩模
1—凸模　2—凹模　3—侧型芯　4—弯销　5—模套
6—固定板　7—垫板　8—型芯　9—活动镶件
10—顶杆　11—反顶杆　12—垫块

可取保压时间为 3.2 ~ 4.8min。为提高生产效率，可取保压时间 2min，模外保温熟化。

该塑件尺寸中等，一般精度等级，为有利于压缩成型，确定为一模一腔；由于是大批量生产，所以采用固定式压缩模，机动抽侧芯。为简化模具结构和有利于塑件顶出，塑件壳体底部中心孔采用活动镶件成型。

2. 确定模具结构

设计的模具结构如图 6-40b 所示，具体设计要点如下：

该塑件是壳形底座，使用时要安装固定其他零件，因此，强度要好，能够承受一定的冲击力作用。应保证制件内部组织的致密性，故采用半溢式压缩模。

设计的模具凹模固定在下模座板上，凸模固定在上模座板上，凸模与凹模的合模对正由导柱导套导向机构保证。型腔设计时，由于凹模内镶嵌凸模型芯较小，型腔容积较大，因此，加料室高度设计不用计算塑料原料体积确定，取加料室高度为20mm。

侧型芯采用机动双侧弯销抽芯机构，顶出制品时与顶出板连接的弯销4上升先完成抽芯动作，顶杆10随即与活动镶件9接触，将该镶件连同制品一道顶出。

下一次压缩前应先进行一次空合模，利用反顶出杆11使顶出板回位，弯销4使侧型芯3回位，然后升起凸模，在凹模中心插入型芯8方可加料进行压缩成型。如压力机顶出装置能被顶出液压缸直接拖回，则可不进行空合模。

整个模具的设计程序可参照注射模设计程序进行设计。

二、传递模设计实例

如图6-41a所示插座件上有中心距为4.6mm，直径为ϕ2.5mm的深孔，小孔直径为ϕ1.2mm。材料为H161，大批量生产。

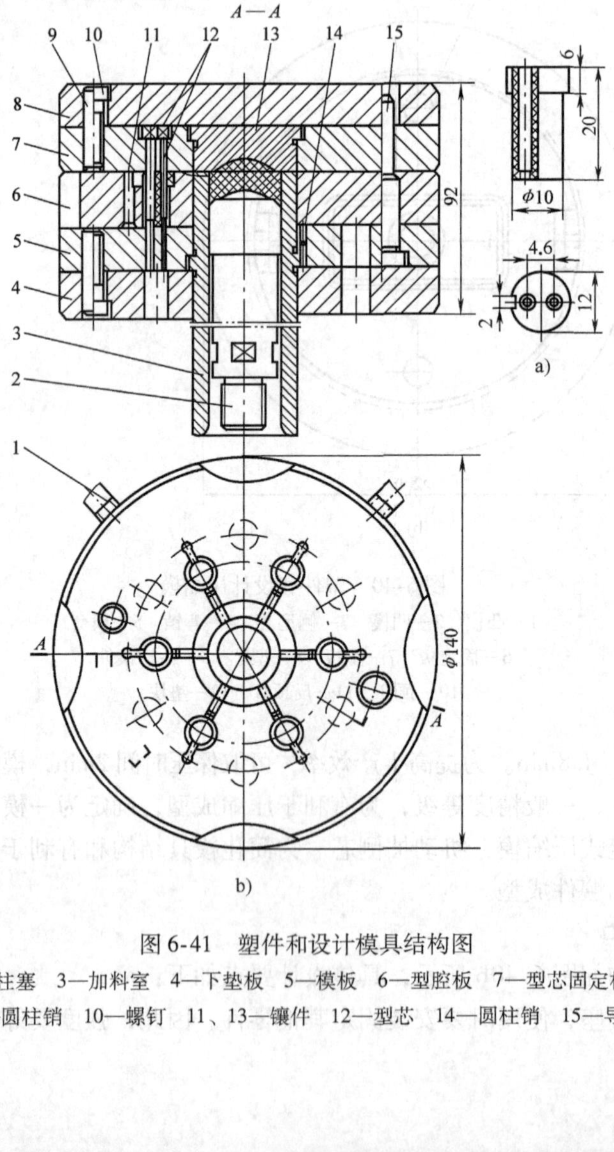

图6-41 塑件和设计模具结构图

1—手柄 2—柱塞 3—加料室 4—下垫板 5—模板 6—型腔板 7—型芯固定板 8—上垫板 9—圆柱销 10—螺钉 11、13—镶件 12—型芯 14—圆柱销 15—导柱

1. 工艺性能分析

H161 为酚醛注射或传递模塑用料，拉西格流动值大于 200mm。填料为木粉或矿物，密度 1.45g/cm^3，收缩率 1.0% ~1.3%，取 1.2%。该材料防霉，耐湿性能优良，力学、物理性能和电绝缘性能良好。

H161 适用于传递模塑成型，成型压力 130 ~150MPa，模具温度 170 ~200℃。保压时间一般为 0.13 ~0.16min/mm，该件模内保压时间可取 12s（具体可试模时确定）。成型时应注意排气。

该塑件直径尺寸较小，为提高生产率，减少开模次数，降低工人劳动强度，采用一模多腔，以适应大批量生产。

2. 确定模具结构

设计的模具结构如图 6-41b 所示，设计要点如下：

该模具设计采用通用模架（模架结构尺寸和技术性能行业内通用），由上模体、下模体和型腔板三部分构成。上、下模体分别与压力机的滑块和工作台面固定连接。为减少主流道凝料损耗，采用下加料室结构。

为有利模具闭合成型，六个型腔以加料室 3 为中心对称平衡布置，分流道直接与加料室相通。

模具安装时应使柱塞 2 通过模架与压力机顶出液压缸相连，构成传递压力源。成型时，先加料，后闭模，柱塞 2 上升实现传递模塑成型。

开模后顶出液压缸继续向上运动，6 根推杆将型腔板 6 托起；取下型腔板，在模外用专用托件架取出塑件。

采用该下加料柱塞式传递模减少了一个分型面（加料室和模具间），且成型压力也不再起锁模力作用，因此合模比较可靠，能减少溢料飞边，且原料浪费少。

整个模具的设计程序可参照注射模设计程序进行设计。

思　考　题

1. 压缩成型有何特点？
2. 压缩模按照上、下模配合形式分为哪几种类型？各有何特点？
3. 压缩模加压方向选择原则有哪些？
4. 如何设计压缩模加料室？
5. 挤压面、承压面有何作用？
6. 为何要设计溢料槽和储料槽？
7. 压缩模脱模和导向机构有何特点？
8. 如何设计压缩模加热系统？
9. 移动式传递模与固定式传递模在结构上的主要区别是什么？
10. 传递模加料室的结构及其定位方式有哪些？
11. 传递模浇口形式有哪些，其浇口位置如何确定？
12. 分流道的布置形式有哪些，其截面尺寸如何确定？

第七章　挤出模设计

挤出成型是将固态塑料在一定温度和压力条件下熔融、塑化，利用挤出机的螺杆旋转（或柱塞）加压，使其通过特定形状的口模而成为截面与口模形状相仿的连续型材的过程。挤出成型方法几乎适用于所有的热塑性塑料及部分热固性塑料。但应注意的是，无论其用来成型何种塑料，挤出型材的截面形状都将取决于挤出模具。模具设计合理与否，不仅影响产品的质量，而且也影响产品的经济性。

第一节　概　　述

一、挤出模具的作用与结构组成

一般塑料型材挤出成型模具应包括两部分：机头（又称口模）和定型模（又称定径套）。

（1）机头的作用　机头是挤出塑件成型的主要部件，它使来自挤出机的熔融塑料由螺旋运动变为直线运动，并进一步塑化，产生必要的成型压力，保证塑件密实，从而获得截面与口模形状相似的连续型材。

（2）定型模的作用　通常采用冷却、加压或抽真空的方法，将从口模中挤出的塑料形状稳定下来，并对其进行精整，从而得到截面几何形状和尺寸精确、表面光洁的塑件。

（3）机头的结构组成　以典型的管材挤出成型机头为例，如图 7-1 所示，机头的结构可分为以下几个部分：

1）口模和芯棒。口模成型塑件的外表面，芯棒成型塑件的内表面，口模和芯棒的定型部分决定了塑件的截面形状。

2）多孔板和过滤网。多孔板（又称栅板）和过滤网的作用是将塑料熔体由螺旋运动转变为直线运动，同时还能阻止未塑化塑料及杂质进入机头。多孔板还起支承过滤网的作用。设置多孔板和过滤网，增加了阻力，使塑件更加密实。

3）分流锥和分流锥支架。分流锥（俗称鱼雷头）使通过它的塑料熔体分流，变成薄环状以平稳地进入成型区，便于进一步加热和塑化。分流锥支架主要用来支承分流锥及芯棒，同时也能对分流后的塑料熔体加强剪切混合作用（有时会产生熔接痕而影响塑件强度）。小型机头的分流锥与其支架可设计成一整体。

4）机头体。机头体相当于模架，与挤出机机筒连接，用来组装并支承机头的各零部件。连接处应密封以防塑料熔体泄漏。

5）定径套。离开成型区后的塑料熔体虽已具有给定的截面形状，但因其温度较高不能抵抗自重而变形，为此需要用定径套对其进行冷却定型，使塑件获得良好的表面质量、准确的尺寸和几何形状。

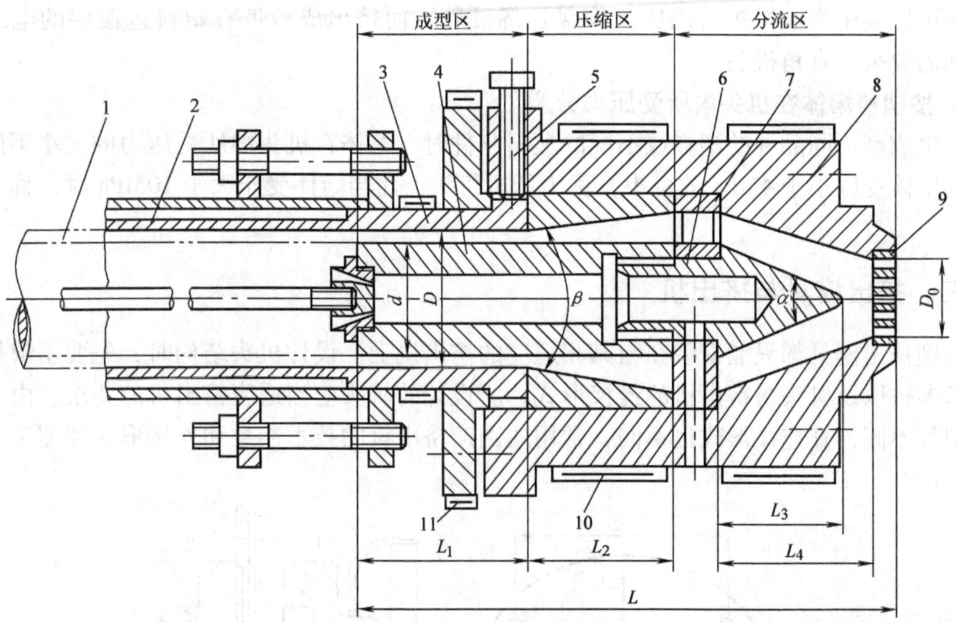

图 7-1　管材挤出成型机头

1—管材　2—定径套　3—口模　4—芯棒　5—调节螺钉　6—分流锥　7—分流锥支架　8—机头体　9—多孔板　10、11—电加热圈（加热器）

6）温度调节系统。机头上一般设有可以加热的温度调节系统，如图 7-1 所示的电加热圈 10、11，以保证塑料熔体在机头中正常流动及挤出成型质量。

7）调节螺钉。图 7-1 所示调节螺钉 5 用来调节控制成型区内口模与芯棒间的环隙及同轴度，保证挤出塑件壁厚均匀。调节螺钉的数量通常为 4 ~ 8 个。

通常，挤出成型分为分流区、压缩区及成型区 3 段。

二、挤出模具的分类

由于能够挤出成型的塑件截面形状多种多样，因此根据不同的塑件要求，生产中需要设计不同的机头，所以挤压模具的分类就是机头分类，一般有下述几种分类方法。

1. 按挤出成型的塑件分类

通常的挤出成型塑件有管材、棒材、板材、片材、网材、单丝、粒料、各种异型材、吹塑薄膜、带有塑料包覆层的电线电缆等，它们所用的机头分别称为管机头、棒机头等。对于相同塑件所用的机头，还可以根据其某些特点进一步细分，如管机头可细分为直通机头、角式机头和旁侧式机头等；吹塑薄膜机头又可细分为芯棒式机头、中心进料式机头、螺旋式机头和多层复合薄膜吹塑机头等。

2. 按挤出塑件的出口方向分类

按照塑件从机头中的挤出方向不同，可分为直通机头（或称直向机头）和角式机头（或称横向机头）。直通机头的特点是熔体在机头内的挤出流向与挤出机螺杆的轴线平行；角式机头的特点是熔体在机头内的挤出流向与挤出机螺杆的轴线呈一定角度。当熔体挤出流向与螺杆轴线垂直时，又可称为直角机头。直通机头和角式机头的选用与塑件结构类型有关，如可以采用直通机头挤出成型聚氯乙烯硬管；而挤出成型带有塑料包覆层的电线电缆时，则需要采用直角机头。

3. 按塑料熔体在机头内所受压力分类

挤出成型不同品种的塑料或不同的塑料制件时，熔体在机头内所受压力的大小不同，对于塑料熔体受压小于4MPa的机头，称为低压机头；而当熔体受压大于10MPa时，称为高压机头。

三、挤出模具与挤出机

每副挤出模具都只能安装在与其相适应的挤出机上。设计机头结构时，先要了解挤出机的技术参数以及机头与挤出机的连接形式，所设计的机头应当适应挤出机的要求。由于挤出机的型号不同，其连接形式也不同，常用的国产挤出机的技术参数和连接形式如图7-2和图7-3所示。

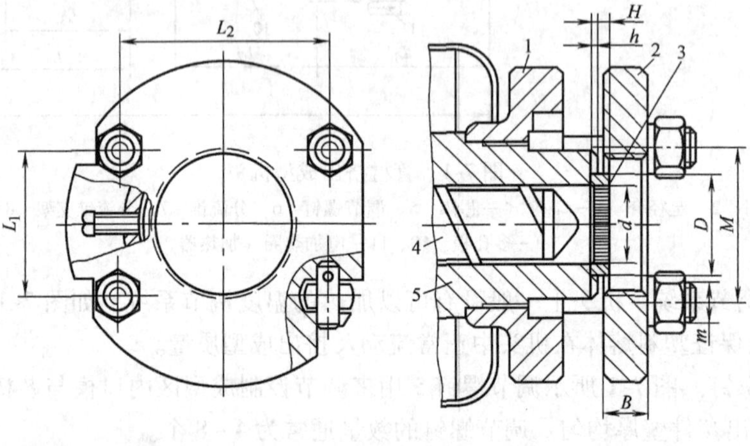

图7-2 机头与挤出机连接形式之一

1—挤出机法兰 2—机头法兰 3—多孔板 4—螺杆 5—机筒

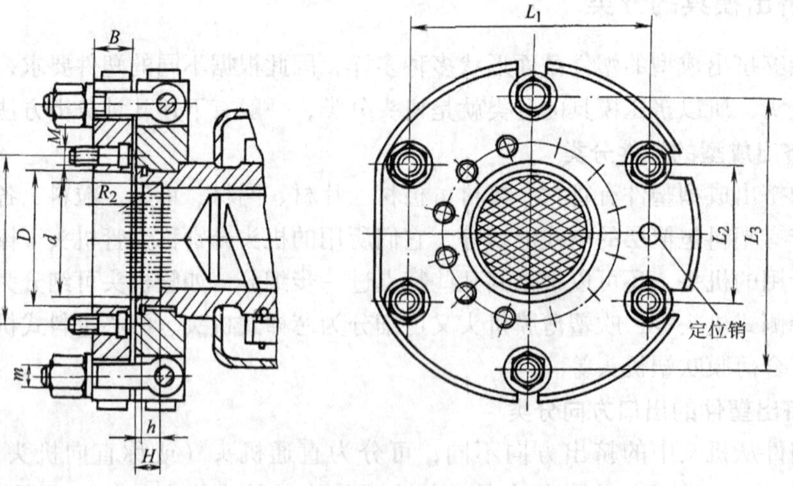

图7-3 机头与挤出机连接形式之二

图7-2中机头以螺纹联接在机头的法兰上，机头法兰以4～6个铰链螺钉与机筒法兰连

接固定。安装时先松动铰链螺钉，打开机头法兰，清理干净，将多孔板装入机筒部分（或装在机头上），再将机头安装在机头法兰上，最后闭和机头法兰，紧固铰链螺钉即可。机头与挤出机的同心度是靠机头的内径和多孔板的外径配合保证的。安装时多孔板的端部必须压紧，以防漏料。其连接部分的尺寸见表7-1。

图7-3所示为机头与挤出机连接的又一种形式。机头以12个螺钉与机头法兰连接固定，机头法兰与机筒法兰有定位销定位，机头外圆与机头法兰内孔配合，保证机头与挤出机的同心度。其连接尺寸见表7-2。

表7-1 挤出机连接部分尺寸表（机头连接形式之一） （单位：mm）

符号	挤出机型号						符号意义
	SJ—45	SJ—65	SJ—90	SJ—120	SJ—120	SJ—150	
M	M80×4	3M110×2	2M110×2	M140×3	M180×3	M110×3	机头与机头法兰连接的螺纹尺寸
D	ϕ55	ϕ80	ϕ90	ϕ110	ϕ160	ϕ170	多孔板外径
d	—	ϕ70	ϕ70	ϕ90	ϕ120	ϕ150	多孔板开孔处直径
m	M18	—	T22	T24	—	—	铰链螺钉直径
B	30	35	35	45	68	68	机头法兰厚度
H	—	15	15	20	32	38	多孔板厚度
h	8	5	7	8	—	14	多孔板伸入机筒部分厚度
L_1	104	170	181.86	210	348	348	铰链螺钉中心距
L_2	104	115	105	120	205	205	螺钉中心距

表7-2 挤出机连接部分尺寸表（机头连接形式之二） （单位：mm）

型号	ϕ	D	d	B	H	h	L_1	L_2	L_3	m	M
SJ—90	180	140	106	40	—	20	227	160	320	27	20
SJ—150	280① 300②	220	185	70	42	30	381	220	440	36	32① 24②
SJ—200	340	275	235	—	50	40	476.3	275	—	42	—

注：表中符号意义：

ϕ 是机头与机头法兰连接的内六角螺钉中心距；D 是机头与机头法兰连接的定位孔直径；d 是多孔板外径；B 是机头法兰厚度；H 是机筒安装多孔板处厚度（深度）；h 是多孔板厚度；m 是机头与机头法兰连接的内六角螺钉直径；M 是内六角螺钉直径；L_1、L_2、L_3 是铰链螺钉中心距。

① 安装管材机头的尺寸。

② 安装板材机头的尺寸。

四、挤出成型机头的设计原则

1）正确选用机头形式。应按照所成型塑件的原料和要求以及成型工艺特点，正确选用和确定机头的结构形式。

2）将塑料熔体的旋转运动转变成直线运动，并产生适当压力。设计机头时，不但要使在机筒中受螺杆作用呈旋转运动形式的塑料熔体进入机头后转变成直线运动，进行成型流动，还要保证能对熔体产生适当的流动阻力，以便螺杆能对熔体施加适当压力。在机筒与机头连接处设置的多孔板和过滤网，既能将熔体的旋转运动转换成直线运动，也是增大熔体流动阻力或螺杆挤压力的主要零件。

3）机头内的流道呈光滑的流线型。为了让塑料熔体能沿着机头中的流道均匀平稳流动而顺利挤出，机头的内腔应呈光滑的流线型，表面粗糙度小于 $Ra1.6\mu m$；流道不能有阻滞的部位，以免发生过热分解。

4）机头内应有分流装置和适当的压缩区。挤出成型环形截面塑件（如管材）时，塑料熔体在进入口模之前必须在机头中经过分流，因此，机头内应设置分流锥和分流锥支架等分流装置，如图 7-1 所示。挤出成型管材时，塑料熔体经分流锥和分流锥支架后再行汇合，一般会产生熔接痕，使得定型前的型坯和离开口模后的塑件强度降低或发生开裂，为此，需在机头中设计一段压缩区域（图 7-1），以增大熔体的流动阻力，消除熔接痕。对于挤出成型板材和片材等塑件，当塑料熔体通过机头中间流道以后，其宽度必须予以扩展，即需要一个扩展阶段，为使熔体或塑件密度不因扩展而降低，机头中也需设置适当的压缩区域（如图 7-19 及图 7-20 所示的阻流器区域和阻力棒区域），以借助于流动阻力来保证熔体或塑件组织密实。

5）机头成型区应有正确的截面形状。由于塑料的物理性能和压力、温度等因素引起的离模膨胀效应（挤出胀大效应）和收缩效应，将导致塑件长度收缩和截面形状尺寸发生变化，使得机头的成型区截面形状和尺寸并非塑件所要求的截面形状和尺寸，两者有一定差异。因此设计机头时，一方面要对口模进行适当的形状和尺寸补偿，另一方面要合理确定流道尺寸，控制口模成型长度（塑件截面形状的变化与成型时间有关），从而保证塑件正确的截面形状和尺寸。

6）机头内最好设有适当的调节装置。挤出成型尤其是挤出成型异型材时，常要求对挤出压力、挤出速度、挤出成型温度等工艺参数以及挤出型坯的尺寸进行调节和控制，从而有效地保证塑件的形状、尺寸、性能和质量。为此，机头中最好设置一些能够控制熔体流量、口模与芯棒的侧隙以及挤出成型温度的调节装置。

7）应有足够的压缩比。压缩比是指流道型腔内最大料流截面积（即通常为机头与多孔板相接处的流道截面积）与口模和芯棒在成型区的环隙截面积之比，它反映了塑料熔体在挤出成型过程中的压实程度。为了使塑件密实，根据塑料和塑件的种类不同，应设计足够的压缩比，一般管机头的压缩比在 2.5～10 的范围内选取。

8）机头结构紧凑，利于操作。设计机头时，应在满足强度和刚度的条件下使其结构尽可能紧凑，并且装卸方便，易加工，易操作，同时最好设计成规则的对称形状，便于均匀加热。

9）合理选择材料。与流动的塑料熔体相接触的机头体、口模和芯棒，会产生一定程度的摩擦磨损；有的塑料在高温挤出成型过程中还会挥发有害气体，对机头体、口模和芯棒等零部件产生较强的腐蚀作用，因此更加剧它们的摩擦和磨损。为延长机头的使用寿命，机头材料应选取耐热、耐磨、耐腐蚀、韧性高、硬度高、热处理变形小及加工性能好的碳钢或合金钢。口模等主要成型零件硬度不得低于 40HRC。

第二节　管材与棒材挤出模具设计

一、管材与棒材挤出模具典型结构

1. 管材挤出模具典型结构

管材是挤出成型生产的主要产品之一。管材挤出成型机头主要用来成型圆形塑料管状塑件。管机头适用的挤出机螺杆长径比（螺杆长度与其直径之比）$i = 15 \sim 25$，螺杆转速 $n = 10 \sim 35\text{r/min}$。通常要求在挤出机与机头之间安装过滤网，对于聚乙烯管材，用 4×80 号筛过滤网，对于软质塑料管可取 40 号筛左右的过滤网。

常用管材挤出成型机头结构有挤出薄壁管材的直通式、直角式和旁侧式，另外还有一种微孔流道挤管机头。

（1）直通式挤管机头　如图 7-1 和图 7-4 所示，结构简单，容易制造，但熔体经过分流锥及分流锥支架时形成的分流痕迹（熔接痕）不易消除；另外还有长度较大、整体结构笨重等缺点。直通式挤管机头适用于挤出成型聚氯乙烯、聚乙烯、尼龙、聚碳酸酯等塑料管材。

（2）直角式挤管机头　如图 7-5 所示，塑料熔体包围芯棒，流动成型时只会产生一条分流痕迹，适用于挤出成型聚乙烯、聚丙烯等塑料管材，以及对管材尺寸要求较高的场合。直角式挤管机头的优点在于与其配用的冷却装置可以同时对管材的内外径进行冷却定型，定径精度高，熔体的流动阻力较小，料流稳定均匀，生产率高，成型质量好；但机头的结构较复杂，制造相对较困难。

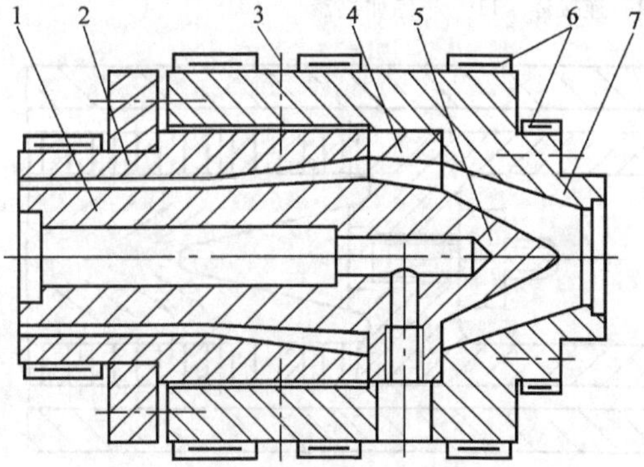

图 7-4　直通式挤管机头

1—芯棒　2—口模　3—调节螺钉　4—分流锥支架
5—分流锥　6—加热器　7—机头体

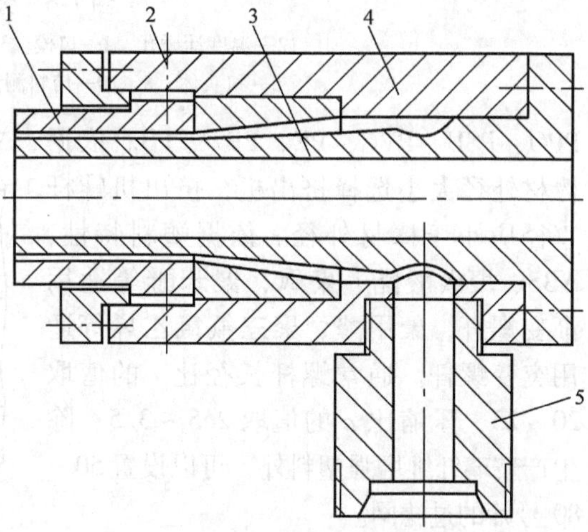

图 7-5　直角式挤管机头

1—口模　2—调节螺钉　3—芯棒
4—机头体　5—连接体

（3）旁侧式挤管机头　与直角式相似，如图 7-6 所示，其结构更为复杂，熔体流动阻力也较大，占地相对较少。

（4）微孔流道挤管机头　如图 7-7 所示，其出管方向与螺杆轴线一致，但它既不用分流锥支架，也不用芯棒，塑料熔体通过微孔管上的众多微口进入口模的定型段。因此，挤出的管材没有分流痕迹，强度较高，尤其适用于生产口径较大的聚烯烃类塑料管材（如聚乙烯、聚丙烯等）。机头的体积小、结构紧凑、料流稳定且流速可控制。设计这类机头时，应多考虑大管材因厚壁自重作用而引起壁厚不均的影响，一般应调整口模偏心，口模与芯棒的间隙下面比上面小 10% ~18% 为宜。

2. 棒材挤出模具典型结构

棒材是指截面为圆形的实心塑料型材，用于成型棒材的塑料有 ABS、PA、PC、POM、

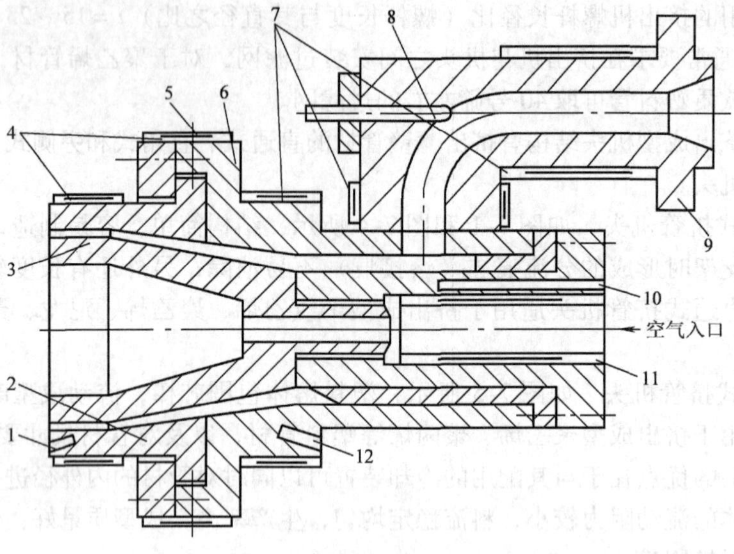

图 7-6　旁侧式挤管机头

1、12—温度计插孔　2—口模　3—芯棒　4、7—电热器　5—调节螺钉　6—机头体　8、10—熔料测温孔　9—连接体　11—芯棒加热器

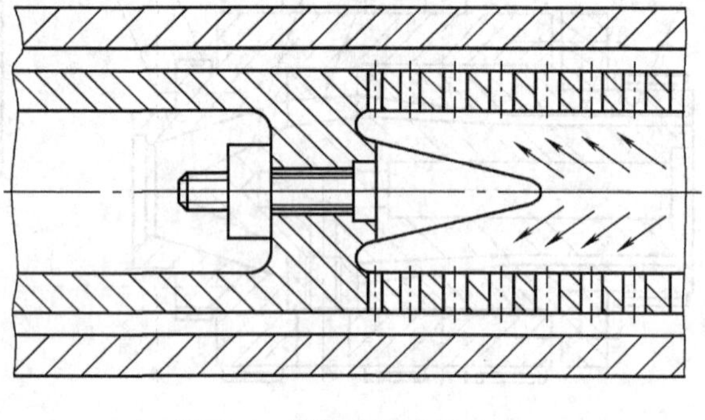

图 7-7　微孔流道挤管机头

PPO、PSU、PVC、PE、PP 及 PS。依据棒材外径大小选择挤出机，挤出机螺杆直径应小于棒材外径。依据塑料特性，ABS、聚碳酸酯、聚砜、聚苯醚等适用渐变螺杆，聚甲醛、聚三氟氯乙烯等适用突变螺杆。通常螺杆长径比 i 的值取 20～25，压缩比 ε 的值取 2.5～3.5；除生产玻璃纤维增强塑料外，可以设置 50～80 号筛的过滤网。

棒材挤出成型机头的结构一般比较简单，如图 7-8 所示。它与管材挤出成型机头基本相似，所不同的是管材挤出成型机头中的芯棒被分流锥所代替，以减少内部的容积及增加塑料的受热面积；有时流道中也不设分流装置，整个机头流道只要做成无滞料区的流线型就可以满足流动要求。

二、管材挤出模结构设计

1. 机头内主要零件的尺寸及其工艺参数

（1）口模　口模是成型管材外部表面轮廓的机头零件，主要尺寸为口模内径和定型段长度。如图 7-1 中的件 3 所示。

1）口模的内径。管材外径由口模内径决定，受离模膨胀效应及冷却收缩的影响，口模的内径只能根据经验而定，通过调节螺钉（图 7-1 中 5）调节口模与芯棒间的环隙使其达到合理值。

$$D = kd_s \tag{7-1}$$

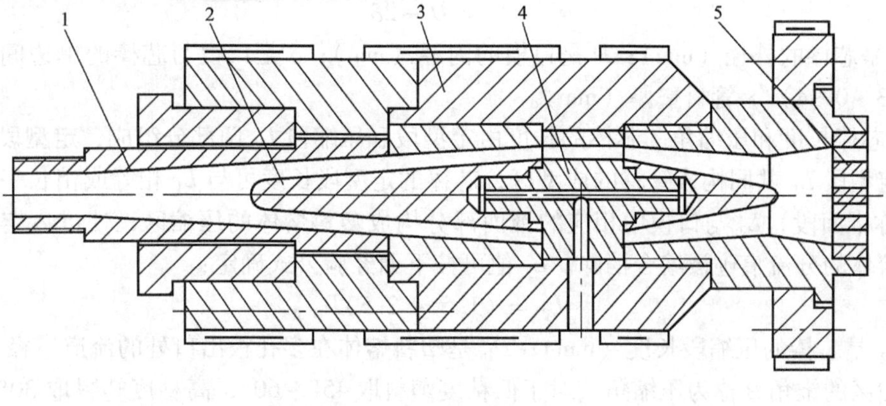

图 7-8 棒材挤出成型机头

1—口模 2—分流锥 3—机头体 4—分流锥支架 5—多孔板

式中，D 是口模的内径（mm）；d_s 是管材的外径（mm）；k 是补偿系数，可以参考表 7-3 选取。

表 7-3 补偿系数 k 值

塑料种类	定径套定管材内径	定径套定管材外径
聚氯乙烯（PVC）	—	0.95 ~ 1.05
聚乙烯（PE）	1.05 ~ 1.10	—
聚烯烃	1.20 ~ 1.30	0.90 ~ 1.05

2）定型段长度。口模的平直部分与芯棒的平直部分组成管材的成型部分，称定型段（成型区），如图 7-1 所示。定型段的长度 L_1 对于管材挤出成型质量相当重要，塑料熔体从机头的压缩区进入成型区融料流阻力增加，熔体密度提高，同时消除分流痕迹及残余的螺旋运动；但其长度 L_1 过长会使阻力增加太大，过短又起不到定型作用，因此 L_1 的取值应适当。可以用熔体流动理论导出近似的计算公式，但实践设计中一般凭经验而定。

按管材外径计算： $$L_1 = (0.5 \sim 3.0)d_s \qquad (7\text{-}2)$$

按管材壁厚计算： $$L_1 = ct \qquad (7\text{-}3)$$

式中，L_1 是口模定型段长度（mm）；d_s 是管材的外径（mm）；t 是管材的壁厚（mm）；c 是系数，与塑料品种有关，具体数值见表 7-4。

表 7-4 定型段长度 L_1 的计算系数

塑料品种	硬聚氯乙烯（HPVC）	软聚氯乙烯（SPVC）	聚乙烯（PE）	聚丙烯（PP）	聚酰胺（PA）
系数 c	18 ~ 33	15 ~ 25	14 ~ 22	14 ~ 22	13 ~ 22

注：按管材外径计算时，一般对于 d_s 较大的管材取小值；反之，则取大值。

（2）芯棒　芯棒是成型管材内部表面形状的机头零件，其结构如图 7-1 中的件 4 所示，通过螺纹与分流锥联接，其中心孔用来通入压缩空气，使管材产生内压，实现外径定径，其主要尺寸为芯棒外径、压缩段长度和压缩角。

1）芯棒外径。芯棒外径指定型段直径，它决定管材的内径，但由于离模膨胀和冷却收缩效应，芯棒外径尺寸不等于管材的内径尺寸。根据生产经验，可按下式确定：

$$d = D - 2\delta \tag{7-4}$$

式中，d 是芯棒的外径（mm）；D 是口模的内径（mm）；δ 是口模与芯棒的单边间隙，通常取（0.83～0.94）×管材壁厚（mm）。

2）芯棒长度和压缩角。芯棒的长度由定型段和压缩段 L_2 两部分组成，定型段与口模中的相应定型段 L_1 共同构成管材的成型区，芯棒的定型段长度可与 L_1 相等或稍长一些。压缩段（也称锥面段）L_2 与口模中相应的锥面部分构成塑料熔体的压缩区，使进入定型区之前的塑料熔体的分流痕迹被熔合消除。L_2 值可按下面经验公式确定：

$$L_2 = (1.5 \sim 2.5)D_0 \tag{7-5}$$

式中，L_2 是芯棒的压缩段长度（mm）；D_0 是塑料熔体在多孔板出口处的流道直径（mm）。

压缩区的锥角 β 称为压缩角。对于低粘度塑料取 45°～60°，高粘度塑料取 30°～50°。β 过大时表面较粗糙。

（3）拉伸比和压缩比　两者均是与口模和芯棒尺寸相关的挤出成型工艺参数。

1）拉伸比。拉伸比是口模和芯棒在成型区的环隙截面积与挤出管材截面积之比，反映了在牵引力或牵引速度作用下管材从高温型坯到冷却成型后的截面变形状况，以及纵向取向程度和拉伸强度，它的影响因素很多，一般通过实验确定，其值见表 7-5。

表 7-5　常用塑料挤出所允许的拉伸比

塑　料	硬聚氯乙烯（HPVC）	软聚氯乙烯（SPVC）	高压聚乙烯（LDPE）	低压聚乙烯（HDPE）	聚酰胺（PA）	聚碳酸酯（PC）	ABS
拉伸比	1.00～1.08	1.10～1.35	1.20～1.50	1.10～1.20	1.40～3.00	0.90～1.05	1.00～1.10

拉伸比的计算公式如下：

$$I = (D^2 - d^2)/(D_s^2 - d_s^2) \tag{7-6}$$

式中，I 是拉伸比；D_s、d_s 是塑料管材的内、外径（mm）；D、d 是分别为口模内径、芯棒外径（mm）。

由式（7-6）可知，在口模内径 D 确定以后，利用允许的拉伸比 I 及 D_s、d_s 尺寸也可以确定 d。

2）压缩比。压缩比是指机头和多孔板相接处最大料流截面积与口模和芯棒在成型区的环形间隙面积之比，它反映挤出成型过程中塑料熔体的压实程度。对于低粘度塑料，压缩比 $\varepsilon=4\sim10$；对于高粘度塑料，$\varepsilon=2.5\sim6.0$。

（4）分流锥和分流锥支架　图 7-9 所示为分流锥和分流锥支架的整体式结构。

在图 7-9 中，扩张角 α 的大小与塑料粘度有关，通常取 30°～90°。过大时，料流流动阻力大，熔体易过热分解；过小时不利于机头对其内部塑料熔体均匀加热，机头体积也会增大。分流锥的扩张角 α 应大于芯棒压缩段的压缩角 β。

分流锥上的分流锥面长度 L_3 一般按下式确定

$$L_3 = (0.6 \sim 1.5)D_0 \tag{7-7}$$

式中，D_0 是机头与多孔板相连处的流道直径（mm）。

分流锥头部圆角 $R=(0.5\sim2.0)$mm，R 不宜过大，否则熔体容易在此处发生滞留。分流锥表面粗糙度 Ra 应小于 0.40μm。分流锥安装时，应保证与机头体的同轴度在 0.2mm 之内，并与多孔板之间有一定长度的空腔，如图 7-10 中 L_5。L_5 通常取 10～20mm 或稍小于

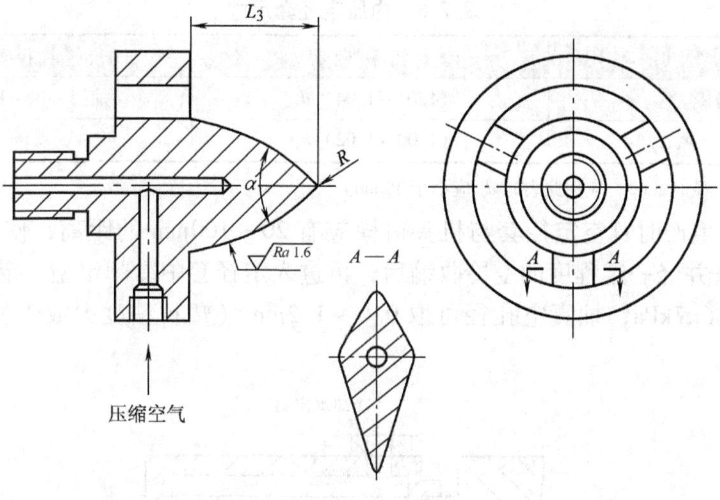

图 7-9 分流锥和分流锥支架整体结构示例

$0.1D_1$（D_1 为螺杆直径），过小料流不匀，过大则停料时间长。

分流锥支架主要用于支承分流锥及芯棒，并起搅拌物料的作用，一般三者分开加工后再装配而成。中小型机头可把分流锥与支架做成整体。支架上的分流肋应做成流线型，在满足强度要求的前提下缩短其宽度和长度，出料端角度应小于进料端角度，分流肋尽可能少些，以免产生过多的分流痕迹，一般小型机头 3 根，中型 4 根，大型 6 ~ 8 根。

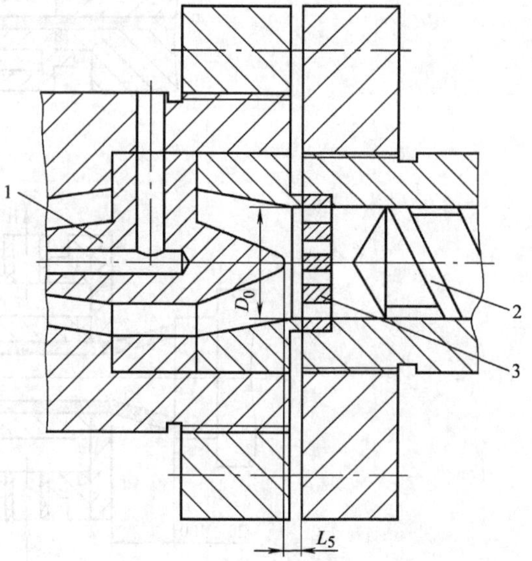

图 7-10 分流锥与多孔板的相对位置
1—分流锥 2—螺杆 3—多孔板

2. 定径套的设计

流出口模的管材型坯温度仍较高，没有足够的强度和刚度来承受自重变形，同时受离模膨胀和长度收缩效应的影响而变形，因此应采取一定的冷却定型措施，保证挤出管材准确的形状及尺寸和良好的表面质量，一般用内径定型和外径定型两种方法。我国在塑料管材标准中大多规定外径为基本尺寸，故常用外径定型法。

（1）外径定型 外径定型有两种定径方法：图 7-11a 为内压法定径；图 7-11b 为真空吸附法定径。

图 7-11a，在管子内部通入压缩空气（最好预热，压力为 0.02 ~ 0.28MPa），为保持压力，可堵塞防止漏气。定径套内径和长度一般根据经验来确定，见表 7-6。当管材直径大于 35mm 时，定径套长度应小于 10 倍的管材外径，定径套内径应放大 0.8% ~ 1.2%；如果管材直径大于 100mm，定径套长度还应再短些，通常可采用 3 ~ 5 倍的管材外径。注意，定径套内径尺寸不得小于口模内径。

表 7-6　内压定径套尺寸　（单位：mm）

塑　料	定径套内径	定径套长度
聚烯烃	(1.02 ~ 1.04) d_s	$\approx 10d_s$
聚氯乙烯 (PVC)	(1.00 ~ 1.02) d_s	$\approx 10d_s$

注：d_s 为管材外径（mm），应用此表时 d_s 应小于35mm。

图7-11b，生产时真空定径套与机头口模应有20 ~ 100mm的距离，使口模中流出的管材先行离模膨胀并经一定程度的空冷收缩后，再进入定径套中冷却定型。定径套内的真空度通常取53.3 ~ 66.7kPa，抽真空孔径可取0.6 ~ 1.2mm（塑料粘度大或管材壁厚时取大值，反之取小值）。

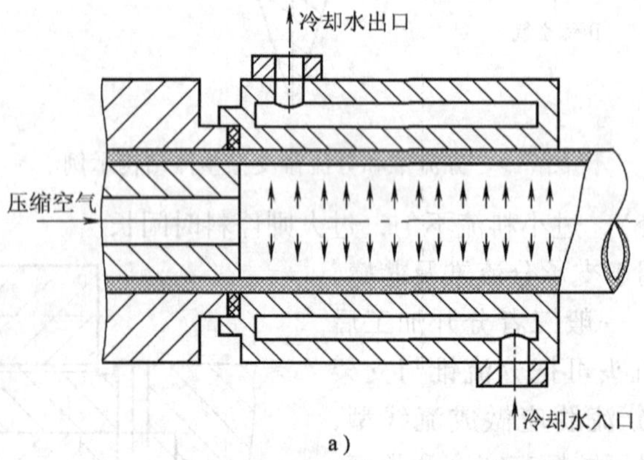

a）

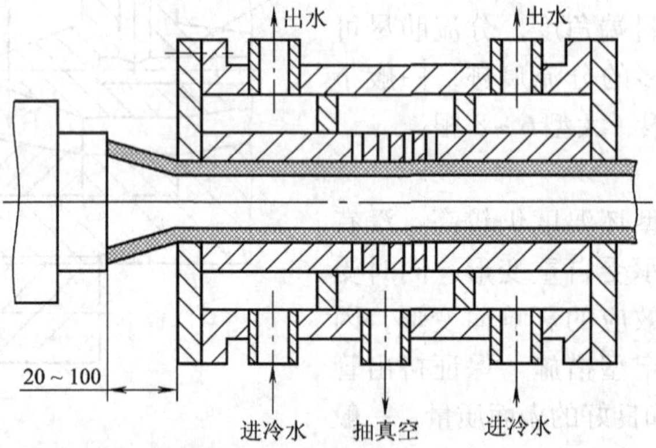

b）

图 7-11　外径定型原理图

当挤出管材外径不大时，定径套内径可按下面经验公式确定

$$d_0 = (1 + C_z) d_s \tag{7-8}$$

式中，d_0 是真空定径套内径（mm）；C_z 是计算系数，参考表7-7选取；d_s 是管材外径（mm）。

表 7-7　计算系数 C_z

塑　料	硬聚氯乙烯（HPVC）	聚乙烯（PE）	聚丙烯（PP）
系数 C_z	0.007 ~ 0.01	0.02 ~ 0.04	0.02 ~ 0.05

真空定径套的长度一般大于其他类型定径套的长度，对于直径大于100mm的管材，其长度可取4~6倍的管材外径，这样有助于更好地改善或控制离模膨胀和长度收缩效应对管材尺寸的影响。

（2）内径定型 管材的内径定型原理如图7-12所示，通过定径套内的循环水冷却定型挤出的管材，保证管材内孔的圆度，操作方便，但只适用于结构比较复杂的直角式机头，不适于挤出成型聚氯乙烯、聚甲醛等热敏性塑料管材，目前多用于挤出成型聚乙烯、聚丙烯和聚酰胺等塑料管材，尤其适用于内径公差要求比较严格的聚乙烯和聚丙烯管材。

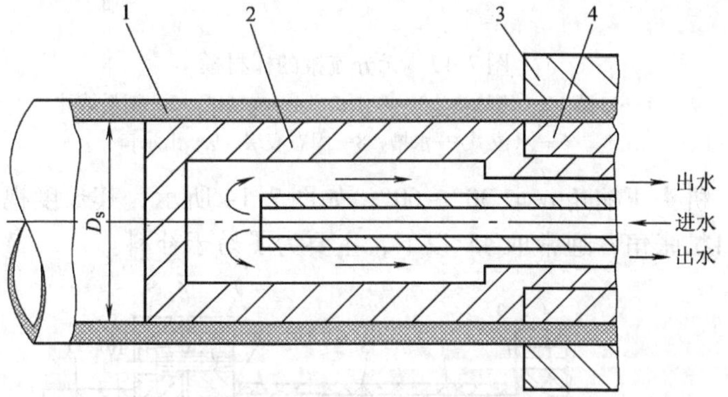

图7-12 内径定型原理图

1—管材 2—定径套 3—机头 4—芯棒

定径套沿其长度方向应带有一定锥度，在不影响管材内孔尺寸精度的情况下可在0.6:100~1.0:100范围内选取。定径套外径一般取（1.02~1.04）D_s（D_s为管材内径），通过修磨来保证管材内径D_s的尺寸公差，使管材内壁紧贴在定径套上，获得较低的表面粗糙度。定径套的长度与管材壁厚及牵引速度有关，一般取80~300mm，牵引速度较大或管材壁厚较大时取大值；反之，则取较小值。

三、棒材挤出模结构设计

1. 机头设计

棒材挤出模通常分为有分流锥的棒材模和无分流锥的棒材模两种结构类型。

（1）有分流锥的棒材模 如图7-8所示，流道的设计有阻流阀的作用，增加机头流道内的压力，流道不得有停滞区。棒材的定型区比管材定型区长一些，一般为棒材直径的4~15倍左右。进口处的扩张角为30°~60°，收缩部分的长度为50~100mm。出口处为喇叭形，便于棒材中心熔融区快速补料，喇叭扩张角为45°。主要的工作零件应进行调质处理。

（2）无分流锥的棒材模 如图7-13所示，强劲冷却的定径套以法兰与挤出模相连接，口模与定型模之间设有绝热垫。该模特点是成型与定型成为一体，口模1已成为直径为8~10mm的供冷却定型和补入塑料熔体的流道。熔体与定型段的冷壁相接触形成固态表层8。由于冷却收缩，在棒材中的某些部位有形成空洞的可能，因此要求挤出机必须有足够的压力。定型段的熔体压力，通常在1~12.5MPa之间。

无分流锥机头的典型结构如图7-14所示，在给定的直径和体积流量下，流道越短，塑料熔体离开口模的膨胀越大，最大可达120%。

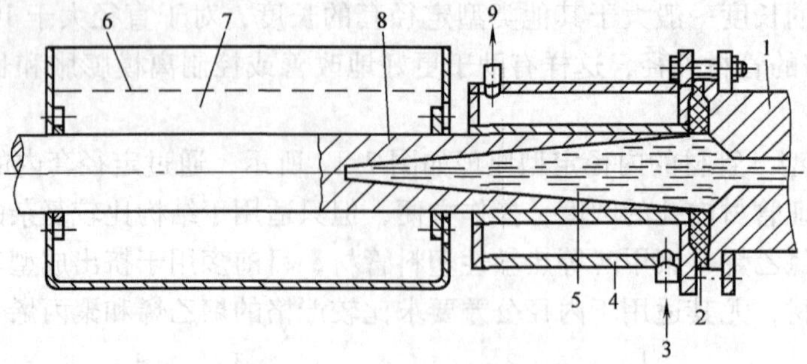

图 7-13 无分流锥的棒材模

1—口模 2—绝热垫 3—入水口 4—成型区 5—塑料熔体 6—水位 7—水槽 8—固态表层 9—出水口

参数的确定：机头压缩角 α 取 30°~60°，如图 7-14 所示，其长度视棒材粗细和塑料粘度特性而定；出口扩张角 β 通常取 45°以下，主要为了易于补料。

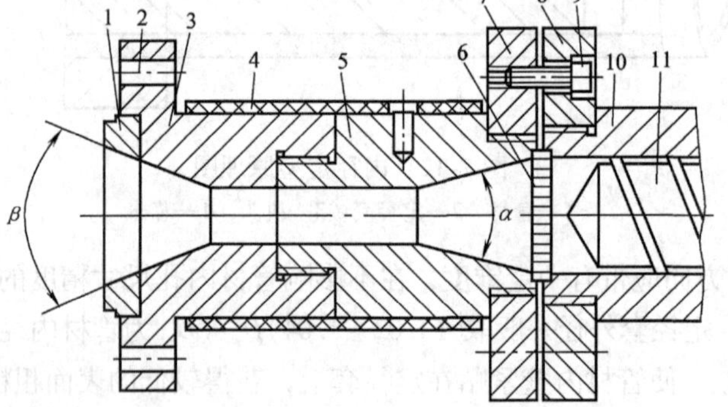

图 7-14 无分流锥机头典型结构

1—锥形环 2—螺栓孔 3—口模体 4—加热圈 5—连接器 6—多孔板 7—连接法兰 8—机筒法兰 9—联接螺钉 10—机筒 11—螺杆

2. 定径套设计

定径套决定棒材的表面质量，也影响棒材芯部密实程度。

(1) 定径套的结构设计 棒材定型模结构通常由三部分组成，如图 7-15 所示。绝热垫圈 2 居于高温机头 1 与低温定径套 3 之间，保证出料均匀、表面光滑、内部无空隙。机头内的熔体具有一定的压力，使定型模内尚未完全硬化的棒材芯部，得以实现及时补料，有利于减少棒材通过定径套的阻力。定径套应具有一定的锥度。定型模通常使用螺旋式冷却水夹套，能调节和控制冷却水

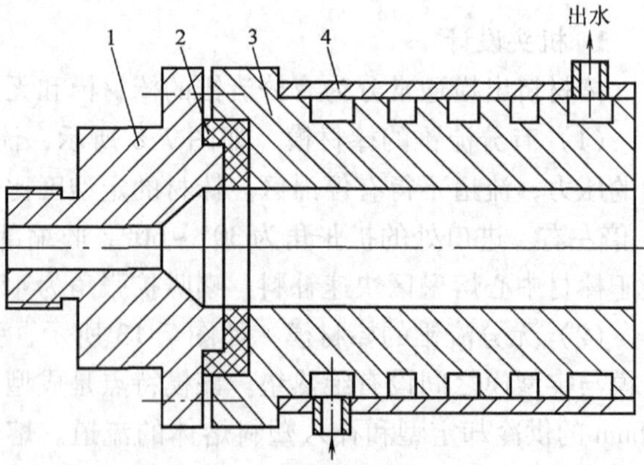

图 7-15 挤出棒材定型模结构

1—机头体 2—绝热垫圈 3—定径套 4—冷却套

流量，满足定型工艺特性要求。

（2）参数的确定 具体参数包括定径套尺寸、内壁表面粗糙度及斜度、绝热垫圈的材料。

1）定径套尺寸。棒材外径在 50mm 以下时，定径套长 200 ~ 350mm；当棒材外径大于 50mm 时，定径套长 300 ~ 500mm。定径套内径要稍大于所需棒材直径。常见工程塑料的挤出收缩率见表 7-8。

2）内壁表面粗糙度及斜度。定径套内壁的表面粗糙度越小越好，一般 *Ra* 值应小于 0.8μm。定径套内壁的斜度为 70:1（出口直径 > 入口直径），防止棒材发生堵塞。

3）绝热垫圈材料。应选用聚四氟乙烯板材或石棉水泥板等导热率小、耐高温、与塑料熔体无粘附作用的材料制作。

表 7-8 常见工程塑料的挤出收缩率

塑 料	尼龙 1010	尼龙 66	聚碳酸酯（PC）	聚甲醛（POM）	ABS	氯化聚醚（CPS）	聚砜（PSU）
收缩率（%）	2.5 ~ 5.0	3 ~ 6	1 ~ 2.5	2.5 ~ 4	1 ~ 2.5	1.5 ~ 3.5	1 ~ 2

注：本表适用于棒材外径 < 100mm 的情况。

第三节 平缝形挤出模设计

挤出成型可以生产厚度为 0.25mm 以上的板材和片材，厚度在 0.25mm 以下的称为薄膜。适用于板（片）材挤出成型的塑料品种有聚氯乙烯、聚乙烯、聚丙烯、ABS、抗冲聚苯乙烯、聚碳酸酯、聚酰胺、聚甲醛和醋酸纤维素等，其中前四种应用较多。

生产板（片）材的机头进料口为圆形，内部过渡成狭缝形，最后形成宽而薄的扁平出料口。塑料熔体随着流道的变化，沿宽度方向均匀分布，在整个宽度截面上向前推进的速度相等，挤出厚度均匀一致的塑料板（片）材。此类型机头大致可分为支管式机头、鱼尾式机头、螺杆式机头和衣架式机头等四大种类，本节只简介前三种结构形式。

一、支管式机头

机头型腔呈管状，由一个纵向切口与口模区相连通，对塑料熔体进行分流，使其流动宽度达到板（片）材型坯的要求，并有稳压作用。此种机头体积小、质量轻、结构简单、易加工、幅宽可调，可以挤出幅宽较大的板（片）材，应用较广泛。

按机头的结构形式及进料位置的不同，可分为以下几种常用机头结构。

1. 一端供料的直支管型机头

如图 7-16 所示的机头，塑料熔体从支管的一端进料，而支管的另一端则被封死。支管型腔与挤出料流方向一致，幅宽调节块 1 调节塑件的宽度，但塑料熔体在支管内停留时间较长，温度难于控制，容易分解变色。

2. 中间供料的直支管型机头

如图 7-17 所示的机头，塑料熔体从支管中部进入，分流后充满支管型腔，再从支管型腔的缝隙中挤出。支管型腔与挤出料流方向垂直，幅宽调节块 1 调节塑件宽度。塑料熔体在支管型腔内的流程较短，温度调节相对容易，板材和片材型坯的厚度及性能沿进料口中心线

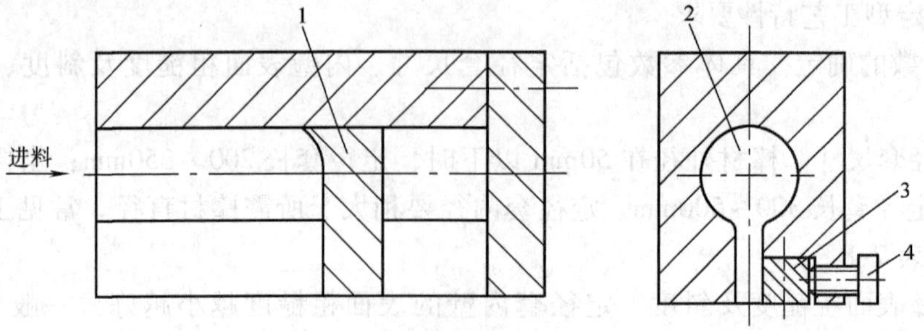

图 7-16　一端供料的直支管型机头

1—幅宽调节块　2—支管型腔　3—模口调节块　4—模口调节螺钉

对称分布。这类机头应用比较普遍。

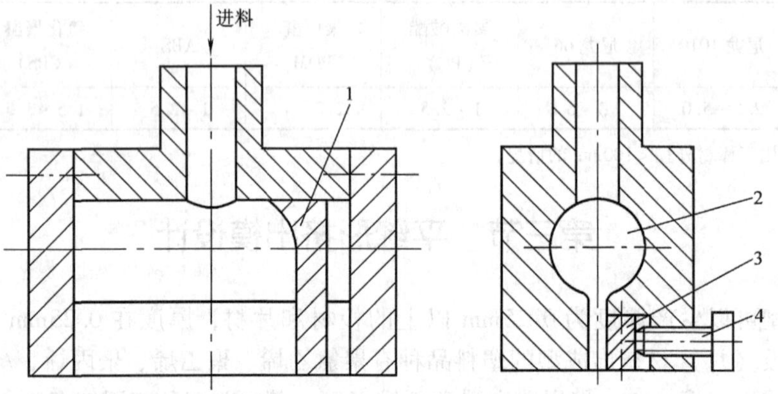

图 7-17　中间供料的直支管型机头

1—幅宽调节块　2—支管型腔　3—模口调节块　4—模口调节螺钉

3. 中间供料的弯支管型机头

如图 7-18 所示的机头，支管型腔弯曲呈流线型，适于挤出成型熔融粘度低或粘度高而热稳定性差的塑料，但机头的加工较困难，塑件幅宽不能调节。

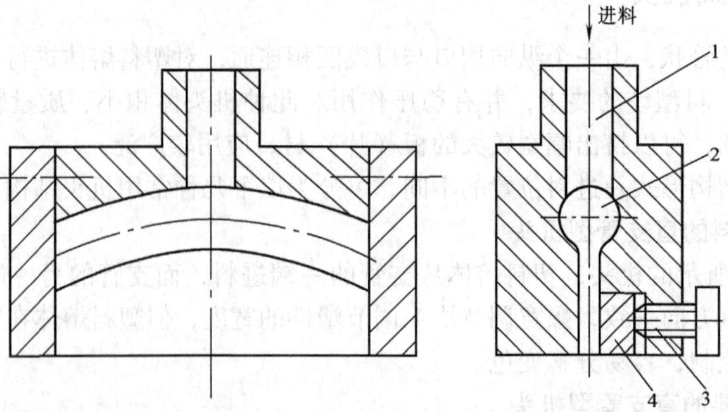

图 7-18　中间供料的弯支管型机头

1—进料口　2—弯支管型腔　3—模口调节螺钉　4—模口调节块

4. 带有阻流棒的双支管型机头

如图7-19所示的机头，阻流棒用来调节流量，限制型腔中部塑料熔体的流速。此类机头适于加工熔融粘度高的宽幅塑件，可使宽幅板（片）材的壁厚均匀性提高10%，成型幅宽可达1000~2000mm。但塑料熔体在支管型腔内停留时间较长，易过热分解，故不太适合于热敏性塑料，有时通过缩短支管直径及模口流道长度会有所改善。

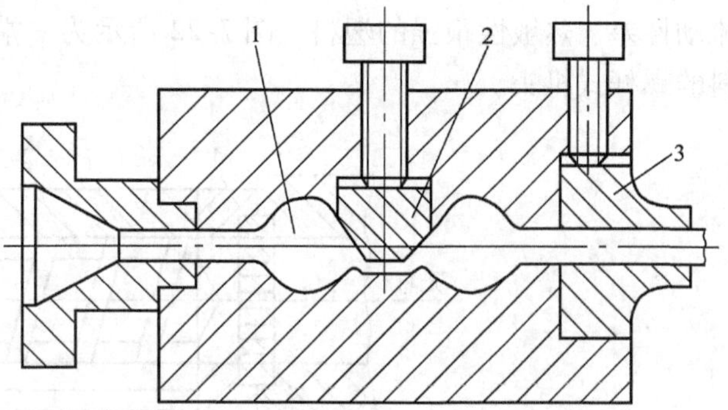

图7-19　带有阻流棒的双支管型机头

1—支管型腔　2—阻流棒　3—模口调节块

二、鱼尾式机头

机头的型腔呈鱼尾状，塑料熔体从机头中部进入型腔后，向两侧分流，在模口处挤出板（片）材，但易造成塑件厚度不均匀。为了克服此缺陷，通常在机头型腔内设置阻流器，如图7-20所示。还可同时采用阻流棒，如图7-21所示，以调节料流阻力的大小。机头结构较简单且易加工，适于多种塑料的挤出成型，但不适于成型宽幅板（片）材，一般幅宽小于500mm，板厚不大于3mm。鱼尾的扩张角不能太大（通常取80°左右）。

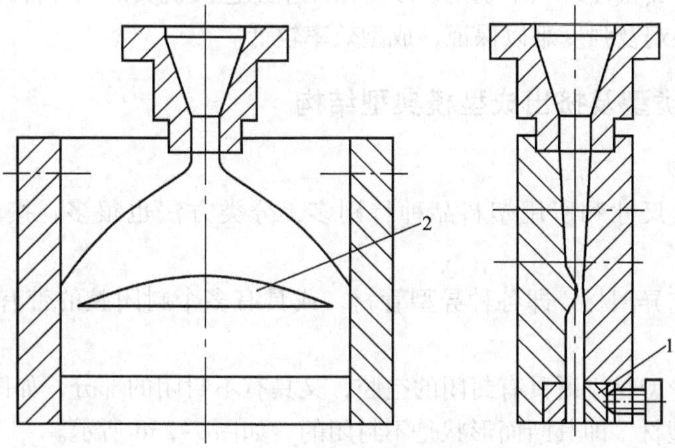

图7-20　带阻流器的鱼尾式机头

1—模口调节块　2—阻流器

三、螺杆式机头

如图7-22所示的机头，在直支管型腔内加设一根可单独驱动的螺杆。螺杆旋转可进一步塑化塑料熔体并均匀地进行宽度分配，温度控制也较容易；但因螺杆必须制成多头、渐变形螺纹、单独转动，故结构复杂且加工困难，成本也高，塑件表面还会出现波浪形痕迹。这类

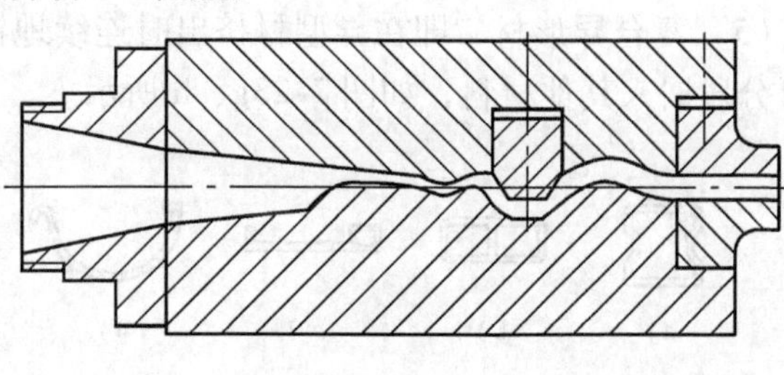

图7-21　具有阻流器和阻流棒的鱼尾式机头

机头挤出成型板材厚度可达20mm，幅宽达2000～4000mm，适用于各种塑料，尤其是一些流动性差、热敏性很强的塑料。图7-22所示为一端供料的螺杆式机头。此外，还有中间供料的螺杆式机头。

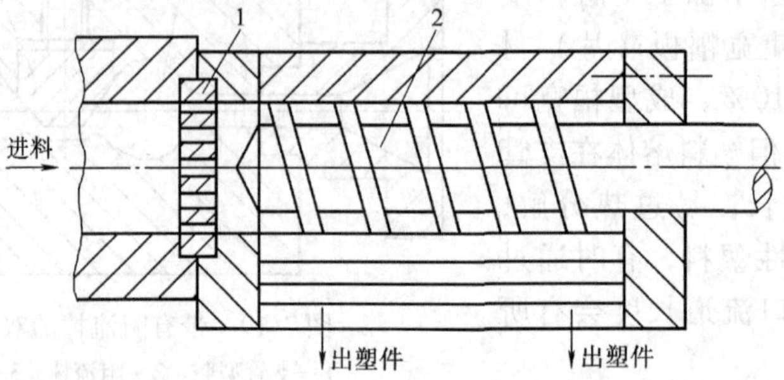

图7-22　一端供料的螺杆式机头示意图

1—多孔板　2—螺杆

第四节　异型材挤出模设计

除了前述管、棒、板（片）等塑件外，凡具有其他截面形状的塑料挤出制件统称为异型材。异型材由于其截面形状不规则，故挤出成型工艺及机头的设计都比较复杂，其几何形状、尺寸精度、外观及强度难以保证，成型效率较低。

一、异型材类型及挤出成型模典型结构

1. 异型材类型

异型材的形状尺寸和所用塑料品种特别多，分类方法也很多，按其形状可分为以下五类：

（1）封闭中空异型材　即各种异型管材，或具有多个封闭腔的带有尖角的异型材，如图7-23a、b所示。

（2）半封闭异型材　既具有封闭的空腔，又具有不封闭的部分，如图7-23c所示。

（3）开式异型材　即其断面形状是不封闭的，如图7-23d所示。

（4）实心异型材　即具有椭圆、矩形、三角形等非圆形断面的实心异型材，如图7-23e、f所示。

（5）复合异形材　即在异型材挤出时连续地镶嵌入钢、铝等金属型材或织物、木材等，也可分段嵌入其他材料，如图7-23g、h所示。

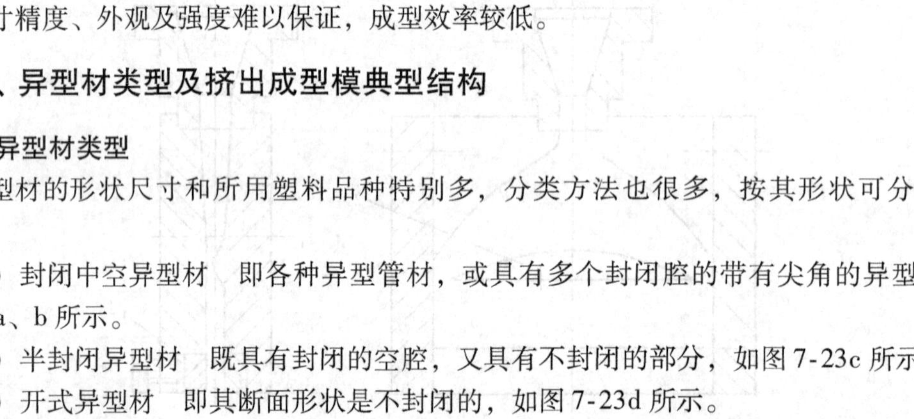

图7-23　异型材分类

2. 挤出成型模典型结构

常用的异型材挤出成型模有板式机头和流线型机头。

(1) 板式机头　如图7-24所示，机头结构简单、安装调整方便，但机头内流道截面会在口模型腔入口处急剧变化，形成若干平面死点，造成塑料熔体在机头内的流动条件较差，时间长会过热分解。一般多用于粘度不高、热稳定性较好的聚烯烃类塑料，有时也可用于软聚氯乙烯。

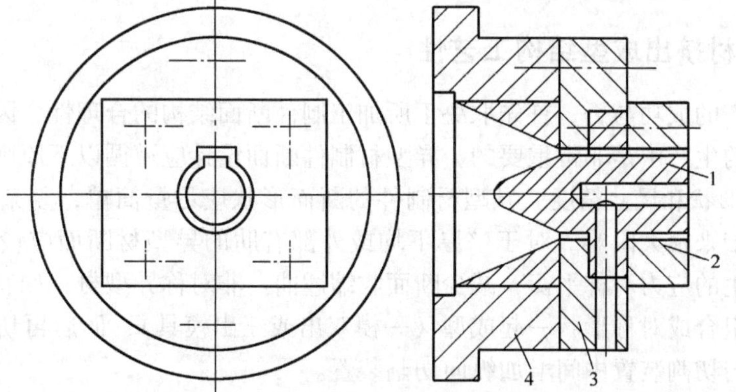

图7-24　板式机头

1—芯棒　2—口模　3—支承板　4—机头体

(2) 流线型机头　如图7-25所示，从进料口开始至口模的出口，流道截面必须由圆形光滑过渡为异型材所要求的截面形状和尺寸，即流道（包括口模成型区）表壁应呈光滑的流线型曲面，不得有急剧过渡的截面尺寸或死角。流线型机头可以保证复杂截面的异型材及热敏性塑料的成型质量，也适合大批量生产，但加工难度要比板式机头大。

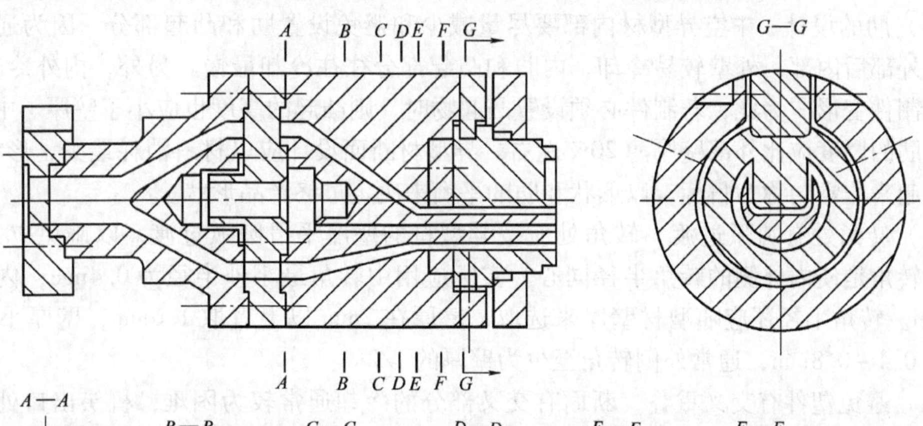

图7-25　流线型机头

流线型机头一般采用整体式或分段拼合式。图 7-25 所示为整体式流线型机头，其机头内流道由圆环形渐变过渡到所要求的形状，各截面形状如图 7-25 中 *A—A* ~ *F—F* 所示。在截面复杂的情况下，加工出一个整体式的流线型机头很困难。为了降低机头加工难度，常采用分段拼合式流线型机头。

分段拼合式流线型机头是将机头体分段，逐段局部加工，最后装配而成，但装配时难免在流道拼接处出现一些不连续光滑的截面尺寸过渡。塑料熔体在分段拼合式流线型机头中的流动条件相对较差，成型质量也比较难控制。

二、异型材挤出成型结构工艺性

异型材生产的成功与否，首先取决于所加工制件断面结构的合理性。因此，制件的断面设计在异型材的生产中是非常重要的。异型材制件断面设计应遵循以下原则：

（1）断面形状和尺寸精度　异型材制件的断面形状应尽量简单，复杂形状将给机头设计和冷却定型带来很大困难。对于壁厚不均或外部有肋的异型材断面应设法设计成对称形状，以保证产生的应力对称平衡，减少断面收缩翘曲。非对称异型材，如有可能应将两个或两个以上制件组合成对称形状一起成型（一模双出或三出模具），而后再切开，但这种情况要在牵引装置与切割装置中间增加纵向切割装置。

塑件设计时应充分考虑尺寸与公差，因为塑件尺寸大小与公差成正比关系，所以断面越大塑件公差也越大。对于壁厚不均匀的、平衡性差的、断面形状复杂的、有中空部位的制件以及有较长凸缘部分的塑件，其尺寸公差在总体或在局部都会比普通的大。

（2）壁厚要均匀　异型材塑件壁厚要尽量均匀，形状力求对称。壁厚不均匀将导致冷却不均匀，这是造成翘曲、尺寸不正确和物料流动不均匀的原因。壁厚均匀和形状对称后，可使物料在机头内流动均衡，压力趋于平衡，冷却也均匀，挤出成型性好，这是异型材制件断面设计最重要的一点。根据经验，同一断面最大壁厚和最小壁厚相差不得超过50%。

（3）肋的设计　中空异型材内部要尽量减少和避免设置肋和凸起部分。因为通常的冷却是先外部后内部，外壁较易冷却，内肋和凸起部分往往冷却最慢。另外，内外冷却不均，易引起制件变形。为此，若制件必须设置凸起物时，则凸起的高度也应小于壁厚。中空异型材内部肋的厚度应比外部壁厚薄20%左右。异型材断面设计应以材料消耗最少、形状规整、总体看起来非常匀称为目标，以形状和肋的平衡来决定最终产品形状。

（4）转角处有圆弧过渡　转角处应按异型材的壁厚平滑圆弧过渡，以避免应力集中。理想的转角是使内外侧的转角半径同心。实际应用中转角最小外半径为 0.4mm，内半径为 0.25mm。转角半径还应随型材壁厚来选取，壁厚在 2mm 以上者取 1.6mm，壁厚小于 2mm 者，取 0.4 ~ 0.8mm，通常外侧转角至少为壁厚的 1/2。

（5）避免塑件有交叉重叠　断面有交叉部分的冷却通常较为困难，机头出口处物料也容易引起不均匀分布，使塑件发生翘曲和产生收缩痕。收缩痕往往出现在加强肋的反面和壁厚较大的部位，因冷却时材料收缩不同而产生凹陷，形成沟槽，使塑件表面颜色、光泽不一致。为了提高塑件表观质量，在设计塑件断面时应使有肋部位厚度较整体略薄一点，或在易出现收缩痕的部位设置小凸缘、凹陷或花纹来掩饰。

（6）塑件的中空部分不能过小　中空部分过小，模具芯棒相应也较小，芯棒强度降低容易产生变形，造成塑件壁厚不均；若芯棒太小，机头结构支架固定会很困难，加工制作也困难，机头造价提高。

三、异型材成型模设计

（1）口模与塑件形状的关系　理论上异型材口模出料处的断面形状应与异型材所要求的断面形状保持一致，但实际上由于塑料性能、成型压力、成型温度、流速分布以及离模膨胀和长度收缩等因素影响，塑料熔体从口模中流出的情况非常复杂，不能仅靠异型材断面的理论几何形状来设计口模断面。图 7-26 所示为口模形状与塑件形状的关系。

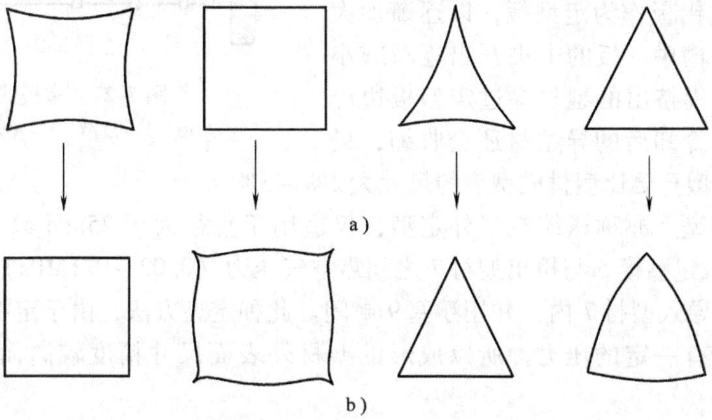

图 7-26　口模形状与塑件形状的关系

a）口模断面形状　b）塑件断面形状

（2）机头结构参数　分流锥扩张角 $\alpha<70°$，对于成型条件要求严格的塑料如硬聚氯乙烯等应尽量控制在 60°左右；机头压缩比 $\varepsilon=3\sim13$；压缩角 $\beta=25°\sim50°$。

（3）机头口模的尺寸　机头口模的定型段长度 L_1 和口模流道缝隙的间隙尺寸 δ，在设计上可参考表 7-9 选取。

表 7-9　不同塑料口模的 L_1、δ、t 的关系

塑　料	软聚氯乙烯（SPVC）	硬聚氯乙烯（HPVC）	聚乙烯（PE）	醋酸纤维素（CA）	聚苯乙烯（PS）
L_1/δ	6～9	20～70	16	20	20
t/δ	0.85～0.90	1.0～1.1	0.85～0.90	0.75～0.90	1.0～1.1

注：t 是塑件壁厚。

口模径向尺寸在异型材挤出成型机头中是指口模流道的外围尺寸，由于受离模膨胀效应、工艺条件波动及塑料本身收缩率偏差和波动的影响，口模径向尺寸较难确定，设计时可参考表 7-10 选取。

表 7-10　口模流道外围尺寸与塑件外围尺寸的关系

塑　件	软聚氯乙烯（SPVC）	硬聚氯乙烯（HPVC）	醋酸纤维素（CA）	乙基纤维素（EC）
B_s/B_m	0.80～0.90	0.80～0.93	0.85～0.95	1.05～1.15
H_s/H_m	0.70～0.85	0.90～0.97	0.75～0.90	0.80～0.95

注：1. B_s 是塑件宽度；H_s 是塑件高度；B_m 是口模流道外围宽度；H_m 是口模流道外围高度。

2. 对于开式异型材（断面外部轮廓曲线完全开放），表中数值应缩小 10%～30%。

四、异型材定型模设计

异型材的尺寸和几何形状精度，除了机头需设计合理外，还取决于定型模。异型材的定型方式有多种，这里主要介绍多板式定型、加压定型和真空定型三种结构形式。

(1) 多板式定型　多板式定型是最简单的一种形式，如图7-27所示，将多块厚度为3～5mm的黄铜板或铝板作为定型板，以逐渐加大的间隔放置在水槽中。板的中央开出逐渐减小的成型孔。从口模挤出的型材穿过定型板边冷却边定型。因为冷却后的异型材还会收缩，最后一块定型板的型孔要比型材成型后的尺寸大2%～3%。

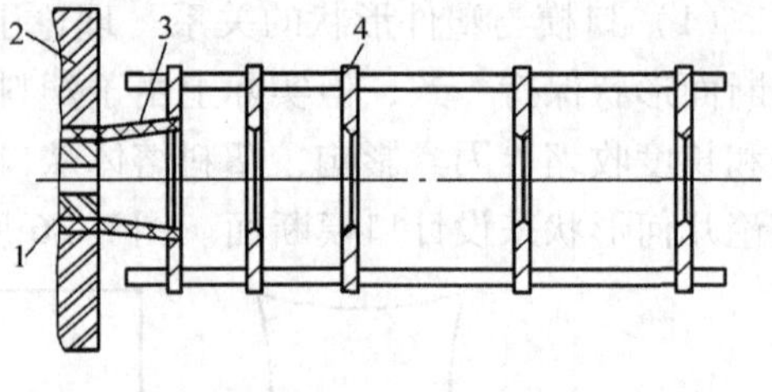

图7-27　多板式定型

1—芯模　2—口模　3—型材　4—定型板

(2) 加压定型　亦称压缩空气外定型，仅适用于直径大于25mm以上的中空异型材，如图7-28所示。定型模5与挤出型材7之间靠空气压力（0.02～0.1MPa）而接触。压缩空气由机头芯棒1导入型材7内，并用浮塞9封闭。此种定型方法，由于定型模与管材的接触面长，而且管内有一定的压力，所以成形的型材外表面尺寸精度较高而且表面粗糙度值较低。

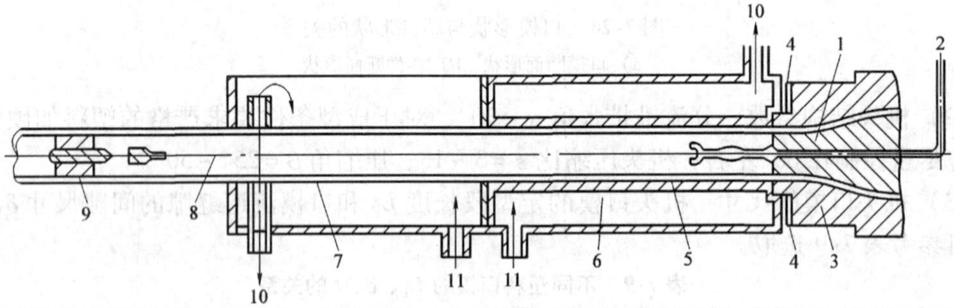

图7-28　加压定型

1—芯棒　2—压缩空气入口　3—机头体　4—绝热垫　5—定型模　6—冷却水腔　7—型材　8—链锁　9—浮塞　10—出水口　11—入水口

(3) 真空定型　亦称真空外定型，如图7-29所示。型材与定型模间靠给定型模周围壁上的细孔或缝口抽真空来达到紧密接触，型材内维持大气压力。对于闭式空心型材，通常串联几个定型装置。例如窗用异型材的定型装置就分3段，每段长约400～500mm。当型材引入第1段时，由于受到拉挤压力而发生塑性变形，并沿模壁贴合形成与定型模断面相一致的型材外形。若型材上需形成沟槽、凸缘或凸起时，可留在定型模的后一段进行，以减少卡塞的危险。

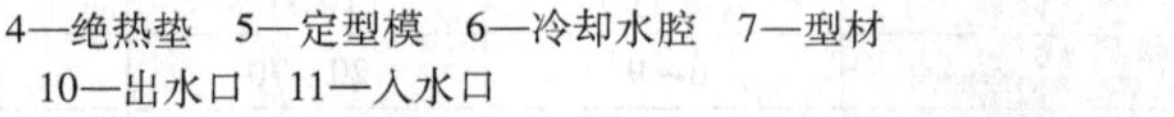

图7-29　真空定型

1—冷却水入口　2—冷却水出口　3—真空　4—至真空泵

（4）参数的确定　主要是指定型模长度和型腔尺寸的确定。

1）定型模长度。实践表明，当异型材壁厚达2.5～3.5mm范围时，定型模总长度在1600～2600mm，很难加工。为此，常将定型模分成多段制造，然后组装使用。其分段依据见表7-11。

2）定型模型腔尺寸。异型材型坯在定型过程中要经历冷却收缩和牵引拉长的变化，致使定型后的异型材的断面尺寸变小，故定型模径向尺寸必须适当放大。尺寸放大的依据是异型材定型收缩率，见表7-12。

表7-11　异型材定型模分段参考数据

异型材断面尺寸/mm		定型模总长度/mm	可分段数
壁厚	高×宽		
1.50以下	40×200以下	500～1300	1～2
1.50～3.0	80×300以下	1200～2200	2～3
3.0以上	80×300以下	2000以上	3以上

表7-12　异型材定型收缩率

塑料名称	ABS	CA	PA610	PA66	PE	PP	RPVC	SPVC
收缩率	1～2	1.5～2	1.5～2.5	1.5～2.5	4～6	3～5	0.8～1.3	3.5～5.5

五、异型材挤出模设计实例

现以PVC装饰板材挤出模的设计为例，论述如下。

（1）产品结构分析　产品横断面如图7-30所示，材料为PVC，外形尺寸宽度275±0.5mm，高度10±0.3mm，上层壁厚0.7mm，下层壁厚0.6mm，加强肋0.5mm。为增加立体感，在制件外表面分布有两道沟槽，产品同时要求外表面光滑平整，无缺陷。内腔加强肋要求无断裂，安装方式采用拼和式，上表面处于同一平面，误差为±0.2mm。要满足以上要求，关键是设计挤出模机头口模流道，确定冷却定型方式及各部分尺寸。生产设备为SJ-65×25型单螺杆挤出机。

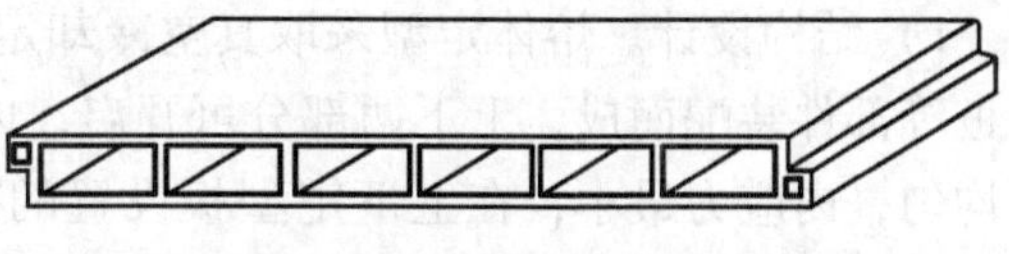

图7-30　PVC装饰板材横断面

（2）挤出机头　主要对机头结构的设计和结构参数的确定。

1）结构设计。机头包括机颈、机体、芯模、口模、阻尼块，机头流道呈流线型圆滑过渡，采用上下组合装配结构。机颈采用球形入口，便于和挤出机机筒连接配合，使熔体流出机筒、多孔板后能逐渐过渡为机颈内流道形状。采用扁机头，机颈内流道纵向呈压缩状趋于减小，横向呈扇形趋于增大，从而扩展为产品形状，如图7-31所示。

2）机头结构参数。机颈入口采用与挤出机机筒直径相同的球形结构，直径为65mm，机颈内扇形横向扩张角取60°，纵向两边之间夹角取8°。在芯模前加一菱形阻尼块，前端两边之夹角为60°，后端两边之夹角为90°，各角部呈圆弧状。

熔体出口模后会发生离模膨胀，但由于冷却收缩和牵引机的牵引作用，致使口模间隙t、宽度B、高度H不同于异型材壁厚t_s（mm）、宽度B_s（mm）高度H_s（mm），根据经验：

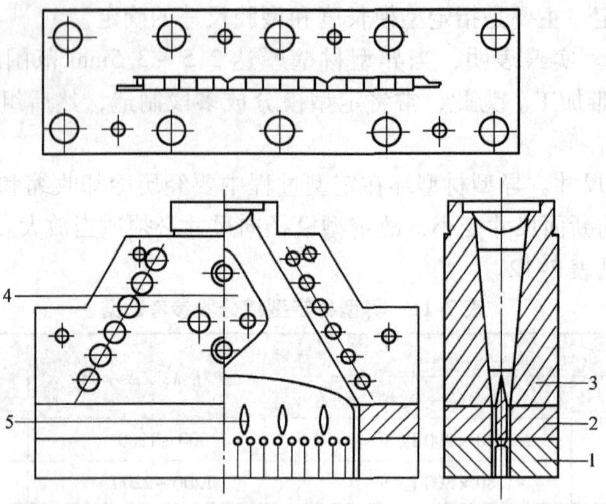

图 7-31　PVC 塑料异型材挤出模机头

1—口模　2—机体　3—机颈　4—阻尼块　5—芯模

$$t_s/t = 1.10 \sim 1.20 \qquad t = 0.6$$
$$B_s/B = 0.80 \sim 0.93 \qquad B = 297$$
$$H_s/H = 0.90 \sim 0.97 \qquad H = 10.8$$

口模成型段将熔融物料的运动形式调整为塑件横断面形状，并提高熔体密度，消除各种熔接痕，其长度 L 与塑料品种、制件厚度、挤出条件等因素有关。经验表明，其长度 L 与口模间隙 t 之比一般取 20 ~ 50 比较适宜，现取 $L/t = 28/0.6 = 46.7$。

在机头内总的压缩比，即多孔板的最大料流断面积与口模间隙面积之比为

$$\varepsilon = S_{入}/S_{出} = 3.14 \times (65/2)^2/[297 \times (0.7 + 0.6) + 20 \times 10.8 \times 0.5] \approx 7$$

(3) 定型模　主要是定型模结构的设计和结构参数的确定。

1）结构设计。熔体定型采取真空冷却定型结构，由上盖板、上定型板、下盖板、下定型板等部件装配而成，上下两部分可开启，内腔冷却水流道与真空槽交错排列。为使型材冷却均匀，内应力最小，在上下定型板设置的冷却水回路采取对称排列。定型模横断面如图 7-32 所示。

2）定型模结构参数设计。定型模长度越长，对产品质量、型材内应力的消除越有好处，但过长会增加成本，不便于搬运开启。由于装饰板材壁厚较薄，定型模长度取 600mm 即可。定型模径向尺寸通常比模口尺寸小，比型材尺寸大，具体尺寸可按下式确定：

$$D = 1.02d$$

式中，D 是定型模径向尺寸（mm）；d 是型材尺寸（mm）。

真空吸附采用沟槽形式，为避免粘流状物料被吸进真空槽内阻塞真空槽，沟槽宽 1mm。前部 6 道沟槽宽度取 0.8mm，沟槽间距为 40mm。真空槽背面细孔直径为 ϕ5mm，冷却水流道互相贯通，为减小内应力，循环水从定型模后端流入，前端流出，水孔直径为 ϕ10mm。

(4) 材料选择与加工要求　机头长期工作在高温高压下，磨损较大，聚氯乙烯塑料熔体在加工过程中易过热分解放出腐蚀性气体，所以选用耐磨、耐蚀性较好模具钢材料 2Cr13。定型模材料也选用不锈钢 2Cr13，盖板选用铸铝材料。

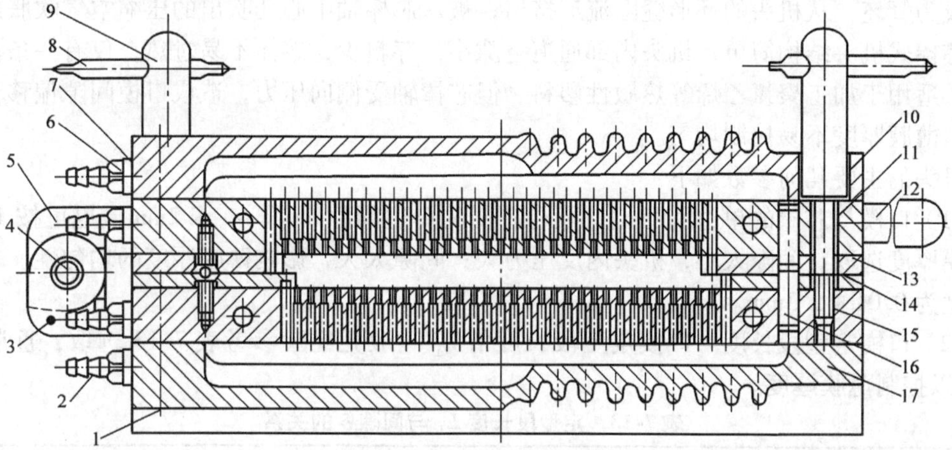

图 7-32　定型模横断面

1—内六角圆柱头螺钉　2—气水接头　3、5—铰链片　4—轴　6—螺栓　7—螺钉　8—锁紧螺钉　9、12—手柄　10、17—上、下盖板　11、15—上、下定型板　13、14—侧型板　16—圆柱销

第五节　吹塑薄膜挤出模具设计

吹塑成型可以生产聚氯乙烯、聚乙烯、聚丙烯、聚苯乙烯、聚酰胺等各种塑料薄膜，是塑料薄膜生产中应用最广泛的一种方法。根据成型过程中管坯的挤出方向及泡管的牵引方向不同，薄膜吹塑成型可分为平挤上吹、平挤下吹、平挤平吹三种方法，其中前两种使用直角式机头，后一种使用水平式机头。图 7-33 所示为以普遍使用的平挤上吹法生产薄膜时从侧面进料的芯棒式机头。

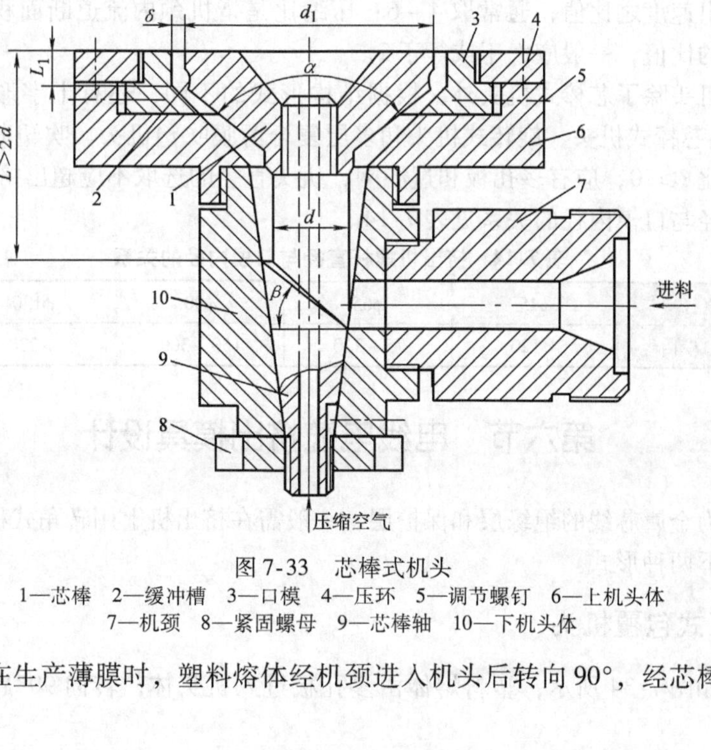

图 7-33　芯棒式机头

1—芯棒　2—缓冲槽　3—口模　4—压环　5—调节螺钉　6—上机头体　7—机颈　8—紧固螺母　9—芯棒轴　10—下机头体

芯棒式机头在生产薄膜时，塑料熔体经机颈进入机头后转向 90°，经芯棒轴切分，在口

模区成为管坯，从机头的环形缝隙流道挤出，被从芯棒轴中心孔吹出的压缩空气吹胀成膜。

芯棒式机头结构简单，机头内部通道空隙小，存料少，熔体不易过热，仅有一条薄膜熔合线，适用于加工聚氯乙烯等热敏性塑料。但芯棒轴受侧向压力，造成口模间隙偏移，出料不匀，薄膜厚度不易控制均匀。

机头的主要几何参数如下：

（1）口模与芯棒的单边间隙　口模与芯棒的单边间隙 $\delta=0.4\sim1.2$mm，也可按 18～30 倍薄膜厚度选取。间隙太小，机头内反压力大；间隙太大，影响薄膜厚度的均匀性。一般薄膜厚度为 0.01～0.3mm。

（2）口模定型段长度　口模定型段长度值 L_1 一般凭经验参考表 7-13 选取，通常 $L_1\geqslant15\delta$，以控制薄膜厚度。

表 7-13　定型段长度 L_1 与间隙 δ 的关系

塑　料	聚氯乙烯（PVC）	聚乙烯（PE）	聚丙烯（PP）	聚酰胺（PA）
L_1	$(16\sim30)\delta$	$(25\sim40)\delta$	$(25\sim40)\delta$	$(15\sim20)\delta$

（3）缓冲槽尺寸　为消除管坯上的分流痕迹，常在芯棒定型区开设 1～2 个缓冲槽，深度取 $h=(3.5\sim8)\delta$，宽度取 $b=(15\sim30)\delta$。

（4）芯棒扩张角与分流线斜角　芯棒扩张角（流道角）α 在选取上不可取得过大，否则会对机头操作工艺控制、膜厚均匀度和机头强度设计等方面产生不良影响，通常可取 80°～90°，必要时可取 100°～120°。芯棒轴分流线斜角 β 的取值与塑料流动性有关，不可取得太小，否则会使芯棒尖处出料慢，形成滞料过热分解，一般取 $\beta=40°\sim60°$。

（5）吹胀比、牵引比和压缩比　吹胀比是指吹胀后的泡管膜直径与未吹胀的管坯直径（也即机头口模直径）的比值，一般取 1.5～4.0，工程上常用 2～3；牵引比是指泡管膜牵引速度与管坯挤出速度之比值，通常取 4～6；压缩比是指机颈内流道断面积与口模定型区环形流道断面积的比值，一般应大于或等于 2。

吹塑薄膜机头除了芯棒式机头外，根据结构形式的不同，还有十字形机头（中心进料式机头）、螺旋芯棒式机头、旋转式机头和多层复合薄膜吹塑机头。吹塑薄膜机头选用的挤出机螺杆长径比 $i\geqslant20$，应有多孔板和过滤网，机头直径的选取不应超出挤出机的许用范围。挤出机螺杆直径与口模内径的关系见表 7-14。

表 7-14　挤出机螺杆直径与口模内径的关系　　（单位：mm）

挤出机螺杆直径	$\phi45$	$\phi65$	$\phi90$	$\phi120$	$\phi150$
吹塑薄膜机头的口模内径	<120	75～220	150～300	>220	>250

第六节　电线电缆挤出模具设计

塑料可作为金属芯线的绝缘层和保护层，一般需在挤出机上用转角式机头挤出成型，典型结构常有如下两种形式。

一、挤压式包覆机头

这种机头如图 7-34 所示，塑料熔体由多孔板进入机头体，转向 90°后沿着芯线、导向棒流动。由于导向棒一端与机头体内孔严密配合，熔体只能向口模一方流动，在导向棒上汇合成一封闭料环后，经口模成型区最终包覆在芯线上。

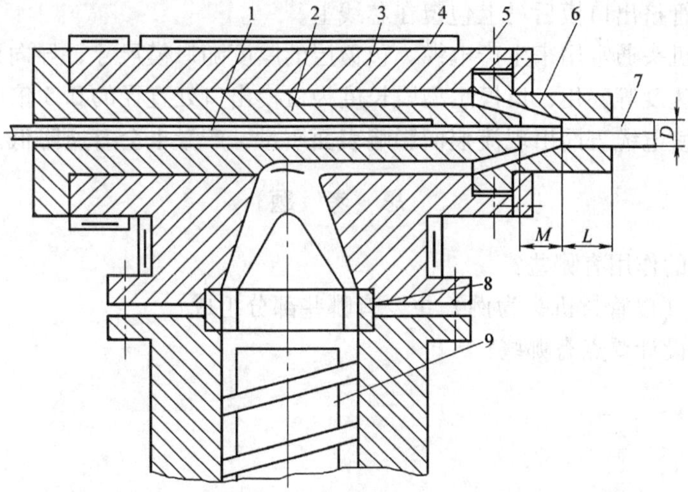

图 7-34　挤压式包覆机头

1—芯线　2—导向棒　3—机头体　4—电热器　5—调节螺钉　6—口模　7—包覆塑件　8—多孔板　9—挤出机螺杆

挤压式包覆机头通常用来生产电线。一般情况下，定型段长度 L 为口模出口处直径 D 的 1.0 ~ 1.5 倍；导向棒前端到口模定型段的距离 M 也可取口模出口直径 D 的 1.0 ~ 1.5 倍；包覆层厚度取 1.25 ~ 1.60mm。

二、套管式包覆机头

这种机头结构如图 7-35 所示，与挤压式包覆机头相似，不同之处在于套管式包覆机头是将塑料挤成管状，然后在口模外靠塑料管的遇冷收缩而包覆在芯线上。

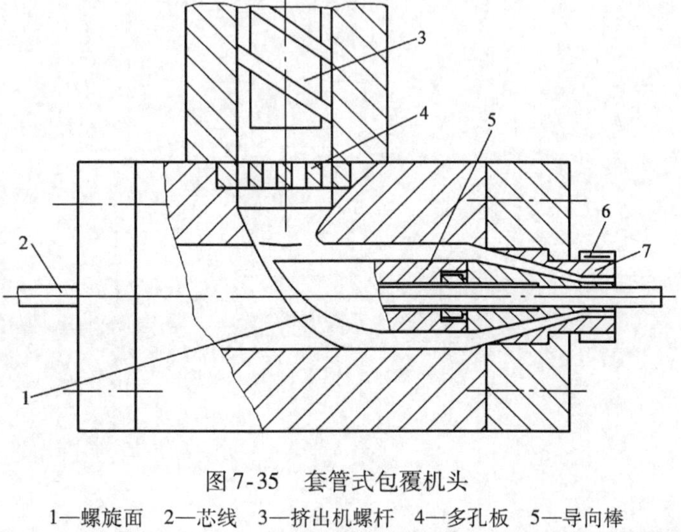

图 7-35　套管式包覆机头

1—螺旋面　2—芯线　3—挤出机螺杆　4—多孔板　5—导向棒　6—电热器　7—口模

塑料熔体由多孔板进入机头体内，然后流向芯线、导向棒，这时导向棒的作用相当于管材挤出机头中的芯棒，用以成型管材的内表面，口模成型管材的外表面，挤出的塑料管与导向棒同心，塑料管挤出口模后马上包覆在芯线上。

套管式包覆机头通常用来生产电缆。包覆层的厚度随口模尺寸、导向棒头部尺寸、挤出速度及芯线牵引速度等变化，口模定型段长度为口模出口处直径的0.5倍以下，否则，螺杆的背压过大，会使电缆表面出现流痕而影响表面质量，产量也会有所降低。

思　考　题

1. 挤出机头的作用有哪些？
2. 挤出机头（以管材机头为例）主要有哪些部分组成？
3. 挤出机头设计要点有哪些？

第八章　中空吹塑和热成型工艺与模具设计

第一节　中空吹塑成型工艺与模具设计

一、中空吹塑成型原理与工艺

中空吹塑成型是将处于可塑状态的塑料型坯置于模具型腔内，使压缩空气注入型坯中将其吹胀，使之紧贴于型腔壁上，冷却定型后得到一定形状的中空塑件的加工方法。适用于中空吹塑成型的塑料有聚乙烯、聚氯乙烯、纤维素塑料、聚苯乙烯、聚丙烯、聚碳酸酯等。常用的吹塑制品原料是聚乙烯和聚氯乙烯。因为聚乙烯制品无毒，容易加工；聚氯乙烯价廉，透明性和印刷性较好，凡熔融指数为 0.04 ~ 1.12 的塑料都是比较优良的中空吹塑材料。

1. 中空吹塑成型分类

中空吹塑制品的成型工艺较复杂，成型方法主要有以下几种形式。

（1）挤出吹塑成型　挤出吹塑成型是成型中空塑件的主要方法，图 8-1 所示是挤出吹塑成型工艺过程示意图。首先，由挤出机挤出管状型坯，如图 8-1a 所示；截取一段管状型坯趁热将其放于模具中，在闭合对开式模具的同时夹紧型坯上下两端，如图 8-1b 所示；然后用吹管通入压缩空气，使型坯吹胀并贴于型腔表壁成型，如图 8-1c 所示；最后经保压和冷却定型，便可排出压缩空气并开模取出塑件，如图 8-1d 所示。

这种成型方法的优点是设备和模具的结构简单，投资少，操作容易，适于多种塑料的中空吹塑成型；缺点是型坯厚不均匀，生产效率低。

（2）注射吹塑成型　注射吹塑成型的工艺过程是由注射机先在注射模中制成管状型坯，然后把热管状型坯迅速移入吹塑模中进行吹塑成型，其工艺过程如图 8-2 所示。

这种成型方法的优点是壁厚均匀无飞边，不需后加工，由于注射型坯有底，故塑件底部没有拼合缝，强度高，生产效率高，但设备和模具的投资较大，多用于小型塑件的大批量生产。

（3）注射拉伸吹塑成型　注射拉伸吹塑是将注射成型的有底型坯加热到熔点以下适当温度后置于模具内，先轴向拉伸后再通入压缩空气吹胀成型的加工方法。经过拉伸吹塑的塑件其透明度、抗冲击强度、表面硬度、刚度和气体阻透性能都有很大提高。注射拉伸吹塑最典型的产品是线性聚酯饮料瓶。

注射拉伸吹塑成型可分为热坯法和冷坯法两种成型方法。

1）热坯法注射拉伸吹塑成型。首先在注射工位注射成一空心带底型坯，如图 8-3a 所示；然后打开注射模将型坯迅速移到拉伸和吹塑工位，进行拉伸和吹塑成型，如图 8-3b、c 所示；最后经保压、冷却后开模取出塑件，如图 8-3d 所示。这种成型方法省去了冷型坯的

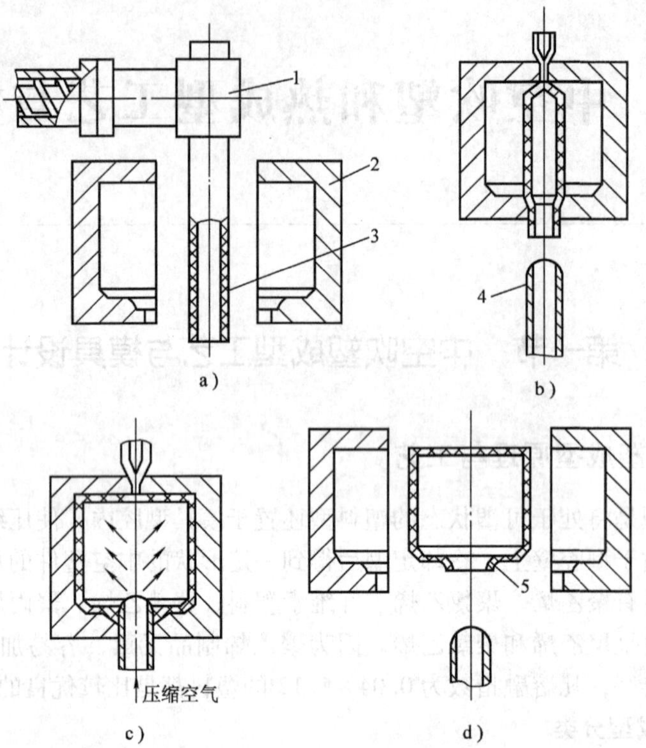

图 8-1　挤出吹塑中空成型过程

1—挤出机头　2—吹塑模　3—管状型坯　4—压缩空气吹管　5—塑件

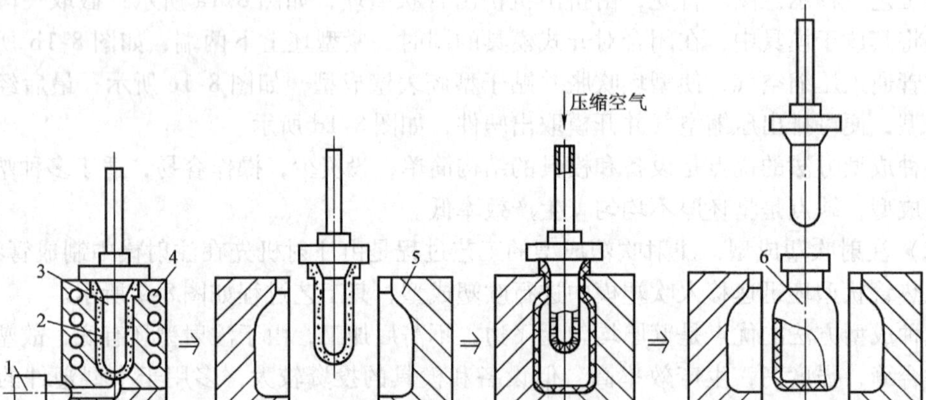

图 8-2　注射吹塑中空成型工艺过程

1—注射机喷嘴　2—注射管型坯　3—空心凸模　4—加热器　5—吹塑模　6—塑件

再加热，所以节省能量，同时由于型坯的制取和拉伸吹塑在同一台设备上进行，占地面积小，生产易于连续进行，自动化程度高。

2）冷坯法注射拉伸吹塑成型。冷坯法注射拉伸是将注射好的型坯加热到合适的温度后再将其置于吹塑模中进行拉伸吹塑的成型方法。采用冷坯法成型时，型坯的注射和塑件的拉伸吹塑成型分别在不同的设备上进行，因拉伸吹塑之前，为了补偿型坯冷却散发的热量，需要进行二次加热，以确保型坯的拉伸吹塑成型温度。这种方法的主要特点是设备结构相对简单。

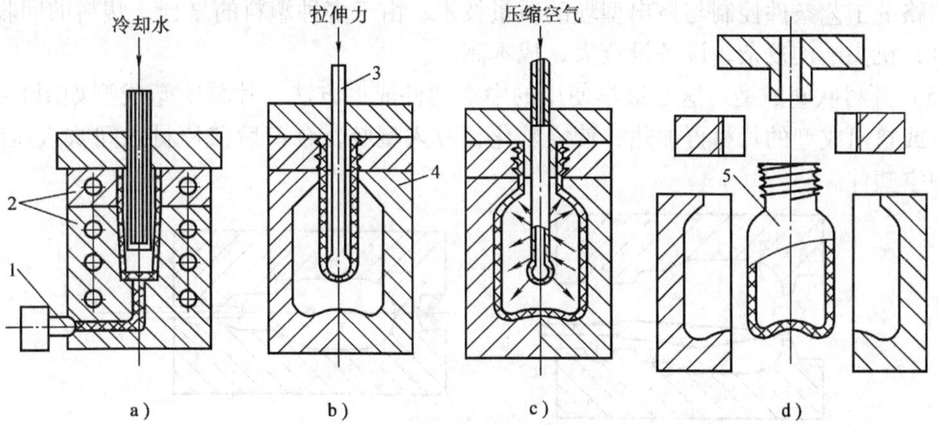

图 8-3 注射拉伸吹塑成型过程

a）注射型坯 b）拉伸型坯 c）吹塑型坯 d）塑件脱模

1—注射机喷嘴 2—注射模 3—拉伸芯棒（吹管） 4—吹塑模 5—塑件

（4）多层吹塑 多层吹塑成型如图 8-4 所示，先用注射法或挤出法制出多层型坯，然后进行吹塑成型，模具结构与一般模具相同，生产出来的塑料壁是多层的不同种的塑料。

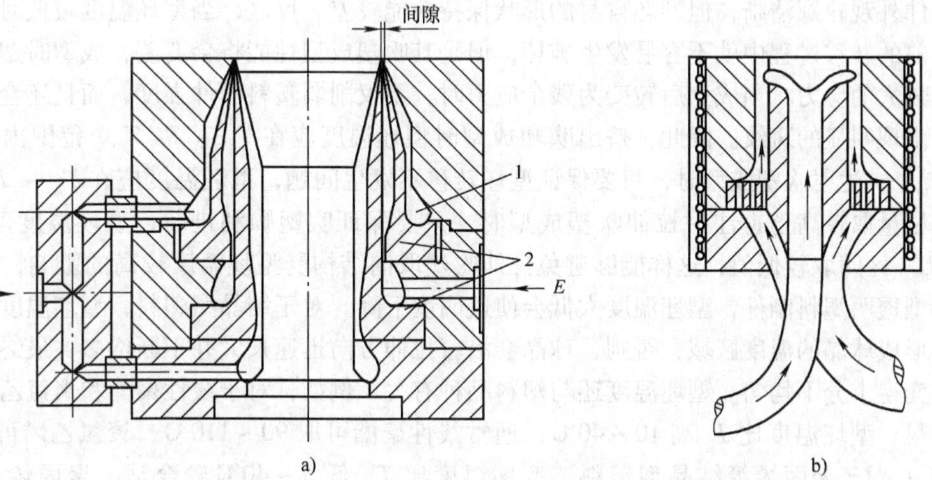

图 8-4 多层吹塑成型

a）三层吹塑成型 b）双层吹塑成型

1—料流环槽 2—调节组件

发展多层吹塑的主要目的，是解决单独使用一种塑料不能满足使用要求的问题。例如单独使用聚乙烯，虽然无毒，但它的气密性较差，其容器不能盛装带有香味的食品；而聚氯乙烯的气密性优于聚乙烯，可以采用外层为聚氯乙烯、内层为聚乙烯的容器，气密性好且无毒。

应用多层吹塑一般是为了提高气密性、着色装饰、回料应用、立体效应等，为此分别采用气体低透过率与高透过率材料的复合；发泡层与非发泡层的复合；着色层与本色层的复合，回料层与新料层的复合，以及透明层与非透明层的复合。

多层吹塑的主要问题是：层间的熔接与接缝的强度问题，除了选择塑料的种类外，还要求有严格的工艺条件控制与挤出型坯的质量技术；由于多种塑料的复合，塑料的回收利用比较困难；机头结构复杂，设备投资大，成本高。

(5) 片材吹塑成型　这是最早使用的中空塑件成型方法。片材吹塑成型如图8-5所示，将压延或挤出成型的片材再加热，使之软化，放入型腔，合模后在片材之间吹入压缩空气，成型中空塑件。

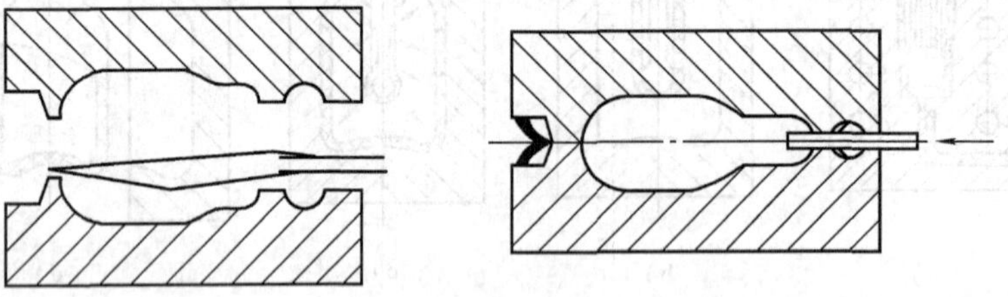

图8-5　片材吹塑成型
a) 合模前　b) 合模后

2. 吹塑的工艺参数

(1) 型坯温度与模具温度　一般来说，型坯温度较高时，塑料易发生吹胀变形，成型的塑件外观轮廓清晰，但型坯自身的形状保持功能较差。反之，当型坯温度较低时，型坯在吹塑前的转移过程中就不容易发生破坏，但是其吹塑成型性能将会变差，成型时塑料内部会产生较大的应力，当成型后转变为残余应力时，不仅削弱塑料制件强度，而且还会导致塑件表面出现明显的斑纹。因此，挤出吹塑成型时型坯温度应在 T_g ~ $T_f(T_m)$ 范围内尽量偏向 $T_f(T_m)$；注射吹塑成型时，只要保证型坯转移不发生问题，型坯温度应在 T_g ~ $T_f(T_m)$ 范围内尽量取较高值；注射拉伸吹塑成型时，只要保证吹塑顺利进行，型坯温度可在 T_g ~ $T_f(T_m)$ 区间取较低值，这样能够避免拉伸吹塑取向结构受型坯温度较高的影响，但对于非结晶型透明塑料制件，型坯温度太低会使透明度下降。对于结晶型塑料，型坯温度需要避开最易形成球晶的温度区域，否则，球晶会沿着拉伸方向迅速长大并不断增多，最终导致塑件组织变得十分不均匀。型坯温度还与塑料品种有关，例如，对于线性聚酯和聚氯乙烯等非结晶塑料，型坯温度比 T_g 高10~40℃，通常线性聚酯可取90~110℃，聚氯乙烯可取100~140℃；对于聚丙烯等结晶型塑料，型坯温度比 T_m 低5~40℃较合适，聚丙烯一般可取150℃左右。

吹塑模温度通常可在20~50℃内选取。模具温度过高，塑件需较长冷却的定型时间，生产率下降，并在冷却过程中塑件会产生较大的成型收缩，难以控制其尺寸与形状精度。模具温度过低，则塑料在模具夹坯口处温度下降很快，阻碍型坯的吹胀变形，还会导致塑件表面出现斑纹或使光亮度变差。

(2) 吹塑压力　吹塑压力指吹塑成型所用的压缩空气压力，其数值通常为：注射吹塑成型时取0.2~0.7MPa；注射拉伸吹塑成型时吹塑压力要比普通压力大一些，常取0.3~1.0MPa。对于薄壁、大容积中空塑件或表面带有花纹、图案、螺纹的中空塑件，对于粘度和弹性模量较大的塑件，吹塑压力应尽量选最大值。常用塑料吹塑成型时所需的压力见表8-1。

表8-1　常用塑料吹塑成型时所需的压力　（单位：MPa）

塑料名称	充气压力	塑料名称	充气压力
聚碳酸酯	0.6~0.7	聚甲醛	0.7
尼龙	0.2~0.3	聚酚氧	0.28~0.63
高密度聚乙烯	0.3~0.5	聚砜	0.5~0.6
低密度聚乙烯	0.4~0.7	聚4-甲基-1-戊烯	0.5
聚丙烯	0.5~0.7	有机玻璃	0.5~0.6
聚氯乙烯	0.3~0.5	聚全氯乙丙烯	0.3~0.5
聚苯乙烯	0.35~0.45	离子聚合物	0.42~0.56
纤维素塑料	0.2~0.35		

二、中空吹塑制品成型结构工艺性

根据中空吹塑制品成型特点来确定中空吹塑制品成型工艺性，主要包括对塑件的吹胀比、延伸比、螺纹、圆角、支承面等，现分述如下。

1. 吹胀比

吹胀比是指塑件最大直径与型坯直径之比，这个比值要选择适当，通常取2~4，但多用2。吹胀比过大会使塑件壁厚不均匀，加工工艺条件不易掌握。

吹胀比表示了塑件径向最大尺寸与挤出机机头口模尺寸之间的关系。当吹胀比确定以后，便可以根据塑件的最大径向尺寸及塑件壁厚确定机头型坯口模的尺寸。机头口模与芯轴的间隙可用下式确定

$$z = \delta B_R \alpha$$

式中，z是口模与芯轴的单边间隙；δ是塑件壁厚；B_R是吹胀比，一般取2~4；α是修正系数，一般取1~1.5，它与加工塑料粘度有关，粘度大取下限。

型坯截面形状一般要求与塑件轮廓大体一致，如吹塑圆形截面的瓶子，型坯截面应是圆形的；若吹塑方桶，则型坯应制成方形截面，或用壁厚不均匀的圆柱型坯，以使吹塑件的壁厚均匀。图8-6a所示为吹制矩形截面容器时型坯的截面，则使制件短边壁厚小于长边壁厚，而用图8-6b所示截面的型坯可得以改善；图8-6c所示型坯吹制方形截面容器可使四角变薄的状况得到改善；图8-6d所示型坯用于吹制矩形截面容器。

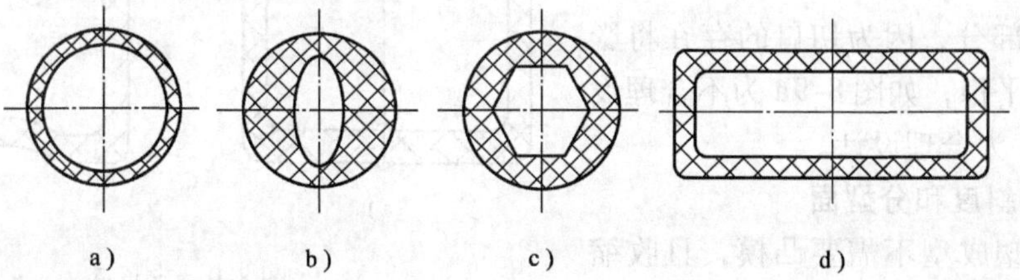

图8-6　型坯截面形状

2. 延伸比

在注射拉伸吹塑成型中，塑件的长度与型坯的长度之比叫延伸比，图8-7所示的c与b之比即为延伸比。延伸比确定后，型坯的长度就能确定。实验证明延伸比大的塑件，即壁厚

越薄的塑件，其纵向和横向的强度越高。也就是延伸比越大，得到的塑件强度越高。为保证塑件的刚度和壁厚，生产中一般取延伸比 $S_R=(4\sim6)/B_R$。

3. 螺纹

吹塑成型的螺纹通常采用梯形或半圆形的截面，而不采用细牙或粗牙螺纹，这是因为后者难以成型。为了便于塑件上飞边的处理，在不影响使用的前提下螺纹可制成断续状的，即在分型面附近的一段塑件不带螺纹，如图 8-8 所示，图 8-8b 比图 8-8a 易清理飞边余料。

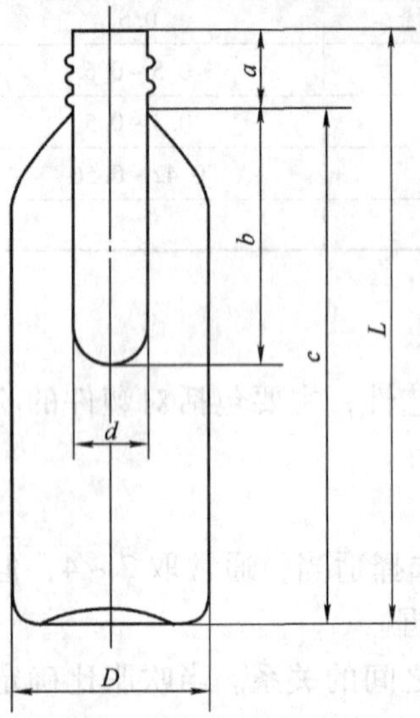

图 8-7　延伸比示意图

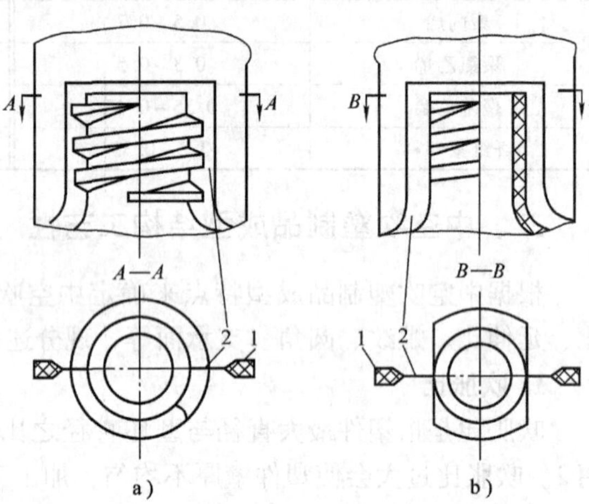

图 8-8　螺纹形状

a）连续状　b）断续状

1—余料　2—夹坯口（切口）

4. 圆角

吹塑件的侧壁与底部的交接及壁与把手交接等处，不宜设计成尖角，因尖角难以成型，应采用圆弧过渡。在不影响造型及使用的前提下，圆角以大为好，圆角大则壁厚均匀，对于有造型要求的产品，圆角可以减小。

5. 塑件的支承面

在设计塑料容器时，应减少容器底部的支承表面，特别要减少结合缝与支承面的重合部分，因为切口的存在将影响塑件放置平稳，如图 8-9a 为不合理设计，图 8-9b 为合理设计。

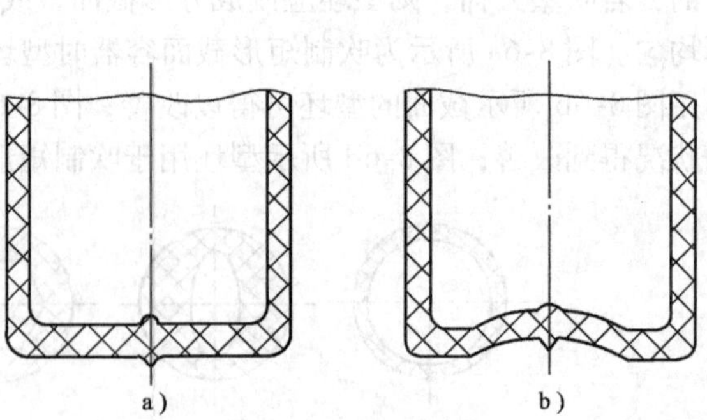

图 8-9　支承面

a）不合理　b）合理

6. 脱模斜度和分型面

由于吹塑成型不需要凸模，且收缩大，故脱模斜度即使为零也能脱模。但表面带有皮革纹的塑件，脱模斜度必须在 1/15 以上。

吹塑成型模具的分型面一般设在塑件的侧面，对矩形截面的容器，为避免壁厚不均，有时将分型面设在对角线上。

三、中空吹塑成型模具设计

吹塑模具通常由两瓣合成（即对开式），对于大型吹塑模可以设置冷却水通道。中空吹塑机头口模如图 8-10 所示，其定型尺寸见表 8-2。模口部分做成较窄的切口，以便切断型坯。由于吹塑过程中型腔压力不大，一般压缩空气的压力为 0.2～0.7MPa，故可供选择做模具的材料较多，最常用的材料有铝合金、锌合金等。对于大批量生产硬质塑料制件的模具，可选用钢材制造，淬火硬度为 40～44HRC，型腔可抛光镀铬，使容器具有光泽表面。

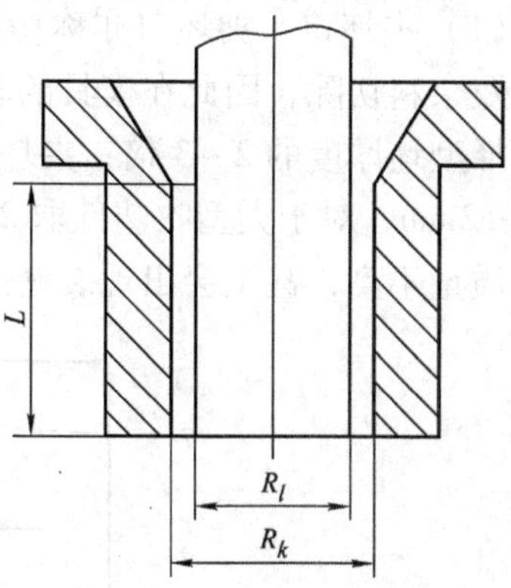

图 8-10　中空吹塑用机头口模

表 8-2　中空吹塑机头定型尺寸　（单位：mm）

口模间隙（$R_k - R_l$）	定型段长度 L
<0.76	<25.4
0.76～2.5	25.4
>2.5	>25.4

从模具结构和工艺方法上看，吹塑模可分为上吹口和下吹口两类。图 8-11 所示的是典型的上吹口模具结构，压缩空气由模具上端吹入型腔。图 8-12 所示是典型的下吹口模具，使用时料坯套在底部芯轴上，压缩空气自芯轴吹入。

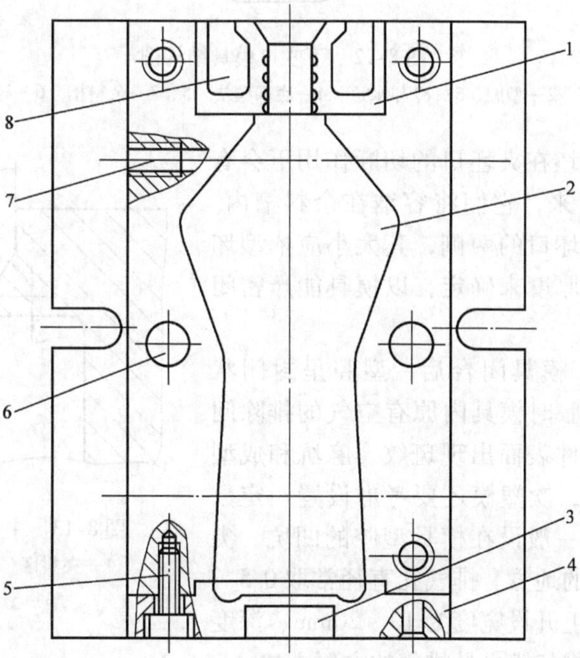

图 8-11　上吹口模具结构图

1—口部镶块　2—型腔　3、8—余料槽　4—底部镶块　5—紧固螺钉　6—导柱（孔）　7—冷却水道

吹塑模具设计要点如下：

（1）夹坯口　夹坯口亦称切口。在挤出吹塑成型过程中，模具在闭合的同时需将型坯封口及余料切除，因此在模具的相应部位要设置夹坯口，如图8-13所示。夹料区的深度h可选择型坯厚度的2～3倍；夹坯口的倾斜角α选择15°～45°；切口宽度L对于小型吹塑件取1～2mm，对于大型吹塑件取2～4mm。如果夹坯口角度太大，宽度太小，会造成塑件的接缝质量不高，甚至会出现裂缝。

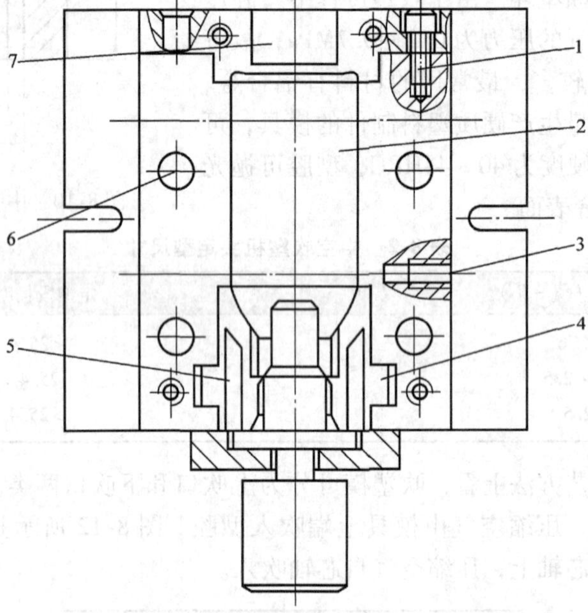

图8-12　下吹口模具结构图

1—螺钉　2—型腔　3—冷却水道　4—底部镶块　5、7—余料槽　6—导柱（孔）

（2）余料槽　型坯在夹坯口的切断作用下会有多余的塑料被切除下来，它们将容纳在余料槽内。余料槽通常设置在夹坯口的两侧，其大小应依型坯夹持后余料的宽度和厚度来确定，以模具能严密闭合为准。

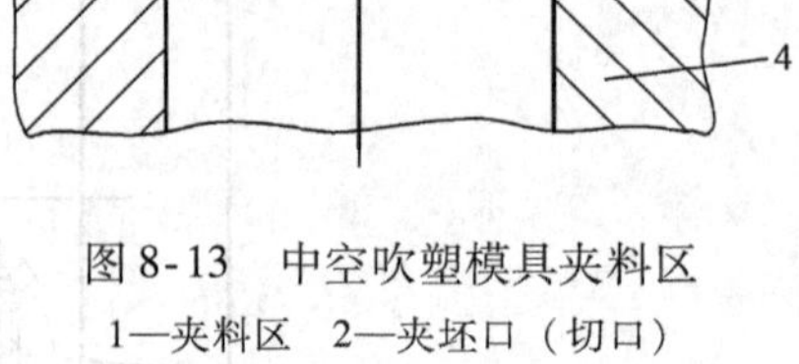

图8-13　中空吹塑模具夹料区

1—夹料区　2—夹坯口（切口）

3—型腔　4—模具

（3）排气孔槽　模具闭合后，型腔呈封闭状态，应考虑在型坯吹胀时模具内原有空气的排除问题。排气不良会使塑件表面出现斑纹、麻坑和成型不完整等缺陷。为此，吹塑模还要考虑设置一定数量的排气孔。排气孔一般设在模具型腔的凹坑、尖角处，以及最后贴模的地方。排气孔直径常取0.5～1mm。此外，分型面上开设宽度为10～20mm、深度为0.03～0.05mm的排气槽也是排气的主要方法。

（4）模具的冷却　模具冷却是保证中空吹塑工艺正常进行、产品外观质量和提高生产率的重要因素。对于大型模具，可以采用箱式冷却，即在型腔背后铣一个空槽，再用一块板盖上，中间加上密封件。对于小型模具，可以开设冷却水道通水冷却。

第二节　热成型工艺及制品结构工艺性

一、热成型工艺及特点与应用

热成型工艺过程是把塑料坯材加热至软化温度，将其固定在模具上，然后在坯材一边通入压缩空气的办法来提高压力，或者采用抽真空的办法降低压力，以使坯材紧贴模具成型表面而成为塑件；待塑件冷却定型后，除去压差，取出塑件。热成型主要包括真空吸塑成型和压缩空气成型，现将其成型工艺及特点与应用分述如下。

1. 真空吸塑成型工艺及特点与应用

真空吸塑成型是把热塑性塑料板、片材固定在模具上，用辐射加热器进行加热至软化温度，然后用真空泵把板材与模具之间的空气抽掉，从而使板材贴在型腔上而成型，冷却后借助压缩空气使塑件从模具中脱出。

真空吸塑成型特点：

1）适宜制造壁厚小、尺寸大的塑件。

2）在塑件与模具贴合的一面，结构上比较鲜明和精细，而且表面粗糙度也较低。

3）在成型时间上，凡板材与模具贴合得越晚的部位，其厚度越薄。

4）生产效率高。

5）设备简单，成本低廉，操作简单，对操作工人无过高技术要求。

6）不宜加工制品本身壁厚不均匀和带嵌件的制品。

真空吸塑成型方法主要有凹模真空成型、凸模真空成型、凹凸模先后抽真空成型、吹泡真空成型、柱塞推下真空成型和带有气体缓冲装置的真空成型等。

（1）凹模真空成型　此法是一种最常用最简单的成型方法，如图 8-14 所示。把板材固定并加密封在型腔的上方，将加热器移到板材上方将板材加热至软，如图 8-14a 所示；然后移开加热器，在型腔内抽真空，板材就贴在凹模型腔上，如图 8-14b 所示；冷却后由抽气孔通入压缩空气将成型好的塑件吹出，如图 8-14c 所示。

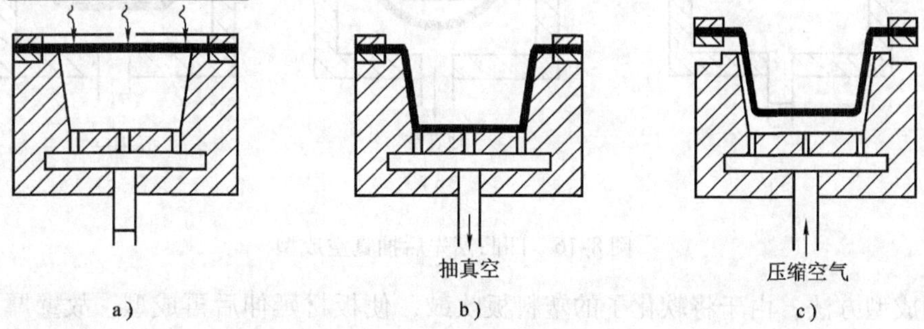

图 8-14　凹模真空成型

用凹模成型法成型的塑件外表面尺寸精度较高，一般用于成型深度不大的塑件。如果塑件深度很大时，特别是小型塑件，其底部转角处会明显变薄。多型腔的凹模真空成型比同个数的凸模真空成型经济，因为凹模型腔间距离可以较近，用同样面积塑料板，可以加工出更多的塑件。

（2）凸模真空成型　凸模真空成型如图 8-15 所示。被夹紧的塑料板在加热器下加热软化，如图 8-15a 所示；接着软化板料下移，像帐篷似的覆盖在凸模上，如图 8-15b 所示。最后抽真空，塑料板紧贴在凸模上成型，如图 8-15c 所示。这种成型方法，由于成型过程中冷的凸模首先与板料接触，故其底部稍厚。它多用于有凸起形状的薄壁塑件，成型塑件的内表面尺寸精度较高。

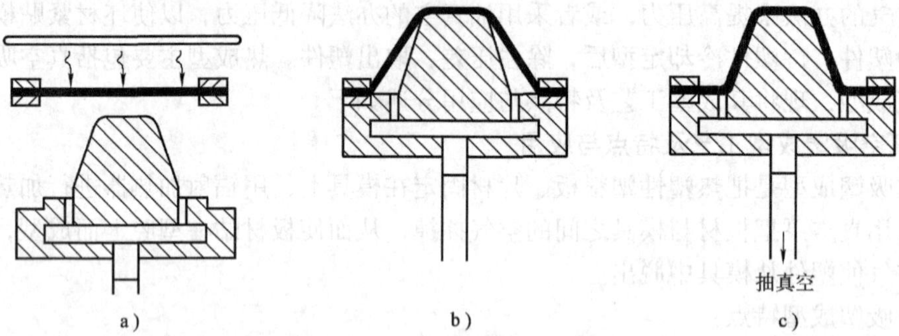

图 8-15　凸模真空成型

（3）凹凸模先后抽真空成型　凹凸模先后抽真空成型如图 8-16 所示。首先把塑料板紧固在凹模上加热，如图 8-16a 所示；软化后将加热器移开，然后通过凸模吹入压缩空气，而凹模抽真空使塑料板鼓起，如图 8-16b 所示；最后凸模向下插入鼓起的塑料板中并且从中抽真空，同时凹模通入压缩空气，使塑料板贴附在凸模的外表面而成型，如图 8-16c 所示。

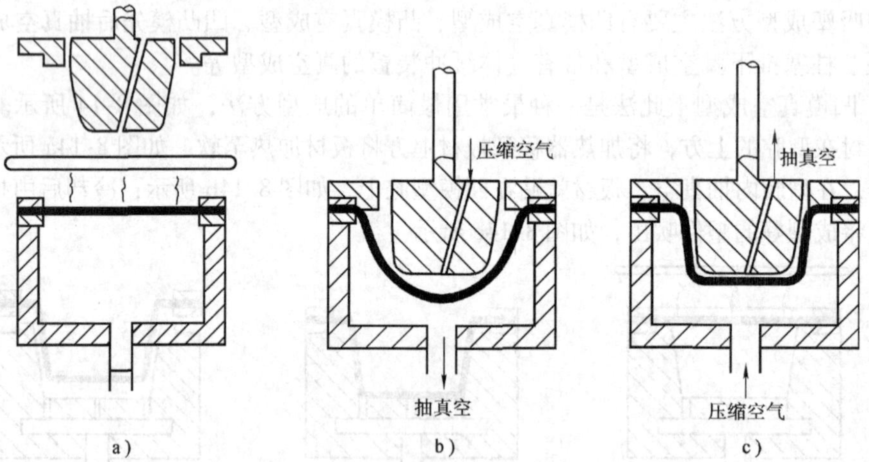

图 8-16　凹凸模先后抽真空成型

这种成型方法，由于将软化了的塑料板吹鼓，使板材延伸后再成型，故壁厚比较均匀，可用于成型深型腔塑件。

（4）吹泡真空成型　吹泡真空成型如图 8-17 所示。首先将塑料板紧固在模框上，并用加热器对其加热，如图 8-17a 所示；待塑料板加热软化后移开加热器，压缩空气通过模框吹入将塑料板吹鼓后将凸模顶起，如图 8-17b 所示；停止吹气，凸模抽真空，塑料板贴附在凸模上成型，如图 8-17c 所示。这种成型方法的特点与凹凸模先后抽真空成型基本类似。

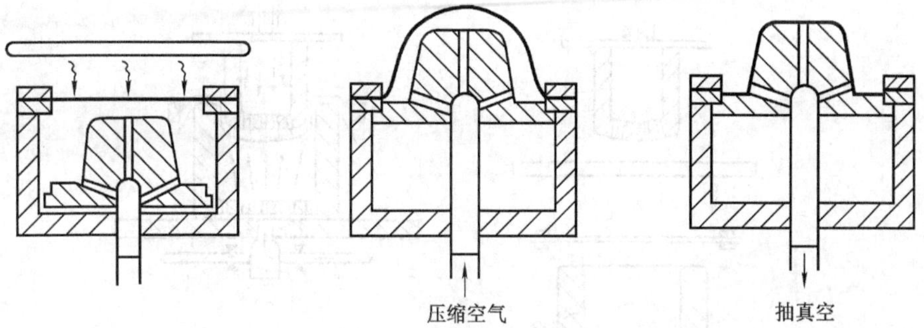

a)　　b)　　c)

图 8-17　吹泡真空成型

（5）柱塞推下真空成型　柱塞推下真空成型如图 8-18 所示。首先将固定于凹模的塑料板加热至软化状态，如图 8-18a 所示；接着移开加热器，用柱塞将塑料板推下，这时凹模里的空气被压缩，软化的塑料板由于柱塞的推力和型腔内封闭的空气移动而延伸，如图 8-18b 所示；然后凹模抽真空而成型，如图 8-18c 所示。此成型方法使塑料板在成型前先延伸，壁厚变形均匀，主要用于成型深型腔塑件。此方法的缺点是在塑件上残留有柱塞痕迹。

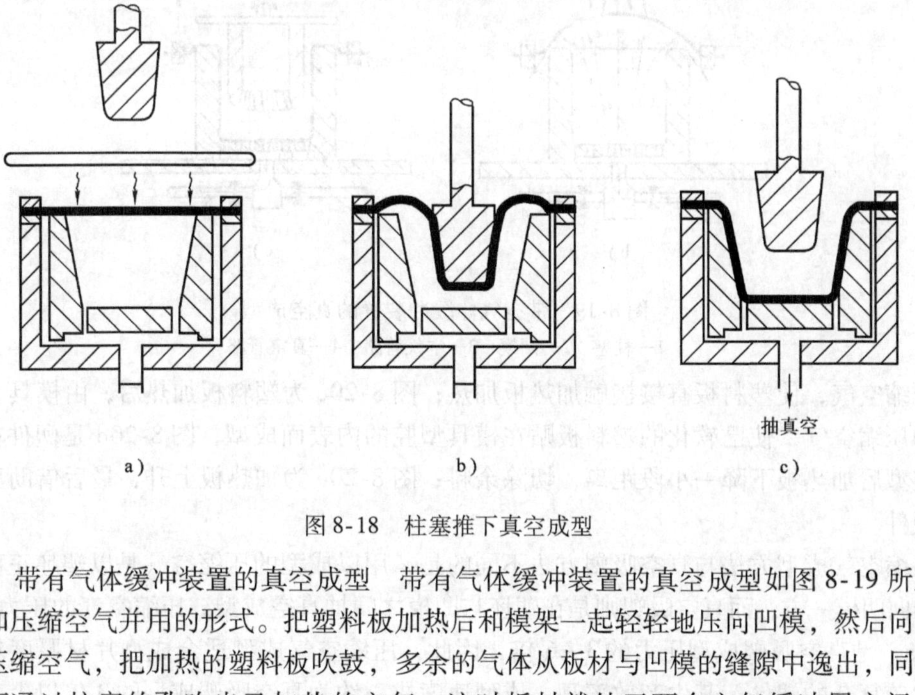

a)　　b)　　c)

图 8-18　柱塞推下真空成型

（6）带有气体缓冲装置的真空成型　带有气体缓冲装置的真空成型如图 8-19 所示，这是柱塞和压缩空气并用的形式。把塑料板加热后和模架一起轻轻地压向凹模，然后向凹模型腔吹入压缩空气，把加热的塑料板吹鼓，多余的气体从板材与凹模的缝隙中逸出，同时从板材的上面通过柱塞的孔吹出已加热的空气，这时板材就处于两个空气缓冲层之间，如图 8-19a、b所示；柱塞逐渐下降，如图8-19c、d所示；最后柱塞内停吹压缩空气，凹模抽真空，使塑料板贴附在凹模型腔上成型，同时柱塞升起，如图 8-19e 所示。这种方法成型出的塑件壁厚较均匀，并且可以成型较深的塑件。

2. 压缩空气成型工艺及特点与应用

压缩空气成型是指借助压缩空气的压力，将加热软化的塑料板压入型腔而成型的方法。其工艺过程如图 8-20 所示，图 8-20a 是开模状态；图 8-20b 是闭模后的加热过程，从型腔

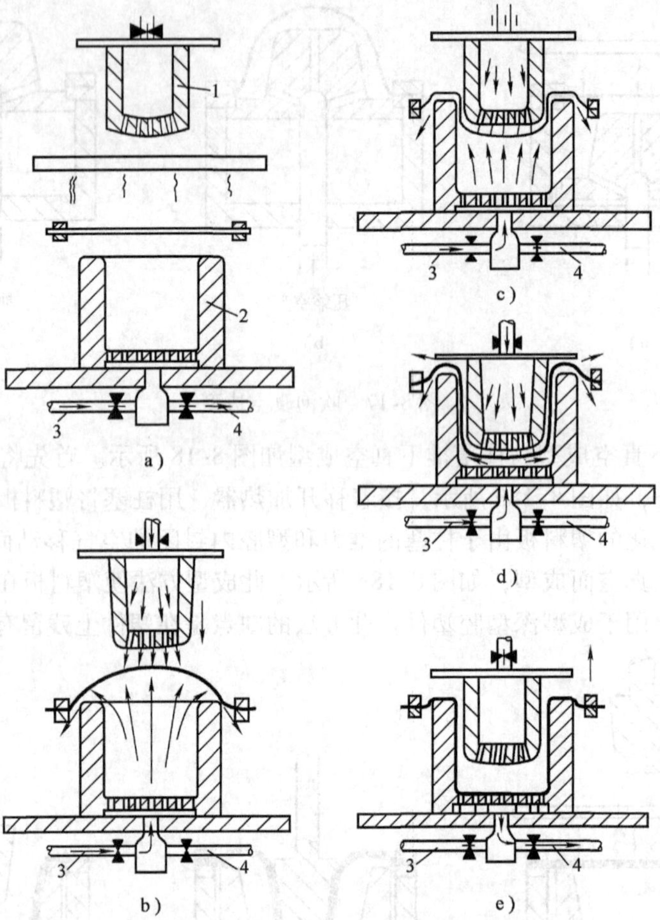

图 8-19　带有气体缓冲装置的真空成型
1—柱塞　2—凹模　3—空气管路　4—真空管路

通入压缩空气，使塑料板直接接触加热板加热；图 8-20c 为塑料板加热后，由模具上方通入预热的压缩空气，使已软化的塑料板贴在模具型腔的内表面成型；图 8-20d 是塑件在型腔内冷却定型后加热板下降一小段距离，切除余料；图 8-20e 为加热板上升，最后借助压缩空气取出塑件。

压缩空气成型方法与真空吸塑方法不同的是，用以成型的压缩空气是以塑坯正面施压将材料推向凹模一方，而真空吸塑则是在塑坯与凹模之间抽真空成型。压缩空气的压力为 0.3 ~ 0.6MPa，是真空吸塑成型压力的 3 ~6 倍，因此，压缩空气成型适合成型片材厚度较大或制品形状较复杂的塑件，其生产效率高，成型速度快，约为真空吸塑成型的 3 倍以上。

二、热成型制品结构工艺性

热成型制品包括真空吸塑成型制品和压缩空气成型制品，由于压缩空气成型有很多地方与真空吸塑成型相同，所以这里只介绍真空吸塑制品结构工艺性，也可供压缩空气成型制品结构工艺性设计参考。

真空吸塑制品结构工艺性，是对塑件的几何形状、尺寸精度、塑件的深度与宽度之比、

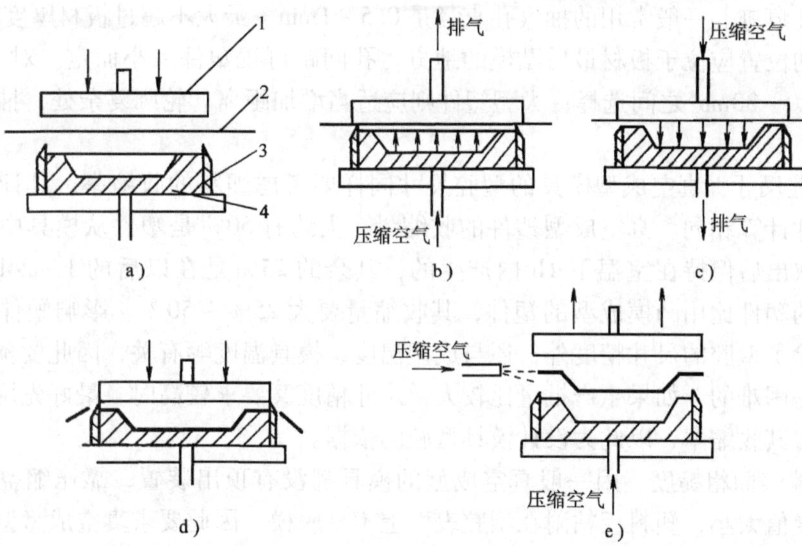

图 8-20　压缩空气成型工艺过程
1—加热板　2—板材　3—剪刃　4—凹模

圆角、脱模斜度、加强肋等的具体要求。

（1）塑件的几何形状和尺寸精度　用真空成型方法成型塑件，塑料处于高弹态，成型冷却后收缩率较大，塑件很难得到较高的尺寸精度。另外，塑件通常也不应有过多的凸起和深的沟槽，因为这些地方成型后会使壁厚太薄而影响强度。

（2）塑件深度与宽度（或直径）之比　塑件深度与宽度之比称为引伸比，引伸比在很大程度上反映了塑件成型的难易程度，引伸比越大，成型越难。引伸比与塑件厚度的均匀程度有关，引伸比过大，会使最小壁厚处变得非常薄，这时应选用较厚的塑料来成型。引伸比还与塑料的品种、成型方法有很大关系。一般采用的引伸比为 0.5～1，最大也不超过 1.5。

（3）圆角　真空成型塑件的转角部分应以圆角过渡，并且圆角半径应尽可能大，最小不能小于板材的厚度，否则，塑件在转角处容易发生厚度减薄以及应力集中的现象。

（4）脱模斜度　和普通模具一样，真空成型也需要脱模斜度，脱模斜度范围为 1°～4°，斜度大不仅脱模容易，也可使壁厚的不均匀程度得到改善。

（5）加强肋　真空成型件通常是大面积的盒形件，成型过程中板材还要受到引伸作用，底角部分变薄，因此为了保证塑件的刚度，应在塑件的适当部位设置加强肋。

第三节　热成型模具设计

真空成型模具设计包括：恰当地选择真空成型的方法和设备；确定模具的形状和尺寸；了解成型塑件的性能和生产批量，选择合适的模具材料。

一、模具的结构设计

（1）抽气孔的设计　抽气孔的大小应适合成型塑件的需要，一般对于流动性好、厚度薄的塑料板材，抽气孔要小些；反之可大些。总之，需满足既在短时间内将空气抽出，又不要留下抽气孔痕迹。一般常用的抽气孔直径是0.5~1mm，最大不超过板材厚度的50%。

抽气孔的位置应位于板材最后贴模的地方，孔间距可视塑件大小而定。对于小型塑件，孔间距可在20~30mm之间选择；大型塑件则应适当增加距离。轮廓复杂处，抽气孔应适当密一些。

（2）型腔尺寸　真空成型模具的型腔尺寸同样要考虑塑料的收缩率，其计算方法与注射模型腔尺寸计算相同。真空成型塑件的收缩量，大约有50%是塑件从模具中取出时产生的，25%是取出后保持在室温下1h内产生的，其余的25%是在以后的1~24h内产生的。用凹模成型的塑件比用凸模成型的塑件，其收缩量要大25%~50%。影响塑件尺寸精度的因素很多，除了型腔的尺寸精度外，还与成型温度、模具温度等有关，因此要预先精确地计算出收缩率是困难的。如果生产批量比较大，尺寸精度又要求较高时，最好先用石膏模型试出产品，测得其收缩率，以此为设计模具型腔的依据。

（3）型腔表面粗糙度　因一般真空成型的模具都没有顶出装置，靠压缩空气脱模，如果表面粗糙度值太小，塑料板粘附在型腔表面上不易脱模，因此要求真空成型型腔的表面粗糙度值较大些。其表面加工后，最好进行喷砂处理。

（4）边缘密封结构　为了使型腔外面的空气不进入真空室，因此在塑料板与模具接触的边缘应设置密封装置。

（5）加热、冷却装置　对于板材加热，通常采用电阻丝或红外线。电阻丝温度可达350~450℃，对于不同塑料板材所需的不同的成型温度，一般是通过调节加热器与板材之间的距离来实现的。通常采用的距离为80~120mm。

模具温度对塑件的质量及生产率都有影响。如果模温过低，塑料板和型腔一接触就会产生冷斑或内应力，以致产生裂纹；而模温太高时，塑料板可能粘附在型腔上，塑件脱模时会变形，而且延长了生产周期。因此模温应控制在一定范围内，一般在50°C左右。各种塑料板材真空成型加热温度与模具温度见表8-3。塑件的冷却一般不单靠接触模具后的自然冷却，要增设风冷或水冷装置加速冷却。风冷设备简单，只要压缩空气喷即可。水冷可用喷雾式，或在模内开设冷却水道。冷却水道应距型腔表面8mm以上，以避免产生冷斑。冷却水道的开设有不同的方法，可以将铜管或钢管铸入模具内，也可在模具上打孔或铣槽，用铣槽方法时必须使用密封元件并加盖板。

表8-3　真空成型所用板材加热温度与模具温度　（单位：℃）

塑料 温度	低密度聚乙烯（HDPE）	聚丙烯（PP）	聚氯乙烯（PVC）	聚苯乙烯（PS）	ABS	有机玻璃（PMMA）	聚碳酸酯（PC）	聚酰胺-6（PA-6）	醋酸纤维素（CA）
加热温度	121~91	149~02	135~180	182~193	149~77	110~160	227~46	216~221	132~163
模具温度	49~77	—	41~46	49~60	72~85	—	77~93	—	52~60

二、模具材料

真空成型与其他成型方法相比，其主要特点是成型压力极低，通常压缩空气的压力为0.3~0.4MPa，故模具材料的选择范围较宽，既可选用金属材料，又可选用非金属材料，主要取决于塑件形状和生产批量。

（1）非金属材料　对于试制或小批量生产，可选用木材或石膏作为模具材料。木材易于加工，缺点是易变形，表面粗糙度较高，一般常用桦木、槭木等木纹较细的木材。石膏制作方便，价格便宜，但其强度较差。为提高石膏模具的强度，可在其中混入10%～30%的水泥。用环氧树脂制作真空成型模具，具有加工容易、生产周期短、修整方便等特点，而且强度较高，相对于木材和石膏而言，适合数量较多的塑件生产。

非金属材料导热性差，对于塑件质量而言，可以防止出现冷斑。但所需冷却时间长，生产效率低，而且模具寿命短，不适合大批量生产。

（2）金属材料　适用于大批量高效率生产的模具是金属材料。铜虽有导热性好、易加工、强度高、耐蚀等诸多优点，但由于其成本高一般不采用。由于铝容易加工，而且耐用、成本低、耐蚀性较好，故真空成型模具多用铝制造。

思考题

1. 简述中空吹塑成型的分类及其成型方法特点。
2. 简述吹塑模具设计要点。
3. 简述真空吸塑成型工艺及其特点。

* 第九章　泡沫塑料成型工艺及模具设计

泡沫塑料是以树脂为基体，采用发泡剂制成的内部含有大量微型泡孔的轻质高分子材料。泡沫塑料与纯塑料比，质量更轻，热导率更低，吸湿性小，比强度高，防振性强，隔声效果好。目前，已广泛用于建筑上的保温隔声；仪器仪表、家用电器、工艺品的防振防潮包装；水面漂浮；制冷装置的绝热等方面。

泡沫塑料与一般的合成材料相似，可通过改变配方及成型工艺来改变其性能及其用途，以适应各种不同的需要。这是一种极有发展前途的塑料品种。

泡沫塑料的品种繁多，分类方法多种多样。根据发泡倍数的不同，可分为高发泡与低发泡；根据泡体质地的软硬程度，可以分为硬泡沫塑料、半硬质泡沫塑料和软质泡沫塑料；根据泡孔的结构，可分为开孔泡沫塑料与闭孔泡沫塑料；根据泡体的结构，可分为一般泡沫塑料和结构泡沫塑料。

几乎所有塑料都可用发泡的方法制成泡沫塑料。常用的合成树脂有：聚苯乙烯、聚氨酯、聚氯乙烯、聚烯烃类等。泡沫塑件成型的主要方法有压缩成型、注射成型和挤出成型等。

第一节　泡沫塑料压缩成型及模具设计

泡沫塑料压缩成型是塑料原料在发泡剂和一定工艺条件作用下膨胀充型，受型腔内表面限制压缩成型的过程。常用的是直接成型和二步发泡成型两种方法。直接成型是用可发性聚苯乙烯原料在模具中直接成型为泡沫塑件；二步发泡成型是先将塑料原料和发泡剂及各种添加剂一起混合成为片状、糊状或粉状原料加入压模中，在热和压力作用下发泡剂分解（或部分分解），塑料原料塑化，制成预压坯料，然后使坯料在烘箱或其他保温装置中进一步发泡，最后制成所要求的泡沫塑件。

预压坯料的进一步发泡有的是在自由状态下进行的，如软、硬质聚氯乙烯泡沫塑料；有的需在模内进行，此时模具应开有少量气孔。图 9-1 所示为交联聚乙烯泡沫塑件的二次发泡模具（做救生衣芯）。坯料预压模要有足够的承压强度，型腔要有很好的气密性，分型面上应有良好的密封，以便塑化时产生的高压气体不致大量逸出。

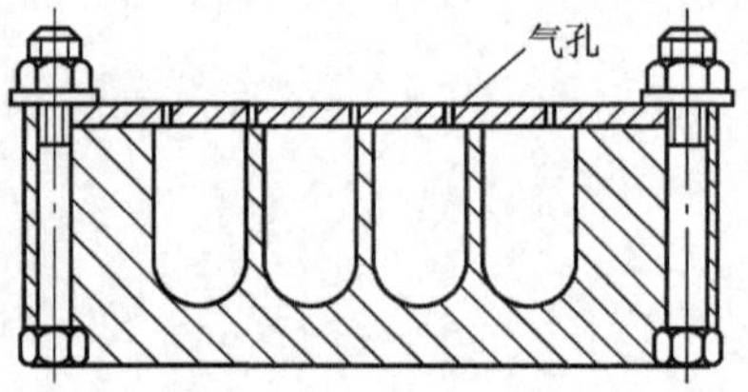

图 9-1　交联聚乙烯泡沫塑件的二次发泡模

本节以聚苯乙烯树脂发泡塑料制品为例，介绍泡沫塑料成型工艺及模具的设计。

一、可发性聚苯乙烯的制备

在成型泡沫塑料之前，必须将发泡剂与聚苯乙烯先制成易于流动的珠状半透明的可发性聚苯乙烯珠粒。

(1) 预发泡 预发泡有间歇法和连续法两种，但大多采用连续法，其主要设备是连续蒸汽预发泡机。

预发泡前，发泡剂（通常为石油醚、正戊烷、异戊烷、季戊烷等）是在苯乙烯聚合中或聚合后加入的，含量约为6%（质量）。将含有发泡剂的珠粒状聚苯乙烯加入发泡机，利用蒸汽将其加热到90~105℃，树脂软化，同时发泡剂汽化造成压力，促使珠粒膨胀40~80倍。

(2) 熟化 预发泡后的珠粒在22~26℃放置一定时间，一般为8~10h，具体时间由实验确定。此时发泡剂由气态变成液态，珠粒内力减小，空气被吸入珠粒内部，这一过程称为熟化。由于发泡剂与空气的组合，在进一步发泡时会产生更大的膨胀力。

二、泡沫聚苯乙烯的成型工艺

泡沫聚苯乙烯在模具内通入蒸汽加热成型，称为蒸汽加热成型法。按加热方式不同可分为蒸箱发泡和液压机直接通蒸汽发泡两种。

(1) 蒸箱发泡 对于生产小型、薄壁和复杂的塑件大多采用蒸箱发泡。将可发性聚苯乙烯填满模具型腔，合模后放进蒸箱通蒸汽加热。蒸汽压力和加热时间视塑件的大小和厚度而定。一般蒸汽压为0.05~0.1MPa，加热时间为10~50min。模内的预胀物经受热软化、膨胀互相熔接在一起，冷却后即成为泡沫塑料制件。

(2) 液压机直接通蒸汽发泡 厚度较大的泡沫塑件，常采用液压机直接通蒸汽的方法成型。在模具上开有供通气用的0.1~0.4mm直径的通气孔，当型腔内装满预胀物后，在模具的蒸汽室内通入0.1~0.2MPa的蒸汽，蒸汽把珠粒内的空气赶走，并使温度上升至110℃左右，型腔内的预胀物就膨胀粘接为一体。关闭蒸汽并保持1~2min，然后通冷却水后脱模。容量较小壁较薄的塑件，冷却时间短些；容量较大壁厚的塑件，冷却时间长些。

总之，使用直接蒸汽模压发泡法，塑化时间短，冷却定型快，塑件内珠粒熔接良好，质量稳定，生产效率高，能实现自动化生产；而蒸箱发泡模具结构简单，但操作劳动强度大，难以实现自动化生产。

三、泡沫塑料成型模具

泡沫塑料成型模具结构较简单。对于小型、薄壁和复杂的泡沫塑件，或者小批量生产的泡沫塑件，常采用蒸箱发泡的手工操作模具；对于大型厚壁或者大批量生产的泡沫塑件，常采用带有蒸汽室的液压机直接通蒸汽发泡模具。

(1) 手工操作模具 手工操作模具本身没有蒸汽室，而是将整个模具放在蒸箱中通蒸汽加热，成型后在箱外冷却。图9-2所示是包装盖手动蒸箱发泡模，一次成型一件。为了加工方便，模套与镶件组成一体。合模时，模套2和下模板7以圆周定位。为了开模方便，在模具的四周设有撬口8。上模板3、下模板7和模套2上均设有直径$d=1\sim1.8$mm的通气小孔，孔距为15~20mm。整副模具靠铰链螺栓5和蝶形螺母4锁紧，铰链螺栓要摆动灵活，并具有足够的强度。

(2) 液压机直接通蒸汽发泡模 在液压机上直接通蒸汽的发泡模本身带有蒸汽室，模具一般由两部分组成。用于立式成型压机的分为上下模；用于卧式成型压机的分为左右模，

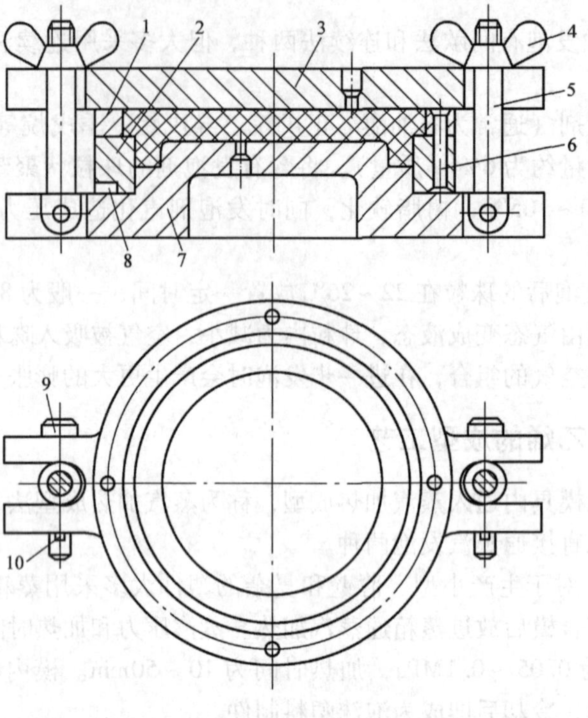

图 9-2　包装盖手动蒸箱发泡模

1—镶件　2—模套　3—上模板　4—蝶形螺母　5—铰链螺栓
6—铆钉　7—下模板　8—撬口　9—轴　10—开口销

每一个部分都要设蒸汽室。合模后，经预发泡的珠粒状聚苯乙烯由喷枪从进料口输送到模具型腔内，料满后关闭气阀，堵上料塞，然后在动、定模汽室内喷入蒸汽，在一定的蒸汽压力下持续一定时间，再保温一段时间，然后在蒸汽室内径冷却水冷却后脱模。图 9-3 所示为包装盒机动发泡模，使用卧式泡沫塑料成型机。为了保证模具密封性良好，在动、定模板及分型面处设有密封环。定模汽室板 5、动模汽室板 2 和成型套 9 上均设有通气小孔，孔径为 1 ~ 1.8mm，边距为 20mm × 20mm。

（3）模具材料　发泡成型工艺要求泡沫塑料的成型模具必须具有良好的导热性和能够长期经受热胀冷缩产生的热交变应力，并且要具有耐蚀性。在中小批量生产中一般采用铸铝件来制造模具；在大量生产中，可采用青铜等材料。为了保护模具型腔不受腐蚀和脱模方便，通常型腔表面抛光后应涂脱模剂，最常用的脱模剂是硅油。

（4）模具设计要求

1）型腔壁厚尽量均匀　一般铸铝件壁厚约 10mm 左右，由于每一生产循环受热受冷各一次，这样频繁的膨胀和收缩引起内应力反复变化，这就要求壁厚尽量均匀。

2）型腔应考虑脱模斜度　一般型腔深度在 100mm 以内时，脱模斜度取 1° ~ 1.5°；型腔深度在 100mm 以上时，脱模斜度取 2° ~ 3°。手工操作的模具一般用手工脱模；有蒸汽室的模具常采用在蒸汽室内通入压缩空气脱模。

3）型腔应均匀冷却　冷却水的通入与排出应能使型腔均匀地冷却，且在蒸汽室内不应积水。

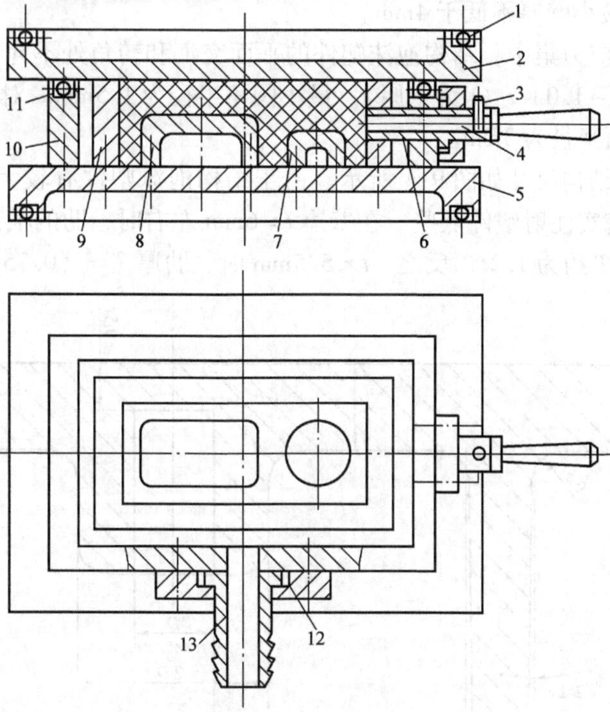

图 9-3　包装盒机动发泡模

1、11—密封环　2—动模汽室板　3—挡销　4—料塞　5—定模汽室板　6—料套　7、8—型芯　9—成型套　10—外套　12—压板　13—回汽水管

设计蒸汽室时还要考虑密封问题。

第二节　结构泡沫塑件成型及模具设计

结构泡沫塑件是一种泡孔从内芯向表层减小，有坚实表层的夹层结构件，因而塑料密度从内芯向表层增大，可制成抗弯刚度优异的轻质制品。

一、结构泡沫塑料特性及制品结构特点

1. 结构泡沫塑料特性

结构泡沫塑料的密度大多在 600 ~ 800kg/m^3，由于它有较高的比刚度，通常作为结构材料使用。结构泡沫塑料的特性如下：

1）以同样的质量，结构泡沫塑件的刚性高于密实塑件好几倍。

2）结构泡沫塑件成型收缩均匀，几乎无取向；塑件的残余应力较小。

3）结构泡沫塑件壁厚部位无凹陷，允许壁厚有所变化。

4）采用自攻螺钉等紧固联接时，塑件不易因应力集中而开裂。

2. 结构泡沫塑件的结构设计

结构泡沫塑件的结构设计与密实注射塑件的设计类似，但也有一些特点。

1）结构泡沫塑件允许壁厚有变化，但不允许有突变，必须有光滑流线型的过渡；壁厚

一般为4～12mm，最小壁厚不低于4mm。

2）为避免过大应力集中，结构泡沫塑件的平面交汇和转角处不允许有锐角。内外圆角半径R一般为（0.4～1.0）t（t为壁厚）。最小圆角半径为1.5mm。对承受冲击载荷的结构泡沫塑件，最小圆角半径为3mm。

3）凸台和肋的结构尺寸如图9-4所示。由于结构泡沫塑件有较大壁厚和较好的刚性，肋的高度可比一般密实注射塑件低些。在壁厚$t=6$mm左右时，肋的根部厚度$T=t$；当壁厚$t>7.5$mm时，肋厚T约为$1.2t$；反之，$t<5.5$mm时，肋厚$T=(0.75\sim0.85)t$。

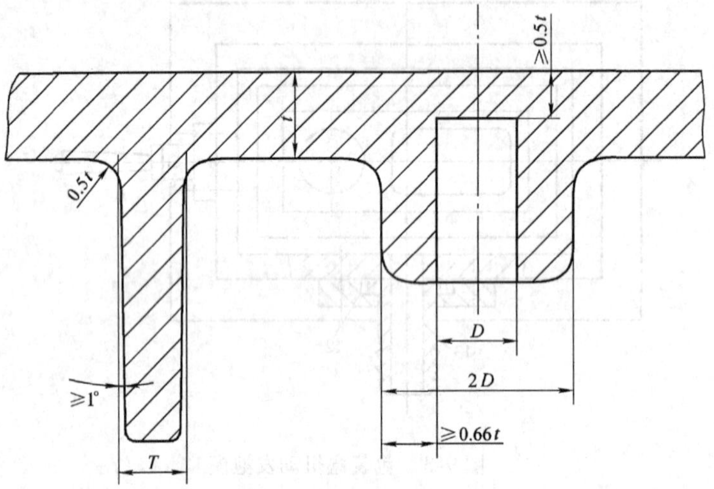

图9-4　结构泡沫塑件的肋和凸台

4）由于结构泡沫塑件的注射压力比密实注射塑件低，故脱模斜度相似形状和尺寸的注射塑件要小些，但是，结构泡沫塑件的壁厚越薄，发泡膨胀使塑件对模具表面的粘贴和包紧力会越大，一般取脱模斜度为0.3°～0.5°。

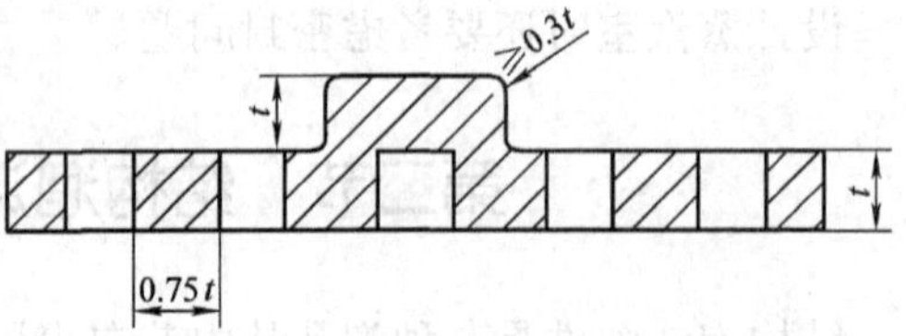

图9-5　结构泡沫塑料件的散热栅条

5）结构泡沫塑件的壁厚较大，导热和散热困难，因此常设计如图9-5所示的散热栅条窗。设计散热栅条时，注意其长度方向要与混合熔体充模流动方向一致。

二、结构泡沫塑件成型方法及模具设计要点

1. 结构泡沫塑件成型方法

结构泡沫塑件大多在注射机上模塑加工。热塑性塑料结构泡沫制品的注射模塑，是将氮气或发泡剂加入聚合物熔体，形成聚合物与气体的混合熔体。注入模具型腔后其气体膨胀，促使熔体发泡而充满型腔。接触低温模壁的熔体中气体破裂，形成密实的表层。

常用的注射结构泡沫塑件的材料有聚苯乙烯、聚乙烯、聚丙烯、聚氯乙烯、聚碳酸酯、聚酰胺和ABS等。此外，含玻璃纤维的聚氯乙烯、聚乙烯、聚丙烯和聚酰胺等，可用于制造增强的结构泡沫塑件。

结构泡沫塑件生产主要有两种模塑装备和加工方法，如图 9-6 所示。使用最多的是普通注射机改装的高压法加工，另一种是专用发泡装备的低压法加工。

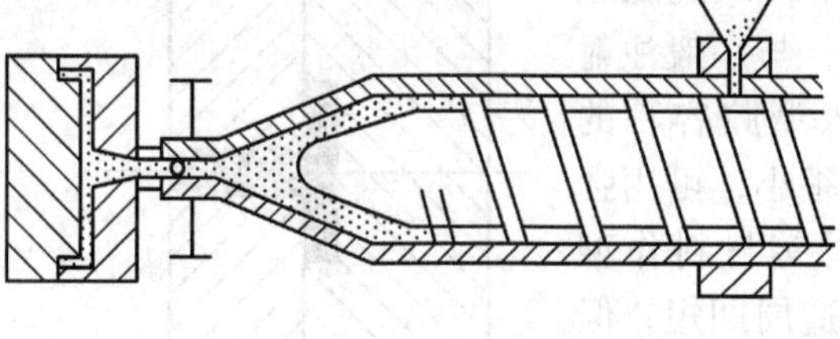

a）

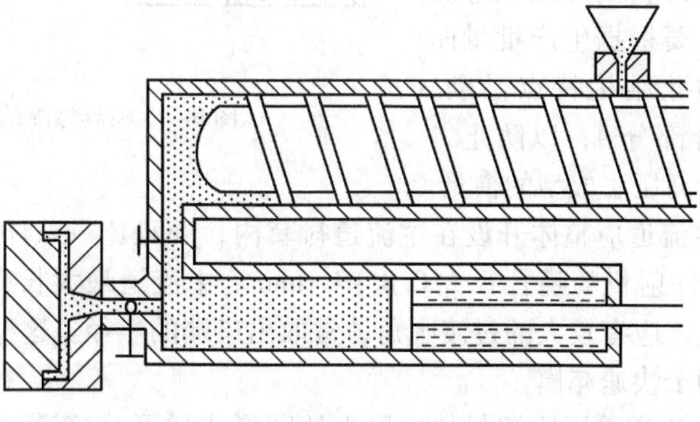

b）

图 9-6　结构泡沫塑件的注射模型

a）普通注射机改装的高压法加工　b）专用设备的低压法加工

（1）高压法　将普通的螺杆注射机改装成具有可闭锁的阀式短喷嘴，在机筒内通过螺杆剪切和机筒加热将聚合物和发泡剂制成混合熔体。有两种注射方法：一种是“短射”计量，混合熔体少于模具型腔的总体积，高压法注射后混合熔体在型腔内发泡；另一种是“可变”型腔，混合熔体被高压注射充满型腔后，动模后退一定距离，提供发泡成型的空间。后者对塑件的几何形状有一定限制。

另外，在闭锁式喷嘴打开前，既要防止机筒内混合熔体产生气体发泡，又要增压以实现高速注射，所以一般维持较低温度。注射时由液压缸快速推进，混合熔体高速注入型腔。由于模具型腔的容积大，压力迅速下降促使气体膨胀。熔体充满型腔后制品表面形成密实皮层。由于结构泡沫制品的壁厚较大，需冷却固化时间较长。应指出，此加工方法受计量、注射速度和模板面积限制，不能生产大件制品。

（2）低压法　低压法需专门的发泡设备如图 9-6b 所示。它用挤出螺杆塑化混入发泡剂的塑料。熔融的混合熔体灌入储料缸。此时储料缸的柱塞需加压，以防止物料在缸内发泡。待达到所需的计量熔料后再增压，并打开闭锁阀喷嘴注射。混合熔体以低压进入模具型腔后发泡膨胀充模，待冷却成型后脱模。由于型腔内成型压力仅几十个大气压，故塑件表面不够平整光滑。模具可以用铝合金制造。

2. 模具设计要点

结构泡沫注射模具从总体上来看和一般注射模具基本一样，但此类模具设计时，有以下几方面必须考虑：

(1) 模具型腔结构设计　按不同的成型方法，模具型腔的结构可以分为两种形式，如图9-7所示。图9-7a为低压法成型时模具型腔的结构，与一般注射模相同，由于熔料仅注入型腔容积的80%左右，因此型腔受力很小，可用强度比较低的金属如铝、锌等材料作型腔。其优点是造价低，制造周期短，但容易碰伤，使用寿命短，因此最理想的模具材料还是钢，这要根据生产批量而决定。图9-7b的型腔结构特点是动、定模之间有一段配合部分A，以防止二次开模时溢料，用于高压法成型的模具。

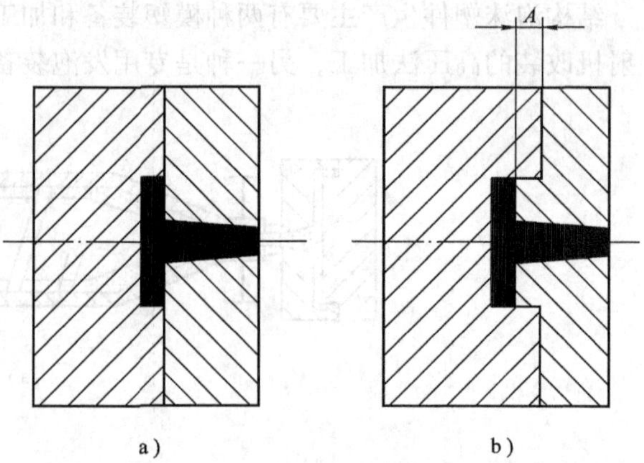

图9-7　模具型腔结构示意图

(2) 主流道　主流道应整体开设在主流道衬套内，并且比一般注射模主流道的锥度大6°~7°。小端直径比注射机喷嘴孔径大0.8~1.0mm。主流道最大长度不超过60mm。出口端朝向分流道接口处，应有较大的过渡圆角，常取出口端的半径。这种粗而短又有圆角过渡的主流道设计，有利于快速充模。

(3) 分流道　分流道采用比塑料件壁厚大的圆形或梯形分流道，以尽可能减少熔体的压力损失和热散失。分流道直径应在10~20mm范围内选取，视塑料件体积和充模速率而定。

(4) 浇口　最好采用直接浇口或侧浇口。潜伏式浇口和其他小浇口，只限于小型塑料件。浇口断面尺寸不能太小，以免妨碍高速充模。但分流道直径为20mm时，浇口直径不得小于6.5mm，从分流道向浇口过渡应用4.5~5.0mm的大圆弧，以减小浇口对料流的节流作用。浇口长度应尽可能短，一般在1.5~3.0mm之间。浇口断面尺寸随塑料件壁厚增加而增大，一般在塑料件壁厚的0.3~0.5间选取。对于表面易产生卷曲形纹理的发泡塑料件，其浇口位置的选择应尽可能使充模流动呈平行分布，为此，应采用平缝侧浇口或多点侧浇口。通常浇口应开设在塑料件壁最厚的部位，并使熔料至型腔最远处各点的距离大致相同。此外，浇口的开设应使塑料件的受载荷部位不形成熔合缝和卷入空气。

3. 排气系统的设计

结构泡沫注射模的排气系统具有特别重要的意义。这不仅由于型腔容积大，而且还由于发泡剂会分解释放大量残余气体，如果不及时排掉多余气体，就会影响塑料的流动，导致充填不足的缺陷。

(1) 排气槽和排气栅的尺寸和形式　由于型腔压力槽深度可较普通注射略深些，排气槽深度一般为0.1~0.2mm。对于大型塑件，排气槽如图9-8所示。

当排气槽的位置在型腔底部时，一般采用嵌入的排气栅排气，如图9-9所示。栅上有许多宽度为0.3~0.5mm的狭缝，栅的厚度为6~10mm，可采用电火花线切割加工，然后压入套管内。

(2) 排气槽的位置　排气槽应沿着型腔分型面的周边均匀排布，它们之间相距50mm；排气槽应开设在料流的末端或两股料流的熔合处。

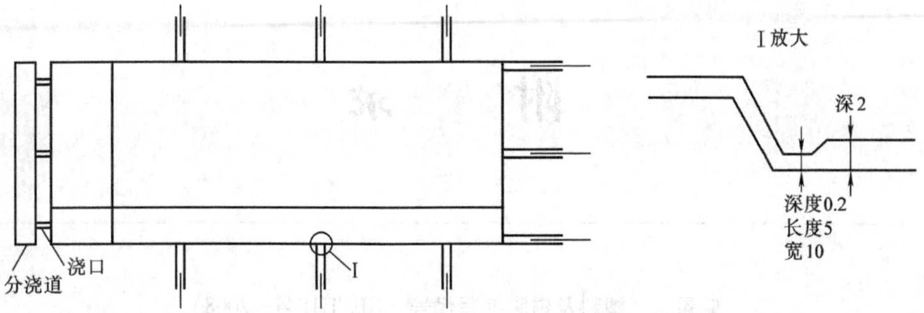

图 9-8　大型塑件的排气槽

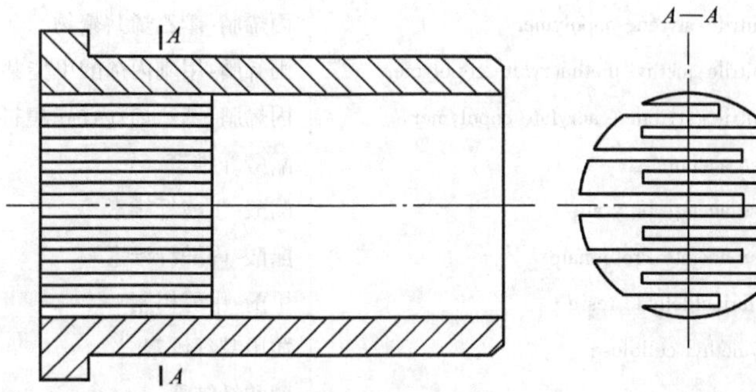

图 9-9　排气栅

4. 冷却系统设计

均匀且可控的模温，有利于获得良好的泡孔结构和均匀的皮层。由于结构泡沫件的厚度大，流道粗大，因此冷却系统设计要提高冷却效率。如采用导热性能较好的铍青铜制作模具，可保证冷却介质在管道内处于湍流状态。

不同塑料对模具温度有不同的要求，聚烯烃发泡塑件的质量与模温关系较小，而聚苯乙烯或 ABS 结构泡沫塑件受模温的影响较大。一般对聚烯烃塑件模温取 30 ~ 40℃，而聚苯乙烯和 ABS 取 35 ~ 65℃。

思　考　题

1. 简述泡沫塑料压缩成型的特点。
2. 简述结构泡沫塑料模具的设计要点。

附　　录

附录 A　塑料及树脂缩写代号（GB/T 1844—2008）

编写代码	英 文 名 称	中 文 名 称
ABS	Acrylonitrile- butadiene- styrene	丙烯腈-丁二烯-苯乙烯共聚物
A/S	Acrylonitrile- styrene copolymer	丙烯腈-苯乙烯共聚物
A/MMA	Acrylonitrile- methyl methacrylate copolymer	丙烯腈-甲基丙烯酸甲酯共聚物
A/S/A	Acrylonitrile- styrene – acrylate copolymer	丙烯腈-苯乙烯-丙烯酸酯共聚物
CA	Cellulose acetate	醋酸纤维素
CAB	Cellulose acetate butyrate	醋酸-丁酸纤维素
CAP	Cellulose acetate Propionate	醋酸-丙酸纤维素
CF	Cresol- formaldehyde resin	甲酚-甲醛树脂
CMC	Carboxymethyl cellulose	羧甲基纤维素
CN	Cellulose nitrate	硝酸纤维素
CP	Cellulose propionate	丙酸纤维素
CS	Casein plastics	酪素塑料
CTA	Cellulose triacetate	三乙酸纤维素
EC	Ethyl cellulose	乙基纤维素
EP	Epoxide resin	环氧树脂
E/P	Ethylene- propylene copolymer	乙烯-丙烯共聚物
E/P/D	Ethylene- propylene- diene terpolymer	乙烯-丙烯-二烯三元共聚物
E/TFE	Ethylene- tetrafluoroethylene copolymer	乙烯-四氟乙烯共聚物
E/VAC	Ethylene- vinylacetate copolymer	乙烯-乙酸乙烯酯共聚物
E/VAL	Ethylene vinylalcohol copolymer	乙烯-乙烯醇共聚物
FEP	Perfluorinated ethylene- propylene copolymer	全氟（乙烯-丙烯）共聚物
GPS	Gencral polystyrn	通用聚苯乙烯
GRP	Glass fibre reinforced plastics	玻璃纤维增强塑料
HDPE	High density polyethylene	高密度聚乙烯
HIPS	High impact polystyrene	高冲击强度聚苯乙烯
LDPE	Low density polyethylene	低密度聚乙烯
MC	Methyl cellulose	甲基纤维素
MDPE	Middle density polyethylene	中密度聚乙烯
MF	Melamine- formaldehyde resin	三聚氰胺-甲醛树脂
MPF	Melamine- phenol- formaldehyde resin	三聚氰胺-酚甲醛树脂
PA	Ployamide	聚酰胺
PAA	Poly（acrylic acid）	聚丙烯酸

（续）

编写代码	英文名称	中文名称
PAN	Polyacrylonitrile	聚丙烯腈
PB	Polybutene-1	聚丁烯-1
PBTP	Poly（butylene terephthalate）	聚对苯二甲酸丁二（醇）酯
PC	Polycarbonate	聚碳酸酯
PCTFB	Polychlorotrifluorethylene	聚三氟氯乙烯
PDAP	Poly（diallyl phthalate）	聚邻苯二甲酸二烯丙酯
PDAIP	Poly（diallyl isophthalate）	聚间苯二甲酸烯丙酯
PE	Polyethylene	聚乙烯
PEC	Chlorinated polyethyene	氯化聚乙烯
PEOX	Poly（ethylene oxide）	聚环氧乙烷、聚氧化乙烯
PETP	Poly（ethylene terephthalate）	聚对本二甲酸乙二（醇）酯
PF	Phenol-formaldebyde resin	酚醛树脂
PI	Polyimide	聚酰亚胺
PMCA	Poly（methyl-α-chloroacrylate）	聚-α-氯代丙烯酸甲酯
PMI	Polymethacrylimide	聚甲基丙烯酰亚胺
PMMA	Poly（methyl methacrylate）	聚甲基丙烯酸甲酯
POM	Polyoxymethylene（polyformaldehyde）	聚甲醛
PP	Polypropylene	聚丙烯
PPC	Chlorinated polypropylene	氯化聚丙烯
PPO	Poly（phenylene oxide）	聚苯醚（聚 2.6-二甲基苯醚）
PPOX	Poly（propylene oxide）	聚环氧丙烷，聚氧化丙烯
PPS	Poly（phenylene sulfide）	聚苯硫醚
PPSU	Poly（phenylene sulfon）	聚苯砜
PS	Polystyrene	聚苯乙烯
PSU	Polysulfone	聚砜
PTFE	Polytetrafluoroethylene	聚四氟乙烯
PUR	Polyurethane	聚氨酯
PVAC	Poly（vinyl acetate）	聚乙酸乙烯酯
PVAL	Poly（vinyl alcohol）	聚乙烯醇
PVB	Poly（vinyl butyral）	聚乙烯醇缩丁醛
PVC	Poly（vinyl chloride）	聚氯乙烯
PVCA	Poly（vinyl chloride-acetate）	氯乙烯-乙酸乙烯酯共聚物
PVCC	Chlorinated poly（vinyl chloride）	氯化聚氯乙烯
PVDC	Poly（vinylidene chloride）	聚偏二氯乙烯
PVDF	Poly（vinylidene fluoride）	聚偏二氟乙烯
PVF	Poly（vinyl flouride）	聚氟乙烯
PVFM	Poly（vinyl formal）	聚乙烯醇缩甲醛
PVK	Poly（vinyl carbazole）	聚乙烯基咔唑
PVP	Poly（vinyl pyrrolidone）	聚乙烯基吡咯烷酮
RP	Reinforced plastics	增强塑料
RF	Resorcinol-formaldehyde resin	间苯二酚-甲醛树脂
SI	Silicone	聚硅氧烷

（续）

编写代码	英文名称	中文名称
S/AN	Styrene-acrylonitrile copolymer	苯乙烯-丙烯腈共聚物
S/MS	Styrene-α-methylstyrene copolymer	苯乙烯-α-甲基苯乙烯共聚物
UF	Urea-formaldehyde resin	脲甲醛树脂
UHMWPE	Ultra-high molecular weight polyethylene	超高分子量聚乙烯
UP	Unsaturated polyester	不饱和聚酯
VC/E	Vinylchloride-ethylene copolymer	聚乙烯-乙烯共聚物
VC/E/MA	Vinylchloride-ethylene-methylacrylate copolymer	氯乙烯-乙烯-丙烯酸甲酯共聚物
VC/E/VAC	Vinyl chloride-ethylene-vinyl acetate copolymer	氯乙烯-乙烯-乙酸乙烯酯共聚物
VC/MA	Vinyl chloride-methylacrylate copolymer	氯乙烯-丙烯酸甲酯共聚物
VC/MMA	Vinyl chloride-methyl methacrylate copolymer	氯乙烯-甲基丙烯酸甲酯共聚物
VC/OA	Vinyl chloride-octylacrylate copolymer	氯乙烯-丙烯酸辛酯共聚物
VC/VAC	Vinyl chloride-vinylacetate copolymer	氯乙烯-醋酸乙烯酯共聚物
VC/VDC	Vinyl chloride-vinylidene chloride copolymer	氯乙烯-偏二氯乙烯共聚物

附录 B　热塑性塑料的某些性能

塑料名称		拉伸弹性模量/MPa	压缩比	成型收缩率（%）	与钢的摩擦因数	泊松比
聚乙烯	HDPE LDPE	840～950	1.73～1.9 1.8～2.3	1.5～3.0 1.5～3.6	0.11 0.23	0.38
聚丙烯	PP GFR	1100～1600	1.92～1.96	1.0～3.0 0.4～0.8	0.14～0.34	0.32
有机玻璃	PMMA 与苯乙烯共聚	3160 3500		0.5～0.7		0.35
聚氯乙烯	硬 PVC 软 PVC	2400～4200	2.3 2.3	0.2～0.4 1.5～3.0		
聚苯乙烯	GPS HIPS GFR（20%～30%）	2800～3500 1400～3100 3200	1.9～2.2	0.2～0.8 0.2～0.8 0.3～0.6	0.12 0.45	0.32
ABS	抗冲型 耐热型 GFR（30%）	2900 1800 1800	1.8～2.0	0.5～0.7 0.4～0.5 0.1～0.14	0.21	
聚甲醛	POM F-4 填充	2800	1.8～2.0	2.0～3.5 2.0～2.5	0.1～0.2	
聚碳酸酯	PC GFR（20%～30%）	1440 3120～4000	1.75	0.5～0.7	0.35 0.37	0.38 0.38
尼龙-1010	PA1010 GFR（30%）	1800 8700	2.0～2.1	1.0～2.5 0.3～0.6	0.31	
尼龙 6	PA6 GFR（30%）	2600	2.0～2.1	0.7～1.5 0.35～0.45	0.26	
尼龙 66	PA66 GFR（30%）	1250～2880 6020～1260	2.0～2.1	1.0～2.5 0.4～0.55		

附录C 常用塑料的连续耐热温度和热变形温度

塑料名称		连续耐热温度/℃	热变形温度（ASTMD648 法）/℃	
			载荷 1.85MPa	载荷 0.46MPa
ABS	高抗冲击 高耐热 20%～40%玻璃纤维	60～99 88～110 93～110	93～103 102～118 99～116	99～107 107～122 104～121
聚苯乙烯	耐热耐化学级 20%～30%玻璃纤维	77～104 82～104	82～113 91～104	91～116 97～111
聚乙烯	低密度 中密度 高密度	82～100 104～121 121	32～41 41～49 43～54	38～49 49～74 60～88
聚丙烯	未改性 共聚 玻璃纤维	107～127 88～116 1212～138	52～60 46～60 110～149	93～121 85～113 142～144
尼龙	尼龙 66 尼龙 6	82～121 82～121	75 68	190 185

附录D 注射塑件成型缺陷分析

序号	成型缺陷	产生原因	解决措施
1	制品形状欠缺	1. 机筒及喷嘴温度偏低	提高机筒及喷嘴温度
		2. 模具温度太低	提高模具温度
		3. 加料量不足	增加料量
		4. 注射压力低	提高注射压力
		5. 进料速度慢	调节进料速度
		6. 锁模力不够	增加锁模力
		7. 型腔无适当排气孔	修改模具，增加排气孔
		8. 注射时间太短，柱塞或螺杆回退时间太早	增加注射时间
		9. 杂物堵塞喷嘴	清理喷嘴
		10. 流道浇口太小，太薄，太长	正确设计浇注系统
2	制品溢边	1. 注射压力太大	降低注射压力
		2. 锁模力过小或单向受力	调节锁模力
		3. 模具碰损或磨损	修理模具
		4. 模具间落入杂物	擦净模具
		5. 料温太高	降低料温
		6. 模具变形或分型面不平	调整模具或磨平
3	熔合纹明显	1. 料温过低	提高料温
		2. 模温低	提高模温
		3. 擦脱模剂太多	少擦脱模剂
		4. 注射压力低	提高注射压力
		5. 注射速度慢	加快注射速度
		6. 加料不足	加足料
		7. 模具排气不良	通模具排气孔

（续）

序号	成型缺陷	产生原因	解决措施
4	黑点及条纹	1. 料温高，并分解	降低料温
		2. 机筒或喷嘴接合不严	修理接合处，除去死角
		3. 模具排气不良	改变模具排气
		4. 染色不均匀	重新染色
		5. 物料中混有深色物	将物料中深色物取缔
5	银丝、斑纹	1. 料温过高，料分解物进入型腔	迅速降低料温
		2. 原料含水量高，成型时汽化	原料预热或干燥
		3. 物料含有易挥发物	原料进行预热干燥
6	制品变形	1. 冷却时间短	加长冷却时间
		2. 顶出受力不均	改变顶出位置
		3. 模温太高	降低模温
		4. 制品内应力太大	消除内应力
		5. 通水不良，冷却不均	改变模具水路
		6. 制品薄厚不均	正确设计制品和模具
7	制品脱皮、分层	1. 原料不纯	净化处理原料
		2. 同一塑料不同级别或不同牌号相混	使用同级或同牌号料
		3. 配入润滑剂过量	减少润滑剂用量
		4. 塑化不均匀	增加塑化能力
		5. 混入异物气疵严重	消除异物
		6. 进浇口太小，摩擦力大	放大浇口
		7. 保压时间过短	适当延长保压时间
8	裂纹	1. 模具太冷	调整模具温度
		2. 冷却时间太长	降低冷却时间
		3. 塑料和金属嵌件收缩率不一样	对金属嵌件预热
		4. 顶出装置倾斜或不平衡，顶出截面积小或分布不当	调整顶出装置或合理安排顶杆数量及其位置
		5. 制件斜度不够，脱模难	正确设计脱模斜度
9	制品表面有波纹	1. 物料温度低，粘度大	提高料温
		2. 注射压力	料温高，可减小注射压力；反之，则加大注射压力
		3. 模具温度低	提高模具温度或增大注射压力
		4. 注射速度太慢	提高注射速度
		5. 浇口太小	适当扩展浇口
10	制品性脆强度下降	1. 料温太高，塑料分解	降低料温，控制物料在机筒内的滞留时间
		2. 塑料和嵌件处内应力过大	对嵌件预热，保证嵌件周围有一定厚度的塑料
		3. 塑料回用次数多	控制回料配比
		4. 塑料含水	原料预热干燥

（续）

序号	成型缺陷	产生原因	解决措施
11	脱模难	1. 模具顶出装置结构不良 2. 型腔脱模斜度不够 3. 型腔温度不合适 4. 型腔有接缝或存料 5. 成型周期太短或太长 6. 模芯无进气孔	改进顶出装置 正确设计模具 适当控制模温 清理模具 适当控制注射周期 修改模具
12	制品尺寸不稳定	1. 机器电路或油路系统不稳 2. 成型周期不一致 3. 温度、时间、压力变化 4. 塑料颗粒大小不一 5. 回收下脚料与新料混合比例不均 6. 加料不均	修理电器或油压系统 控制成型周期，使一致 调节，控制基本一致 使用均一塑料 控制混合比例，使均匀 控制或调节加料均匀

附录E　压缩塑件成型缺陷分析

序号	成型缺陷	产生原因	解决措施
1	表面不平或产生波纹	模塑粉流动性大；水分及挥发物含量大；保压时间短，模具加热不均匀	预热、预压，调整模塑料的流动性；改用较软的物料，延长保压时间；改进模具加热系统，增加物料
2	填充不足，有褶皱	计量不足，物料流动性差；模塑压力不够，模温高	调节加料量和改用流动性好的物料，或用高密度物料；提早排气；增加模塑压力，降低模温（如果外部疏松，则加快闭模，尽快施高压；如果内部疏松，则低压慢慢闭模）
3	表面起泡、鼓泡和有气眼	物料中水分与挥发物含量太大；排气不够；模温过高或太低；模塑压力低或固化时间短；压缩比太大使包裹空气过多；模壁厚度不均衡或加热不均匀	物料先干燥或预热；增加排气次数或改进排气孔；适当调节模温，通常是降温以防烧焦；增加模塑压力和固化时间，物料预压成锭料并改进堆放方式；修整模具结构和加热系统
4	表面无光泽	模具表面粗糙度高，被污染；润滑剂质量差，脱模剂使用不当或用量大；模温过高或过低；物料吸湿或挥发物质	研磨模具并镀铬，清洗模具；改变配方，少用脱模剂；调整模温（通常是降温）和固化时间、物料预热或改进排气；闭模速度稍慢，要在低压下保持一段时间
5	制件颜色不均或有雾斑	物料着色剂分散差；树脂流动性差或物料变质；混入异物；固化程度不够	改进混合或更换物料；改变组分提高流动性；加强物料管理，严防混入杂物；改进预热条件，降低模温而延长固化时间

（续）

序号	成型缺陷	产 生 原 因	解 决 措 施
6	制件变色	模温太高	降低模温
7	呈现流痕	挥发分太多；模温太高或物料太软或流动性差；预热时间太长，闭模速度太快	预热物料，降低模温或改变物料或模塑工艺；降低闭模速度和预热时间
8	表面呈现小斑点或小缝	物料中混入杂质，尤其是油类物质；模具清扫不彻底，留有毛边或杂物	物料加强保管，严防混入杂质、油类物质；物料过筛，仔细清扫模具
9	翘曲	塑料固化不足；保压时间短；塑料中水分或挥发物含量过大；物料流动性太大；闭模前物料在型腔内停留时间太长，物料固化速度太慢；模温过高或凸凹两模表面温度差太大，制件厚薄相差太大，以致使收缩率不一致；制件结构的刚度差	延长固化时间，物料预热、预压锭；调整模塑料的流动性；缩短物料在闭模前在型腔内的时间，降低模温或调整凹、凸模的温差在范围内，改进制品设计
10	欠压（制件没完全成型，制件局部疏松）	加料量不足；模压太低；物料排气不畅；物料流动性太大或太小，闭模太快或排气太快，致使部分粉料吹出；闭模太慢或模温太高，以致大物料过早固化	调节加料量；提高模塑压力；开大排气孔：改进物料流动性或改变闭模速度、模温和压力（物料流动性大则减慢加压速度；反之，则增大压力而降低模温）。如果制品外部疏松，则加速闭模，尽快用高压；如果是内部疏松，则减慢低压闭模速度
11	粘模	保压时间短；温度低；水分或挥发物含量大，无润滑剂或用量不当；模具表面粗糙	延长保压时间；提高模温，降低模压；物料预热，加入适量润滑剂；降低模具表面粗糙度，清扫模具，用脱模剂
12	制件有裂纹	嵌件结构不正确，嵌件位置不当，嵌件太多；推出装置设计或制造不当；制件厚度相差大；物料挥发物和水分含量太大，制件在模内冷却时间太长；加热条件不当，固化不足	改进嵌件结构、模具结构，嵌件周围增加壁厚，选用收缩率小的物料；改进或修整顶出装置；改进制品设计；物料预热，缩短或免去在模内冷却时间，修改加热温度与时间，制品于93℃的烘箱中热处理，增加制件的圆半径和肋条
13	表面呈橘皮状	物料在高压下闭模太快，物料流动性过大，物料水分含量高或颗粒太粗	减慢闭模速度；改用较软的树脂或进行较高温度预热，改用较细的物料，降低模温，在加高压前于低压下滞留2~3s
14	制件脱模时呈柔软状	塑料固化不够，物料水分含量高；润滑剂用量大	提高模温或延长固化时间；预热物料，少用润滑剂

（续）

序号	成型缺陷	产 生 原 因	解 决 措 施
15	毛边多而厚	加料量大，物料流动性差；模具设计不当或模板不平，合模面不密合或夹料，或合模套筒夹料	减少加料量，更换物料或降低模温，调节加料量，降低模温，提高压力，改进模具设计或修整模板和合模面；清除模具中的夹料
16	制品尺寸不合格	加料量不准，物料中水分或挥发物含量变化大；操作有误或控制条件变化；模具有损或物料不合格	调整加料量，预热物料；修改操作条件和模具；更换物料
17	脱模困难	模温和压力太高；加料量多；脱模剂效果差	降低模温和模压；减少加料量；使用合适的脱模剂
18	电性能差	物料含湿量大；固化程度差；物料中夹杂污物或油脂	物料预热；延长固化时间或提高模温；防止外来杂质
19	力学性能和化学性能差	塑料固化程度差，模温低；模压低或加料量偏低	提高模温或延长固化时间；增加模压和加料量，高频预热，增加料量
20	制件有灼烧痕迹	预热温度过高使表皮过热；排气孔太小或孔眼堵塞；加压速度太快	降低预热温度和模温；开大排气孔；减慢闭模速度

参考文献

[1] 李德群，唐志玉．中国模具设计大典：第 2 卷轻工模具设计［M］．南昌：江西科学技术出版社，2003.

[2] 陈嘉真．塑料成型工艺及模具设计［M］．北京：机械工业出版社，1995.

[3] 黄锐．塑料成型工艺学［M］．北京：中国轻工业出版社，1997.

[4] 陈洪璆．精密塑料成型［M］．北京：国防工业出版社，1998.

[5] 白石顺一郎．注塑成型模具［M］．许鹤峰，译．北京：中国石化出版社，1992.

[6] 森隆．塑料成型加工入门［M］．北京：中国石化出版社，1992.

[7] 村上宗雄，等．最新塑料模具手册［M］．王旭，黄伟民，译．上海：上海科技文献出版社，1985.

[8] 吉田弘美．模具加工技术［M］．王旭，译．上海：上海交通大学出版社，1987.

[9] 曼格斯 G，默兰 P. 塑料注射成型模具设计与制造［M］．李玉泉，译．北京：中国轻工业出版社，1993.

[10] 周彦豪．聚合物加工流变学［M］．西安：西安交通大学出版社，1988.

[11] 宋玉恒．塑料注射模具设计实用手册［M］．北京：航空工业出版社，1996.

[12] 李秦蕊．塑料模具设计［M］．2 版．西安：西北工业大学出版社，1991.

[13] 屈华昌．塑料成型工艺与模具设计［M］．北京：机械工业出版社，2001.

[14] 黄虹．塑料成型加工与模具［M］．北京：化学工业出版社，2003.

[15] 塑料模具技术手册编委会．塑料模具技术手册［M］．北京：机械工业出版社，1997.

[16] 王孝培．塑料成型工艺及模具简明手册［M］．北京：机械工业出版社，2000.

[17] 梁国正，等．模压成型技术［M］．北京：化学工业出版社，1999.

[18] 韩宝仁，等．塑料异型材制造原理与技术［M］．北京：化学工业出版社，2001.

[19] 曹宏深，等．塑料成型工艺与模具设计［M］．北京：机械工业出版社，1993.

[20] 李海梅，申长雨．注塑成型及模具设计实用技术［M］．北京：化学工业出版社，2002.

[21] 许鹤峰，陈言秋．注塑模具设计要点与图例［M］．北京：化学工业出版社，1999.

[22] 中国模具工业协会．模具行业“十二五”发展规划［J］．模具制造，2010，10（11）：Ⅰ-Ⅷ.

[23] 全国模具标准化技术委员会．塑料模具国家标准汇编［G］．北京：中国标准出版社，2009.

[24] 杨占尧．塑料模具课程设计指导与范例［M］．北京：化学工业出版社，2009.

[25] 全国模具标准化技术委员会．GB/T 14486—2008 塑料模塑件尺寸公差［S］．北京：中国标准出版社，2008.

[26] 王兴天．注塑工艺与设备［M］．北京：化学工业出版社，2010.